"とりあえず動く"で立ち止まらず、
古びない本質を習得するために。

モダンスタイルによる基礎から
現場での応用まで

［改訂 **3** 版］

Javaript
本格入門

JN028141

山田祥寛
Yoshihiro Yamada

常にアップデートを続けるJavaScriptのプログラミングスタイルを基礎から解説。
正しい基本文法から最新の言語機能、
見逃しがちな「JavaScriptらしさ」まで徹底的に解説し、
知識を本質から理解して活用できます。

パッケージ管理
単体テスト
ビルドツール
静的コード解析
ドキュメンテーションコメント
開発に役立つ応用知識まで1冊でカバー

技術評論社

はじめに

　JavaScriptはなんら新しい言語ではありませんし、古くから初学者にやさしい言語として、多くの
ユーザーに親しまれてきました。しかし、2000年前後から以降数年間はむしろ、「プログラミングの素
人が使う低俗な言語」「ブラウザー間の互換性がなく、開発生産性の低い言語」「セキュリティホールの
原因となる」などなど、むしろマイナスイメージが付きまとう不遇の言語でもありました。

　そんなJavaScriptが時代を経て、Webアプリ開発には欠かせない言語として再評価されるのは
2005年2月のこと。Adaptive Path社のJesse James Garrett氏がコラム「Ajax: A New
Approach to Web Applications（https://immagic.com/eLibrary/ARCHIVES/GENERAL/
ADTVPATH/A050218G.pdf）」で発表したAjax（Asynchronous JavaScript＋XML）にあります。
Ajax技術の登場によって、単にWebページを華美に装飾するだけであったJavaScriptは、高いユーザ
ビリティを実現するための重要な手段として、その価値が見直されることになります。

　さらに、2000年代後半には、HTML5がこの状況に追い風を与えます。HTML5では、マークアッ
プそのものの見直しに加えて、アプリ開発のためのJavaScript APIを大幅に強化しています。HTML5
によって、ブラウザーネイティブな機能だけで実現できる範囲が格段に広がったのです。

　JavaScript復権の流れの中で、JavaScriptによるプログラミングスタイルも大きく変化しています。
従来の簡易な──手続き的な記法は残しつつも、大規模なコーディングでは本格的なオブジェクト指向
による記述が求められるようになっています（ECMAScript 2015でクラス構文が導入された点も、大
きな要因でしょう）。この傾向は、一過性の流行ではなく、フロントエンド重視のトレンドの中で、今後
もより一層強まるはずです。

　本書は、このような時流の中で、今一度、JavaScriptという言語の理解を確かなものにしたい方の
ための書籍です。JavaScriptはよくいえば「柔軟な」、悪くいえば「あいまいでいい加減な」言語です。
ただなんとなく他人のコードを真似するだけでもそれなりのコードは書けてしまいますが、それだけにバ
グやセキュリティ上の問題をはらみやすい言語でもあります。本格的にマスターするには、基礎段階で
の確かな理解が欠かせません。本書が、JavaScriptプログラミングを新たにはじめる方、今後、より
高度な実践を目指す方にとって、確かな知識を習得する1冊となれば幸いです。

　なお、本書に関するサポート情報を「サーバーサイド技術の学び舎 - WINGS」で公開しています。
本書で使用しているサンプルのダウンロードサービスをはじめ、FAQ情報、オンライン公開記事などの
情報を掲載していますので、あわせてご利用ください。

https://wings.msn.to/

　最後にはなりましたが、タイトなスケジュールの中で筆者の無理を調整いただいた技術評論社の向井
浩太郎さん、傳 智之さん、そして、傍らで原稿管理・校正作業などの制作をアシストしてくれた妻の奈
美、両親、関係者ご一同に心から感謝いたします。

2022年10月吉日 山田祥寛

本書の読み方

動作確認環境

本書の記述／サンプルプログラムは、次の環境で動作を確認しています。

- **Windows 11 Pro**
  - Google Chrome 107
  - Firefox 107
  - Microsoft Edge 107

- **macOS Monterey 12.3**
  - Safari 15.4

サンプルプログラムについて

・本書で利用しているサンプルプログラム（配布サンプル）は、以下のページからダウンロードできます。

https://wings.msn.to/index.php/-/A-03/978-4-297-13288-0/

・本書で解説しているサンプルのダウンロード／配置方法については、1.4.3項を参照してください。

・サンプルコードはじめ、各種データファイルの文字コードはUTF-8です。エディターなどで編集する場合には、文字コードを変更してしまうと、サンプルが正しく動作しない、日本語が文字化けする、などの原因ともなるので注意してください。

・サンプルコードは、Windows環境での動作に最適化しています。紙面上の実行結果もWindows＋Chrome環境でのものを掲載しています。結果は環境によって異なる可能性もあります。

・サンプルによっては、エクスプローラーなどから直接開いた場合に正しく動作しないものがあります。実行に際しては、本書で紹介しているLive Serverなど、サーバー経由でアクセスしてください。

▌本書の構成

1. アイコン
本文内で利用されているアイコンには、以下のような意味があります。

- **ES20XX** ：ES20XXで導入された機能（2020〜2022について示しています）
- **Legacy** ：現在はあまり利用しない機能（以前のコードを理解する目的で解説しています）
- **Advanced** ：高度な機能（初学者は一旦スキップしても構いません）

2. コードリスト
サンプルのソースコードを表します。紙面上は理解するうえで最小限のコードを抜粋して掲載しているので、コード全体を確認したい場合にはダウンロードサンプルから対応するファイルを確認してください。紙面の都合で改行している箇所は、▽で表しています。

●リスト5-16 str_replace.js
```
let str = 'にわにはにわにわとりがいる';
console.log(str.replace('にわ', '二羽'));      // 結果：二羽にはにわにわとりがいる
console.log(str.replaceAll('にわ', '二羽'));   // 結果：二羽には二羽二羽とりがいる
```

■ replaceAllメソッドの代替 Legacy
replaceAllメソッドはES2021で追加された比較的新しいメソッドです。replaceAll以前の環境ですべての一致文字列を置き換えるには、正規表現を利用するか（5.8.7項）、以下のようなテクニックを利用する必要があります。

●リスト5-17 str_replaceall.js
```
let str = 'にわにはにわにわとりがいる';
console.log(str.split('にわ').join('二羽'));   // 結果：二羽には二羽二羽とりがいる
```

置き換え前の文字列（ここでは「にわ」）で元の文字列を分割し、置き換え後の文字列（ここでは「二羽」）で連結し直すわけです。これですべての文字列が置き換えの対象となります。split、joinメソッドについては、それぞれ5.2.8、5.5.7項を参照してください。

5.2.8 文字列を分割する
splitメソッドを利用します。

●構文 splitメソッド
```
str.split(sep [, limit])
    str   : 分割対象の文字列
    sep   : 区切り文字
    limit : 分割回数の上限
```

具体的な例も見てみましょう。

●リスト5-18 str_split.js
```
let str = 'みかん\tりんご\tぶどう\t';
let str2 = '叱られて';
```

3. 構文
構文は、次の規則で掲載しています。[...]で囲んだ引数は、省略可能であることを表します。

```
reader.readAsText(file [, charset])
```
オブジェクト　メソッド名　　　　　　引数

それでは以下では、これら組み込みオブジェクトについて個々に解説を進めていくことにしましょう。ただし、一部のオブジェクトについては、専用のトピックと密接に関連するので、それぞれ該当する項を参照してください。また、Booleanオブジェクトは、真偽値にオブジェクトとしての体裁を与えるための便宜的なオブジェクトで、それ自体としては独自の機能は提供していないので、本書では割愛します。

> **Note　ラッパーオブジェクト**
>
> JavaScriptの標準的なデータ型を扱う組み込みオブジェクトの中でも、特に基本型である文字列、数値、論理値、シンボルを扱うためのオブジェクトのことをラッパーオブジェクトと呼びます。ラッパーオブジェクトとは、「単なる値にすぎない基本型のデータを包んで（ラップして）、オブジェクトとしての機能を追加するためのオブジェクト」です。
>
> 本文でも述べたように、JavaScriptでは、基本型と、オブジェクトとしての体裁を持つラッパーオブジェクトとを、自動的に相互変換するため、アプリ開発者がこれを意識する必要はありません。
>
>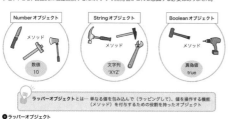
>
> ラッパーオブジェクトとは… 単なる値を包み込んで（ラッピングして）、値を操作する機能（メソッド）を付与するための役割を持ったオブジェクト
>
> ●ラッパーオブジェクト

4. Note
本文の説明に加えて知っておきたい、注意点や参考／追加情報を表します。

目次

Chapter 1　イントロダクション　　　　　　　　　　　　　　　　　　　　19

Contents

Chapter 4　スクリプトの基本構造を理解する - 制御構文　123

Chapter 5　基本データを操作する - 組み込みオブジェクト 165

Chapter 7　JavaScriptらしいオブジェクトの用法を理解する - Object オブジェクト
341

Chapter 8　大規模開発でも通用する書き方を身につける - オブジェクト指向構文
373

Chapter 9　HTMLやXMLの文書を操作する - DOM (Document Object Model)　435

Chapter 11　現場で避けて通れない応用知識　　　579

Column

Chapter 1

イントロダクション

1.1 JavaScriptとは？

JavaScriptは、Netscape Communications社によって開発された、ブラウザー向けスクリプト言語[※1]です。開発当初はLiveScriptと呼ばれていましたが、当時注目を浴びていたJava言語にあやかって、その後、JavaScriptと名前を改めることになります。このために誤解を招きやすいのですが、JavaとJavaScriptとは言語仕様に似た部分はあるものの、まったくの別言語であり、互換性もありません。

JavaScriptは、1995年にNetscape Navigator 2.0で実装されたのを皮切りに、1996年にはInternet Explorer 3.0でも実装されたのち、ブラウザー標準のスクリプト言語として定着しました。その後、20余年を経て、現在はGoogle Chrome、Safari、Microsoft Edge、Firefoxなど、主要なブラウザーのほとんどで実装されています。

もっとも、そんなJavaScriptですが、その歴史は必ずしも平坦であったとはいえません。むしろ苦難と不遇の長い時代を経てきた言語でもあります。

1.1.1 JavaScriptの歴史

1990年代後半は初期JavaScriptの全盛ともいえる時代でした。たとえば、

- ある要素にマウスポインターを当てると文字列が点滅する
- ステータスバーに文字列が流れていく
- ページ切り替えの際にフェードイン／フェードアウトなどのトランジション効果を適用する

などなど、さまざまなエフェクトがJavaScriptによって実現されていました。

もちろん、これらの一部は今もってJavaScriptの重要な用途ですし、適切に利用すればページの見栄えや使い勝手を向上させることができます。が、いかんせん、当時はこれが過熱していました。なんとなく「目を惹くページを作りたい」という欲求の下に、多くの人々が過剰な装飾をJavaScriptで盛り込んでいったのです。その結果、装飾過剰で、使い勝手も悪い——いわゆる「ダサい」ページが量産されることになります。

当然、このような過熱はそれほど長く続くはずもなく、比較的早い段階で廃れていくことになるわけですが、JavaScriptは「ダサいページを作成するための言語」「プログラミングの素人が使う低俗な言語」というイメージだけが定着し、不遇の時代へと入っていくのです。

※1　スクリプト言語とは、簡易なプログラミング言語のことです。JavaScriptによって書かれたコード（プログラム）のことをスクリプトともいいます。

また、この頃はブラウザーベンダーが個々にJavaScriptの実装を拡張していた時代でもありました。「より目立つ、より派手な機能を」――そんな空気の中で、ユーザーは置き去りにされ、ブラウザー間の仕様差だけが広がっていったのです。この結果、ユーザーはそれぞれのブラウザーに対応したコードを記述する必要に迫られ、そんなめんどうさが、JavaScriptからユーザーの足をさらに遠のかせることになります。これをクロスブラウザー問題といいます。

はたまた、この時代、JavaScriptの実装に絡んだブラウザーのセキュリティホールが断続的に見つかったことも、JavaScriptのマイナスイメージをよりいっそう定着させる一因だったでしょう。「ブラウザーはJavaScriptをオフにして利用すべき」が常識であった時代です。

■ 1.1.2　復権のきっかけはAjax、そしてHTML5の時代へ

そのような状況に光明が見えたのが2005年、Ajax（Asynchronous JavaScript + XML）という技術が登場した時です。Ajaxとは、ひとことでいうならば、ブラウザー上でデスクトップアプリライクなページを作成するための技術。HTML、CSS、JavaScriptといったブラウザー標準の技術だけでリッチな操作性を実装できることから、Ajax技術は瞬く間に普及を遂げました。

この頃には、ブラウザーベンダーによる機能拡張合戦も落ち着き、互換性の問題も少なくなっていました。国際的な標準化団体であるECMA International（1.2節）の下で、JavaScriptの標準化が進められ、言語としても確かな進化を遂げていきます[2]。このような背景もあって、JavaScriptという言語の価値が見直される機会が、ようやく訪れたのです。

また、Ajax技術の普及によって、JavaScriptは「HTMLやCSSの表現力を傍らで補うだけの簡易な言語」ではなくなりました。「Ajax技術を支える中核」と見なされるようになったことで、プログラミングの手法にも変化の兆しが表れはじめます。従来のように、関数を組み合わせるだけの簡易な書き方だけでなく、大規模な開発にも耐えられるオブジェクト指向的な書き方を求められるようになってきたのです。

さらに2000年代後半には、HTML5の登場がこの状況に追い風を与えます。HTML5では、マークアップとしての充実に加え、アプリ開発のためのJavaScript APIを強化したのが特徴です。HTML5の勧告そのものは2014年ですが、2008年以降リリースされたブラウザーの多くがいち早くHTML5に対応しており、段階的ながら利用が進んでいました。

機能	概要
Geolocation API	ユーザーの地理的な位置を取得
Canvas	JavaScriptから動的に画像を描画
File API	ローカルのファイルシステムを読み書き
Web Storage	ローカルデータを保存するためのストレージ
Indexed Database	キー／値のセットでJavaScriptのオブジェクトを管理
Web Workers	JavaScriptをバックグラウンドで並列実行
Web Sockets	クライアントーサーバー間の双方向通信をおこなうためのAPI

●HTML5で追加されたおもなJavaScript API

※2　標準化されたJavaScriptのことをECMAScriptといいます。

HTML5によって、ブラウザーのネイティブな機能だけで実現できる範囲が、格段に広がったのです。加えて、スマホ／タブレット普及によるRIA技術（Flash／Silverlightなど）の衰退、SPA（Single Page Application。10.4.1項）の流行などが、ブラウザーネイティブなJavaScript人気に、拍車をかけることになります。

Note　**HTML Living Standard**

ちなみに、現在はHTML5という仕様は存在しません。2021年、それまでHTMLの仕様を策定してきたW3Cが関連仕様を廃止し、WHATWG（Web Hypertext Application Technology Working Group）がHTML Living Standard（以降、HTML LS）として標準化を継承しているからです。HTML LSでは新たな仕様を日々盛り込んでおり、バージョン番号という概念を持ちません（HTML LS 1.0とは言いません）。

ただし、現時点ではHTML5とHTML LSに大きな違いはありません。本書でも、名称として一般に浸透していると思われるHTML5という呼称を採用しています。

1.1.3　JavaScriptライブラリからフレームワークの時代へ

エンドユーザーが目にするUI部分の開発をフロントエンド開発といいます。JavaScriptを中心としたフロントエンド開発が盛んになってくると、関連するツール、ライブラリの開発も活性化します。

まず、2000年代後半から10年近くにわたってJavaScriptライブラリのデファクトスタンダードとなっていたのがjQuery（https://jquery.com/）です。基本的なページ操作からアニメーション、Ajax通信など、JavaScriptの基本操作をあまねくサポートする優れもののライブラリです。現在では一時の存在感を失ったものの、その手軽さと、豊富な拡張プラグインは重宝されており、継続して利用している人は少なくありません。

そして、jQueryに代わって登場するのが、アプリケーションフレームワーク（以降、フレームワーク）です。フレームワークとは、アプリの土台ともいうべき存在。開発者は土台の上にアプリ独自のコードを載せていくだけで、アプリを開発できます。パソコン部品でいうならば、さまざまな部品をつなぐためのマザーボードのようなものです。

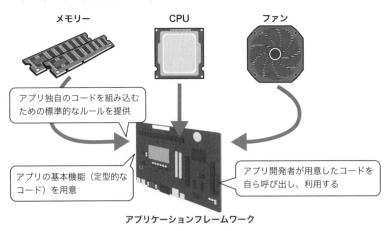

アプリケーションフレームワーク

● アプリケーションフレームワークとは

　フレームワークを利用することで、（たとえば）アプリデータの変更を意識してページに反映させる必要がなくなります。フレームワーク自身がアプリ全体を俯瞰し、ページに変化があればアプリに反映させ、アプリに変化があればページと同期するまでを、すべて自動化してくれるからです[※3]。

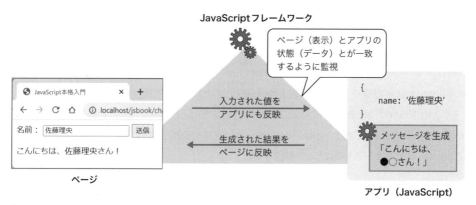

●JavaScriptフレームワークによるアプリの管理

　従来型のjQueryアプリであれば、

- ・入力値を文書ツリーから取得し、
- ・JavaScriptで処理
- ・その結果を（たとえば）<table>要素として展開する

までを、すべてアプリ側で監視し、面倒を見なければならなかったことを思えば、随分とかんたんになりますね。

　現在も、Webアプリ開発に占めるフロントエンドの比重はいや増すばかりです。その中で開発を支援する便利なフレームワーク／ライブラリも増えていますが、それだけに、ただ便利なツールに乗っかるだけの開発は、どこかで歪みを生みます。アプリ開発者には、これまで以上に、JavaScriptという言語に対する、確かな理解が求められているのです。

※3　大雑把な説明なので、詳しくはP.28の関連書籍も合わせて参照してください。

1.2 標準JavaScript「ECMAScript」とは？

ECMAScriptとは、標準化団体ECMA Internationalによって標準化されたJavaScriptのこと。現在、モダンなブラウザーで動作するJavaScriptは、基本的にECMAScriptの仕様に基づいて実装されています。JavaScriptを学ぶ、とは、ECMAScriptを学ぶこと、と言い換えてもよいでしょう（本書でもChapter 8まではECMAScriptの解説です）。

▌1.2.1 ECMAScriptのバージョン

ECMAScriptは1997年の初版から改訂が重ねられ、現在の最新版は2022年6月に採択された第13版——ECMAScript 2022（ES2022）です。以下に、ここまでのバージョンの変遷を大雑把にまとめておきます。

バージョン	リリース	おもな新機能
1	1997年6月	初期バージョン
2	1998年6月	ISO/IEC 16262への対応（仕様はそのまま）
3	1999年12月	正規表現、例外処理など
4	－	複雑化のため、仕様を放棄
5	2009年12月	Strictモード、JSONライブラリのサポート、getter／setter
5.1	2011年6月	－
6（2015）	2015年6月	クラス、モジュール、関数構文の改善、ブロックスコープの導入、for...of命令による値の列挙、Promise、コレクション（Map／Set）、Proxyなどの追加
2016	2016年6月	べき乗演算子、Array#includes
2017	2017年6月	非同期関数（async／await）、Object.values／entries
2018	2018年6月	正規表現の機能追加、finally、オブジェクトのスプレッド演算子
2019	2019年6月	Array#flat／flatMap、Object.fromEntries
2020	2020年6月	Optional Chaining（?.）、Null合体演算子（??）、BigInt
2021	2021年6月	replaceAll、Promise.any、WeakRefによる弱参照
2022	2022年6月	Array／String／TypedArrayのat、トップレベルawait、プライベートのインスタンスフィールド／メソッド、staticイニシャライザー

●ECMAScriptのバージョン

25年以上に渡って更新が続けられてきたわけですが、特に大きな更新は2015年（第6版）です。それまでのJavaScriptではなにかと不便だったオブジェクト指向プログラミングが、ようやくほかの言語に近い——ということは直感的な形で記述できるようになったのです。実際にアプリを開発する際に

も、ES2015構文を利用するかどうかによって、生産性は大きく変化します。このことから、ES2015以降のECMAScript（JavaScript）を、特にモダンJavaScriptと呼ぶこともあります。

1.2.2 ECMAScript仕様策定の流れ

ES2015以前は、提案された仕様がすべて合意できたところでリリースされていました。このようなルールのもとでは、特定の機能が合意に至らない場合、言語そのもののリリースを見送らなければなりません。ES3からES5[※1]に至るまでじつに10年、ES5からES2015までも6年の年月を要したのも、このためです。

そこでES2015以降では、Proposalsベースでの仕様策定プロセスを採用しています。新たな機能はProposals（提案書[※2]）としてまとめられ、議論もProposals単位で進められます。議論の段階は、Stage-Xというレベルで管理されます。

Stage	概要
0	Strawman（アイデアレベル）
1	Proposal（提案。潜在的な課題を特定）
2	Draft（実験的。構文を明確化）
3	Candidate（仕様準拠。実装／フィードバックを求める）
4	Finished（仕様として確定）

●ECMAScript仕様を確定するまでのStage-X

Finished（Stage-4）に到達したProposalsはtc39/ecma262（https://tc39.es/ecma262/）に順次まとめられていき、毎年決まった時期にES20XXとしてリリースされるわけです（以前は版数で管理されていましたが、リリース年でバージョンを表記するようになったのもES2015以降です）。このように、日々最新版を更新していく仕様のことをLive Standardと呼びます（より厳密な意味での、最新仕様です）。いわゆるES20XXとは、Live Standardのスナップショットといってもよいでしょう。

1.2.3 ブラウザーの対応状況

ProposalsがFinished（Stage-4）になるには、最低でも2個以上の環境で、対象の機能が実装されていることが条件です。よって、近年ではES20XXとしてリリースされた機能は、たいがい、主要なブラウザーで問題なく利用できます[※3]。

ただし、機能によっては、ブラウザーがきちんと仕様を反映させるまでに、いくばくかの時間を要する場合もあります。その時どきでの対応状況を確認するには、以下のようなページが参考になります。

※1　ES4は、言語仕様の複雑化などの理由から破棄されています。

※2　一覧はStage単位に、以下のページでまとめられています。最新の仕様に興味のある人は時どき目を通してみるとよいでしょう。https://github.com/tc39/proposals

※3　これまではInternet Explorerの存在がネックでしたが、利用率も確実に減っており、2022年6月にサポートを終了したことで、ほとんどのサイトでは無視できるはずです。

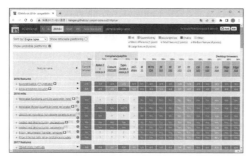

●ECMAScript compatibility table（http://kangax.
github.io/compat-table/es2016plus/）

●MDN（https://developer.mozilla.org/ja/docs/
Web/JavaScript）

　大雑把な機能単位の対応状況を見るならば「ECMAScript compatibility table」が便利ですし、
個々のメソッド（命令）ごとの対応状況を確認するならば、MDNの各ページから「ブラウザーの互換性」
を参照するとよいでしょう。

Column　VSCodeの便利な拡張機能（1）- Trailing Spaces

　コードの行末に付いた余計な空白。動作には影響しないものの、カーソルを移動する際に邪魔に
もなりますし、なにより気持ちもよくありません。そんな行末空白をハイライト表示してくれるのが拡
張機能「Trailing Spaces」です。インストールは、1.4.2項と同じ要領で可能です。

```
1    let dat = new Date(2022, 4, 15, 11, 40);
2    console.log(dat);
3    dat.setMonth(dat.getMonth() + 1);
```

●行末の余計な空白をハイライト表示

　コマンドパレットから［Trailing Spaces: Delete］を選択することで、余計な行末空白を一括で
削除することもできます。
　ちなみに、空白関係の拡張機能としては、全角空白をハイライト表示してくれる「EvilInspector」
などもあります。

1.3 JavaScript実行環境のもう1つの選択肢 – Node.js

　JavaScriptというと、ブラウザー環境で動作する言語と思われがちですが、歴史的には、実行のためのプラットフォーム／ランタイムがさまざまに提供されています。

環境	概要
Node.js	サーバーサイド用途を中心としたJavaScript実行環境
Deno	Node.jsの後継として開発が進められているJavaScript／TypeScript実行環境
Java Platform, Standard Edition	Java言語の実行環境[1]
Android／iOS（WebView）	Webページを表示するための組み込みブラウザー
Windows Script Host	Windows環境のスクリプト実行環境

●JavaScriptのおもな実行環境

▌1.3.1 Node.jsとは？

　中でも、現在よく利用されているJavaScript実行環境がNode.jsです。Node.jsとは、かんたんにいうならば、ブラウザーからJavaScriptエンジンだけを抜き出したソフトウェア。ブラウザーの制限が取り除かれるので、JavaScriptの用途が格段に広がります。サーバー上で動作するアプリをはじめ、デスクトップアプリ、スマホアプリなど、さまざまな状況でJavaScriptが利用可能になります。

※1　Java 8でNashornと呼ばれるECMAScript実行エンジンが標準搭載されていましたが、ECMAScriptの敏速な進化に追随するのが困難という理由から、現在では削除されています（いわゆるScripting APIは残されているので、別のエンジンを独自に導入することは可能です）。

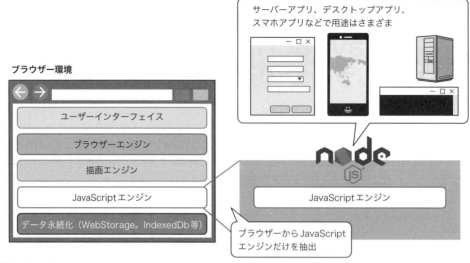

ブラウザー環境

サーバーアプリ、デスクトップアプリ、スマホアプリなどで用途はさまざま

ユーザーインターフェイス

ブラウザーエンジン

描画エンジン

JavaScriptエンジン

データ永続化（WebStorage。IndexedDb等）

JavaScriptエンジン

ブラウザーからJavaScriptエンジンだけを抽出

● **Node.jsとは？**

　従来のブラウザー上で動作するアプリ開発（フロントエンド開発）でも、昨今ではさまざまなツール、フレームワークを併用する機会が増えてきました。そのような場合にも、ツールそのもの、もしくはフレームワーク開発を支援するコマンドラインツールは、たいがいがNode.jsをベースに開発されており、本格的なJavaScript開発にNode.jsはなくてはならないものになりつつあります。

　Node.jsベースのツールについては、本書でもChapter 11で解説します。フレームワークについては本書では割愛しますので、詳しくは拙著『これからはじめるVue.js 3実践入門』（SBクリエイティブ）、『速習React 第2版』（Amazon Kindle）、『Angularアプリケーションプログラミング』（技術評論社）などの専門書を併読してください。

> **Note　JavaScriptエンジン**
>
> 　ブラウザーに搭載されているJavaScriptエンジンには、以下のようなものがあります。Node.jsで利用されているJavaScriptエンジンは、Chrome／Edge同様、V8エンジンです。
>
> | ブラウザー | JavaScriptエンジン |
> | --- | --- |
> | Chrome／Edge | V8 |
> | Safari | JavaScriptCore |
> | Firefox | SpiderMonkey |
> | Edge（旧） | Chakra |
>
> ● ブラウザー搭載のJavaScriptエンジン

1.3.2　実行環境によって利用できる機能は異なる

　実行環境が異なると、利用できる機能も変化する点に注意してください（クロスブラウザー問題とは異なり、そもそもサポートしている機能の違いです）。たとえばブラウザーを操作するためのブラウザー

API※2、ドキュメント（HTML）を操作するためのDOM（Document Object Model）などは、ブラウザー環境でのみ動作する機能です。一方、CommonJSと呼ばれるモジュール管理※3のしくみはNode.jsでしか動作しません。

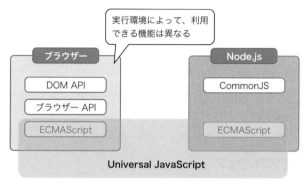

●**JavaScriptの実行環境**

　本書で扱う内容でいえば、Chapter 2〜8ではECMAScriptの範囲を扱っています。ECMAScript（標準JavaScript）なので、実行環境にかかわらず、共通して動作します。どのような形でJavaScriptを利用するにせよ、まずは習得しておくべき範囲です。

　ちなみに、この範囲で動作するJavaScriptのコードをUniversal JavaScriptといいます。将来的なコードの可搬性を考慮するならば、再利用可能な部品は極力、Universal JavaScriptとして記述することをおすすめします。

　一方、Chapter 9〜10の範囲は、おもにブラウザー環境での実行を想定した内容です（一部、Node.jsで動作する機能もありますが、基本はブラウザーでしか動作しません）。フロントエンド開発には欠かせない知識です。

　最終のChapter 11は、Node.jsを前提とした内容です。本書を学んだあと、より本格的なアプリを開発するための前準備として、Node.jsの使い方にも慣れておきましょう。

※2　Web APIとも呼ばれますが、ネットワーク経由で呼び出すAPIもWeb APIと呼ばれ、区別がしにくくなります。本書ではブラウザーAPIと呼んでいます。

※3　モジュールとは、アプリを機能単位に分割するためのしくみです。ECMAScriptではES2015で導入された比較的新しいしくみのため、Node.jsの世界では古くから独自にモジュールのしくみを提供してきました。ES2015のモジュール（ES Modules）については8.4節で改めて解説します。

1.4 JavaScriptアプリを開発／実行するための基本環境

以上、JavaScriptの全体像を概観できたところで、本節では実際にJavaScriptを利用して開発（学習）するための準備を進めます。

■ 1.4.1 準備すべきソフトウェア

本書でJavaScriptの学習を進めるには、以下のようなソフトウェアが必要です。

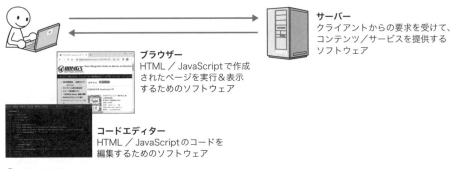

サーバー
クライアントからの要求を受けて、コンテンツ／サービスを提供するソフトウェア

ブラウザー
HTML ／ JavaScriptで作成されたページを実行＆表示するためのソフトウェア

コードエディター
HTML ／ JavaScriptのコードを編集するためのソフトウェア

●本書の学習に必要なソフトウェア

（1）ブラウザー

JavaScriptを実行するための、最も一般的な環境です。現在、よく利用されているものとしては、Google Chrome、Safari、Microsoft Edge、Firefoxなどがありますが、本書では執筆時点でのシェアも高いGoogle Chrome（以降、Chrome）を前提に解説を進めます。

ほかのブラウザーも執筆時点での最新バージョンで検証していますが、ログの出力内容、エラーメッセージなど、結果の細部は異なる可能性があります。適宜読み替えてください。

なお、よく知られるブラウザーとしてInternet Explorerもありますが、こちらは2022年6月にサポートが終了しています。日常的にも極力利用すべきではありませんし、標準JavaScriptをきちんと学んでいこうとしている皆さんならばなおさらです。

> **Note** Node.js
>
> 本書では、ブラウザー以外のJavaScript実行環境としてNode.jsも利用します。ただし、本格的に登場するのは、最終章のChapter 11です。インストール方法についても、11.1節で改めて解説します。

(2) コードエディター

コードを編集するためのソフトウェアです。使用するエディターに制限はなく、たとえばWindows標準の「メモ帳」、macOS標準の「テキストエディット」でも構いません。ただし、編集の効率を考えれば、プログラミングに向いたコードエディターを導入しておくことをおすすめします。

コードエディターにはSublime Text（https://www.sublimetext.com/）、サクラエディタ（https://sakura-editor.github.io/）など種々ありますが、本書ではWindows、macOS、Linuxなど複数の環境で動作し、拡張機能も豊富なVisual Studio Code（以降、VSCode）を採用します。VSCodeでは、現在よく利用されている言語／フレームワークを広くサポートしているので、本書で慣れておくことはほかの技術を学ぶ際にも役立つはずです。

もちろん、それ以外のエディターを利用しても問題ありません。本格的にプログラミングに取り組むならば、まずは慣れたものを1つ見つけておくことが肝要です。

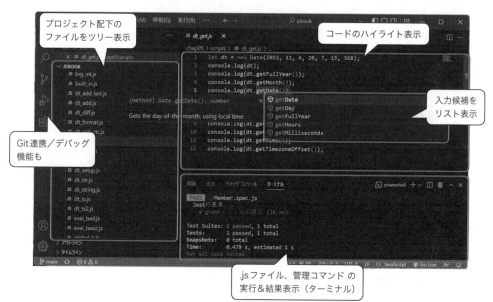

●VSCodeの機能

(3) HTTPサーバー

HTML／JavaScriptなどで作成したWebアプリは、一般的には、サーバーと呼ばれるコンピューターを介して参照することになります。サーバーとは、ネットワーク上に常時待機しているコンテンツ／サービスなどを提供するためのコンピューターのこと。中でも、HTTPサーバーは、HTTP経由でコンテンツを提供するためのサーバーです。

ただし、学習用途でインターネット上にサーバーを用意するのは大仰にすぎるので、まずは手元のパソコン内に簡易サーバーをインストールすることをおすすめします。本書ではVSCodeの拡張機能であるLive Serverを採用します。

1.4.2 Visual Studio Codeのインストール

　それでは、ここからはWindows環境を前提に、VSCode＋Live Serverをインストールする手順を紹介していきます。macOS環境についてもほとんど同じ要領で作業できるので、異なる点だけを補足します。

[1] インストーラーをダウンロードする

　VSCodeのインストーラーは、以下の本家サイトから入手できます。

```
https://code.visualstudio.com/Download
```

●VSCodeのダウンロードページ

[2] インストーラーを起動する

　ダウンロードしたVSCodeUserSetup-x64-x.xx.x.exe（x.xx.xはバージョン番号）をダブルクリックして、インストーラーを起動します。インストールは、基本的にウィザードの指示のままに、既定の選択で進めれば十分ですが、1点のみ、以下の追加タスク選択で、［エクスプローラーのディレクトリコンテキストメニューに［Codeで開く］アクションを追加する］をチェックしておくことをおすすめします。これによって、エクスプローラーから選択したフォルダーを直接VSCodeで開けるようになり、便利です。

● ［追加タスクの選択］ダイアログ

[3] VSCodeを起動する

インストーラーの最後に［Visual Studio Codeセットアップウィザードの完了］画面が表示されます。［Visual Studio Codeを実行する］にチェックを付けて、［完了］ボタンをクリックします。これでインストーラーを終了するとともに、VSCodeを起動できます。

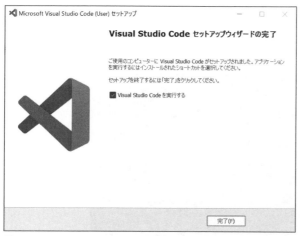

● ［Visual Studio Codeセットアップウィザードの完了］画面

［Visual Studio Codeを実行する］にチェックを付けずにインストーラーを終了してしまった場合、スタートメニューからもVSCodeを起動できます。［すべてのアプリ］ － ［Visual Studio Code］を選択してください。

> **Note　macOS環境では**
>
> macOS環境では、専用のインストーラーは存在しません。ダウンロードしたVSCode-darwin-universal.zipを解凍して、展開されたVisual Studio Code.appをアプリケーションフォルダーに移動してください。Visual Studio Code.appをダブルクリックすると、VSCodeが起動します。

[4] VSCodeを日本語化する

インストール直後の状態で、VSCodeは英語表記となっています。日本語化しておいたほうが使いやすいので「Japanese Language Pack for Visual Studio Code」をインストールします。

画面右下に［表示言語を日本語に変更するには〜］というダイアログが表示されるので、［インストールして再起動］ボタンをクリックしてください[1]。

---

[1]　初期起動時にダイアログが表示されない場合は、手順 [5] を参考に拡張機能 [Japanese Language Pack for Visual Studio Code] をインストールしても構いません。

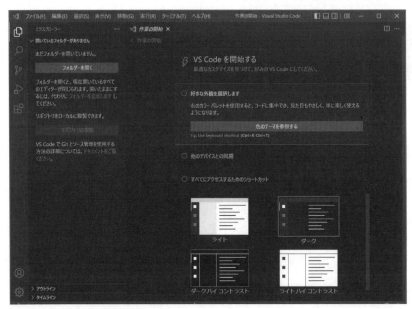

●初期起動後

自動でインストールされ、VSCodeが再起動します。再起動後、以下のようにメニュー名などが日本語化されていることを確認してください。

●表示言語を日本語に変更後

[5] Live Serverをインストールする

Live Serverなどの拡張機能は、VSCode左のアクティビティバーから 🏧 （Extensions）を開くことでインストールできます。

拡張機能の一覧が表示されるので、上部の検索ボックスから「Live」と入力すると、Liveを名前に含む拡張機能に絞り込まれます。ここでは［Live Server］欄の［インストール］ボタンをクリックしてください。

●拡張機能のインストール

拡張機能のインストールに成功すると、Live Serverのページが表示され、拡張機能が有効になります。

●Live Serverのページ

1.4.3 サンプルファイルの準備

本書のサンプルプログラムは、著者サポートサイトの以下ページからダウンロードできます。

```
https://wings.msn.to/index.php/-/A-03/978-4-297-13288-0/
```

ダウンロードしたファイルを解凍してできた/jsbookフォルダーを、たとえば「C:¥data」フォルダーにコピーします。コピー先は環境に応じて自由に変更しても構いませんが、本書では以降、このフォルダーを前提に手順を解説するので、適宜読み替えるようにしてください。

/jsbookフォルダーの配下は、以下のような章単位にまとまっています[2]。

```
/jsbook
  └─ /chapXX
       ├── xxxxx.html … HTMLのコード
       └─ /scripts
            └── xxxxx.js … JavaScriptのコード
```

紙面上、サンプルコードは.jsファイルを中心に載せていますが、サンプルを実行する際には、同名の.htmlファイルから起動してください。よって、Chapter 2のhello.jsを実行するならば、/chap02フォルダー配下のhello.htmlを起動します。サンプルそのものの実行方法は、2.1.1項で解説します。

---

[2] Chapter 11だけ節単位でさらにサブフォルダーを分けています。サブフォルダー配下の構造についても、詳しくは該当する節を参照してください。

1.5 ブラウザー付属の開発者ツール

本書のメイン解説はブラウザー環境を前提としています。そして、ブラウザー環境でのJavaScript開発では、ブラウザーに同梱されている開発者ツール（デベロッパーツール）の理解は欠かせません。本書の学習を進めていくうえでも、なにかとお世話になるので、学習を進めるに先立って、おもな機能を概観しておきましょう。まだ理解できない言葉も出てきますが、後続の章で追って解説するので、まずはツールの全体像を大づかみするという意味で、気楽に読み進めてください。

1.5.1 開発者ツールを概観する

開発者ツールを起動するには、ブラウザー上で F12 キーを押すだけです[※1]。既定ではブラウザー下部に固定表示されますが、右肩のメニューから左右、または別ウィンドウに表示させることも可能です。

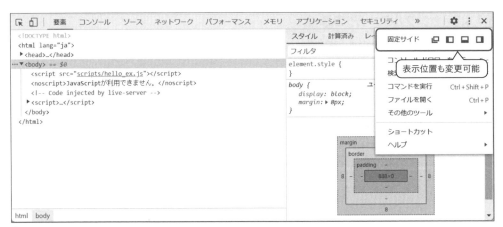

●開発者ツールのメイン画面（Chromeの場合）

たとえば以下では、Chromeにおける開発者ツールのおもなタブをまとめています。

※1　macOS＋Safari環境では、［環境設定］－［詳細］から［メニューバーに"開発"メニューを表示］にチェックを入れたうえで、 Option － Command － I で開きます。

メニュー	概要
*要素	HTML／CSSの状態を確認
*コンソール	変数情報の確認、エラーメッセージの表示など
*ソース	スクリプトのデバッグ（ブレイクポイントの設置＆変数の監視など）
*ネットワーク	ブラウザーで発生した通信を走査
パフォーマンス	パフォーマンスを計測
メモリ	メモリリークの追跡
*アプリケーション	クッキー／ストレージなどの内容を確認
セキュリティ	コンテンツの問題、証明書の問題などのデバッグ
Lighthouse	Webページの分析

●開発者ツールのおもなタブ（Chromeの場合）

　さまざまな機能が搭載されていますが、以下では、その中でも特にJavaScript開発でよく利用すると思われる項目（表内で「*」を付与しているもの）について解説しておきます。

　なお、以下の内容はChromeを前提としていますが、その他のブラウザーでもおおまかな機能は類似しています。一般的な機能の理解として、参考にしてください。

1.5.2　HTML／CSSのソースを確認する - ［要素］タブ

　［要素］タブでは、HTMLのソースをツリー表示できます。いわゆる［ページのソースを表示］とは違って、JavaScriptで動的に操作された結果が反映されているので、スクリプトの実行結果を確認する際に有効です。

●［要素］タブでページの現在の状況を確認

　　（ページの要素を選択して検査）を選択すれば、ページの領域を選択することで対応するソースが

選択状態になりますし、右の［スタイル］ペインでは、その要素に適用されたスタイルを確認することもできます。ソースやスタイルを編集すれば、ブラウザーにも即座に結果が反映されるので、細かなスタイルの調整にも重宝します。

1.5.3　通信状況をトレースする - ［ネットワーク］タブ

　［ネットワーク］タブを利用することで、ブラウザー上で発生した通信を確認できます。特にFetch API（10.4節）によって発生した非同期通信は表に現れにくいので、なかなか問題を特定しにくいものです。しかし、［ネットワーク］タブを利用すれば、正しいリクエストがなされているのか、意図したデータを受信できているのかを確認しやすくなります。

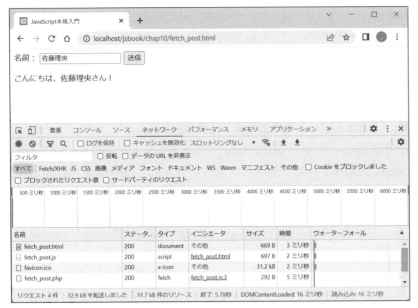

● ［ネットワーク］タブによる通信の監視

　上側のタイムラインでは、ダウンロードにかかった時間も表示されるので、表示のボトルネックとなっている要素を特定するためにも利用できます。

　通信の詳細は、個々の項目をクリックすることで確認できます。非同期通信では、ヘッダー（＝通信時に送られた内部情報）、レスポンス（応答本文）などをチェックすることが多いはずです。

● ［ネットワーク］タブ（詳細）

1.5.4 スクリプトをデバッグする - ［ソース］タブ

　JavaScriptによる開発で、最も重要なのが［ソース］タブです。［ソース］タブでは、コード左の行番号をクリックすることで、ブレイクポイントを設置できます。ブレイクポイントとは、実行中にスクリプトを一時停止させるための機能、または、停止させるポイントのこと。デバッグでは、ブレイクポイントでスクリプトを中断し、その時点のスクリプトの状態を確認していくのが基本です。

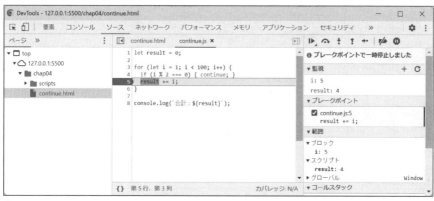

● ［ソース］タブでブレイクポイントを設置

　ブレイクポイントで処理が止まると、上のように該当行が反転します。この状態で、右ペインの［監視］ペインからはその時点での変数の状態を確認できます。監視したい変数／式は ➕ (Watch式を追加) で追加できます。

　ブレイクポイントからは、以下の表にあるようなボタンを使って、行単位にコードを進められます（これをステップ実行といいます）。ステップ実行によって、どこでなにが起こっているのか、細かな流れを追跡できるわけです。

ボタン	概要
⬇	ステップイン（1行単位に実行）
⤵	ステップオーバー（1行単位に実行。ただし、関数があった場合もこれを実行して次の行へ）
⬆	ステップアウト（現在の関数が呼び出し元に戻るまで実行）

●ステップ実行のためのボタン

　ステップ実行をやめて、通常の実行に戻すには ▶ (スクリプトの実行を再開) ボタンをクリックします。

Note　圧縮されたコードを整形する

　昨今では、ダウンロード時間の節約のために、レスポンスに際してJavaScript／CSSのコードを圧縮するのが一般的です（11.3節）。ただし、圧縮されたコードは、人間にとっては読みにくいものです。

　そのような時には［ソース］タブ下の {} (<ファイル名>をプリティプリント) ボタンをクリックすることで、コードを改行／インデント付きの読みやすい形式に整形できます。

```
×  ヘッダー  プレビュー  レスポンス  イニシエータ  タイミング
1  const c=function(){const r=document.createElement("link").relList;if(r&&r.suppor
2    <h1>\u3053\u3093\u306B\u3061\u306F\u3001Vite!!</h1>
3    <a href="https://vitejs.dev/guide/features.html" target="_blank">Documentation
4  `;const i=new Image;i.src=1;document.querySelector("#app").appendChild(i);
5
```

```
×  ヘッダー  プレビュー  レスポンス  イニシエータ  タイミング
1  const c = function() {
       const r = document.createElement("link").relList;
       if (r && r.supports && r.supports("modulepreload"))
           return;
       for (const e of document.querySelectorAll('link[rel="modulepreload"]'))
           n(e);
       new MutationObserver(e=>{
           for (const t of e)
               if (t.type === "childList")
                   for (const o of t.addedNodes)
                       o.tagName === "LINK" && o.rel === "modulepreload" && n(o)
       }
   ).observe(document, {
       childList: !0,
```

●圧縮されたコードを整形して、読みやすい形式に

1.5.5　ストレージ／クッキーの内容を確認する - ［アプリケーション］タブ

　［アプリケーション］タブでは、ストレージ（10.3節）をはじめ、クッキー／IndexedDB（データベース）の内容を確認できます。現在の内容が表形式で表示されるので、そこから直接に値を追加／編集／削除することも可能です。

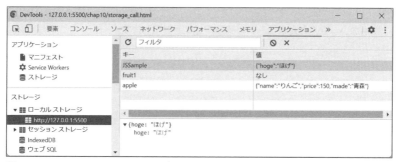

●ストレージ／クッキーの内容を表形式で表示

1.5.6　ログ確認／オブジェクト操作などの万能ツール - ［コンソール］タブ

　［ソース］タブと並んで、JavaScriptでのデバッグに欠かせない機能がこれ、［コンソール］タブです。［コンソール］タブには、大きく2つの役割があります。

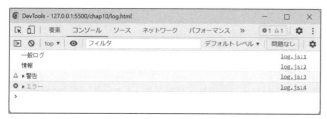

●　［コンソール］タブ

（1）エラーメッセージやログを確認する

　まず、エラーメッセージや出力されたログの確認です。サンプルを動作させる際には、無条件に開発者ツールを開いておいてください。ツール右肩に ⊘1 （xx Errors）のような表示がされていたら、まず［コンソール］タブでエラーメッセージを確認することをおすすめします。

　また、console.logメソッド（10.2.1項）で出力したログ情報もコンソールで表示できます。［ソース］タブを利用するまでもないかんたんな変数の確認などに便利です。

（2）対話的にコードを実行する

　コンソールからは対話的にJavaScriptのコードを実行することもできます。たとえばquerySelectorメソッド（9.2.1項）で指定された要素を取り出すならば、以下のようにします。

●コンソール上でJavaScriptのコードを実行

ファイルに保存するまでもない、かんたんなコードの確認用途にも重宝します。

| Column | VSCodeの便利な拡張機能（2）- Regex Previewer |

正規表現（5.8節）をその場でテスト＆実行するための拡張機能です。1.4.2項と同じ要領でインストールして、以下のようなコードを書いてみましょう。

```
let p = /http(s)?:\/\/([\w-]+\.)+[\w-]+(\/[\w- .\/?%&=]*)?/gi;
```

●正規表現パターンにマッチするものをハイライト

コードの上部に［Test Regex...］リンクが表示されるので、これをクリックすると正規表現を確認するためのテキストファイルが生成され、マッチした文字列がハイライト表示されます。もちろん、テスト対象のテキストは編集することも可能ですし、既存のテキストファイルを利用することも可能です。

正規表現パターンの正否はとかく確認が面倒なものですが、これで随分と確認の手間が軽減できますね。

Chapter 2

基本的な書き方を身につける

2.1 JavaScriptの基本的な記法

VSCode＋Live Serverを準備できたところで、本章からはいよいよ、実際にJavaScriptを用いた
プログラムを作成していきましょう。

基本的な構文を理解することももちろん大切ですが、自分の手を動かすことはそれ以上に大切です。
単に解説を追うだけでなく、自分でコードをタイプして実際にブラウザーからアクセスしてみてください。
その過程で、本を読むだけでは得られないさまざまな発見がきっとあるはずです。

2.1.1 JavaScriptで「こんにちは、世界!」

まずは、JavaScriptでごく基本的な「こんにちは、世界!」アプリを作成してみましょう。「今さら」
と思う方もそうでない方も、まずは誤解のしようもないシンプルなコードで、基本となる構文と実行方法
を確認します。

[1] サンプルフォルダーを開く

VSCodeでは、特定のフォルダー配下で作業を進めるのが一般的です。ここでは、1.4.3項で準備し
たサンプルフォルダーを開いておきましょう。

VSCodeを起動し、メニューバーから［ファイル］－［フォルダーを開く...］を選択します。

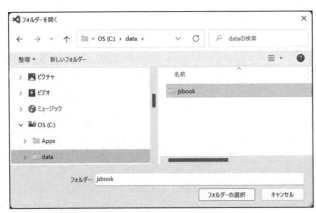

● ［フォルダーを開く］ダイアログ

　［フォルダーを開く］ダイアログが開くので、「C:¥data
¥jsbook」フォルダー[※1]を選択し、［フォルダーの選択］
ボタンをクリックします。以下のように、/jsbookフォル
ダーが［エクスプローラー］ペインに表示されます。

●サンプルフォルダーが開かれた

　特定のフォルダーを開いた状態でVSCodeを終了すると、以降の起動では、そのフォルダーが開
いた状態でVSCodeが開きます。
　また、エクスプローラーからフォルダーを右クリックし、表示されたコンテキストメニューから［そ
の他のオプションを表示］－［Codeで開く］を選択しても、目的のフォルダーを開けます。

［2］新規にコードを作成する

　［エクスプローラー］ペインから/chap02フォルダー
を選択した状態で、　（新しいファイル）ボタンをクリッ
クします。ファイル名の入力を求められるので、「hello.
html」と入力して、Enter キーを押します[※2]。
　空のhello.htmlが開くので、以下のようなコードがで
きあがるように、順を追ってコードを作成していきます。

●新規にファイルを作成

●リスト2-01　hello.html

```html
<!DOCTYPE html>
<html lang="ja">
<head>
  <meta charset="UTF-8">
  <meta http-equiv="X-UA-Compatible" content="IE=edge">
  <meta name="viewport" content="width=device-width, initial-scale=1.0">
  <title>JavaScript本格入門</title>
</head>
<body>
  <script type="text/javascript">
    // console.logは、指定された文字列をログに表示するための命令です。
    console.log('こんにちは、世界！');   ←── ❶
  </script>
  <noscript>JavaScriptが利用できません。</noscript>
</body>
```

※1　ダウンロードサンプル（P.35）のルートフォルダーです。展開先によってパスは変化します。

※2　配布サンプルでは、/chap02フォルダー内に既にhello.htmlがあります。［2］の手順を試す場合には、事前にこの
　　　hello.htmlを削除してください（同名のファイルが既に存在する場合には、ファイルを新規作成できません）。

```
</html>
```

htmlタグは、VSCode標準のEmmetというプラグインを利用することで、入力を効率化できます。最初に「ht」と入力すると、以下のような候補リストが表示されます（表示されない場合は Ctrl + Space を押してみましょう）。

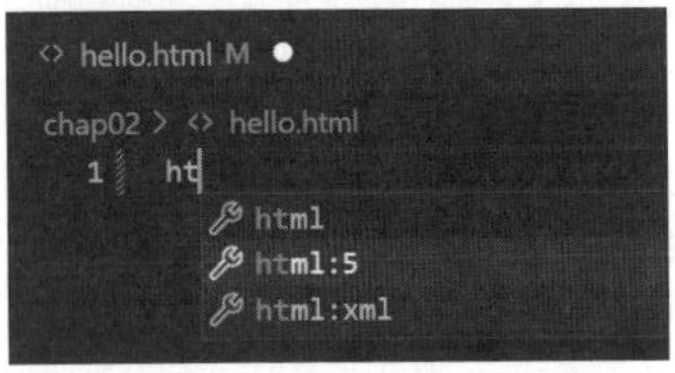

```
<> hello.html M ●

chap02 > <> hello.html
    1   ht
            🔧 html
            🔧 html:5
            🔧 html:xml
```

●**入力候補リストが表示される（Emmet）**

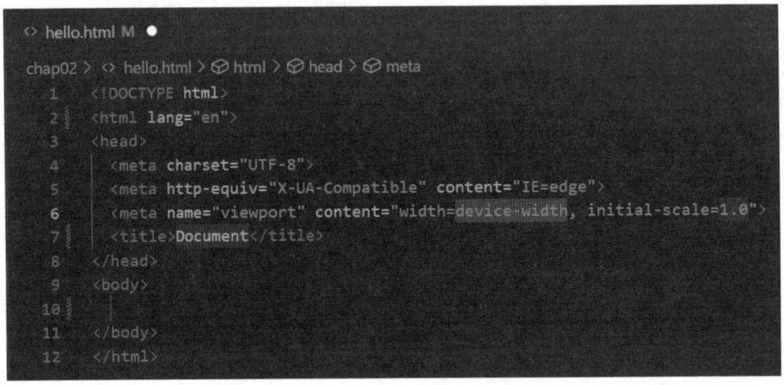

```
<> hello.html M ●

chap02 > <> hello.html > 📦 html > 📦 head > 📦 meta
    1   <!DOCTYPE html>
    2   <html lang="en">
    3   <head>
    4     <meta charset="UTF-8">
    5     <meta http-equiv="X-UA-Compatible" content="IE=edge">
    6     <meta name="viewport" content="width=device-width, initial-scale=1.0">
    7     <title>Document</title>
    8   </head>
    9   <body>
   10
   11   </body>
   12   </html>
```

●**［html:5］が選択された後**

リストから［html:5］を選択し、Tab キーを押すと、以下の図のように定型的なページの外枠が生成されるので、あとはリスト2-01の太字部分を入力するだけです[3]。

入力補完機能は、JavaScriptのコード入力にも利用できます。❶で「co」と入力したところで、候補リストが表示されます（されなければ、Ctrl + Space を押します）。

※3　ただし、Emmetで自動生成されるコードには、サンプルとして冗長な内容も含まれています。本項では初期状態を確認する目的で残していますが、以降のサンプルでは、必要最小限のコードだけを残しています。

●JavaScriptコードの入力補完

　［console］を選択し、Tab キーで確定すると、コードが補完されます（Ⓐ）。「.」と入力すると、さらに候補リストが表示されるので、［log］を選択し、同じく Tab キーで確定します（Ⓑ）。

　このように入力補完機能を利用することで、タイプ量を減らせるだけでなく、命令がうろ覚えでもコードを正確に書き進められるのです。

Note　パラメーターの説明も

　より複雑な命令では、その役割、渡せるパラメーターなども表示されるので、ドキュメントを確認する手間も省けます。

```js
const dt = new Date();
dt.setFullYear();
dt.  (method) Date.setFullYear(year: number, month?: number |
dt.  undefined, date?: number | undefined): number
dt.
dt.  Sets the year of the Date object using local time.
dt.  @param year — A numeric value for the year.
dt.  @param month — A zero-based numeric value for the month (0 for January,
con  11 for December). Must be specified if numDate is specified.
con  @param date — A numeric value equal for the day of the month.
```

●命令に渡せるパラメーターなども表示

---

［3］作成したページを保存する

　編集できたら、［エクスプローラー］ペインから 🗐（すべて保存）をクリックします。保存に際しては文字コードが「UTF-8」になっていることを確認してください[4]。

　なお、未保存のファイルにはエディター上のタブに ● マークがつきます。保存したことで、● が消えることも確認しておきましょう。

---

[4] 異なる文字コードになっている場合は、ステータスバーの文字コード部分（たとえば「Shift JIS」など）をクリックします。VSCode上部に選択リストが表示されるので、［エンコード付きで保存］－［UTF-8］を選択することで、文字コードを変更できます。

●ファイルを保存する

[4] ブラウザーから動作を確認する

　［エクスプローラー］ペインから対象のファイル（ここではhello.html）を右クリックし、表示されたコンテキストメニューから［Open with Live Server］をクリックします[5]。

　ブラウザーが起動するので、F12 キーを押すか、⋮（Google Chromeの設定）ボタン－［その他のツール］－［デベロッパーツール］をクリックして、開発者ツールを開きます。［コンソール］タブを選択し、以下のように表示されていれば、正しく動作しています[6]。

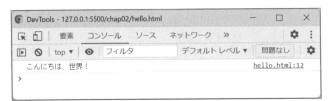

●指定された文字列をログ表示

> **Note**　**正しく実行できない場合**
>
> 　ログが表示されない場合、開発者ツールからエラーを確認してみましょう。たとえば以下は、「console」の「e」が抜けている場合のエラーです。consolという命令はないので、「未定義ですよ！」と怒られているわけですね。
>
>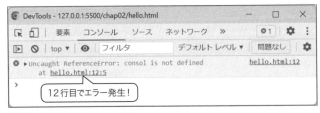
>
> ●開発者ツールでのエラー表示
>
> 　コンソールには、問題のあった行数も表示されるので、該当行とその前後について、次の観点で再確認してください。

※5　初回の起動では［Windowsセキュリティの重要な警告］ダイアログが表示されますが、［アクセスを許可する］ボタンで進めてください。

※6　以降でも、結果のほとんどをコンソール上で表示するので、開発者ツールは開いたままにすることをおすすめします。

1. スペリングに誤りがないか（特に<script>要素の中には要注意）
2. 日本語（ここでは「こんにちは、世界！」）以外の部分は、すべて半角文字で記述しているか
3. ファイルの文字コードが誤っていないか

　特に2.については、セミコロン、クォート（'）、スペースなどでは全角／半角の違いを発見しにくい場合があるので、注意深く確認してください。

　さて、はじめてのJavaScriptコードは、正しく実行できたでしょうか。以降では、これから学習を進めていくうえで最低限知っておきたい、基本的な文法やルールを説明していきます。

2.1.2　文字コードのルール

　コンピューターの世界では、文字の情報をコード（番号）として表現します。たとえば「30A4」は「イ」、「30ED」は「ロ」、「30CF」は「ハ」のように、ある文字とコードとが1：1の関係にあるわけです。

　このようにそれぞれの文字に割り当てられたコードのことを文字コード、実際の文字と文字コードとの対応関係を文字エンコーディングと呼びます[※7]。

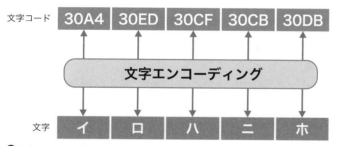

●文字コードと文字エンコーディング

　日本語環境でよく見かける文字コードには、以下のようなものがあります。

文字コード	概要
Shift-JIS（SJIS）	おもにWindows環境で古くから利用される
JIS（ISO-2022-JP）	日本語の電子メールでよく利用される
EUC-JP	Linux／Unix環境で古くからよく利用された
UTF-8／UTF-16	Unicode（各国の文字コードを1つにまとめたもの）に対応し、国際化対応に優れる

●日本語環境でよく見かける文字コード

　で、どの文字コードを利用するか、ですが、現状ではUTF-8の一択です。UTF-8は国際化対応にも優れ、JavaScriptをはじめ、モダンなプログラミング環境のほとんどで推奨されている文字コードです。

※7　ただし、実際にそこまでは区別していないシーンも多いように思えます。本書でも、とりあえず両方の意味で「文字コード」という用語を利用していきます。

ほかの文字コードを利用することもできますが、特にネットワーク通信で外部サービスと連携する際には、文字化けなどの原因となる場合があります。特別な理由がない限り、すべてのファイル（.html、.css、.jsファイルなど）をUTF-8で統一するのが安全です。

■ 2.1.3　JavaScriptをHTMLファイルに組み込む - <script>要素

JavaScriptのコードをHTMLファイルに組み込むのは、<script>要素の役割です。

◉ 構文　<script>要素

```
<script type="text/javascript">
  ...JavaScriptのコード...
</script>
```

type属性はスクリプトの種類を表します。当面は「text/javascript」以外を指定することはありませんし、そもそも「text/javascript」が既定値なので、省略しても構いません（以降のサンプルでは、そのようにしています）。

■ <script>要素を記述する場所

<script>要素を記述する場所は、大きく以下のように分類できます。

（1）<body>要素の配下（任意の位置）

<script>要素での処理結果を、ページに直接出力するために利用します。昔はよく見かけた書き方ですが、コンテンツとコードとが混在するのは、ページの可読性／保守性の観点からも望ましくありません。現在ではほとんど使われることはありませんし、また、一部の例外を除いては使うべきではありません。

（2）<body>要素の配下（</body>閉じタグの直前）

一般的なブラウザーでは、スクリプトの読み込みや実行が完了するまで、以降のコンテンツを描画しません。このため、読み込みや実行に時間がかかるスクリプトは、そのままページ描画の遅れに直結します。

そこで、ページ高速化の手法としてページの末尾（</body>の直前）に、<script>要素を配置することがよくおこなわれます。これによって、ページの描画を終えたあと、おもむろにスクリプトを読み込み／実行できるので、見た目の描画速度が改善します。

一般的に、JavaScriptによる処理は、ページがすべて準備できてから開始すべきものであるはずなので、これによる弊害もほぼありません。

（3）<head>要素の配下

ただし、（2）でまかなえないケースがあります。JavaScriptでは、「関数（Chapter 6）を呼び出すための<script>要素よりも、関数定義の<script>要素を先に記述していなければならない」というルールがあるためです（関数の定義、呼び出しが1つの<script>要素にまとまっていても構いません）。

たとえば、<body>要素の配下で呼び出す必要があるような関数は、<head>要素の配下で事前に読み込んでおく必要があります。

　また、スクリプトからスタイルシートを出力するような状況でも、本文の出力に先立って<head>要素の配下で<script>要素を記述すべきです。

　で、(1)～(3)いずれが望ましいかですが、まずは(2)を基本とし、それで賄えない場合にだけ(3)を利用する、と理解しておけばよいでしょう（本書でもそのルールに沿っています）※8。

　繰り返しですが、(1)を利用する状況は、外部のウィジェットを埋め込むなどの状況を除けば、ほとんどありません。(1)を使いたくなったら、まずはほかの方法で賄えないかを検討すべきです。

実行結果を文書内に埋め込みたい
→ <body>要素の配下に記述

```
<!DOCTYPE html>
<html>

<head>
<meta charset="UTF-8" />
<title>JavaScript...</title>
</head>
<body>
    …任意のコンテンツ…
<script type="text/javascript">

    ...JavaScriptのコード...

</script>
    …任意のコンテンツ…
</body>
</html>
```

ページを操作するコードを
定義したい
→ </body>閉じタグの直前に記述

```
<!DOCTYPE html>
<html>

<head>
<meta charset="UTF-8" />
<title>JavaScript...</title>
</head>
<body>

    …任意のコンテンツ…

<script type="text/javascript">

    ...JavaScriptのコード...

</script>
</body>
</html>
```

<body>配下で直接呼び出すための
関数を定義したい
→ <head>要素の配下に記述

```
<!DOCTYPE html>
<html>

<head>
<meta charset="UTF-8" />
<title>JavaScript...</title>
<script type="text/javascript">

    ...JavaScriptのコード...

</script>
</head>
<body>
    …任意のコンテンツ…
</body>
</html>
```

●<script>要素の記述場所

　なお、<script>要素は、.htmlファイルの中に何度記述しても構いません。ページとしては、最終的に<script>要素をすべてひとまとめにしたもので解釈するからです。

■ 外部スクリプトをインポートする

　JavaScriptのコードは、外部ファイルとして別に定義することも可能です。

●構文 **<script>要素（外部ファイル化）**

```
<script src="path"></script>
        path：スクリプトファイルへのパス
```

※8　ただし、この後、モジュール、defer属性などが登場すると、ルールも変化します。詳しくは9.2.3項も参照してください。

たとえば、前掲のリスト2-01は、以下のように書き換えることも可能です。

◉ リスト2-02 上：hello_ex.html／下：hello_ex.js

```html
<!DOCTYPE html>
<html lang="ja">
<head>
  <meta charset="UTF-8">
  <meta http-equiv="X-UA-Compatible" content="IE=edge">
  <meta name="viewport" content="width=device-width, initial-scale=1.0">
  <title>JavaScript本格入門</title>
</head>
<body>
  <script src="scripts/hello_ex.js"></script>
  <noscript>JavaScriptが利用できません。</noscript>
</body>
</html>
```

```js
// console.logは、指定された文字列をログに表示するための命令です。
console.log('こんにちは、世界！');
```

コードを外部化することには、以下のようなメリットがあります。

・レイアウトとスクリプトを分離することで、コードを再利用しやすくなる
・スクリプトを別ファイルに切り出すことで、.htmlファイルの見通しがよくなる

これらの理由から、本格的なアプリ開発では、できるかぎりJavaScriptは外部ファイル化すべきです。ただし、実際にはコード部分が非常に短いなどのケースで、外部化したほうがかえって記述が冗長になるということもあるでしょう。そのような場合は、先述したページインラインの記法を用いるなど、状況に応じて使い分けるようにしてください[9]。

■ 外部スクリプトとインラインスクリプトを併用する場合の注意点

外部スクリプトとインラインスクリプトを併用する場合、以下のような記述はできません。

```
<script src="lib.js">
  console.log('こんにちは、世界！');   ←── 無視される
</script>
```

src属性を指定した場合、<script>要素配下のスクリプトは無視されるのです。外部スクリプトとインラインスクリプトを併用する場合には、以下のように<script>要素も別個に記述してください。

※9　次節以降のサンプルでも、原則として、JavaScriptのコードは外部化しています。紙面の都合上、サンプルは.jsファイルだけを掲載していますが、起動ファイルは、同名の.htmlファイルです。完全なコードはダウンロードサンプルを参照してください。

```
<script src="lib.js"></script>
<script>
  console.log('こんにちは、世界！');
</script>
```

■ JavaScript機能が無効の環境で代替コンテンツを表示させる - \<noscript\>要素

　ブラウザー側では、JavaScriptの機能を無効にすることもできます。その場合に表示すべき代替コンテンツを表すのが、\<noscript\>要素です。

　本来、ページ開発者はJavaScriptが動作していない場合でも、必要最低限のコンテンツを閲覧できるように、ページをデザインすべきです。しかし、「ページのしくみとして、どうしてもJavaScriptに依存せざるをえない」という場合には、JavaScriptを有効にしたうえでアクセスしてほしい旨を、メッセージ表示することもできるでしょう。あるいは、代替するページへのリンクを表示するのにも利用できます。

●リスト2-01をJavaScript無効の環境で実行した結果

　たとえば、Google ChromeでJavaScript機能を無効にするならば、⫶（Google Chromeの設定）ボタン−［設定］を選択します。［設定］画面を開いたら［プライバシーとセキュリティ］をクリックして、［プライバシーとセキュリティ］欄の［サイトの設定］をクリックします。

　すると、［サイトの設定］画面が開くので、［コンテンツ］欄の［JavaScript］をクリックします。［JavaScript］画面が開くので［デフォルトの動作］欄から［サイトにJavaScriptの使用を許可しない］を選択してください。

● ［JavaScript］画面

2.1.4　文（Statement）のルール

スクリプトとは、いくつかの処理の塊です。「××を〜〜しなさい」「□□を〜〜しなさい」といった指示と、その手順（順序）をまとめた指示書と言い換えてもよいでしょう。そして、その個々の指示を表す単位が文（Statement）です。

たとえばリスト2-01の例であれば、「console.log('こんにちは、世界！');」という単一の文から構成されたスクリプト、ということになります。console.logは「コンソールに指定された文字列を出力しなさい」という意味の命令[10]です。文字列はシングルクォート（'）、またはダブルクォート（"）でくくります。コード実行の確認用途で、この後もよく利用するので、ぜひ覚えておきましょう。

JavaScriptの文には、以下のようなルールがあります。

■ 文の末尾にはセミコロンを付ける

JavaScriptでは、文の末尾をセミコロン（;）で終えるのが基本です。

```
console.log('こんにちは、世界！');
```

「基本です」とは、セミコロンを省略しても誤りではありません。たとえば、上のコードは以下のように表しても同じ意味です（JavaScriptが、適宜末尾のセミコロンを補ってくれるからです）。

```
console.log('こんにちは、世界！')    // セミコロンがない！
```

ただし、文の区切りが曖昧になったり、そもそもコード内容によっては思わぬ不具合の原因となる場合があります。本書では、まずは「セミコロンは省略すべきではない」という立場で解説を進めます。

Note 郷に入っては郷に従え

　ただし、「思わぬ不具合」も、コーディング時の注意で十分に避けられるものですし、セミコロンの要否は、本質的には宗教論争（あるいは、好みの違い）に近い側面もあります。

　実際、最近では「セミコロンは省略すべき」としている開発プロジェクトも増えてきたように思えます。著者としては、いずれが正しいと論ずるのは無駄な労力なので、「郷に入っては郷に従え」がすべてだと考えています。

■ 文の途中で空白や改行、タブを含めることもできる

1つの文が長い場合などには、意味ある単語（キーワード）の区切りであれば、途中で改行やインデント（タブ／空白）を加えることもできます。たとえば以下は、改行する意味はありませんが、文法的には正しいJavaScriptのコードです。

---

[10]　ある決められた処理が割り当てられた命令のことをメソッドといいます。このあと、関数という言葉も出てきますが、まずは、いずれも似たような命令の一種と捉えておいて構いません。

```
console.
  log
    (
      'こんにちは、世界！'
    )
;
```

ただし、コードの可読性を考えれば、以下のようなルールに基づいて改行を加えるのが望ましいでしょう。

1. 文が80列を越えた場合に改行
2. 改行位置は左カッコ、カンマ（,）、演算子（Chapter 3）などの直後に限る
3. 文の途中で改行した場合には、次の行にインデント（字下げ）を加える

文脈次第では改行によって問題が発生する状況もあります（詳しくは6.1.5項で触れます）。特に2.は意識して、文の継続が明確になるように心がけましょう。

■ 大文字／小文字は厳密に区別される

JavaScriptの文はかなり柔軟に記述できますが、1点だけ、大文字／小文字が厳密に区別される点に要注意です。たとえば、以下のような記述は不可です。

```
console.Log('こんにちは、世界！');
```

「log」と「Log」とが別の命令と見なされるためです。Logという命令は存在しないので、エラーとなります。「スペリングはまちがっていないのに大文字／小文字の違いでエラーとなっていた」などは、よく陥りがちな誤りなので、十分に注意してください。

■ 補足：複数の文を単一行で書くこともできる（非推奨）

逆に、1行に複数の文を含めても構いません。たとえば以下は、正しいJavaScriptのコードです（この場合、区切りを明確にするため、セミコロンは省略できません！）。

```
console.log('こんにちは、世界！'); console.log('Hello, World!');
        ❶                              ❷
```

ただし、これは「べからず」なコードです。というのも、開発中に発生した問題を特定することが困難になる場合があるのです。

一般的な開発環境（デバッガー）では、コードの実行を中断し、その時点での状況を確認するブレイクポイントと呼ばれる機能を備えています。しかし、ブレイクポイントは行単位でしか設定できないので、上記のようなコードでは❷の直前で止めたいと思っても、その前の❶で止めざるを得ないのです。

文の長短にかかわらず、複数の行を１行にまとめないのが原則です。

■ 2.1.5　コメントを挿入する

コメントとは、名前のとおり、スクリプトの動作には関係しないメモ書きのこと。スクリプトは「一度書いたら、それで終わり」というものではありません。バグ（誤り）を修正するため、新たな機能を追加するため、さまざまなシーンで既存のコードを読み返すことはよくあります。もっとも、他人の書いたコードは読み解きにくいものですし、自分が記述したコードですら、時間が経つと、どこに何が書かれているのかを思い出せないということはよくあります。そのような場合に備えて、コードの要所要所にコメントを残しておくことは大切です。

JavaScriptでは、コメントを記述するために３つの記法を用意しています。

記法	概要
// comment	単一行コメント。「//」から行末までをコメントとみなす
/* comment */	複数行コメント。「/*〜*/」で囲まれたブロックをコメントとみなす
/** comment */	ドキュメンテーションコメント。「/**〜*/」で囲まれたブロックをコメントとみなす

●JavaScriptのコメント構文

ドキュメンテーションコメントは、コードのドキュメント化を目的とした特殊なコメントなので、詳細は11.5節で改めます。以下は、残る２個のコメント構文を利用した例です。

●リスト2-03　comment.js

```
// これはコメントです。
/* 複数行にまたがった
   コメントです。 */
```

コメントは、特定の文を無効にする場合に利用することもあります。たとえば、以下の文はコメントとみなされ、実行されません。

```
// console.log('こんにちは、世界！');
/*
console.log('こんにちは、世界！');
*/
```

このように、文をコメント化（無効化）することをコメントアウトといいます。デバッグなどに際してはよく利用するので、覚えておくとよいでしょう。

■ 単一行コメントか、複数行コメントか

「//」を連ねれば複数の行をコメントアウトできますし、「/*〜*/」で単一行をコメントアウトすることも、もちろん可能です。

● **リスト2-04 comment.js**

```
// 複数行を
// コメントアウトします。
/* 単一行をコメントアウトしても構いません。 */
```

では、結局のところ、いずれを優先して利用すればよいのでしょうか。

結論から言ってしまうと、原則として

単一行コメントの「//」を優先して利用すべき

です。というのも、/*〜*/は、その性質上、入れ子にはできません。/*〜*/をすでに含んでいるコードを、さらに/*〜*/でコメントアウトした場合、文法エラーとなります。

そもそも複数行コメントの終了を表す「*/」は、正規表現リテラル（5.8.2項）など、コメント以外でも発生する可能性があります。たとえば、次のコードであれば青字の範囲でコメントが終了したとみなされてしまいます（もちろん、これは意図した挙動ではありません）。

```
/*
let result = str.match(/[0-9]*/);
*/
```

特定のコードを大きくコメントアウトする際に、いちいち「*/」の有無を確認しなければならないのはめんどうです。一方、「//」であれば、そのような制限はありません。

また、複数行をコメントアウトする場合にも、JavaScriptに対応したエディターであれば、選択した行をワンタッチでまとめて処理できるので、手間に感じることはないでしょう（VSCodeであれば、該当の行を選択して[Ctrl]＋[/]を押します。同じ操作でコメントの解除もできます）。

Note コメントに何を書くべきか

そもそもコメントに何を書くかは、なかなかに難しいテーマです。一概にはいえない点もありますが、以下におおまかなポイントをまとめておきます。

- 複雑なコードの意図（＝その書き方を選択した理由を知りたいことはよくあります）
- クラス／関数、あるいは複雑なコードではブロック単位の要約
- あとで作業すべき課題（TODO）、不具合（FIXME）、最適化すべき点（OPTIMIZE）、レビューすべき点（REVIEW）は、「FIXME:〜」など接頭辞付きで明記
- コードの翻訳を書かない（＝コード自体を読めばよいからです）

最初のうちは適切なコメントを書くのは難しいかもしれません。ほかの人が書いたコメントを読みながら、そしてなにより読み手の気持ちを想像しながら、少しずつ慣れていきましょう。よいコメントは、回りまわって、あなたの仕事をいつどこかで効率化してくれるはずです。

2.2 変数

変数とは、ひとことでいうならば「データの入れ物」です。スクリプトが、最終的な解を導くための一連の「データのやりとり」を表すものであるとするならば、「やりとりされる途中経過のデータを一時的に保存する」のが、変数の役割です。

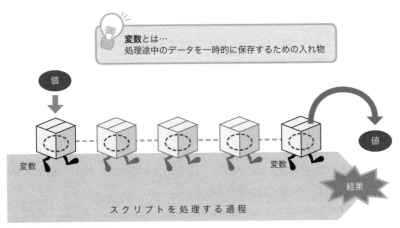

● 変数は「データの入れ物」

2.2.1 変数を宣言する

変数を利用するには、まずlet命令で変数を宣言しておく必要があります。宣言によって、変数の名前をJavaScriptに登録するとともに、値を格納するための領域をメモリ上に確保するわけです。

● 構文 let命令

```
let 変数名 [= 初期値]
```

たとえば、以下ではmsgという名前の変数を確保してから、その中に「こんにちは、JavaScript！」という文字列を設定する例です。

● リスト2-05 let.js

```
let msg = 'こんにちは、JavaScript！';        ←① 
console.log(msg);  // 結果：こんにちは、JavaScript！   ←②
```

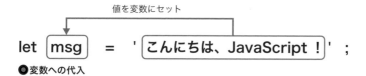

詳しくは3.3節でも改めますが、「＝」は「右辺の値を左辺の変数に格納しなさい」という意味です。変数に値を格納することを代入といいます[1]。数学のように「左辺と右辺とが等しい」ことを意味するわけではないので注意してください。

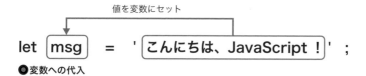

● 変数への代入

用意された変数の中身を確認するには、単に「変数名」と表すだけです。よって、❷は「変数msgの値をログに出力しなさい」という意味になります。名前を指定して変数の値を取り出すことを、変数を参照するともいいます。

なお、（当然ですが）参照できるのは、あらかじめ宣言された値だけです。指定された変数が存在しない場合には、「Uncaught ReferenceError: msg is not defined」（変数msgが定義されていない）のようなエラーが出力されます[2]。

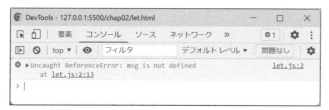

● 存在しない変数を参照した場合

■ 注意：変数宣言の「べからず」

リスト2-05で示したほかにも、以下のような宣言が可能です。ただし、これらはいずれも「べからず」な表現です。自分で書くのは極力控え、あくまで既存のコードを読むための手がかりとしてください。

（1）初期値のない宣言

以下のように、初期値は省略しても構いません。この場合、変数にはundefined（未定義）という特別な値が割り当てられます。

```
let msg;
```

ただし、初期化忘れの原因ともなるので、まずは変数の宣言と初期化はまとめる癖を付けるべきです。

（2）複数の宣言を列挙

カンマ区切りで、複数の変数をまとめて宣言することもできます。

※1　特に、変数に最初に代入することを区別して、初期化する、ともいいます。
※2　エラーなどの情報は、ログと同じく、開発者ツールの［コンソール］タブから確認できます。

```
let msg = 'ほげほげ', msg2 = 'ふぅばぁ';
```

　一見するとコードがシンプルになる気もしますが、デバッグ時のステップ実行を阻害します（2.1.4項）。素直に複数の文にわけて記述するのが吉です。

```
let msg = 'ほげほげ';
let msg2 = 'ふぅばぁ';
```

（3）var命令による宣言 `Legacy`

　letはES2015で追加された命令で、以前はvarで変数を宣言していました（構文はいずれも同じです）。

```
var msg = 'こんにちは、JavaScript！';
```

　しかし、6.3.3項などで触れるような理由からバグの遠因ともなるため、レガシーなブラウザーに対応するなどの目的がなければ利用すべきではありません（本書がサポートするモダンなブラウザーであれば、let命令には問題なく対応しています）。

（4）let／var命令の省略

　そもそもlet、varを省略した「宣言」も可能です。

```
msg = 'こんにちは、JavaScript！';
```

　この場合、アプリ全体で変数が有効になってしまう[3]、そもそもStrictモード（4.5.3項）では許可されない、などの理由から、（1）〜（3）以上に問題は深刻です。（4）の記述は「べからず」ですらなく、絶対に避けてください。

2.2.2　識別子の命名規則

　識別子とは、要は、スクリプトの中で登場する種々の名前のこと。変数はもちろん、関数、メソッド、クラスなど、コードに登場するすべての要素は、互いに識別するためになんらかの名前を持っています。
　JavaScriptでは、以下のルールに従って識別子を命名できます。

1. Unicode文字、ドル記号（$）、アンダースコア（_）、数字から構成すること
2. 1文字目は数字でないこと
3. 大文字／小文字は区別される
4. 予約語でないこと

※3　変数名が衝突するリスクが高まるので、JavaScriptに限らず、変数の有効範囲は極力小さくすべきです。

1. のルールに従えば、識別子には日本語を含むほとんどの文字を識別子として利用できます。たとえば「ΣⅧ々」もまた、JavaScriptの正しい識別子です。しかし、一般的にこのような名前を付けるメリットはほとんどありません。特別な理由がない限り、

識別子に含む文字は、英数字、アンダースコア（_）、ドル記号（$）に限定する

のが無難です。

4. の予約語とは、JavaScriptであらかじめ意味が決められた単語（キーワード）です。以下のようなものがあります。

arguments*	await*	break	case	catch	class	const
continue	debugger	default	delete	do	else	enum*
export	extends	false	finally	for	function	get*
if	implements*	import	in	instanceof	interface*	let*
new	null	package*	private*	protected*	public*	return
set*	static*	super	switch	this	throw	true
try	typeof	var	void	while	with	yield*

●JavaScriptの予約語

「*」はStrictモード（4.5.3項）をはじめ、特定の文脈で利用できないキーワード、あるいは、将来的に予約されたキーワードを意味します。ただし、文脈によって利用の是非を考慮するのは非建設的なので、まずは、上でまとめたものはどこであっても利用しない、と覚えておくのが無難でしょう。

> **Note　定義済みのオブジェクト**
>
> そのほか、予約語には含まれませんが、String、evalなど、JavaScriptで定義済みのオブジェクトやグローバルなメソッド（5.9.1項）についても、識別子として利用すべきではありません。使用してもエラーにはなりませんが、本来定義された機能が利用できなくなります。

以上のような理由から

・hoge01
・_value
・$msg

はすべて正しい名前ですが、以下のような名前はすべて不可です。

・it's、name-0（記号が混在）
・4cake（数字で開始）

・let（予約語）

ちなみに、予約語を含んだ「tiff」「formula」などの名前は問題ありません。

2.2.3　よりよい命名のための指針

命名規則ではありませんが、よりコードを読みやすくするという意味では、以下の点にも留意するとよいでしょう。

No.	留意点	よい例	悪い例
1	名前からデータの中身が類推しやすい	name、title	x1、y1
2	長すぎず、短すぎず	keyword	kw、keyword_for_site_search
3	見た目が紛らわしくない	―	usr／user、name／Name
4	1文字目のアンダースコアは、特別な意味を想定させるので使わない	price	_name
5	記法を統一する	―	lastName、first_name、MiddleName
6	ローマ字での命名は避ける（英単語で命名する）	name、weather	namae、tenki

一部のルールについては補足しておきます。

■ [No.2] 長すぎず、短すぎず

2. の「短すぎず」は、単語をむやみに省略してはいけない、という意味です。たとえばpasswordをpwと略して誤解なく理解できる人は限られます。わずかなタイプの手間を惜しむよりも、コードの読みやすさを優先すべきです[4]。ただし、「initialize→init」「temporary→temp」「arguments→args」のように、慣例的に略語を用いるものは、その限りではありません。

また、長い識別子が常によいわけでもありません。長すぎる――「keyword_for_site_search」のような識別子は、その冗長さゆえに、ほかのコードを埋没させてしまうからです。

> **Note　長短の基準は変化する**
>
> 理想的な長短は、文脈によっても変化します。たとえば、for命令（4.3.3項）で利用するカウンター変数のように、便宜的な変数は、「i」「j」のようにできるだけ短い名前をつけるのが一般的です。また、呼び出しの利便性を考えて、頻繁に呼び出す関数の名前として、「$」「_」のような名前をつけるケースもあります。

■ [No.5] 名前の記法ルール

名前の記法には、以下のようなものがあります。

---

[4]　そもそもJavaScriptに対応したエディター（VSCodeのように）を利用していれば、入力補完の恩恵を受けられるので、タイプ量を過度に気にする必要はありません！

記法	別名	概要	例
キャメルケース記法	ローワーキャメルケース記法	先頭単語の頭文字は小文字、それ以降の単語の頭文字は大文字	lastName
パスカル記法	アッパーキャメルケース記法	すべての単語の頭文字は大文字	LastName
アンダースコア記法	スネークケース記法	すべてを大文字、または小文字とした単語同士を「_」で連結	last_name、LAST_NAME
チェインケース記法	ケバブケース記法	単語同士を「-」で連結	last-name

●よく見かける名前の記法

　これらの記法のうち、そもそもチェインケース記法はJavaScriptでは利用できません（識別子にハイフンを含められないからです）。それ以外の記法はいずれを利用しても誤りではありませんが、一般的には、以下のように使い分けます。

・変数／関数名：キャメルケース記法
・定数名　　　：大文字のアンダースコア記法
・クラス名　　：パスカル記法

　記法を統一することで、記法そのものが識別子の役割を明確に表現してくれるので、コードが読みやすくなります。

Note　記法名の由来

　名前を覚えることは学習の本質ではありませんが、このあとの解説でも頻出するので、ある程度までは覚えておくのが吉です。その際に、名前の由来を知っておくと、イメージしやすいでしょう。

　まず、キャメルケース。これは小文字の中に混じった大文字の出っ張りが、ラクダ（camel）のコブに見えることから、そのように呼ばれます。ローワー（lower）、アッパー（upper）は先頭文字が大文字か小文字かを区別するための呼称です。

　ほかの名前も同様で、それぞれ単語の並び（見た目）からの命名です。

・スネークケース：蛇が這っているような様子から
・チェインケース：単語がハイフンで鎖状に連結されている様子から
・ケバブケース：ハイフン（串）が単語（肉）を貫いている様子から（ケバブは中東の肉料理）

　パスカル記法だけが例外で、こちらはPascalというプログラミング言語でよく使われていたことから来ています。

　識別子の命名は、プログラミングの中でも最も初歩的な作業であり、それだけに、コードの読みやすさを左右します。変数や関数の名前を見るだけで、おおよその内容を類推できれば、コードの流れを追いやすくなるだけでなく、間接的にはバグの抑止にもつながります（たとえばpriceという変数に著者名が格納されていたら、皆さんは正しくコードを読み解けるでしょうか）。

■ 補足：説明変数

　そもそも変数にはコードの意図を説明するという役割もあります。たとえば、以下のようなコードを考えてみましょう（まだ登場していない構文もありますが、コメントを手掛かりに雰囲気だけでも読み取ってください）。

```
let member = '佐藤理央,女,25,rio@example.com';
// メンバーが「女」ならば...
if (member.split(',')[1] === '女') { ... }
```

　「member.split(',')[1]」が性別を表していることは、コードを読み解けば理解できます。しかし、直感的ではありません。このような場合には、目的のコードに一旦名前を付けてみましょう。

```
let member = '佐藤理央,女,25,rio@example.com';
let gender = member.split(',')[1];
if (gender === '女') { ... }
```

　これによって、変数の名前（ここではgender）がそのままコードの意味を表すので、コードの意図を把握しやすくなります。このような変数のことを説明変数、または要約変数といいます。説明変数には、長い文を適度に分割するという意味もあります。

2.2.4　定数を宣言する

　本節冒頭でも触れたように、変数とは「データの入れ物」です。入れ物なので、コードの途中で中身を入れ替えることもできます。一方、入れ物と中身がワンセットで、途中で中身を変更できない入れ物のことを定数といいます。定数とは、コードの中で現れる意味ある値に、あらかじめ名前を付けておくしくみともいえます。

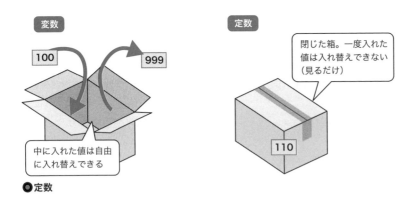

●定数

■ 定数を使わない場合

　定数の意味を理解するために、まずは定数を使わない例から見てみましょう。

● リスト2-06 const_pre.js

```
let price = 100;
console.log(price * 1.1);        // 結果：110
```

　これは、ある商品の（税抜き）価格priceに対して、消費税10%を加味した価格を求める例です。しかし、このようなコードには、いくつかの問題があります。

（1）ただの数値は意味を表さない

　まず1.1は、だれにとっても理解できる数値ではありません。この例であれば、比較的類推しやすいかもしれませんが、より複雑な式の中で1.1がサービス率を表すのか、値上げ率を表すのか、はたまた、まったく予想もつかない何かを表すのかを、誤解なく伝えるのは困難です。

　一般的には、コードに埋め込まれた裸の値は、自分以外の人間にとっては意味を持たない、謎の値だと考えるべきです。そのような値のことをマジックナンバーといいます。

（2）同じ値がコードに散在する

　将来的には、消費税は12%、15%…と変更されるかもしれません。その時、コードのそちこちに1.1という値が散在していたとしたら、どうでしょう。それらの値をあますことなく検索＆修正するという作業が必要となります。これはめんどうというだけでなく、修正もれなどバグの原因ともなります（1.1という値で別の意味を持った値があったら、なおさらです）。

■ 定数を使った場合

　そこで、1.1という値を、以下のように定数で書き換えます。

● リスト2-07 const.js

```
const TAX = 1.1;
let price = 100;
console.log(price * TAX);        // 結果：110
```

　定数を宣言するには、let命令の代わりに、const命令を利用します。ここでは、定数TAXに対して1.1という数値を割り当てています。

● 構文　const命令

```
const 定数名 = 値
```

　定数名は、変数と区別するために、大文字のアンダースコア形式とするのが慣例です。それ以外の命名規則は、変数のそれに準ずるので、詳しくは2.2.2項も参照してください。

　リスト2-07でも、定数を利用することで値の意味が明確になり、コードの可読性が増したことが見てとれるでしょう。また、あとからTAXの値を変更したくなった場合でも、太字の値だけを修正すればよ

いので、修正もれを未然に防ぐことができます。

■ 補足：let／var／constの使い分け

2.2.1項でも触れたように、varはレガシーな命令なので、モダンな環境であえて利用する理由はありませんし、利用すべきではありません。

で、let／const命令いずれを利用すべきか、ですが、結論からいってしまうと、constを優先して利用すべきです。というのも、実際のアプリを記述するうえで、再代入する状況はさほどありません。演算／加工した結果は元の変数に書き戻すよりも、新たな変数に代入したほうが意図（内容）は明確だからです。

再代入されない変数をletで宣言することは、「（変更されないにもかかわらず）どこかで値が変わる可能性」を常に意識しなければならない分、コードが読みにくくなります。constを利用すれば、値が変わらないことはあらかじめ伝わります。万が一、あとから値を変更したくなったら、そのタイミングでletに置き換えればよいのです[5]。

ちなみに、その場合の「定数」は変数と同じく、キャメルケース記法を用いて命名するのが一般的です。大文字のアンダースコア記法を利用するのは、科学的な法則、法制などに基づく──一般的に変化する可能性がない狭義の定数のみ（たとえば円周率、消費税のように）とし、定数の性質によって区別します。

※5　ただし、本書では説明の都合上、狭義での定数を除いては、letで宣言するものとします。

2.3 データ型

　データ型とは、データの種類のこと。JavaScriptでは、さまざまな値をコードの中で扱えます。たとえば「あいう」「xyz」は文字列型ですし、1、-10、3.14は数値型に、true（真）／false（偽）は論理型に分類できます。

　プログラミング言語には、このデータ型を強く意識するものと、逆にほとんど意識する必要がないものがあります。たとえば、Java／C#のような言語は前者に該当するので、数値を格納するために用意された変数に文字列を格納することは許されません。これらの言語は静的型付け言語と呼ばれ、変数とデータ型は常にワンセットなのです。

　一方、JavaScriptは後者に属する言語です。つまり、データ型について寛容です。最初は文字列を格納した変数にあとで数値を格納しても構いませんし、その逆も可能です。変数（入れ物）のほうが、代入される値に応じて形や大きさを変えてくれるわけです（このような性質を静的型付けに対して、動的型付けと呼びます）。

　よって、以下もJavaScriptでは正しいコードです。

```
let x = 'こんにちは、JavaScript！';
x = 100;
```

　ただし、開発者がデータ型をまったく意識しなくてもよいというわけではありません。たとえば、値を演算／比較する場面ではデータ型の理解は欠かせませんし、そもそも型によってできることが変化します。型の扱いが寛容であるというだけで、JavaScriptでもデータ型の理解は欠かせません。

2.3.1 データ型の分類

　まずは、JavaScriptで扱えるおもなデータ型をまとめます。

分類	データ型	概要
基本型	数値型（number）	$\pm 5 \times 10^{-324} \sim 1.7976931348623157 \times 10^{308}$（整数値では$-(2^{53}-1) \sim 2^{53}-1$）
	長整数型（bigint）	number型を超える任意精度の整数（5.3.1項を参照） ES2020
	文字列型（string）	クォートで囲まれた0個以上の文字の集合
	論理型（boolean）	true（真）／false（偽）
	シンボル型（symbol）	一意の値（シンボル）を表現
	特殊型（null／undefined）	値が空、未定義であることを表す

（次ページへ続く）

参照型	配列（array）	データの集合（各要素にはインデックス番号でアクセス可能）
	オブジェクト（object）	データの集合（各要素には名前でアクセス可能）
	関数（function）	一連の処理（手続き）の集合（Chapter 6を参照）

JavaScriptのデータ型は、大きく基本型（プリミティブ型）と参照型（構造型）とに分類できます。両者の違いは「値を変数に格納する方法」です。まず、基本型の変数には、値そのものが直接に格納されます。それに対して、参照型の変数は、その参照値（値を実際に格納しているメモリ上のアドレスのようなもの）を格納します。

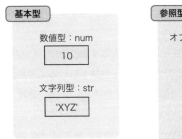
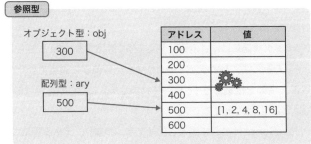

●基本型と参照型

このような違いによって、じつはコードの挙動にもさまざまな違いが出ますが、現時点ではそこまでは踏み込みません。詳しくは、関連するトピックで改めて解説するので、まずは

基本型と参照型とではデータの扱い方が違う

という点だけを押さえておきましょう。

以下ではまず、よりシンプルな基本型とその値（リテラル）について、もう少し詳しく解説することにします。リテラルとは、変数に格納できる値そのもの、もしくは、コードの中で値を表現する方法のことをいいます。

2.3.2 論理リテラル（boolean）

論理型は、基本型の中でも最も単純な型で、真（正しい）か偽（まちがい）のいずれかの状態しか持ちません。論理型を表すリテラルを論理値といい、それぞれtrue（真）、false（偽）というキーワードで表現できます。大文字／小文字を区別するので、TRUE／FALSE、True／Falseなどは不可です。

なお、JavaScriptでは論理値を必要とする文脈で、以下の値を暗黙的にfalseと見なします。

- 空文字列（''）
- ゼロ値（0、-0、0n）
- null／undefined、NaN（Not a Number）

今後、コードを書いていく中でも、この性質はよく利用するので、まずは

falseキーワードだけがfalseを表すわけではない

ことを覚えておきましょう。これらの値のことをfalsyな値とも呼びます。

ここで示した以外の値はすべてtrueであると見なされます（truthyな値ともいいます）。

2.3.3　数値リテラル（number）

数値リテラルは、さらに、整数リテラルと浮動小数点リテラルに分類できます。

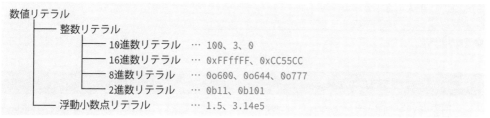

● 数値リテラルの分類

■ 整数リテラル

整数で日常的に使用するのは10進数リテラルです。2進数／8進数／16進数で表現する場合は、リテラルの頭にそれぞれ以下を付ける必要があります。

・0b（ゼロとビー）

・0o（ゼロとオー）

・0x（ゼロとエックス）

2進数では0～1の値を、8進数では0～7の値を、16進数では0～9の数値に加えて、A（a）～F（f）までの英字を使用できます。それ以外の値を指定した場合には、「Invalid or unexpected token」（不正な文字です）のようなエラーとなるので注意してください。

10進数	0	1	2	3	4	5	6	7	8	9

2進数　0b 〜

0	1

8進数　0o 〜

0	1	2	3	4	5	6	7

16進数　0x 〜

0	1	2	3	4	5	6	7	8	9
A	B	C	D	E	F

●整数リテラル

> **Note**　**8進数リテラルの注意点**
>
> 　以前のJavaScriptでも「0666」(頭にゼロ)のようにすることで、8進数リテラルを表現できました。しかし、これは標準の機能ではなく、実装によっても対応が分かれることから、利用すべきではありません。8進数リテラルを表現するには、標準化された「0o〜」を利用してください。
>
> 　なお、リテラル接頭辞の「0b」「0o」「0x」は大文字小文字を区別しないので、それぞれ「0B」「0O」「0X」でもまちがいではありません。ただし、大文字のO(オー)は数字の0(ゼロ)と区別が付きにくいため、一般的には「0o」のように小文字での表記がおすすめです。

■ 浮動小数点リテラル

　浮動小数点リテラルは、整数リテラルに比べると、少しだけ複雑です。一般的な——1.141421356のような小数点数だけでなく、指数表現が存在するからです。指数表現は、以下の形式で表されるリテラルです。

＜仮数部＞e＜符号＞＜指数部＞

　以下の式で、本来の値に変換できます。

＜仮数部＞×10の＜符号＞＜指数部＞乗

　たとえば「3.14e5」は「3.14×10^5」、「1.02e-8」は「1.02×10^{-8}」を表します。指数を表す「e」は大文字でも小文字でも構いません。

> **Note** 指数表現の正規化
>
> 指数表現では、（たとえば）1234をいくつものパターンで表現できます。
>
> ・$123.4e1 = 123.4 \times 10^1$
> ・$12.34e2 = 12.34 \times 10^2$
> ・$1.234e3 = 1.234 \times 10^3$
>
> しかし、表記がまちまちなのは扱いにくいので、一般的には、仮数部が「0.」＋「0以外の数値」ではじまるように表すことで、表記を統一します。この例であれば「0.1234e4」です。
> ちなみに、先頭のゼロは省略できるので、「.1234e4」としても構いません。

■ 数値セパレーター `ES2021`

ES2021以降では、桁数の大きな数値を読みやすくするために、数値リテラルに桁区切り文字（_）を加えられるようになりました（数値セパレーター）。日常的によく利用するカンマでないのは、JavaScriptではすでにカンマが別の意味を持っているためです。

●リスト2-08 separator.js

```
let i = 1_234_567;
let j = 0x123_456;    // 16進数
let k = 1.414_213_56; // 浮動小数点
let l = 0.123_45e10;  // 指数表現
```

数値セパレーターは、あくまで人間の可読性を助けるための記号なので、挟み方は比較的自由です。

・98_76_54　　➡　　2桁での区切り
・9_876_5431　➡　　異なる桁ごとの区切り

一般的な3桁区切りでなくてもよいのです。ただし、以下のような記述は、数値を区切るという目的から外れているので不可です。

・0x_1234、0_x1234　➡　数値プレフィックスの直後、途中
・1._234　　　　　　➡　小数点の直後
・_1234　　　　　　 ➡　数値リテラルの先頭
・12__34　　　　　　➡　連続したセパレーター

以上のように、数値リテラルにはさまざまな表現方法がありますが、本質的にはこれらの違いは見かけ上のものにすぎません。JavaScriptにとっては「0b10010」（2進数）、「0o22」（8進数）、「0x12」

（16進数）、「1.8e1」（指数）は、いずれも同じく10進数の18です。どの表記を選ぶかは、その時どきで人間にとっての用途（＝読みやすさ）に応じて決めて構いません。

2.3.4　文字列リテラル（string）

値そのものだけで表す数値リテラルに対して、文字列リテラルを表すには文字列全体をシングルクォート（'）、ダブルクォート（"）でくくります。クォート文字が文字列の開始と終了を表すわけです。

```
'こんにちは、JavaScript！'
"こんにちは、JavaScript！"
```

よって、文字列リテラルには「'」「"」そのものを含めることはできません。たとえば、以下のコードは不可です。

```
console.log('He's a Hero!!');
```

2個目のシングルクォートでリテラルが終了してしまうからです（以降の文字列は当然、正しく解釈できないので、文法エラーとなります）。このような場合には、以下の方法で対処できます。

（1）文字列に含まれないクォートでくくる

たとえば上の例であれば、文字列にシングルクォートが含まれるので、全体をダブルクォートでくくります。

```
console.log("He's a Hero!!");
```

今度は、シングルクォートが文字列の終了を意味しないので、正しく「He's a Hero!!」が出力されます。ダブルクォートを含めたい場合にも同様です。

```
console.log('You are a "Good" player!!');
```

（2）クォート文字をエスケープ処理する

ただし、（1）の方法ではシングルクォート／ダブルクォートを同時に含めることはできません。たとえば、以下のコードは文法エラーです。

```
console.log('He's a "Good" player!!');
```

これを以下のように書き換えても、状況は変わりません。

```
console.log("He's a "Good" player!!");
```

このような場合には、文字列に含まれるクォート文字をエスケープ処理します。エスケープ処理とは「あるコンテキストで意味のある文字を、決められたルールに従って無効化する」こと。ここで「意味のある文字」とは、文字列リテラルの開始／終了を意味するクォート文字です。

この例では、以下のように表すことでクォート文字をエスケープできます（いずれも同じ意味です）。

```
console.log('He\'s a "Good" player!!');
console.log("He's a \"Good\" player!!");
```

「\'」「\"」は（文字列リテラルの開始／終了でなく）ただの「'」「"」と見なされるので、今度は正しく動作します。

■ エスケープシーケンス

「\～」で表される文字のことをエスケープシーケンスと呼びます。クォート文字のエスケープ処理に利用するほか、改行、タブ文字のように特殊な意味を持つ（＝ディスプレイに表示できないなどの）文字を表すために利用します。

JavaScriptで利用できるエスケープシーケンスには、以下のようなものがあります。

文字	概要
\b	バックスペース
\f	改ページ
\n	改行（LF：Line Feed）
\r	復帰（CR：Carriage Return）
\t	タブ文字
\v	垂直タブ
\	バックスラッシュと改行を無視（行を継続）
\\	バックスラッシュ
\'	シングルクォート
\"	ダブルクォート
\\	バックスラッシュ
\x*XX*	Latin-1文字（XXは16進数）。例：\x61（a）
\u*XXXX*	Unicode文字（XXXXは16進数値）。例：\u3042（あ）
\u{*XXXXX*}	0xffff（4桁の16進数）を超えるUnicode文字。例：\u{20b9f}（𠮟）

●おもなエスケープシーケンス

エスケープシーケンスを用いることで、たとえば改行を含んだ文字列を表すこともできます。

```
console.log('こんにちは、\nJavaScript！');          // 結果：こんにちは、 JavaScript！
```

　長い文字列をコード上、途中で折り返したいだけであれば、行末に「\」を付与します（P.73の表の「\☑」です）。

```
console.log('こんにちは、\☑
JavaScript！');
```

　この場合の「\」は、文字列の折り返しを意味する「\」なので、結果からも改行は除去されます。

　「\」の表示は環境によって変化します。Windows環境では「￥」として表示されますが、macOS環境では「\」として表示されます。ただし、Windows環境でも（たとえば）VSCodeのように「\」として表示するものもあります。
　本書ではWindowsのパス表記を除いては「\」で表記しますが、まずは、環境によって見え方が変化する可能性がある、と覚えておきましょう。

■ テンプレート文字列

　テンプレート文字列（Template Strings）はES2015で追加された、比較的新しい文字列リテラルです。テンプレート文字列を用いることで、以下のような文字列表現が可能になります。

・複数行にまたがる（＝改行文字を含んだ）文字列
・文字列への変数の埋め込み

　テンプレート文字列では、シングルクォート／ダブルクォートの代わりに、「`」（バッククォート）で文字列をくくります。具体的な例も見てみましょう。

◉ リスト2-09 **template.js**

```
let name = '鈴木';                    ── 変数も埋め込める

let str = `こんにちは、${name}さん。☑ ←── 改行も可
今日もよい天気ですね！`;
console.log(str);
```

```
こんにちは、鈴木さん。
今日もよい天気ですね！
```

　「'」「"」では「\n」（エスケープシーケンス）で表さなければならなかった改行文字を、テンプレート文字列ではそのまま表現できます。

さらに、`${...}`の形式で変数（式）を文字列に埋め込むことも可能です。この例であれば、`${name}`で変数nameを埋め込んでいます。従来であれば、変数とリテラルを「+」演算子（3.2.1項）で連結するしかなかったところなので、コードがぐんとシンプルになります。

Note　テンプレート文字列でのエスケープ

テンプレート文字列の中では「'」「"」などは自由に利用できます。一方、エスケープの対象となるのは、区切り文字である「`」「${」です。それぞれ、ただの（区切り文字でない）「`」「${」を表すならば、以下のように表します。

・\\`
・\\${、または$\\{

2.3.5　配列リテラル（array）

配列とは、要は、データの集合のこと。ここまでに扱った変数が1つの変数（入れ物）に対して1つの値を持つものばかりであったのに対し、配列では1つの変数に対して複数の値を格納できます。「仕切りのある入れ物」と思うとよいかもしれません。仕切りの1つ1つに格納された値のことを要素といいます。

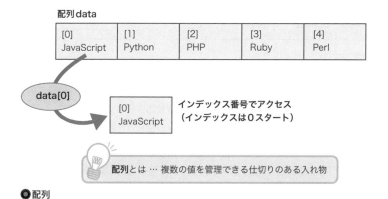

●配列

配列を利用することで、互いに関連する値の集合を1つの名前で管理できるので、コードをすっきり表現できます。「すべての値を書き出したい」と思った場合にも、配列であれば「中身をすべて書き出しなさい」とJavaScriptに伝えるだけでよいからです（配列を使わずに値を別々の変数に代入した場合には、「○○と△△、××と...を書き出しなさい」と、書き出すすべての変数をJavaScriptに伝えなければなりません！）。

■ 配列の基本

それではさっそく、配列を使った具体的な例を見てみましょう。以下は、配列を作成し、その内容を参照する例です。

● リスト2-10 list.js

```javascript
let data = ['JavaScript', 'Python', 'PHP', 'Ruby', 'Perl'];   ← ❶
console.log(data[0]);   // 結果：JavaScript（1番目の要素を取得）   ← ❷
```

配列は、以下のような構文で作成できます（❶）。

● 構文 配列の作成

変数名 = [値1, 値2, ...]

配列は、カンマ区切りの値をブラケット（[...]）でくくった形式で表現します。値の型は互いに異なっていても構いませんが、一般的に1つの配列内では文字列なら文字列で統一するのが普通です。空の配列を生成するならば、単に[]とします。

リスト2-10では、配列dataに対して5個の要素（JavaScript、Python、PHP、Ruby、Perl）をセットしています。それぞれの要素には、先頭から順に0、1、2...という番号が割り振られます。

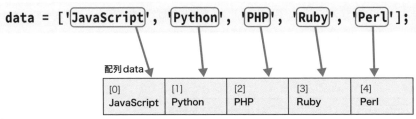

● 配列の参照

このように作成された配列の中身を参照しているのが❷です。ブラケット（[...]）でくくられた部分は、インデックス番号、または添え字と呼ばれ、配列の何番目の要素を取り出すのかを表します。リスト2-10の例ではdataに5個の要素が格納されているので、指定できるインデックス番号は0〜4の範囲です。

配列のサイズを超えて、たとえば「data[10]」のようなインデックス番号を指定した場合には、未定義を意味するundefinedという値が返されます。

● 構文 配列要素へのアクセス（ブラケット構文）

配列名[インデックス番号]

ブラケット構文を利用することで、配列要素を書き換えたり、新たな要素を設定することもできます。

```javascript
data[1] = 'Java';   ← 既存の要素を書き換え
data[10] = 'Rust';   ← 新たな要素を追加
```

飛び番で要素を追加された場合、間の要素が空の配列が生成されます（これを疎な配列といいます）。

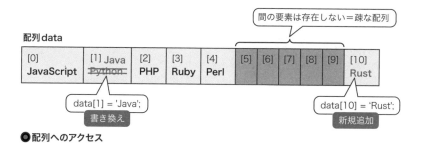

配列 data

●配列へのアクセス

Note 　疎な配列 Advanced

　疎な配列では間の要素は空なので、本文の例であれば、たとえば data[8] は undefined を返します。しかし、以下のコードは意味が異なります（in演算子は指定された要素が配列に存在するかを確認する命令です）。

●リスト2-11 list_empty.js

```javascript
let list1 = [undefined];
console.log(0 in list1);      // 結果：true          ❶

let list2 = [];
list2[1] = 15;
console.log(0 in list2);      // 結果：false         ❷
```

　❶は undefined（未定義値）を明示的に指定した配列です。よって、list1 に 0 番目の要素は存在すると見なされます。

　一方、❷は空配列に対して 1 番目の要素を代入したので、0 番目の要素が空の、疎な配列が生成されます。この場合、list2 の 0 番目の要素は存在しないと見なされます（ただし、サイズはあくまで 2 です）。

　疎な配列は、一般的な（密な）配列よりも実行効率は低いものの、メモリの消費効率はよいという性質を持ちます。疎であるかどうかを意識する状況はさほどないはずですが、まずは、そのような状態がある、ということだけを押さえておきましょう。

■ 補足：末尾要素のカンマ

　配列最後の要素にはカンマを付けても付けなくても構いません。よって、リスト2-10－❶は、以下のように表しても正しく動作します。

```javascript
let data = ['JavaScript', 'Python', 'PHP', 'Ruby', 'Perl',];
```

　ただし、一般的に配列を 1 行で表す場合には冗長なだけなので、最後のカンマは省略します。

　一方、配列を複数行で表す場合には、末尾要素のカンマは付与することをおすすめします（値そのものが長い場合には、要素単位に改行したほうがコードが見やすくなります）。それによって、あとから要素を付け加えた場合にも、カンマのもれが生じにくくなります。

```
let data = [
  '祇園精舎の鐘の声、諸行無常の響きあり',
  '娑羅双樹の花の色、盛者必衰の理をあらはす',
  'おごれる人も久しからず、唯春の夜の夢のごとし',
  'たけき者も遂にはほろびぬ、偏に風の前の塵に同じ',   // 末尾の要素にもカンマを付ける
]
```

■ 入れ子の配列

配列の要素として格納できるのは、数値や文字列だけではありません。任意の型——たとえば配列そのものを格納しても構いません。これを入れ子の配列といいます。

◉ リスト2-12 list_nest.js

```
let data = [  ⟵─────────────┐
  ['JavaScript', 'js'],        │
  ['Python', 'py'],            ├─ ❶
  ['Ruby', 'rb'],              │
];  ⟵───────────────────────┘
console.log(data[1][0]);    // 結果：Python  ⟵─ ❷
```

先ほども触れたように、配列のように「長い要素」を表す場合には、最低限、要素ごとに改行とインデントを加えると、コードも読みやすくなります（構文規則ではありません❶）。

入れ子の配列から値を取り出すには、ブラケットも入れ子の数だけ列挙して、それぞれの階層のインデックス番号を指定します（❷[※1]）。

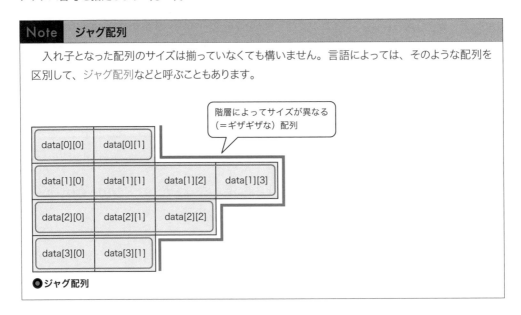

Note　ジャグ配列

入れ子となった配列のサイズは揃っていなくても構いません。言語によっては、そのような配列を区別して、ジャグ配列などと呼ぶこともあります。

階層によってサイズが異なる（＝ギザギザな）配列

●ジャグ配列

※1　さらに、入れ子の入れ子とした場合には、配列名 [i][j][k] のようにアクセスできます。

2.3.6 オブジェクトリテラル（object）

インデックス番号でアクセスできる配列に対して、オブジェクトは名前をキーにアクセスできる配列です。言語によっては、ハッシュ、連想配列などと呼ばれるしくみです。

通常の配列がインデックス番号しかキーにできないのに対して、オブジェクトでは文字列をキーにアクセスできるため、データの視認性（可読性）が高いのが特長です。

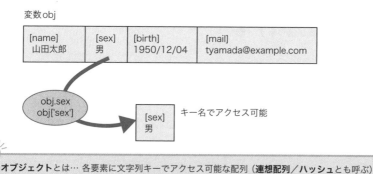

変数obj

| [name]
山田太郎 | [sex]
男 | [birth]
1950/12/04 | [mail]
tyamada@example.com |

obj.sex
obj['sex']

[sex]
男　　キー名でアクセス可能

オブジェクトとは… 各要素に文字列キーでアクセス可能な配列（**連想配列／ハッシュ**とも呼ぶ）

●オブジェクト

> **Note** **連想配列とオブジェクトは同じもの**
>
> JavaScriptの世界では、連想配列とオブジェクトは同一の概念です[※2]。ほかの言語を学んだことがある方にとっては違和感を感じるかもしれませんが、JavaScriptでは「連想配列」と「オブジェクト」という言葉は、単にその時どきの使い方や文脈によって使い分けられているにすぎません（詳しくは5.1節でも改めます）。

配列内の個々のデータを「要素」と呼んでいたのに対して、オブジェクト内の個々のデータはプロパティと呼びます。プロパティには、文字列や数値などの情報はもちろん、関数（手続き）を格納することもできます。関数が格納されたプロパティのことは、特別にメソッドと呼びます。これらプロパティ／メソッドについては、Chapter 5で改めて紹介するので、ここではまず用語として押さえておきましょう。

オブジェクトリテラルは記法も、アクセスする方法も、配列とは異なります。

●リスト2-13 object.js

```javascript
let book = {
  title: 'JavaScript本格入門',
  price: 2980,
  publisher: '技術評論社',
};                                          ❶

console.log(book.title);      // 結果：JavaScript本格入門   ❷
console.log(book['title']);   // 結果：JavaScript本格入門
```

※2　ES2015では、連想配列を専門に扱うしくみとしてMapが追加されました。具体的な用法、オブジェクトリテラルとの違いについては、5.6節も合わせて参照してください。

オブジェクトリテラルの一般的な構文は、以下のとおりです（❶）。配列と異なり、値のリストは{...}（中カッコ）でくくります。

● **構文　オブジェクトの生成**

```
変数名 = { プロパティ名1: 値1, プロパティ名2: 値2, ... }
```

オブジェクト配下の要素（プロパティ）にアクセスするにも、ドット演算子（.）による方法とブラケット構文（[...]）による方法の2つがあります（❷）。

```
オブジェクト名.プロパティ名      ← ドット演算子
オブジェクト名['プロパティ名']   ← ブラケット構文
```

ドット演算子／ブラケット構文を利用することで、オブジェクトに新たなプロパティを追加したり、既存の要素を書き換えたりすることもできます[3]。

```
book.author = 'Y.Yamada';    // 新たなプロパティを追加
book.title = '改訂3版 JavaScript本格入門';    // 既存の要素を書き換え
```

■ ドット演算子とブラケット構文の違い

ドット演算子とブラケット構文と、たいがいの場合、双方は互いに置き換えが可能ですが、例外があります。たとえば以下のようなケースです。

```
×    obj.123
○    obj['123']
```

ドット演算子では、プロパティ名は識別子と見なされるので、識別子の命名規則に則らない「123」のような名前は使えないのです（名前の先頭に数字は利用できないのでした）。しかし、ブラケット構文では、プロパティ名はあくまで文字列なので、このような制限はありません。

オブジェクトリテラル（連想配列）は、じつにさまざまな用途で利用できる強力なデータ型です。まずは最低限の記法をきちんとおさえておいてください。

■ 入れ子のオブジェクト

オブジェクトもまた、その要素（プロパティ）としてオブジェクトを持てます。以下の例であれば、bookオブジェクトのauthorプロパティがさらにオブジェクトを持つ構造です。

● **リスト2-14 object_nest.js**

```
let book = {
  title: 'JavaScript本格入門',
```

※3　この例ではドット演算子を利用していますが、ブラケット構文でも同様です。

```
  author: {
    name: '山田祥寛',
    address: '千葉県小金井市三芳町1-1-1',
  },
  price: 2980,
};

console.log(book.author.name);         // 結果：山田祥寛  ← ❶
console.log(book['author']['name']);   // 結果：山田祥寛  ← ❷
```

　入れ子の要素（プロパティ）にアクセスするには、ドット演算子を連ねるか（❶）、ブラケットを列記（❷）します。❷の方法は入れ子の配列にアクセスするのと同じ要領ですね。

> **Note　オブジェクトの配列**
>
> 　配列には任意型の要素を格納できるので、オブジェクトを配列の要素とすることも（もちろん）できます。オブジェクト配列の例については、4.3.5項でも触れているので、合わせて参照してください。

2.3.7　関数リテラル (function)

　関数とは、

なにかしらの入力値（引数）を与えられることによって、あらかじめ決められた処理をおこない、その結果（戻り値）を返すしくみ

のこと。「入出力の窓口を持った処理のかたまり」と言い換えてもよいかもしれません。

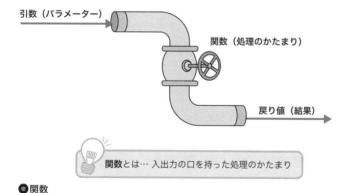

●関数

　JavaScriptでは、このような関数もデータ型の一種として扱われるのが特徴です。関数や関数リテラルについては、なかなかに複雑なので、詳しくはChapter 6で改めます。

81

2.3.8　未定義値（undefined）とヌル値（null）

「何もない」を表す特別な値としてundefinedとnullとがあります。一見してよく似た概念で、時として区別があいまいになることがあるので、ここで用途の違いをまとめておきます。

■ 未定義値（undefined）

未定義値（undefined）は、ある変数の値が定義されていないことを表す値で、以下のようなケースで用いられます。

- ある変数が宣言済みであるものの値を与えられていない
- 未定義のプロパティ（2.3.6項）を参照しようとした
- 関数（Chapter 6）で値が返されなかった

具体的なコードも見ておきましょう。

◉ リスト2-15 undefined.js

```
let x;
console.log(x);        // 結果：undefined（値が設定されていない）

let obj = { a: 12345 };
console.log(obj.b);    // 結果：undefined（プロパティが存在しない）
```

■ ヌル（null）

JavaScriptにはもう1つ、該当する値がないことを意味するnull（ヌル）という値も用意されています。一見してundefinedと区別しにくいのですが、undefinedは「定義されていない──そもそも参照することを想定していない」という状態を表すものです。対して、nullは「空である」という状態を明示するための値です。

◉ リスト2-16 null.js

```
let msg = 'こんにちは、JavaScript！';
msg = null;            // 変数を空に
console.log(msg);      // 結果：null
```

たとえば、文字列を表示するprint関数があった場合、関数はあくまで表示するためだけのもので、結果（値）を期待されていないので、その戻り値はundefined（未定義）であるべきです。

一方、ページからアンカータグを取得するgetAnchorという関数があったとします。その際、アンカータグが見つからなかったならば、何を返すべきでしょうか。undefined（未定義）は不自然です。今度は「該当する値がなかった（＝空であった）」という値を、意図して伝えようとしているので、nullを返すべきです。

とはいえ、実際にアプリを開発するうえでは、undefinedとnullの区別があいまいである状況も少なくありません。まずは、意図した空を表すにはnull、そうでなければundefinedというおおまかな区別を、ここでは理解しておきましょう。

Column	本書の読み進め方 - 著者からのメッセージ

「はじめに」でも触れたように、本書はJavaScriptを「再」入門するための書籍です。プログラム入門者にとってはもちろん、JavaScript初心者にとっても難しい話題が所々で度々登場するかもしれません。

おそらく一読でこれをすべて理解しようとしても、うまくはいかないはずです。何周か──できれば最低でも3周は読み返すつもりで読んでみてください。特に1周目は、わからない用語、概念があっても構いません。まずは、気にせず全体を読み通すことです。 Advanced と書かれた節／項は、そもそも一旦はスキップしても構いません。ただ、後々のために、わからなかった（読み飛ばした）、あるいは、気になる箇所はチェックしておくことをおすすめします。

なんやかんやと一読できたら、皆さんの頭には「JavaScriptがどんなものであるか」が、なんとなくイメージできてきたはずです（ぼんやりとでも構いません）。そこで1周目で気になった箇所、わからなかった箇所を重点的に読み解いてみましょう。わかったつもりで読んでいた箇所も、全体を理解したところで読むことで、新たな発見があるかもしれません。時には、関連する章、節を行き来してみるのもよいはずです。書籍の中にちりばめられた知識を、自分自身の糸で少しずつ結び付けてみましょう。コードを手元で積極的に動かすのもおすすめです。

ここまで来れば、3周目以降は皆さんの自由です。難解なテーマの理解を深めるもよし、実際に自分でコードを改変しながら、紙面の知識に実践の肉付けをしていくもよいでしょう。Chapter 5などは、その際のリファレンスとして役立つはずです。

──と、諸々書いてきましたが、皆さんは著者のメッセージに従って読み進んでも、また、すっかり無視しても構いません。本書を読んで、こんな読み方があるよ（したよ）という方がいたら、著者にぜひ教えてください。

Column ブラウザー環境でJavaScriptのコードを実行する - paiza.IO

　本書では、Live Server環境でJavaScriptのコードを実行しましたが、たとえばライブラリの動作を確認したい場合など、いちいちファイルを作成して、実行という流れすら手間に感じることがあるかもしれません。もちろん、デベロッパーツールのコンソール（1.5.6項）、Node.jsのインタラクティブモード（11.1.2項）を利用する方法もありますが、同じようなコードを編集しながら、繰り返し確認したいなどの局面には、やはり不便です。

　そのような場合には、手軽に利用できるオンラインの実行環境を利用してみるのもよいでしょう。paiza.IOは、ブラウザー上で動作するプログラムの実行環境です。上ウィンドウにコードを入力し、左下の［実行］ボタンをクリックすることで、その場で実行できます。コード入力時にはコード補完機能も働きますし、ユーザー登録をすればコードを保存することも可能です。JavaScriptだけでなく、TypeScript、PHP、Pythonなど30種類あまりの言語をサポートしているので、汎用的なPlaygroundとして活用できるでしょう。

● paiza.IO (https://paiza.io/)

　　 を有効にすれば、GitHub（Gist）との同期も可能です。paiza.IOで書いたコード（の断片）をどんどん貯めていき、開発時に参考にする、というような使い方もできるでしょう。

Chapter 3

値の演算操作を理解する - 演算子

3.1 演算子とは?

演算子（オペレーター）とは、与えられた変数／リテラルに対して、あらかじめ決められた処理を施すための記号です。たとえば、ここまでに登場した「=」や乗算を表す「*」などは、すべて演算子です。また、演算子によって処理される変数／リテラルのことを、被演算子（オペランド）と呼びます。

JavaScriptの演算子は、大きく以下に分類できます。以下でも、これらの分類に沿って、解説を進めます。

・算術演算子
・代入演算子
・関係演算子
・論理演算子
・ビット演算子
・その他の演算子

> **Note**　**文と式**
>
> コードを構成する基本単位に式（Expression）があります。式とは、なんらかの値を返す存在です。よって、リテラル、変数は式ですし、これらを演算した結果も式です。式とは、結果を変数に代入できるもの、と言い換えても構いません。
>
> 2.1.4項でも触れた文（Statement）とは、こうした式から構成され、セミコロンで終わる構造のことを言います。式と異なり、文を変数に代入することはできません。

3.2 算術演算子

標準的な四則演算をはじめとして、数学的な演算機能を提供するのが算術演算子です。代数演算子ともいいます。

演算子	概要	例
+	数値の加算	3 + 5　➡ 8
-	数値の減算	10 - 7　➡ 3
*	数値の乗算	3 * 5　➡ 15
**	数値のべき乗	2 ** 3　➡ 8
/	数値の除算	10 / 5　➡ 2
%	数値の剰余	10 % 4 ➡ 2
++	前置加算	x = 3; a = ++x;　➡ aは4
++	後置加算	x = 3; a = x++;　➡ aは3
--	前置減算	x = 3; a = --x;　➡ aは2
--	後置減算	x = 3; a = x--;　➡ aは3

●おもな算術演算子

算術演算子は、見た目にもわかりやすく、直感的に利用できるものがほとんどですが、利用にあたってはいくつか注意すべき点もあります。

3.2.1　加算演算子（+）

加算演算子（+）は、オペランドのデータ型によって意味が変化する、代表的な演算子です。具体的には、オペランドのいずれかが文字列である場合、（加算する代わりに）双方を連結します。

●リスト3-01　plus.js

```
console.log('Java' + 'Script'); // 結果：JavaScript
console.log('10' + '1');        // 結果：101    ← ❶
console.log(5 + '6');           // 結果：56     ← ❷
let today = new Date();
console.log(1234 + today);
          // 結果：1234Thu Jun 09 2022 11:29:25 GMT+0900（日本標準時）  ← ❸
```

❶は一見して数値なので、加算処理されて11が返されそうですが、そうはなりません。'10'も'1'も

あくまで文字列リテラルなので、文字列として連結された結果、'101'を返します。オペランドのどちらか片方が数値である場合も同様です（❷）。

❸のようにオブジェクトが渡された場合には、オブジェクトを文字列形式に変換したものを連結します。どのような形式に変換されるかは、オブジェクトによって異なりますが、Date（日付）オブジェクトであれば日付文字列となります。個々のオブジェクトについてはChapter 5でも改めます。

■ 注意：順番で結果が変わる場合も

加算演算子のこのような性質は、時として、直感とは異なる演算結果を導き出すこともあります。たとえば、以下のような例を見てみましょう（以降の解説を見る前に、結果を予想してみましょう）。

◉ リスト3-02 plus_order.js

```
console.log(1 + '2' + 3);  ←── ❶
console.log(1 + 3 + '2');  ←── ❷
```

加算処理は、一般的にオペランドの順序を入れ替えても、結果は変化しないはずです（「10 + 20」の結果は「20 + 10」の結果と等しいはずです）。しかし、❶、❷の結果は変化します。❶は123、❷は42となります。

まず、❶は「1 + '2'」が文字列連結で12となります。その結果文字列と3がさらに文字列連結されて123です。

一方、❷は「1 + 3」が数値同士なので、数値として加算され、4となります。その結果値と'2'が今度は文字列連結されて、42となるのです。

このようにデータ型の異なる値同士の加算は、時として混乱をもたらす原因ともなります。演算にあたっては、型をそろえることを意識してください（型変換については、3.7.3項を参照してください）。

■ 加算以外の算術演算子

加算演算子に対して、その他の算術演算子はなんとかしてオペランドを数値として処理しようとします。試しに、リスト3-02をすべて減算演算子に替えて、結果の変化を確認してみましょう。

◉ リスト3-03 minus.js

```
console.log('Java' - 'Script');  // 結果：NaN   ←── ❶
console.log('10' - '1');         // 結果：9  ┐
console.log(5 - '6');            // 結果：-1 ┘  ❷
let today = new Date();
console.log(1234 - today);       // 結果：-1654743327538  ←── ❸
```

❶は、文字列同士の減算です。いずれも数値として認識できないので、結果はNaN（Not a Number）という特別な値となります。

❷は、文字列同士、または文字列混在の演算ですが、オペランドの双方が数値と見なせるので、それぞれ数値として演算した結果が返されます。

　問題は❸です。一見して、数値として認識できそうもないオブジェクトが混じっているので、NaNを返しそうですが、減算できてしまっています。というのも、Date（日付）は数値コンテキスト（＝数値を要求される文脈）では、「1654743328772」のようなタイムスタンプ値[1]を返してくれるからです。結果、1234から1654743328772を減算した結果を返します。

　もちろん、オブジェクトによっては数値に相当する値を返せないものもあります（というよりも、たいがいのオブジェクトは数値表現を持ちません）。そのようなオブジェクトを交えた減算は、❶と同じく、NaNを返します。

　ここでは減算演算子を例に紹介しましたが、オペランドをなるべく数値として演算する点は「/」「*」「%」などでも同様です。

3.2.2　インクリメント演算子 (++) とデクリメント演算子 (--)

　「++」「--」は、与えられたオペランドに対して1を加算／減算するための演算子です。それぞれインクリメント演算子、デクリメント演算子ともいいます。たとえば、以下の式は意味的に等価です。

```
x++  ⟷  x = x + 1
x--  ⟷  x = x - 1
```

　単なる加算／減算の省略記法ですが、役割が限定されるので、コードの意図は明確になります。変数をカウントアップ／ダウンする状況では、++／--演算子を優先して利用していくとよいでしょう。

　以下に、++／--演算子を利用するうえでの注意点をまとめておきます。

■ 前置演算／後置演算の区別

　++／--演算子をオペランドの前方に置くことを前置演算、後方に置くことを後置演算といいます。そして、双方ともに単体では同じ結果を返します。

```
x++  ⟷  ++x
```

　ただし、演算の結果をほかの変数に代入する場合には要注意です。以下の例で確認してみましょう。

●リスト3-04 increment.js

```
let i = 3;
let j = ++i;  ⟵ ❶
console.log(i); // 結果：4
console.log(j); // 結果：4

let x = 3;
let y = x++;  ⟵ ❷
console.log(x); // 結果：4
```

※1　「1970年1月1日 00:00:00」からの経過ミリ秒です。

```
console.log(y); // 結果：3
```

このように、++／--演算子をオペランドの前後いずれに置くかによって、結果が異なるのです。

まず前置演算（❶）では、変数iを加算してから、その結果を変数jに代入します。一方、後置演算（❷）では、変数yに代入してから、変数xを加算します。この違いを理解していないと、思わぬ演算結果に迷うことにもなるので要注意です。

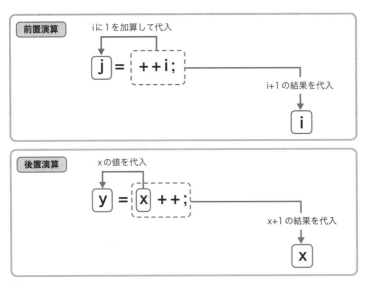

●前置演算／後置演算

■ 注意：リテラル操作はできない

++／--演算子は演算結果を直接変数に書き戻します。その性質上、以下のような操作はいずれも不可です。

```
10++;       ➡❶リテラルへの操作
(i++)++;    ➡❷入れ子のインクリメント
```

++／--は変数に作用する演算子です。よって、❶のようなリテラル操作は不可です。

❷は一見して2回インクリメントするように見えますが、これまた不可です。++／--演算子の戻り値はあくまで（変数でなく）演算結果の値だからです。このような操作は、複合代入演算子（3.3節）を使って「i += 2」のように表してください。

3.2.3　小数点を含む演算には注意

小数点を含んだ演算では、時として意図した結果が得られない場合があります。たとえば、以下のような例です。

● リスト3-05 float.js

```
console.log(0.2 * 3);    // 結果：0.6000000000000001
```

　これは、JavaScriptが内部的には数値を（10進数ではなく）2進数で演算しているための誤差です。10進数ではごく単純に表せる0.2という値ですら、2進数の世界では0.00110011...という無限循環小数となります。この誤差はごく小さなものですが、演算によっては、上のように正しい結果を得られないわけです[2]。

　小数点を含む演算で厳密に結果を得る必要がある場合、あるいは、値を比較する場合には、以下のようにしてください。

1. 値をいったん整数にしてから演算する
2. 1.の結果を再び小数に戻す

　たとえば、リスト3-05の例であれば、以下のようにすることで意図した結果を得られます。

```
console.log(((0.2 * 10) * 3) / 10);        // 結果：0.6
```

　ただし、数値の組み合わせによっては、これでも正しく動作しない場合があります。以下は「0.14 + 0.28」を求めるためのコードです。

● リスト3-06 float2.js

```
let x = 0.14 * 100;
let y = 0.28 * 100;
console.log(x);            // 結果：14.000000000000002
console.log(y);            // 結果：28.000000000000004
console.log((x + y) / 100);  // 結果：0.4200000000000001  ←── ❶
```

　100を積算／除算する際に、すでに小数誤差が発生してしまうためです。これを解消するためには、❶を以下のように書き換えます。Math.round（5.3.4項）は、小数点以下の値を四捨五入するための命令です。

```
console.log(Math.round(x + y) / 100);        // 結果：0.42
```

■ decimal.jsの利用 Advanced

　このように小数点数を交えた演算は、とかく厄介です。より確実に小数点数の演算を解決したいならば、decimal.jsというライブラリを活用してもよいでしょう。decimal.jsでは、内部的な演算にも10進数を用いることで、2進数由来の丸め誤差を防ぎます。

※2　JavaScript固有の問題ではありません。この問題は、一般的なプログラミング言語に共通で発生します。

たとえば以下は、リスト3-06をdecimal.jsを使って書き換えた例です[3]。

● リスト3-07　上：decimal.html ／ 下：decimal.js

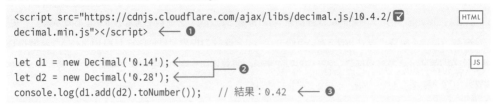

```html
<script src="https://cdnjs.cloudflare.com/ajax/libs/decimal.js/10.4.2/
decimal.min.js"></script>  ← ❶
```

```js
let d1 = new Decimal('0.14');  ←
let d2 = new Decimal('0.28');  ←        ❷
console.log(d1.add(d2).toNumber());   // 結果：0.42   ← ❸
```

decimal.jsを利用するには、❶のようにCDN[4]経由でライブラリをインポートするだけです。

❷は、decimal値（インスタンス）を生成するための記述です。この際、コンストラクターに浮動小数点数をそのまま渡すべきではありません。リテラルの段階で誤差が発生してしまう可能性があるからです。引数は、文字列として指定する、が原則です。

decimal値を生成できたら、あとはaddメソッドで「d1 + d2」を表現できます（❸）。addのほかにも、一般的な四則演算、比較メソッドが用意されています。以下でまとめているのは、あくまで一部にすぎないので、詳細な機能は公式サイト（https://github.com/MikeMcl/decimal.js/）も合わせて参照してください。

メソッド	概要
sub	減算
mul	乗算
div	除算
eq	等しい

メソッド	概要
gt	より大きい
gte	以上
lt	未満
lte	以下

● decimal.jsのおもなメソッド

複数の演算を連結するならば、以下のようにメソッド呼び出しをつなげても構いません。

```
d1.add(d2).sub(d3)
```

演算結果はdecimal値なので、本来のnumber型に戻すには、toNumberメソッドを呼び出してください（文字列化するならば、toStringメソッドも利用できます）。

※3　本項の内容は、オブジェクト操作を理解していることを前提としています。ここではコードの意図だけを説明するので、Chapter 5でオブジェクト操作を理解した後、再度読み解くことをおすすめします。

※4　Content Delivery Network。ライブラリ、スタイルシートなどのリソース配信に最適化されたネットワークのことをいいます。

3.3 代入演算子

指定された変数に値を設定（代入）するための演算子です。先述した「=」演算子は、代表的な代入演算子です。これには、算術演算子やビット演算子と連動した機能を提供する複合代入演算子も含まれます。

演算子	概要	例
=	変数などに値を代入	x = 1
+=	左辺の値に右辺の値を加算したものを代入	x = 3; x += 2　➡ 5
-=	左辺の値から右辺の値を減算したものを代入	x = 3; x -= 2　➡ 1
*=	左辺の値に右辺の値を乗算したものを代入	x = 3; x *= 2　➡ 6
/=	左辺の値を右辺の値で除算したものを代入	x = 3; x /= 2　➡ 1.5
%=	左辺の値を右辺の値で除算した余りを代入	x = 3; x %= 2　➡ 1
**=	左辺の値を右辺の値でべき乗したものを代入	x = 3; x **= 2　➡ 9
&=	左辺の値を右辺の値で論理積演算した結果を代入	x = 10; x &= 5　➡ 0
|=	左辺の値を右辺の値で論理和演算した結果を代入	x = 10; x |= 5　➡ 15
^=	左辺の値を右辺の値で排他的論理和演算した結果を代入	x = 10; x ^= 5　➡ 15
&&=	左辺の値がtrueの場合にだけ右辺を代入 **ES2021**	x = 1; x &&= 5　➡ 5
||=	左辺の値がfalseの場合にだけ右辺を代入 **ES2021**	x = 0; x ||= 5　➡ 5
??=	左辺の値がnull／undefinedの場合にだけ右辺を代入 **ES2021**	x = null; x ??= 5　➡ 5
<<=	左辺の値を右辺の値だけ左シフトした結果を代入	x = 10; x <<= 1　➡ 20
>>=	左辺の値を右辺の値だけ右シフトした結果を代入	x = 10; x >>= 1　➡ 5
>>>=	左辺の値を右辺の値だけ右シフトした結果を代入	x = 10; x >>>= 2 ➡ 2

●おもな代入演算子

複合代入演算子とは、「左辺と右辺の値を演算した結果を左辺に代入する」ための演算子です。つまり、次のコードは意味的に等価です（●は複合演算子として利用できる任意の算術演算子／ビット演算子を表すものとします）。

```
x ●= y  ⟺  x = x ● y
```

変数自身に対する演算の結果を、元の変数に書き戻したい、という場合、複合代入演算子を利用することで、式をシンプルに記述できます。それぞれの算術演算子／ビット演算子の意味は、該当する項を参照してください。

3.3.1 基本型と参照型による代入の違い‐「=」演算子

2.3節でも触れたように、JavaScriptのデータ型は基本型と参照型に大別でき、この両者の扱いにはさまざまな違いがあるのでした。その1つが、この代入の局面です。具体的なサンプルで確認してみましょう。

● リスト3-08 equal.js

```javascript
let x = 1;
let y = x;
x = 2;
console.log(y);      // 結果：1 ← ❶

let data1 = [0, 1, 2];
let data2 = data1;
data1[0] = 5;
console.log(data2);  // 結果：[5, 1, 2] ← ❷
```

❶は直感的にも納得しやすいでしょう。基本型の値は、変数に直接格納されるので、変数xの値をyに引き渡す場合にもその値がコピーされます。つまり、元の変数xの値を変更しても、コピー先の変数yに影響を及ぼすことはありません。

一方、参照型の代入は少しだけ複雑です（❷）。ここでは参照型の例として、配列リテラルを変数data1に代入し、その内容を変数data2に代入しています。しかし、参照型の場合、（値そのものではなく）格納先を表す参照値が変数に格納されるのでした。よって、「data2 = data1」も、

変数data1に格納されている参照値を、変数data2にコピーしている

にすぎません。結果として、この時点で変数data1、data2は双方ともに同じ値を指していることになり、data1への変更はそのままdata2にも影響を及ぼすことになります。

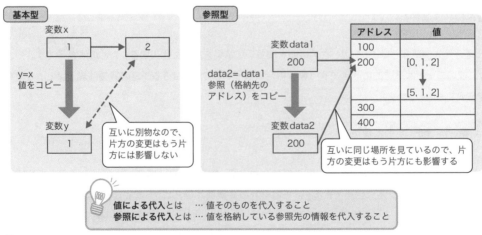

● 値による代入と参照による代入

では、以下のようなコードではどうでしょう。

●リスト3-09 equal_ref.js

```javascript
let data1 = [0, 1, 2];
let data2 = data1;        ← ❶
data1 = [10, 20, 30];     ← ❷
console.log(data2);        // 結果：[0, 1, 2]
```

この例では、代入元の変更が代入先に反映されません。❶の時点ではdata1、data2は同じ実体──[0, 1, 2]を参照していますが、❷で参照先そのものが差し替わっているのです。data1、data2が異なる実体なので、それぞれの変更がもう一方に影響することはありません。

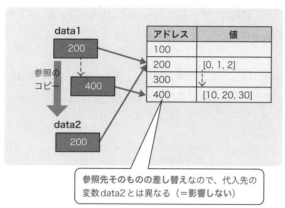

●代入元の変更による影響

> **Note**　変数の正体
>
> 　値を格納するのは、正確にはコンピューター上に用意されたメモリの役割です。メモリにはそれぞれの場所を表す番号（アドレス）が振られています。しかし、コード中に意味のない番号を記述するのでは、見た目にもわかりにくく、そもそもタイプミスの原因にもなります。そこでアドレスに対して、人間がわかりやすいように名前を付けておく──それが変数の正体です。
>
> 　変数とは「メモリ上の場所に対して付けられた名札」ともいえます。

3.3.2　定数は「再代入できない」

2.2.4項で触れた定数について補足です。

「定数」という言葉の響きから誤解されやすいのですが、定数とは「値が変更できない変数」ではありません。再代入できない変数です。つまり、定数であっても、内容を変更できてしまう場合があるということです。

ここで前項同様、基本型と参照型にわけて、挙動の違いを確認しておきましょう。

まずは、基本型から。こちらの話はシンプルです。変数に値を再代入できないということは、そのまま

値を変更できないことだからです。コードでも確認しておきます。

```
const TAX = 1.1;
TAX = 1.2;    // エラー (Assignment to constant variable)
```

　ところが、参照型では事情が変わってきます。たとえば、以下のコードで❶と❷はともにエラーになるでしょうか。

```
const data = [ 1, 2, 3 ];
data = [ 4, 5, 6 ];    ←── ❶
data[1] = 10;          ←── ❷
```

　定数を「変更できない変数」と捉えてしまうと、❶❷はいずれもエラーとなることを期待するはずですが、そうはなりません。❶はエラーですが、❷は動作します。

　これが、「再代入できない」という意味です。

　まず、❶は配列そのものを再代入しているので、constの規約違反です。しかし、❷は元の配列はそのままに、中身だけを書き換えています。これはconst違反とは見なされません。これが、定数が必ずしも変更できないわけでない、と述べた理由です。

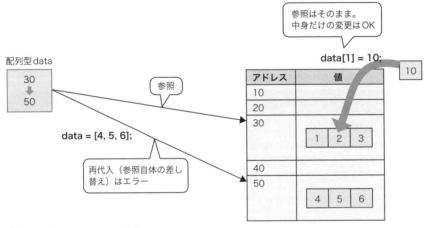

●定数は「再代入できない」変数

3.3.3　分割代入（配列）

　分割代入（destructuring assignment）とは、配列／オブジェクトを分解し、配下の要素／プロパティ値を個々の変数に分解するための構文です。これには、左辺に要素の数だけ変数を列挙し、全体をブラケット（[...]）でくくります。

●リスト3-10 destruct.js

```
let data = [56, 40, 26, 82, 19, 17, 73, 99];
```

```
let [x0, x1, x2, x3, x4, x5, x6, x7] = data;
console.log(x0);    // 結果：56
...中略...
console.log(x7);    // 結果：99
```

これによって、右辺の配列要素が個々のx0、x1、x2...に割り当てられます。

■ 配列要素と変数の個数が異なる場合

右辺の配列要素と、左辺の変数（群）との個数は等しくなくても構いません。

◉ リスト3-11 destruct_many.js

```
let data = [56, 40, 26, 82, 19, 17, 73, 99];
let [x0, x1, x2, x3] = data;  ←── ❶
let [y0, y1, y2, y3, y4, y5, y6, y7, y8] = data;  ←── ❷
let [, , , , , z6, z7] = data;  ←── ❸

console.log(x0);    // 結果：56
console.log(x1);    // 結果：40
console.log(x2);    // 結果：26
console.log(x3);    // 結果：82
console.log(y0);    // 結果：56
...中略...
console.log(y8);    // 結果：undefined
console.log(z6);    // 結果：73
console.log(z7);    // 結果：99
```

配列サイズよりも代入先変数の個数が少ない場合、残りの要素は無視されるだけです（❶）。一方、変数の個数が多い場合には、あふれた（＝対応する要素のない）変数はundefinedとなります（❷）。

ちなみに、前方向の要素を無視したいならば、❸のように切り捨てたい要素の数だけカンマを列記しても構いません[1]。

■ 「...」演算子で残りの要素を取得する

「...」演算子を利用することで、個々の変数に分解しきれなかった残りの要素をまとめて部分配列として切り出すことも可能です。

◉ リスト3-12 destruct_rest.js

```
let data = [56, 40, 26, 82, 19, 17, 73, 99];
let [x0, x1, x2, ...other] = data;
console.log(x0);        // 結果：56
console.log(x1);        // 結果：40
console.log(x2);        // 結果：26
console.log(other);     // 結果：[82, 19, 17, 73, 99]
```

---

[1]　同様に、[z1, z2, , , , z6, z7]とすることで、途中の要素を無視することも可能です。

97

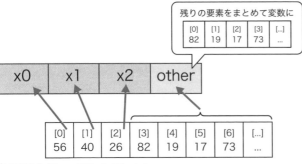

●分割代入（「...」を使ったパターン）

■ 変数の入れ替え（スワッピング）

分割代入を利用すれば、変数の値を入れ替える（スワップする）こともできます[2]。

●リスト3-13 destruct_replace.js

```
let x = 1;
let y = 2;
[x, y] = [y, x];
console.log(x, y);        // 結果：2、1
```

分割代入は、そのほかにも「関数に名前付きの引数を引き渡す」「関数から複数の戻り値を返す」ような用途でも利用できます。詳しくは6.4.5、6.5.1項も参照してください。

3.3.4　分割代入（オブジェクト）

同じくオブジェクトのプロパティを、個々の変数に分解することもできます。オブジェクトの場合は、代入先の変数（群）も{...}でくくります。

●リスト3-14 destruct_obj.js

```
let book = {
  title: 'Javaポケットリファレンス',
  publisher: '技術評論社',
  price: 2680
};

let { price, title, memo = '×' } = book;
console.log(title);        // 結果：Javaポケットリファレンス
console.log(price);        // 結果：2680
console.log(memo);         // 結果：×
```

オブジェクトの場合は配列と異なり、名前でプロパティを個々の変数に分解します。よって、変数の並び順はプロパティの定義順と違っていても、分解しないプロパティ（ここではpublisher）があっても

※2　分割代入が導入される以前は、いずれかの変数をいったん別の変数に退避させる必要がありました。

構いません。この場合、左辺に対応する変数がないpublisherプロパティは無視されるだけです。

また、目的のプロパティが存在しなかった場合に備えて、「変数名 = 既定値」の形式で既定値を指定しておくこともできます。この例であれば、変数memoに対応するmemoプロパティが存在しないので、既定値として「×」が割り当てられます。

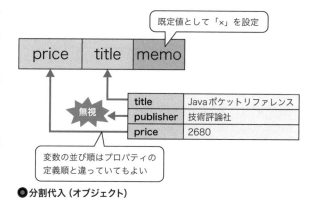

●分割代入（オブジェクト）

■ より複雑なオブジェクトの分解

さらに、オブジェクトではより複雑な分解も可能です。

（1）入れ子となったオブジェクトを分解する

入れ子となったオブジェクトを展開するには、オブジェクトの入れ子関係がわかるように代入先の変数も{...}で入れ子構造で表します。

●リスト3-15 destruct_obj_nest.js

```
let book = {
  title: 'Javaポケットリファレンス ',
  publish: '技術評論社',
  price: 2680,
  other: { keywd: 'Java SE 18', logo: 'logo.jpg' }
};

let { title, other, other: { keywd } } = book;
console.log(title);        // 結果：Javaポケットリファレンス
console.log(other);        // 結果：{ keywd: "Java SE 18", logo: "logo.jpg" }
console.log(keywd);        // 結果：Java SE 18
```

単にotherとした場合には、otherプロパティの内容（オブジェクト）がまとめて格納されますが、「other: { keywd }」とすることで、other－keywdプロパティの値を得られます[3]。

（2）変数の別名を指定する

「変数名：別名」の形式で、プロパティとは異なる名前の変数に値を割り当てることもできます[4]。たとえば以下は、title／publisherプロパティをそれぞれ変数subject／companyに代入する例です。

---

[3] ここではオブジェクトの例を示していますが、同様に入れ子の配列を分解したいならば、「other: [value1, value2]」のようにも表せます。

[4] 既定値の「変数名 = 既定値」と混同しないようにしましょう。

```
let book = {
  title: 'Javaポケットリファレンス',
  publisher: '技術評論社'
};

let { title: subject, publisher: company } = book;
console.log(subject);   // 結果：Javaポケットリファレンス
console.log(company);   // 結果：技術評論社
```

(3)「...」演算子で残りのプロパティを束ねる

配列と同じく、「...」演算子を用いることで、明示的に分解されなかった残りの要素をまとめて取得することもできます。

● リスト3-17 destruct_obj_rest.js

```
let book = {
  title: 'Javaポケットリファレンス',
  publisher: '技術評論社',
  price: 2680
};

let { title, ...rest } = book;
console.log(title);   // 結果：Javaポケットリファレンス
console.log(rest);    // 結果：{publisher: '技術評論社', price: 2680}
```

「...」付きの場合、変数はあくまで「残りのプロパティ」を示すだけなので、名前はなんでも構いません。一方、太字を単に「rest」とした場合（「...」を省いた場合）、変数restに対応するプロパティはないので、結果はundefinedとなります。

(4) 宣言と切り離して分割代入する

ここまでは、変数宣言と分割代入とをまとめて1文で表していますが、双方を切り離すこともできます。以下は、リスト3-14の書き換えです。

● リスト3-18 destruct_obj_cut.js

```
...前略（リスト3-17を参照）...

let price, title, memo; // 変数宣言
({ price, title, memo = '×' } = book);   // 代入

console.log(price);   // 結果：2680
console.log(title);   // 結果：Javaポケットリファレンス
console.log(memo);    // 結果：×
```

ただし、オブジェクトの分割代入では、前後に丸カッコが必要となる点に注意してください（配列では不要です）。というのも、左辺の{...}はブロックと見なされ、それ単体で文と見なされないためです。

3.4 比較演算子

左辺／右辺の値を比較し、その結果をtrue／false（真偽）として返します。詳細については後述しますが、if、do...while、whileのような条件分岐／繰り返し構文と合わせて、処理の分岐や終了条件を表すために利用するのが一般的です。関係演算子ともいいます。

演算子	概要	例
==	左辺と右辺の値が等しい場合はtrue	5 == 5 　➡ true
!=	左辺と右辺の値が等しくない場合はtrue	5 != 5 　➡ false
<	左辺が右辺より小さい場合はtrue	5 < 5 　➡ false
<=	左辺が右辺以下の場合はtrue	5 <= 5 　➡ true
>	左辺が右辺より大きい場合はtrue	5 > 3 　➡ true
>=	左辺が右辺以上の場合はtrue	5 >= 5 　➡ true
===	左辺と右辺の値が等しくてデータ型も同じ場合はtrue	5 === '5' ➡ false
!==	左辺と右辺の値が等しくない場合、またはデータ型が異なる場合はtrue	5 !== '5' ➡ true
?:	条件演算子。「条件式 ? 式1：式2」。条件式がtrueの場合は式1を、falseの場合は式2を返す	(10 === 1) ? 1 : 0 ➡ 0
?? **ES2020**	null合体演算子。左辺がnullでなければその値、左辺がnullならば右辺の値（両辺ともにnullならばnull）	null ?? 5 　➡ 5

●おもな比較演算子

比較演算子も、算術演算子と並んで直感的に理解しやすいものがほとんどですが、いくつか注意すべき点もあります。

3.4.1 等価演算子 (==)

==は、いわゆる「緩い」等価演算子です。緩い、とは左辺／右辺の型が等しくない場合も、「なんとか等しいと見なせないか」を試みる、ということです。具体的には、型に応じて、以下のような比較を試みます（toNumは数値への変換、toPriは文字列、または数値への変換を意味します）。

x \ y	number	string	boolean	object	undefined	null
number	x === y	x === toNum(y)	x === toNum(y)	x == toPri(y)	false	false
string	toNum(x) === y	x === y	toNum(x) === toNum(y)	x == toPri(y)	false	false
boolean	toNum(x) === y	toNum(x) === toNum(y)	x === y	toNum(x) == toPri(y)	false	false
object	toPri(x) == y	toPri(x) == y	toPri(x) == toNum(y)	x === y	false	false
undefined	false	false	false	false	true	true
null	false	false	false	false	true	true

● 「==」演算子による比較ルール

たとえば、以下のような数値型と論理型の比較も、「==」演算子ではtrue（真）です。

```
console.log(1 == true); // 結果：true
```

ただし、比較の対象がオブジェクト（配列など）——参照型同士である場合には要注意です。

● リスト3-19 equal_array.js

```
let data1 = ['JavaScript', 'Ajax', 'ASP.NET'];
let data2 = ['JavaScript', 'Ajax', 'ASP.NET'];
console.log(data1 == data2);      // 結果：false
```

ここまで何度か触れているように、基本型では変数に値を直接格納するのに対して、参照型ではその参照値（＝メモリ上のアドレスのようなもの）が格納されるのでした。よって、等価演算子も参照型を比較する場合には、参照値が等しい場合にだけtrueを返します。見かけ上は同じ内容を含むオブジェクトであっても、それが異なるオブジェクト（異なるアドレスに登録されたもの）であれば、等価演算子はfalseを返すのです。

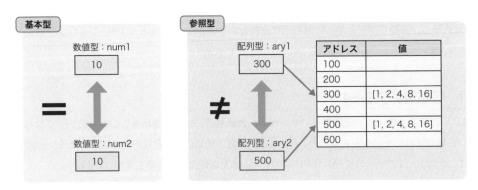

基本型では … 値そのものを比較するので、見かけと比較結果は一致
参照型では … 値を格納している参照先を比較するので、見かけと比較結果が不一致の場合もある

● 基本型と参照型の比較

<table>
<tr><td>**Note**</td><td>**配列の比較**</td></tr>
</table>

　配列も参照型の一種なので、等価演算子では「値が等しいこと」を判定することはできません。配列を比較するには、以下のような方法を用いてください。

- for命令（4.3.3項）で個々の要素を比較する
- JSON.stringifyメソッド（5.9.2項）で文字列化した結果を比較する

　具体的な実装方法は該当する項も合わせて参照してください。

3.4.2　厳密な等価演算子 (===)

　ここまでの解説を見てもわかるように、「==」演算子は開発者が型を意識しなくても、「なんとなく等しいことを確認してくれる」親切な演算子です。ただし、このような初学者向けの親切は、より本格的なアプリを開発するようになるとお節介になります。

　たとえば以下のような比較は、すべてtrueと判定されます。

●リスト3-20 equal_not_strict.js

```javascript
console.log('3.14E2' == 314);
console.log('0x10' == 16);
console.log('1' == 1);
```

　3.14E2は指数表現、0x10は16進数表現であると解釈されてしまうのです。E、xが意味を持たない単なるアルファベットであったとしても、「==」演算子はそうとは理解してくれません。

　そこで登場するのが「===」演算子です。「===」はデータ型を変換しない——型と値の厳密な一致を確認します。

●リスト3-21 equal_strict.js

```javascript
console.log('3.14E2' === 314);
console.log('0x10' === 16);
console.log('1' === 1);
```

　今度は、いずれの結果もfalseです。ただし、「===」演算子では'1'と1のように一見して同じ値に見えるリテラルも異なるものと判定されるので注意してください。文字列としての'1'と、数値としての1は、「===」演算子では異なるものなのです。

　より大規模なアプリを開発するうえで、一般的には、JavaScriptの寛容さはかえってバグの原因となります。特別な理由がない限り、等価比較には「===」演算子を優先して利用することをおすすめします。

　なお、この関係は「!=」「!==」でも同じです。

3.4.3　小数点数の比較

3.2.3項でも触れたように、JavaScriptでは小数点数を内部的には2進数で扱うため、厳密な演算には不向きです。その事情は、小数点数の比較においても同様です。

小数点数同士を比較するには、以下のような方法を利用してください。

●リスト3-22 equal_float.js

```javascript
const EPSILON = 0.0001;
let x = 0.98765;
let y = 0.98764;

console.log(Math.abs(x - y) < EPSILON);   // 結果：true
```

定数EPSILONは、誤差の許容範囲を表します（計算機イプシロンなどとも呼ばれます）。この例では小数第4位までの桁を保証したいので、イプシロンは0.0001とします。

あとは、対象となる小数点数（ここではx、y）の絶対差を求め[1]、その値がイプシロン未満であれば、保証桁までは等しいことになります。

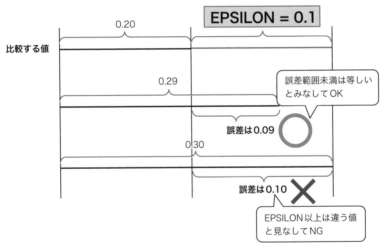

●浮動小数点数の比較（小数点以下第1位の場合）

もちろん、小数点数の演算を頻繁に利用するならば、decimal.js（3.2.3項）のようなライブラリを導入することで、根本的に解決を図ることも可能です。

※1　absは、数値の絶対値を求めるためのメソッドです。

3.4.4 条件演算子 (?:)

条件演算子は、与えられた条件式の真偽に応じて、対応する式の値を出力します。

◉ リスト3-23 condition.js

```
let score = 80;
console.log(score >= 70 ? '合格' : '不合格');     // 結果：合格
```

変数scoreの値を70未満にした時に、結果が変化することも確認しておきましょう。

後述するif命令を使っても、同等の処理を表現できますが、出力する値を単に条件に応じて振り分けたい状況では、条件演算子のほうがコードがシンプルになります。

Note	オペランドの数による分類

条件演算子は、オペランドを3個受け取ることから三項演算子と呼ばれることもあります。ちなみに、オペランドを2個受け取る「+」「=」のような演算子を二項演算子、オペランドが1個だけの「++」「--」のような演算子を単項演算子といいます。

最も種類が多いのが二項演算子で、逆に三項演算子は条件演算子だけです。「-」のように、用途によって単項演算子になったり二項演算子になったりするものもあります。たとえば「-」は「3 - 2」（減算）では二項演算子ですが、「-5」（マイナス反転）の場合は単項演算子です。

■ 条件演算のその他の構文

条件式がfalsyな値の場合に、特定の値をセットしたいということはよくあります。まずは条件演算子を利用した場合です。

◉ リスト3-24 condition_falsy.js

```
let value = '';
value = value ? value : '既定値';     ←──  ❶

console.log(value);     // 結果：既定値
```

ただし、❶の記法はvalueが繰り返し登場し、冗長です。そこで条件演算子を利用するよりも、以下のような書き方を優先すべきです（以下は、いずれも❶の書き換えです）。

(1) ||=演算子 ES2021

ショートカット演算（3.5.1項）の応用例です。valueがfalsy値である場合に、右辺の値を代入します。

```
value ||= '既定値';
```

❶では3個もあったvalueが1つにまとまり、見通しよくなりました。

(2) ??=演算子 ES2021

（1）の例ではfalsyな値をすべて拾ってしまう問題があります。つまり、ゼロ、空文字列などを除外できない場合には、（1）のコードは利用できません。そのような場合には、「??=」演算子を利用してください。

```
value ??= '既定値';
```

「??=」演算子は、値がnull／undefinedの場合だけを検出します。既定値をそのまま表示するならば、以下のようにも表せます。

```
console.log(value ?? '既定値');
```

ちなみに、条件演算子で同じことを表現するならば、

```
value = value !== null && value !== undefined ? value : '既定値';
```

となるので、随分とシンプルになります。

Column VSCodeの便利な拡張機能（3）- JavaScript (ES6) code snippets

JavaScriptのスニペット[※2]を集めたプラグインです。1.4.2項と同じ要領でインストールしたら、エディターから（たとえば）「fre」のように入力してみましょう。入力候補がリスト表示されるので、「fre」を選択&［Tab］キーを押します。

●候補リストからスニペットを適用

Array#forEachメソッドの骨組みが挿入され、可変部分（インスタンス部分とコールバック関数の引数）がハイライト表示されるので、あとはこれを編集するだけです。1からコードを記述するのに比べると、随分と簡単になったと思いませんか。

このようなスニペットがほかにもたくさん用意されているので、詳しくは拡張機能の説明ページを参照してください。もちろん、スニペット系の拡張機能はほかにもあるので、自分の好みのものを探してみるのもよいでしょう。

※2　スニペット（snippet）とは「断片」「切れ端」という意味で、この場合は、再利用可能な断片的なコードのことをいいます。

3.5 論理演算子

論理演算子は、複数の条件式（または論理値）を論理的に結合し、その結果をtrue／falseとして返します。前項の比較演算子と組み合わせて利用するのが一般的です。論理演算子を用いることで、より複雑な条件式を表現できます。

演算子	概要	例
&&	左右の式がともにtrueの場合はtrue	x && y ➡ false
||	左右の式のどちらかがtrueの場合はtrue	x || y ➡ true
!	式がfalseの場合はtrue	!x ➡ false

●おもな論理演算子（用例のxはtrue、yはfalseとします）

論理演算子の評価結果は、左式／右式の論理値によって変化します。左式／右式の値と具体的な結果の対応関係は、以下の表のとおりです。

左式	右式	&&	||
true	true	true	true
true	false	false	true
false	true	false	true
false	false	false	false

●論理演算子による評価結果

これらの規則をベン図（集合図）を使って表現すると、以下のようになります。

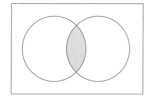
&& （AND）

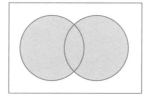
\|\| （OR）

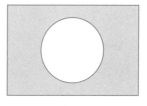
! （NOT）

●論理演算子

なお、JavaScriptでは論理値（true／false）以外もtrue／falseと見なすことがあるのでした。

論理演算子の文脈でも、オペランドは必ずしも論理値である必要はありません（いわゆるtruthy、falsyな値で構いません）。

3.5.1 ショートカット演算（短絡演算）

論理積／論理和演算子では、「左式だけが評価されて、右式が評価されない」場合があります。このような演算のことをショートカット演算、あるいは短絡演算といいます。以下に、具体的な例を見てみましょう。

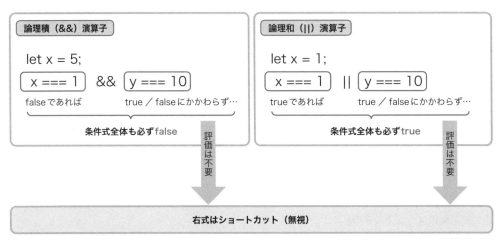

●ショートカット演算（短絡演算）

P.107の表「論理演算子による評価結果」を見てもわかるように、&&演算子では左式がfalseの場合、右式の真偽にかかわらず、式全体の結果はfalseです。ということは、左式がfalseの場合、&&演算子では右式を評価する必要はありません。そこで、そのような場合に&&演算子は右式の実行をスキップ（ショートカット）するわけです。

||演算子でも同様です。||演算子では、左式がtrueの場合、右式の真偽にかかわらず、式全体の結果はtrueです。よって、その場合に右式の実行をスキップします。

ショートカット演算の性質を利用することで、以下のようなコードも記述できます。❶と❷とは意味的に等価です。

●リスト3-25 shortcut.js

```js
let x = 1;

if (x === 1) { console.log('こんにちは'); }   ⟵ ❶
x === 1 && console.log('こんにちは');          ⟵ ❷
```

if命令については4.2.1項にて改めますが、❶は「変数xが1である場合に、メッセージを表示しなさい」という意味です。

❷は、これをショートカット演算で置き換えています。先ほど触れたように、&&演算子では、左式がtrueの場合にだけ、右式が実行されるのでした。つまり、この例では「x === 1」がtrueである（変数xが1である）場合にだけ、右式のlogメソッドが実行されます。

もっとも、これはただの例です。もしも❷のようなコードがクールに感じられたとしても、一部の例外を除いては利用すべきではありません[※1]。というのも、コードの意図が不明瞭です。本来の論理演算を意図しているのか、条件分岐を目的にしているのかが一見して読み取れないコードは、よいコードとはいえません（そもそも右式が実行されるかどうかが曖昧なため、バグの温床にもなります）。

Column　VSCodeの便利な拡張機能（4）- IntelliSense for CSS class names in HTML

定義済みの.cssファイルをもとに、スタイルクラスの候補リストを生成してくれる拡張機能です。1.4.2項と同じ要領でインストールしてみましょう。

```
10    <body>
11    <button class="btn-">
12    </body>          [◎] btn-check
13    </html>          [◎] btn-close
14                     [◎] btn-close-white
                       [◎] btn-danger
                       [◎] btn-dark
```

●定義済みのスタイルを候補表示

class属性を入力する際にいちいち.cssファイルを参照するのはなにかと面倒なものですが、これで随分と紐づけを省力化できますね。

スタイル情報は、基本的には、アプリに含まれるスタイル定義＋<link>要素から自動収集されますが、新たに定義を追加した場合に即座に認識されない場合があります。そのような場合には、ステータスバーの 𝄇（css classes cached）をクリックすることで、スタイル情報をリフレッシュできます。

スタイルシート関連の拡張機能としては、ほかにも、class属性をマウスホバーすることで紐づいたスタイル定義をポップアップ表示できる「CSS Peek」などがおすすめです。

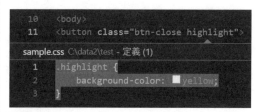

```
10    <body>
11    <button class="btn-close highlight">
                                    ▲
sample.css C:\data2\test - 定義 (1)
 1    .highlight {
 2        background-color: ■yellow;
 3    }
```

●関連するスタイル定義をポップアップ表示

※1　もちろん、ショートカット演算には、確かな使いどころもあります。具体的には、3.4.4項も合わせて参照してください。

3.6　ビット演算子 Advanced

　ビット演算とは、整数値を2進数で表した場合の各桁（ビット単位）を論理計算する演算のこと。はじめのうちはあまり利用する機会もないので、まずは先のトピックを優先させたいという人は、本節は読み飛ばしても構いません。

演算子	概要	例
&	左式と右式の両方にセットされているビットをセット	10 & 5 → 1010 & 0101 → 0000 → 0
|	左式と右式のどちらかにセットされているビットをセット	10 | 5 → 1010 | 0101 → 1111 → 15
^	左式と右式のどちらかにセットされていて、かつ、両方にセットされていないビットをセット	10 ^ 5 → 1010 ^ 0101 → 1111 → 15
~	ビットを反転	~10 → ~1010 → 0101 → -11
<<	ビットを左にシフト	10 << 1 → 1010 << 1 → 10100 → 20
>>	ビットを右にシフト（算術シフト）	10 >> 1 → 1010 >> 1 → 0101 → 5
>>>	ビットを右にシフト（論理シフト）	10 >>> 2 → 1010 >>> 2 → 0010 → 2

●おもなビット演算子

　ビット演算子は、さらにビット論理演算子とビットシフト演算子に大別できます。以下では、それぞれの具体的な演算の流れを見ていくことにしましょう。

3.6.1　ビット論理演算子

　たとえば、以下はビット論理積による演算の流れです。

```
10進数     2進数    10進数
6       →   0110
3       → &0011
         ̄ ̄ ̄ ̄ ̄ ̄ ̄ ̄
            0010  →  2
```

　このように、ビット演算では、与えられた数値を2進数で表したものを、それぞれの桁について論理演算します。論理積では、以下のルールで演算するのでした（3.5節）。

・双方のビットが1（true）である場合　➡ 1

・それ以外　　　　　　　　　　　　　➡ 0

ビット演算子は、論理演算の結果、得られた2進数をもとの10進数表記で返します。

もっとも、このようなルールで行くと、P.110の表「おもなビット演算子」でのビット反転「~」の結果を不思議に思われるかもしれません。

```
10進数    2進数        10進数
10     →  1010
          ―――― (否定)
          0101       → -11
```

与えられたビットを反転させた結果、「1010」は「0101」となるので、結果は5になるように見えます。しかし、結果は（実際に試してみればわかるように）-11。これは、ビット反転が正負を表す符号も反転させているためです。

ビットで負数を表す場合、「ビット列を反転させて1を加えたものが、その絶対値になる」という規則があります。つまり、ここでは「0101」を反転させた「1010」に1を加えた「1011」（10進数では11）がその絶対値となり、「0101」が「-11」となるわけです。

3.6.2　ビットシフト演算子

以下は、左ビットシフト演算子を使った演算の例です。

```
10進数    2進数        10進数
10     →  1010
          ―――― << 1
          10100      → 20
```

ビットシフト演算でも、10進数を2進数として演算するのは同じです。そして、その桁を指定された桁数だけ左、または右にシフトします。左シフトした場合、右側の桁は0で埋められます。つまり、ここでは「1010」（10進数の10）が左シフトによって「10100」となるので、演算の結果はその10進数表記である20となるわけです。

右ビットシフトも、基本的なルールは左ビットシフトと同じですが、シフトの結果、左側にできた空きビット（符号ビット）をどのように埋めるかが問題となります。というのも、数値の内部表現では最上位ビットは符号を意味するからです（0がプラス、1がマイナス）。

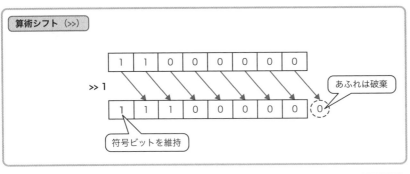

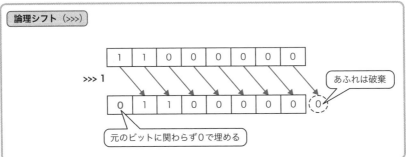

●右ビットシフト

この時、最上位ビット（符号ビット）を維持するのが算術シフト、最上位のビットにかかわらず、0で埋めるシフトを論理シフトといいます。JavaScriptでは、算術シフトを>>演算子、論理シフトを>>>演算子と、両者を区別しています。

3.6.3　例：ビットフィールドによるフラグ管理

ビット演算子のよくある利用例としては、ビットフィールドが挙げられます。ビットフィールドとは、複数のフラグ（オンオフ）をビット値の並びとして表す方法のこと。2の累乗値として表すのが一般的です。

●リスト3-26 bit_flag.js

```
const AMERICA = 1 << 0; // 0001 (2⁰)
const RUSSIA  = 1 << 1; // 0010 (2¹)
const CHINA   = 1 << 2; // 0100 (2²)
const INDIA   = 1 << 3; // 1000 (2³)
```

ビットフィールドは「|」演算子を用いることで、1つにまとめられます。たとえばAMARICA＋CHINAであれば、「AMERICA | CHINA」と表せます。

各桁のビットが0／1どちらかに
よってオンオフを判定

```
AMERICA    0001  =  1
CHINA    | 0100  =  4
           ────────────
           0101  =  5
```

●ビットフィールドの結合

　これで、内部的には双方の論理和として「0101」のような値が生成されるわけです。桁単位にオンオフを表現できていることを確認してください。これが値を2の累乗とした理由です。

■ ビットフィールドの検査

　ビットフィールドはオンオフを判定するのもかんたんです。たとえば以下は、flagsにINDIAが含まれるかを確認する例です。

●リスト3-27 bit_flag.js

```
let flags = AMERICA | CHINA;
console.log(flags & INDIA);      // 結果：0（INDIAは無効）
```

　対応するビットがオンでなければすべてのビットがゼロとなります。

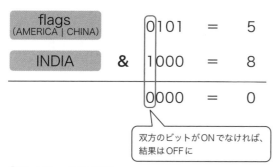

```
flags
(AMERICA | CHINA)   0101  =  5
INDIA            &  1000  =  8
                    ────────────
                    0000  =  0
```

双方のビットがONでなければ、
結果はOFFに

●ビットフィールドの判定

　同様に、複数のビットがオンであるかを確認するならば、以下のように表します。

```
let flags = AMERICA | RUSSIA | CHINA;
console.log((flags & (AMERICA | CHINA)) === (AMERICA | CHINA));    // 結果：true
```

　ビット演算の過程は、以下の図で示しておきます。

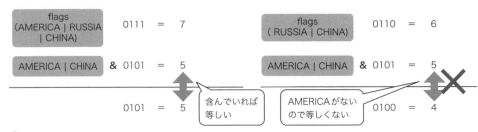

● 複数ビットの判定

　このようなビットフィールド定数は、このあとライブラリを利用する際にもよく利用するものなので、大雑把なしくみを理解しておくことは役立つはずです。

<table>
<tr><td>Column</td><td>よく見かけるエラーとその対処法</td></tr>
</table>

　プログラミングを進める上で、皆さんはさまざまなエラーに遭遇するはずです。ただし、過度に恐れることはありません。というのも、エラーの大部分は定型的であるからです。エラーの意味をあらかじめ知っておくことで、問題が起きた時にもすばやく原因を特定できるはずです。以下には、初学者がまず知っておきたいおもなエラーをまとめておきます。

・SyntaxError

　最も基本的なエラーで、文法（Syntax）の誤りを意味します。一般的には、カッコやクォートの対応関係が取れていない、などのタイプミスが原因です。

・ReferenceError

　未定義の変数にアクセスした時に発生します。参照しようとしている変数があらかじめ宣言されているかを再確認しましょう。

・TypeError

　おもにプロパティ／メソッド呼び出しに際して、レシーバー（呼び出し元のオブジェクト）が意図した型ではない場合に発生します。たとえば「str.toUpperCase()」のような呼び出しで、変数 str が数値や null であるような状況で発生します。

・RangeError

　メソッドの引数に不正な値を渡したことを意味します。たとえば「new Array(-10)」のようなコードは、長さ-10の配列という意味なので、RangeError です。

3.7 その他の演算子

ここまでのいずれの分類にも属さない演算子です。

演算子	概要
,（カンマ）	左右の式を続けて実行（4.3.3項）
delete	オブジェクトのプロパティや配列の要素を削除
in	指定されたプロパティがオブジェクトに存在するかを判定（8.3.6項）
instanceof	オブジェクトが指定されたクラスのインスタンスかを判定（8.3.6項）
new	新しいインスタンスを生成（5.2.1項）
typeof	オペランドのデータ型を取得
void	未定義値を返す（6.2.3項）

●その他の演算子

その他の演算子には、ほかの構文知識とも密接に絡むので、それぞれ該当する項で改めて後述します。本項では、delete／typeof演算子についてのみ扱います。

3.7.1 配列要素、プロパティを削除する - delete演算子

delete演算子は、オブジェクトのプロパティを破棄します。削除に成功した場合はtrue、さもなければfalseを返します。

以下に、具体的な例も見てみましょう。

●リスト3-28 delete.js

```
let data = ['Python', 'PHP', 'JavaScript'];
console.log(delete data[0]);       // 結果：true
console.log(data);                 // 結果：[なし, 'PHP', 'JavaScript']  ❶
console.log(data.length);          // 結果：3

let langs = { primary: 'Japanese', secondary: 'English' };
console.log(delete langs.secondary);  // 結果：true
console.log(langs);                   // 結果：{primary: 'Japanese'}  ❷
console.log(delete langs.hoge);       // 結果：true  ❸

let member = { name: '山田太郎', sex: 'male', language: langs };
console.log(delete member.language);  // 結果：true
console.log(member);                  // 結果：{name: '山田太郎', sex: 'male'}  ❹
```

115

```
console.log(langs);              // 結果：{primary: 'Japanese'}  ←────────────●

let title = 'Vue.js本格入門';
console.log(delete title);       // 結果：false  ←── ●

author = '鈴木次郎';
console.log(delete author);      // 結果：true   ←── ●
```

❶は、配列要素を削除する例です。ただし、要素が削除されても空き番が詰まるわけではない点に注目です（配列の長さも変化しません）。削除された要素はそのまま空きとして維持され、いわゆる疎な配列（2.3.5項）ができあがります。

❷は、オブジェクトのプロパティを削除しています。存在するプロパティを削除した場合はもちろん、存在しないプロパティ（ここではhoge）を削除した場合にもdelete演算子はtrueを返す点に注目です（実際にはなにもしませんが、問題もないからです❸）。

❹は、プロパティ値がほかで定義されたオブジェクト（ここではlangs）であった場合の例です。このようなプロパティを削除した場合、プロパティが削除されるだけで、参照先のオブジェクトが削除されるわけではありません。

❺、❻は、変数を削除する例です。結論から言ってしまうと、delete命令で変数は削除できません。ここではlet命令で例示していますが、var／constの場合も同じです。❻が例外で、let／varなどなしに宣言された変数だけが削除できます。ただし、2.2.1項で触れたように、そのような変数宣言は「べからず」なので、まずは、変数は削除できない、と覚えておくのがシンプルでしょう[1]。

3.7.2 値の型を判定する - typeof演算子

typeof演算子を利用することで、与えられた値のデータ型を文字列として取得できます。

● リスト3-29 **typeof.js**

```
let num = 1;
console.log(typeof num);    // 結果：number

let str = 'こんにちは';
console.log(typeof str);    // 結果：string

let flag = true;
console.log(typeof flag);   // 結果：boolean

let ary = [ 'JavaScript', 'PHP', 'Python' ];
console.log(typeof ary);    // 結果：object

let obj = { x:1, y:2 };
console.log(typeof obj);    // 結果：object
```

---

[1]　その他にも、組み込みオブジェクト（Chapter 5）、クライアントサイドJavaScript標準のオブジェクト（Chapter 10）配下のメンバーには、delete演算子で削除できないものもあります。

```
let dat = new Date();
console.log(typeof dat);      // 結果：object
```

　ただし、typeof演算子が意味ある結果を返すのは、文字列、数値、真偽型のような基本型だけです。配列やオブジェクトをはじめ、いわゆる参照型に対しては、一様に「object」という値が返されるからです[2]。オブジェクトの種類を判別したい場合には、instanceof演算子、constructorプロパティ（8.3.6項）を利用してください。

| **Note** | **整数／配列の判定** |

　数値、配列を判定するならば、以下のようなメソッドを利用してもよいでしょう。isNaN、isFiniteについては5.9.1項も合わせて参照してください。

メソッド	概要	例
Number.isInteger	整数値であるか	Number.isInteger(0) ➡ true
Number.isNaN	NaN値であるか	Number.isNaN(null) ➡ false
Number.isFinite	有限値であるか	Number.isFinite(-1) ➡ true
Array.isArray	配列であるか	Array.isArray([1, 2]) ➡ true

●型判定のためのメソッド

3.7.3　補足：型の変換

　2.3節などでも触れたように、JavaScriptは型に関して比較的寛容な言語です。データの中身から判断し、入れ物（変数）の形を合わせてくれるのがJavaScriptのよいところです。ただし、typeof演算子の結果を見てもわかるように、型を持たない言語ではありません。内部的には型は認識され、見た目の値は同じように見えても、型に応じて、時として異なる結果が得られる点も、これまで見てきたとおりです[3]。

　より本格的なアプリを開発するうえでは、型を意識して、場合によっては演算／比較前に意図した型に明示的に変換しておくことをおすすめします。以下では、JavaScriptで型を変換するための代表的な方法を紹介しておきます。

（1）論理値、文字列、数値に変換する

　Boolean、String、Number関数を用いることで、与えられた式の値を、それぞれ論理値、文字列、数値に変換できます。

※2　基本型についてもラッパーオブジェクト（5.1.5項）として宣言した場合には、やはり結果は「object」となります。
※3　3.2.1、3.4.1項などの内容を思い返してみましょう。

117

● リスト 3-30 convert.js

```
console.log(Boolean('WINGS'));   // 結果：true
console.log(String('WINGS'));    // 結果：WINGS
console.log(Number('WINGS'));    // 結果：NaN
```

変換のパターンについてはさまざまあるので、以下におもな変換結果をまとめておきます。

変換する値	Boolean	String	Number
'false'	true	false	NaN
100	true	100	100
0	false	0	0
[]	true	（空文字列）	0
undefined	false	undefined	NaN
NaN	false	NaN	NaN
{ name: 'Yamada' }	true	[object Object]	NaN
''	false	（空文字列）	0
function() {}	true	function() {}	NaN

● 変換関数による変換結果（例）

Boolean関数は、いわゆるfalsyな値（2.3.2項）をすべてfalse値に変換します。ただし、'false'はあくまで「空でない文字列」を意味するだけなので、Boolean関数の結果はtrueです。

数値への変換には、まずはNumber関数で十分ですが、整数／小数点数に特化したNumber.parseInt ／ parseFloatメソッドもあります。これらについては、5.3節も参照してください。

(2) 算術演算子を用いた文字列⇔数値の変換

ややトリッキーな型変換の手法として、「+」「-」演算子を用いる方法もあります。

● リスト 3-31 convert_plus.js

```
console.log(typeof(108 + ''));   // 結果：string
console.log(typeof('108' - 0));  // 結果：number
```

3.2.1項でも触れたように、文字列／数値が混在した演算において、「+」演算子はオペランドを文字列として、「-」演算子は数値として、それぞれ処理を試みます。上の例では、その性質を利用して、空文字列を加える、またはゼロ値を減算することで、それぞれ文字列／数値に変換しているのです。

ちなみに、「+」「-」を逆転した以下のコードは不可です。

```
console.log(typeof(108 - ''));  // 結果：number  ←── ❶
console.log(typeof('108' + 0));// 結果：string  ←── ❷
```

❶が数値のままになるのはもちろん、❷は文字列／数値混在の加算なので、文字列として連結されて1080のような文字列が生成されるだけです。

(3) 論理演算子を用いた論理値への変換

「!」演算子を用いることで、任意の型を論理値に変換できます。

● リスト3-32 convert_bool.js

```
let result = '';
console.log(typeof(!!result));   // 結果：boolean
```

(2) と同じく、「!」がオペランドとして論理値を要求することを利用したテクニックです。「!」だけでは論理値が反転してしまうので、「!!」で元に戻しています。

(2)(3) は演算子の性質を利用したテクニックで、濫用は時としてコードの可読性を低下させることもあります。ただし、ほかの人が書いたコードを理解する、という意味で、引き出しを増やしておくことは無駄ではありません。

3.8 演算子の優先順位と結合則

式の中に複数の演算子が含まれている場合、これをどのような順序で処理するのかを知っておくことは重要です。このルールを定めたものが、演算子の優先順位と結合則です。特に、式が複雑になった場合には、これらのルールを理解しておかないと、思わぬところで意図しない結果が発生することになるので、要注意です。

3.8.1 優先順位

数学でも「×」「÷」は「+」「−」よりも優先されます。たとえば、「2 + 4 ÷ 2」の解が4であるのは、「2 + 4 ÷ 2 = 6 ÷ 2 = 3」ではなく、「2 + 4 ÷ 2 = 2 + 2 = 4」であるからです。

これと同様に、JavaScriptでもそれぞれの演算子は優先順位を持っています。1つの式の中に複数の演算子が含まれる場合、JavaScriptは優先順位の高い順に演算します。この章では触れていないものもありますが、まずは「こんなものもあるんだな」という程度で眺めてみましょう。

優先順位	演算子
高 ↑	かっこ（()）
	配列（[]）
	new
	後置インクリメント（++）、後置デクリメント（--）
	前置インクリメント（++）、前置デクリメント（--）、単項マイナス（-）、単項（+）、反転（~）、否定（!）、await、delete、typeof、void
	べき乗（**）
	乗算（*）、除算（/）、剰余（%）
	加算（+）、減算（-）、文字列連結（+）
	シフト（<<、>>、<<<）
	比較（<、<=、>=、>）、instanceof、in
	等価（==）、不等価（!=）、同値（===）、非同値（!==）
	AND（&）
	XOR（^）
	OR（|）
	論理積（&&）
	論理和（||）
	Null 合体（??）
	条件（?:）
	代入（=）、複合代入（+=、-=など）
	yield
低 ↓	カンマ（,）

●演算子の優先順位

　ただし、実際には、これだけある演算子の優先順位をすべて記憶しておくことは困難です。そもそも複雑な式をあとから読み解く際に、演算の順序がひと目で見て取れないのは、よいコードとはいえません。

　そこで、複雑な式を記述する場合には、以下のようにできるだけ丸カッコを利用して、演算の優先順位を明示的に示しておくことをおすすめします。

```
3 * 5 + 2 * 2 ➡ (3 * 5) + (2 * 2)
```

　もちろん、この程度の式であれば、あえて丸カッコを付ける必要はないかもしれません。しかし、より複雑な式では、丸カッコによって優先順位が明確になるので、コードが読みやすくなりますし、誤解も減ります。丸カッコはうるさくならない範囲で、積極的に活用することをおすすめします。

3.8.2　結合則

　演算の順序は、まずは優先順位によって決まります。しかし、優先順位が等しい演算子が並んでいる場合、これを左、右いずれの方向から処理するかを決めるのが、結合則です。

結合性	演算子の種類	演算子
左→右	算術演算子	+、-、*、/、%
	比較演算子	<、<=、>、>=、==、!=、===、!==
	論理演算子	&&、||
	ビット演算子	<<、>>、>>>、&、^、|
	Null 合体	??
	その他	.、[]、()、,、instanseof、in
右→左	算術演算子	++、--、**
	代入演算子	=、+=、-=、*=、/=、%=、&=、^=、|=
	論理演算子	!
	ビット演算子	~
	条件演算子	?:
	その他	-（符号反転）、+（無演算）、await、delete、typeof、void、yield、new

● 演算子の結合則

　たとえば、以下の式は意味的に等価です。

```
1 + 2 - 3 ⟺ (1 + 2) - 3
```

　「+」「-」演算子は優先順位として等しく、かつ、左→右（左結合）の結合則を持つので、左から順番に処理されていくわけです。

　一方、右→左（右結合）の結合則を持つのは、おもに代入演算子や単項／三項演算子です。たとえば、以下の式は双方とも同じ意味です。

```
z = x *= 3  ⟺  z = (x *= 3)
```

　「=」「*=」演算子は優先順位として等しく、かつ、右結合なので、右から順に処理されます。この例では、変数xを3倍した結果が変数zに格納されます。

　優先順位に比べると難しげに聞こえるかもしれませんが、具体的な例を並べてみれば、じつはごくあたりまえの規則を示しているだけです（たいがいの演算子は左から右に処理される一方、代入が右から左に処理されるのは、ほとんどの人にとってごく直感的です）。

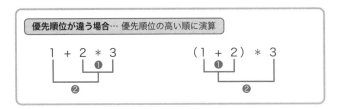

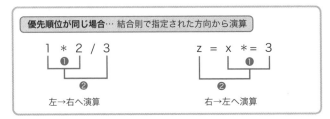

 結合則とは … 優先順位が等しい場合にどの方向に演算を行うのかを決めるルール

● 演算子の優先順位と結合則

Chapter 4

スクリプトの基本構造を理解する - 制御構文

4.1 制御構文とは？

一般的に、プログラムの構造は大きく以下の3つに分類できます。

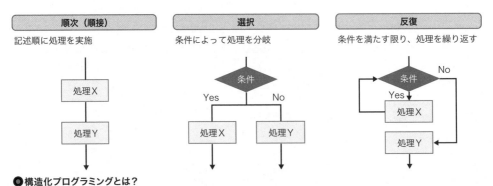

● 構造化プログラミングとは？

順次／選択／反復を組み合わせながらプログラムを組み立てていく手法を構造化プログラミングといい、ほとんどのプログラミング言語の基本的な考え方となっています。

そして、それはJavaScriptでも例外ではなく、構造化プログラミングで利用する制御構文（制御命令）を標準で提供しています。具体的には、以下のような命令です[※1]。本章では、これらの制御構文について解説していきます。

分類	命令	概要
選択	if...else if...else	条件式に応じて処理を分岐
	switch	式の値に応じて処理を分岐
反復	while	条件式の真偽に応じて処理を繰り返す（前置判定）
	do...while	条件式の真偽に応じて処理を繰り返す（後置判定）
	for	指定された回数だけ処理を繰り返す
	for...in	オブジェクト配下の要素を順に処理
	for...of	配列などの要素を順に処理
	break	ループを強制的に終了
	continue	ループの現在の周回をスキップ
その他	try...catch...finally	例外が発生した時の制御
	throw	例外をスロー
	debugger	デバッガーを呼び出す

● JavaScriptで利用できる主な制御命令

※1　順次は、文を順に並べていくだけなので、特別な制御命令はありません。

4.2 条件分岐

　ここまでのコードは、記述された順番に処理を実行していくものでした。しかし、実際のアプリでは、ユーザーからの入力値や実行環境、その他の条件に応じて、処理を選択的に実行するのが一般的です。構造化プログラミングの「選択」です。

　JavaScriptでは、条件分岐のための構文として、if ／ switch命令を用意しています。

▌ 4.2.1　条件式の真偽で処理を分岐する – if命令

　まずは、より一般的な条件分岐構文であるif命令からです。ifは、名前のとおり、「もし〜だったら……、さもなくば……」という構造を表現するための命令です。与えられた条件がtrueであるかfalseであるかによって、対応する命令（群）を実行します。

● 構文　if命令

```
if (条件式) {
  条件式がtrueの時に実行する命令
} else {
  条件式がfalseの時に実行する命令
}
```

　具体的なサンプルも見てみましょう。

● リスト4-01　if.js

```
let x = 15;

if (x >= 10) {
  console.log('変数xは10以上です。');
} else {
  console.log('変数xは10未満です。');
}        // 結果：変数xは10以上です。
```

　この例では、以下のようにメッセージを表示します。

・変数xの値が10以上の場合 ➡「変数xは10以上です。」

・変数xの値が10未満の場合 ➡「変数xは10未満です。」

このように、if命令では指定された条件式がtrue（真）である場合に直後のブロックを、false（偽）であればelse以降のブロックを、それぞれ実行します。

ブロックとは、中カッコ（{...}）で囲まれた部分のことです（複数の文を束ねるのがブロックといってもよいでしょう）。if、else直後のブロックのことを、それぞれ直前にキーワードを冠してifブロック、elseブロックともいいます。

> **Note**　条件演算子
>
> 　本文程度のかんたんな分岐であれば、条件演算子（3.4.4項）を使って、以下のように表しても構いません。
>
> ```
> console.log(x >= 10 ? '変数xは10以上です。' : '変数xは10未満です。');
> ```

リスト4-01ではif／elseをセットで利用していますが、もしも変数xが10以上の場合にだけ処理を実施したいならば、elseブロックを省略しても構いません。

◉ **リスト4-02 if_simple.js**

```
let x = 15;

if (x >= 10) {
  console.log('変数xは10以上です。');
}      // 結果：変数xは10以上です。
```

4.2.2　複数の条件式で多岐分岐を表現する - else if命令

else ifブロックを利用することで、「もしも～であれば……、それとも～であれば……、さもなくば……」のように、複数の分岐も表現できます。

◉ **構文　if...else if命令**

```
if (条件式1) {
  条件式1がtrueの時に実行する命令
} else if (条件式2) {
  条件式2がtrueの時に実行する命令
}
...
} else {
  すべての条件式がfalseの場合に実行する命令
}
```

else ifブロックは、ifブロックの直後に分岐の数だけ列記できます。具体的な例も見てみましょう。

●リスト4-03 if_else.js

```
let x = 30;

if (x >= 20) {
  console.log('変数xは20以上です。');
} else if (x >= 10) {
  console.log('変数xは10以上です。');
} else {
  console.log('変数xは10未満です。');
}        // 結果：変数xは20以上です。
```

　もっとも、この結果に疑問を感じる人もいるかもしれません。変数xは、条件式「x >= 20」「x >= 10」双方に合致するのに、表示されるメッセージは「変数xは20以上です。」だけ。「変数xは10以上です。」は表示されないのでしょうか。

　結論から言ってしまうと、これは（もちろん）正しい結果です。というのも、if命令では、

複数の条件に合致する場合にも、実行されるブロックは最初の1つだけ

だからです。この例であれば、「x >= 20」のブロックが実行されているので、それ以降のブロックは無視されます。

　よって、以下のようなコードも意図した結果にはなりません。

●リスト4-04 if_else_ng.js

```
let x = 30;

if (x >= 10) {
 console.log('変数xは10以上です。');
} else if (x >= 20) {
 console.log('変数xは20以上です。');
} else {
 console.log('変数xは10未満です。');
}        // 結果：変数xは10以上です。
```

　この場合、最初の条件式「x >= 10」に合致してしまうため、2番目の条件式「x >= 20」はそもそも判定すらされません。else ifブロックを利用する場合には、条件式を範囲の狭いものから順に記述してください。

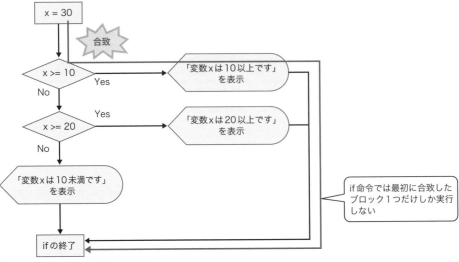

x = 30

合致

x >= 10 — Yes →「変数xは10以上です」を表示

No

x >= 20 — Yes →「変数xは20以上です」を表示

No

「変数xは10未満です」を表示

ifの終了

if命令では最初に合致したブロック1つだけしか実行しない

●if命令で複数分岐する場合の注意

　別解として、リスト4-04の太字を「x >= 10 && x < 20」としても構いません。しかし、好んで複雑な条件式を求める理由はありません。まずは正しい順序で並べるのが先です。

4.2.3　if命令の入れ子

　if命令を入れ子にすることで、より複雑な条件分岐も表現できます。たとえば、以下の図のような条件分岐をif命令で表現したのが次のサンプルです。

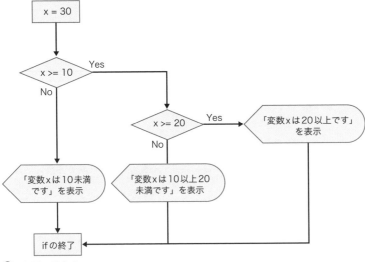

x = 30

x >= 10 — Yes

No

x >= 20 — Yes →「変数xは20以上です」を表示

No

「変数xは10未満です」を表示

「変数xは10以上20未満です」を表示

ifの終了

●入れ子のif命令

● リスト4-05 if_nest.js

```javascript
let x = 30;

if (x >= 10) {
  if (x >= 20) {
    console.log('変数xは20以上です。');
  } else {
    console.log('変数xは10以上20未満です。');
  }
} else {
  console.log('変数xは10未満です。');
}        // 結果：変数xは20以上です。
```

　このように、制御命令を入れ子にすることを、ネストするともいいます。ここではif命令の例を示しましたが、後述するswitch、for／for...in／for...of、do...while／whileなどの制御命令でも、同じようにネストできます。

　ネストの階層に制限はありませんが、コードの読みやすさという意味では、あまりに深い階層は避けるべきです。また、ネスト階層に応じてインデント（字下げ）を付けることで、階層を把握しやすくなります。構文規則ではありませんが、心がけてみましょう。

4.2.4　補足：中カッコの省略は要注意

　ブロック配下の文が1つである場合、中カッコ（{...}）を省略することもできます。たとえばリスト4-01は、以下のようにしても正しく動作します。

● リスト4-06 if_omit.js

```javascript
let x = 15;

if (x >= 10)
  console.log('変数xは10以上です。');
else
  console.log('変数xは10未満です。');        // 結果：変数xは10以上です。
```

　もっとも、中カッコを省略しても、さほどコードが短くなるわけではありません。むしろブロックの範囲が不明確となり、バグの温床にもなりやすいことから、おすすめはしません。たとえば以下のような例を見てみましょう。

● リスト4-07 if_omit_ok.js

```javascript
let x = 1;
let y = 2;

if (x === 1) {
  if (y === 1) { console.log('変数x、yはともに1です。'); }
} else {
  console.log('変数xは1ではありません。');
```

```
}        // 結果：(なし)
```

　上のコードは、「変数x、yがともに1である場合」、あるいは「変数xが1でない場合」に、それぞれ対応するメッセージを表示するための例です。それぞれのブロック配下が1文なので、中カッコは省略できます。さっそく、試してみましょう。

● リスト 4-08　if_omit_ng.js

```
let x = 1;
let y = 2;

if (x === 1)
  if (y === 1) console.log('変数x、yはともに1です。');
else
  console.log('変数xは1ではありません。');  // 結果：変数xは1ではありません。
```

　なんと、結果が変化してしまいました。結論から言ってしまうと、JavaScriptでは

中カッコを省略した場合、elseブロックは直近のif命令に対応している

と見なします。そのため、条件式「y === 1」がfalseなので、対応するelseブロックで「変数xは1ではありません。」を表示してしまうのです。

　もちろん、これは当初の意図から外れた挙動です。これは、中カッコを省略した場合の紛らわしい挙動の一例にすぎませんが、このようなケースを考えても、まずは中カッコはきちんと明示するのが無難でしょう。

▎4.2.5　条件式を指定する場合の注意点

　if命令に限らず、制御構文では条件分岐の記述は欠かせません。以下では、条件式を表す場合の、代表的な注意点をまとめておきます。

(1)「=」と「==」「===」演算子に注意

　比較演算子は「=」ではなく、「==」「===」です。たとえばリスト4-07で「if (x = 1) ～」のように記述した場合には、意図した結果を得ることはできません（「x = 1」の戻り値は1で、1は常にtrueと見なされるからです）。

　こうした演算子の取り違えは比較的容易に発生する誤りで、これを避けるには以下のような方法があります。

```
if (1 === x) { ... }
```

　左辺右辺を逆転させるわけです。比較演算子はこれを正しく処理できますが、誤って「1 = x」とした場合には、リテラルに変数を代入することはできないので、エラーとなります。

ただし、このような書き方は、特別な書き方を強制するという意味で最善の対策とはいえません（そもそも複数人で開発している場合、記法を統一させること自体が困難です）。現在ではESLint（11.4節）のような静的コード解析ツールで問題の検出を自動化できます。環境が許すのであれば、導入を検討してみてもよいでしょう。

（2）boolean型の変数を「==」「===」で比較しない

たとえば以下のようなコードは冗長です。

```
if (flag === true) { ... }
```

このようなコードは、単に

```
if (flag) { ... }
```

とすれば十分です。同じく「flag === false」は「!flag」とします。

（3）falsyな値には注意

ただし、falsyな値には注意です。2.3.2項でも触れたように、条件式の文脈ではtrue／false以外の値も論理値に変換されます。

たとえば変数valueの値がfalse、ゼロいずれにもなりうる場合、「if (value) ～」はいずれもfalseと見なされます（それぞれを区別することはできません）。変数valueが厳密にfalseであることを判定するならば、「if (value === false) ～」とする必要があります。

これは特に、式の値が空でないことを確認する場合に留意すべきです。厳密にundefined、nullでないことを確認したいならば、以下は不可です（ゼロ値や空文字列なども拾ってしまうからです）。

```
if (!value) { ... }
```

以下のように表してください。

```
if (value !== undefined && value !== null) { ... }
```

ただし、空値の判定は、文脈によっては「||=」「??=」（3.4.4項）、「?.」（5.1.3項）などでより簡略化できます。モダンなブラウザーを対象としているならば、これらの機能を積極的に活用していくとよいでしょう。

また、そもそも「変数を利用する際には常に初期化する」「関数などの結果も極力、undefined／null値は避ける[2]」のもよい習慣です。

※2　たとえば、なんらかの配列を取得する関数において、結果が空の場合にはnullを返すよりも、空配列（[]）を返すほうが扱いはかんたんになります。

（4）条件式から否定を除去する

　論理演算子は複合的な条件を表すのに欠かせませんが、式が複雑になりがちなことから、思わぬバグの温床にもなります。特に否定＋論理演算子の組み合わせは、多くの人にとってわかりにくいので、できるだけ肯定表現に置き換えるべきです。

　たとえば以下のような条件式は、判読できないほどではないにせよ、直感的ではありません（isNumber／isStringはいずれも仮想の命令です）。

```
// 値が数値でも文字列でもない場合
if (!isNumber(value) && !isString(value)) { ... }
```

　このような場合に利用できるのがド・モルガンの法則です。一般的に、以下の規則性が成立します。

```
!X && !Y == !(X || Y)
!X || !Y == !(X && Y)
```

　上の関係を成り立つことを、ベン図でも確認しておきましょう。

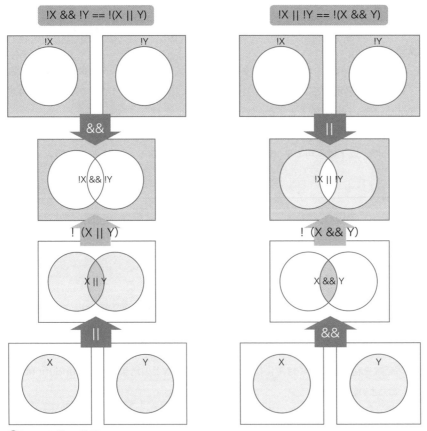

●ド・モルガンの法則

ド・モルガンの法則を利用することで、先ほどの条件式は以下のように書き換え可能です。

```
if (!(isNumber(value) || isString(value))) { ... }
```

否定同士の論理積に比べると、ぐんと意味が汲み取りやすくなりました。さらに否定を取り除くならば、以下のようにも表せます。

```
if (isNumber(value) || isString(value)) {
  ;     // 空文
} else {
  ...本来の処理...
}
```

ifブロックは省略できないので、空文だけを書いておきます。空文とは、文末のセミコロンだけを示した、中身のない文のこと。実質的な意味はありませんが、空文を明示することで、コードの欠落（誤り）ではなく、意図した空であることを示せます。

■ 4.2.6　式の値によって処理を分岐する - switch命令

ここまでの例を見てもわかるように、if命令を利用することで、シンプルな分岐から複雑な多岐分岐までを柔軟に表現できます。しかし、以下のような例ではどうでしょう。

● リスト4-09 switch_pre.js

```
let rank = 'B';

if (rank === 'A') {
  console.log('Aランクです。');
} else if (rank === 'B') {
  console.log('Bランクです。');
} else if (rank === 'C') {
  console.log('Cランクです。');
} else {
  console.log('ランク外です。');
}       // 結果：Bランクです。
```

「変数 === 値」の形式で同じ条件式が並んでいるため、見た目にも冗長に思えます。このようなケースでは、switch命令を利用すべきでしょう。switch命令は「等価演算子による多岐分岐」に特化した条件分岐命令です。同じような条件式を繰り返し記述する必要がなくなるので、コードがすっきりと読みやすくなります。

● 構文　switch命令

```
switch(式) {
  case 値1 :
```

```
    「式 === 値1」である場合に実行される命令（群）
  case 値2 :
    「式 === 値2」である場合に実行される命令（群）
  ...
  default :
      式の値がすべての値に合致しない場合に実行される命令（群）
}
```

以下は、リスト4-09をswitch命令で書き換えたものです。

◉ リスト4-10 **switch.js**
```
let rank = 'B';

switch(rank) {
  case 'A' :
    console.log('Aランクです。');
    break;
  case 'B' :
    console.log('Bランクです。');
    break;
  case 'C' :
    console.log('Cランクです。');
    break;
  default :
    console.log('ランク外です。');
    break;
}       // 結果：Bランクです。
```

switch命令では、以下の流れで処理を実行します。

1. 先頭の式をまず評価
2. 1.の値に一致するcase句を実行する
3. 一致するcase句が見つからない場合には、最終的にdefault句を呼び出す

つまり、この例では変数rankがA、B、Cのいずれであるかによって、出力するメッセージを切り替えています。構文上、default句は必須ではありませんが、どのcase句にも合致しなかった場合の挙動を明確にするためにも、省略するべきではありません。また、default句をcase句の前に記述することもできますが、たいがいは混乱のもとです。最後の落としどころ、という意味でも、特別な理由がない限り、末尾に記述すべきでしょう。

■ case句のbreak命令を忘れない

case句には、任意の命令（群）を記述できますが、末尾のbreak命令は原則必須です。breakは、現在のswitchブロックから脱出するための命令です。

　if命令と異なり、switch命令は条件に合致するcase句に処理を移動するだけで、その句を終えても、自動的にswitchブロックを終了するわけではありません。break命令がない場合、次のcase句が続けて実行されてしまうため、意図した結果を得られません。

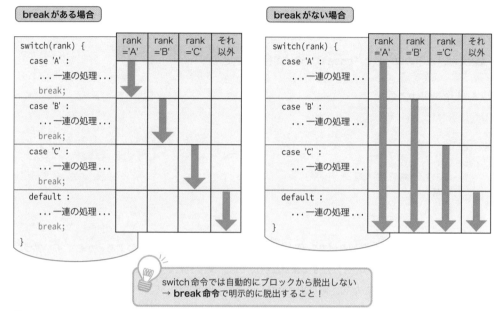

💡 switch命令では自動的にブロックから脱出しない
→ **break命令**で明示的に脱出すること！

●switch命令にはbreak命令が必須

■ 意図したbreak命令の省略

　ただし、あえてbreak命令を略記して、複数のブロックを続けて実行する（フォールスルー）という書き方もあります。たいがいはコードの流れを見通しにくくなるので避けるべきですが、例外があります。文を挟まずに、複数のcase句を列記する場合です。

●リスト4-11 switch_fall.js

```javascript
let rank = 'B';

switch(rank) {
  case 'A' :
  case 'B' :
  case 'C' :
    console.log('合格！');
    break;
  case 'D' :
    console.log('不合格...');
    break;
}      // 結果：合格！
```

　列記されたcase句は、いわゆるor条件を意味します。この例であれば、変数rankがA、B、Cで

ある場合に「合格！」というメッセージを、Dの場合には「不合格…」というメッセージを、それぞれ表示します。

■ 注意：switch式とcase値は「===」演算子で比較する

switch命令の先頭の式と、case句の値とは、（「==」演算子ではなく）「===」演算子で比較される点にも注意してください。

たとえば、以下のコードで「case 0」句は実行されません。

● リスト4-12　switch_ng.js

```javascript
let x = '0';

switch (x) {
  case 0 :
    // この部分は実行されない
    ...中略...
}
```

「===」演算子では、文字列としての'0'と、数値としての0とは異なるものであるからです。ブラウザーからの入力値をもとに処理を分岐するような状況では、文字列と数値の比較がよく発生します。「見た目の値が等しいのに意図した句が呼び出されない」という場合には、データ型の不一致を疑ってみるとよいでしょう。

4.3 繰り返し処理

条件分岐と並んで、よく利用されるのが繰り返し処理――構造化プログラミングでいうところの「反復」です。JavaScriptの繰り返し処理には、for、for...in／for...of、while／do...while命令など、よく似た命令が存在します。個々の構文を理解するだけでなく、それぞれの違い（使い分け）を理解するようにしてください。

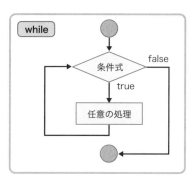
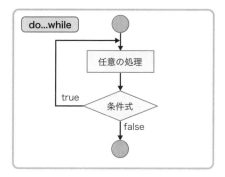
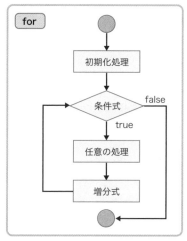
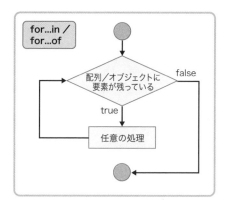

●繰り返し構文 - while／do...while／for／for...in／for...of -

4.3.1 条件式によってループを制御する - while／do...while命令

while／do...while命令は、与えられた条件式がtrue（真）である間、ループを繰り返します。一般

的な構文は、以下のとおりです。

◉構文 while命令

```
while(条件式) {
    条件式がtrueである時に実行される命令（群）
}
```

◉構文 do...while命令

```
do {
    条件式がtrueである時に実行される命令（群）
} while(条件式);
```

do...while命令の末尾には、文の終了を表すセミコロン（;）が必要です。

それぞれの構文を利用したコードも見てみましょう。以下は、変数iの値が5〜9で変化する間、処理を繰り返すコードです。

◉リスト4-13 上：while.js／下：do.js

```
let i = 5;

while(i < 10) {
  console.log(`iの値は${i}`);
  i++;
}
```

```
let i = 5;

do {
  console.log(`iの値は${i}`);
  i++;
} while(i < 10);
```

実行結果はいずれも以下のとおりで、一見すると、while／do...whileともに同じように振る舞うように見えるかもしれません。

```
iの値は5
iの値は6
iの値は7
iの値は8
iの値は9
```

実際、ほとんどの場合に両者は同じように振る舞います。しかし、while／do...while命令には、じつは、上の例だけではわからない重要な違いがあります。

試しに、リスト4-13で、太字部分を「i = 10」と書き換えてみましょう。すると、while.js（上）では何も表示されませんが、do.js（下）は「iの値は10」というメッセージが一度だけ表示されます。

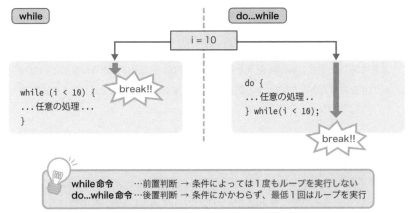

●whileとdo...whileの違い

　while命令はループの先頭で条件式を判定（前置判定）するのに対して、do...while命令はループの最後で条件式を判定（後置判定）しているのです。この違いは、

ループの開始前に条件式がすでにfalseとなっている

場合に、結果として現れます。後置判定（do...while命令）では条件の真偽にかかわらず、必ず一度はループが処理されますが、前置判定（while命令）では条件次第ではループが一度も処理されないことがあります。

■ 注意：{...}を略記しない

　if命令（4.2.1項）と同じく、while／do...whileなどの繰り返し命令でも、配下が1文であれば、ブロックをくくる{...}は省略できます。しかし、そうすべきではありません。たとえば、以下のようなコードを見てみましょう。

●リスト4-14　while_ng.js

```
let i = 5;

while(i < 10)
  console.log(`iの値は${i++}`);
  console.log('----------------------');
```

　直感的には「iの値は〜」と区切り線とが交互に表示されることを期待したくなります。しかし、実際の結果は以下です。

```
iの値は5
iの値は6
iの値は7
iの値は8
```

```
iの値は9
-----------------------
```

　理由は明らかで、{...} を省略した場合、while配下と見なされるのは1文だけだからです。これはイン
デントに惑わされた一例にすぎませんが、ブロックの範囲を明確にするという意味でも、{...} を省略すべ
きではありません。

4.3.2　補足：無限ループ

　永遠に終了しない（＝終了条件がtrueにならない）ループのことを無限ループといいます。たとえば、
リスト4-13から「i++;」という記述を削除、またはコメントアウトしてみましょう。「iの値は5」という
文字列が表示され続け、ループは永遠に終了しなくなってしまうはずです。

　リスト4-13でのループの終了条件は、「i < 10」がfalseになること、つまり、変数iが10以上にな
ることです。しかし、「i++;」を取り除いたことで、変数iが初期値のまま変化せず、ループが終了できな
くなってしまったのです。

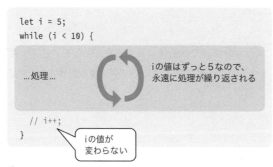

● 無限ループ

　このような無限ループは、ブラウザーに極端な負荷を与え、フリーズさせる原因にもなります。繰り返
し処理を記述する場合には、まずはループが正しく終了するのかをあらかじめ確認するようにしてください。

> **Note　わざと無限ループを作る場合もある**
>
> 　プログラミングのテクニックとして、意図的に無限ループを作り出す場合もあります。しかし、そ
> の場合も必ずループの脱出ルートは確保しておくべきです。手動でループを脱出する方法について
> は、4.4.1項も参照してください。

4.3.3　指定回数だけループを処理する - for命令

　条件式の真偽に応じてループを制御するwhile ／ do...while命令に対して、指定された回数だけ処理
を繰り返すのがfor命令です。

● 構文 for命令

```
for (初期化式; ループ継続条件式; 増減式) {
    ループ内で実行する命令 (群)
}
```

　たとえば以下は、先ほどのリスト4-13をfor命令で書き換えたものです。変数の値（周回数）によってループを制御する場合には、while／do...while命令よりもコードがシンプルになることが確認できます。

● リスト4-15 for.js

```
for (let i = 5; i < 10; i++) {
    console.log(`iの値は${i}`);
}
```

　先ほどの構文でもみたように、for命令はブロック先頭の「初期化式」「ループ継続条件式」「増減式」を使ってループを制御します。

(1) 初期化式

　初期化式（ここでは「let i = 5」）は、forブロックに入った最初のループで一度だけ実行されます。一般的には、ここでカウンター変数（ループ変数）を初期化します。カウンター変数とは、for命令によるループの回数を管理する変数のことです。

Note	カウンター変数の命名

　カウンター変数には、慣例的にi、j、k...を利用します。この習慣は、古くはFORTRANの時代まで遡ります。FORTRANでは「暗黙の型宣言」というしくみがあり、i〜nで始まる変数は整数型と見なされるというルールがありました。
　もちろん、ほかの名前を利用しても構いませんが、カウンター変数を直感的に見分けられる、という意味でも、あえて慣例に逆らう意味はありません。

---

(2) ループ継続条件式

　ループ継続条件式は、ループを継続するための条件式を表します。この例では「i < 10」なので、カウンター変数iが10未満である間だけ、ループを繰り返します（＝10以上になったところでループを終了します）。

(3) 増減式

　増減式は、ブロック内の処理が1回実行される度に実行されます。通常、カウンター変数を増減するインクリメント／デクリメント演算子、または複合代入演算子を指定します。ここでは「i++」としているので、ループの都度、カウンター変数iに1を加算します。もちろん、「i += 2」でカウンター変数を2ずつ加算することもできますし、「i--」で1ずつ減算していくこともできます。

以上をまとめたのが、以下の図です。難しいな、と思ってしまった人は、ループの開始から終了まで
の周回を、実際に追ってみることをおすすめします。

ループ	初期化式／増減式	iの値	継続条件（i<10）	
1回目	変数iを5で初期化する	5	iは10より小さい	
2回目	変数iに1を加える	6	iは10より小さい	
3回目	変数iに1を加える	7	iは10より小さい	継続
4回目	変数iに1を加える	8	iは10より小さい	
5回目	変数iに1を加える	9	iは10より小さい	
6回目	変数iに1を加える	10	iは10より小さくない	ループ終了

6回目のループは
実行されない

●for命令の動作

■ for命令での注意点

for命令を利用するうえで、注意すべき点をまとめます。

（1）for命令でも無限ループは発生する

無限ループは、while／do...while命令の専売特許ではありません。for命令でも、式の組み合わせ
によっては無限ループの原因となります。

```
for (let i = 0; i < 5; i--) { ... }  ← ❶
for (;;) { ... }  ← ❷
```

❶であれば、カウンター変数iの初期値が0で、その後、ループの都度にデクリメント（減算）されて
いくので、ループ継続条件である「i < 5」がfalseになることは永遠にありません。

❷はすべての式が省略されたパターンです。この場合、for命令は無条件にループを継続します。

（2）カウンター変数に小数点数を利用しない

カウンター変数に小数点数を利用するのは意味がないだけでなく、バグの原因ともなります。たとえ
ば以下の例を見てみましょう。

●リスト4-16 for_float.js

```
for (let i = 0.1; i < 1.0; i += 0.1) {
  console.log(`現在値：${i}`);
}
```

```
現在値：0.1
現在値：0.2
現在値：0.30000000000000004
現在値：0.4
現在値：0.5
現在値：0.6
現在値：0.7
現在値：0.7999999999999999
現在値：0.8999999999999999
現在値：0.9999999999999999
```

3.2.3項でも触れたように、JavaScriptでは0.1のような小数点数を厳密には表現できません。結果、わずかな演算誤差が発生し、上の例であれば、9回で終了するはずのループが10回実行されてしまいます。また、出力された変数iの値も正しくありません。

(3) ブロック配下でカウンター変数を操作しない

たとえば以下のようなコードは避けるべきです。

◉ リスト4-17 for_ope.js

```javascript
for (let i = 1; i < 10; i++) {
  if (i % 3 === 0) { i++; }
  console.log(`現在値：${i}`);
}
```

```
現在値：1
現在値：2
現在値：4
現在値：5
現在値：7
現在値：8
現在値：10
```

この例では変数iが3の倍数（＝3で割り切れる）の時に、カウンター変数iをインクリメントしています（太字）。言い換えれば、3の倍数の時に処理をスキップすることを意図したコードです。

しかし、複数の問題の原因となっています。まずカウンター変数iの変化を追跡するのが、これだけかんたんなコードであるにもかかわらず、難解です。また、バグも混入しています。この例では、変数iは10未満であることを想定していますが、上限を超えて10が出力されています。

もちろん、これはカウンター変数を操作したことによる問題の一例にすぎませんが、まずは、

カウンター変数は増減式でのみ操作する

ことを原則としてください。この例のように、特定の周回をスキップしたいのであれば、continue命令（4.4.2項）を利用すれば十分です。

■ 補足：カンマ演算子

カンマ演算子（,）を利用することで、初期化式、ループ継続条件式、増減式に複数の式を指定することもできます。カンマで区切られた式は、先頭から順に実行されます。

たとえば、以下は初期化式で変数i、jをそれぞれ1に初期化し、増減式で双方をインクリメントする例です。

●リスト4-18 comma.js

```
for (let i = 1, j = 1; i < 5; i++, j++) {
  console.log(`i * jは${i * j}`);
}
```

```
i * jは1
i * jは4
i * jは9
i * jは16
```

さらには、以下のように書いても同じ意味です[1]。

```
for (let i = 1, j = 1; i < 5; console.log(`i * jは${i * j}`), i++, j++) ;
```

好みにもよりますが、ブロック内の処理がごく単純な場合には、カンマ演算子を用いることでコードをシンプルに表現できます（ただし、そう書けるというだけで、濫用すべきではありません）。

4.3.4　連想配列の中身を順に処理する - for...in命令

ここまでに紹介してきたwhile／do...while、for命令とはやや毛色の異なる繰り返し命令が、for...in命令です。for...in命令は、指定された連想配列（オブジェクト）の要素を取り出して、先頭から順に処理します。

●構文　for...in命令

```
for (仮変数 in 連想配列) {
    ループ内で実行する命令（群）
}
```

仮変数は、連想配列（オブジェクト）のキーを一時的に格納するための変数です。for...inブロックで

※1　最後のセミコロンはブロックが空であることを意味する、空文の意味です。

144

は、この仮変数を介して、個々の要素にアクセスします。ここで、仮変数に格納されるのが、要素値そのものでない点に注意してください。

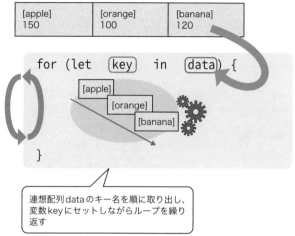

連想配列data

[apple] 150	[orange] 100	[banana] 120

```
for (let  key  in  data ) {
    [apple]
       [orange]
          [banana]

}
```

> 連想配列dataのキー名を順に取り出し、変数keyにセットしながらループを繰り返す

●for...in命令の動作

たとえば以下は、連想配列（オブジェクト）から要素値を順に表示する例です。

◉リスト4-19 for_in.js

```javascript
let data = {
  apple: 150,
  orange: 100,
  banana: 120
};

for (let key in data) {
  console.log(`${key} = ${data[key]}`);
}
```

```
apple = 150
orange = 100
banana = 120
```

■ 配列ではfor...in命令は利用しない

文法上は、配列でもfor...in命令を利用することは可能です。たとえば、以下のコードで確認してみましょう。

◉リスト4-20 for_in_array.js

```javascript
let data = [ 'apple', 'orange', 'banana' ];
```

```
for (let key in data) {
  console.log(data[key]);
}       // 結果：「apple」「orange」「banana」を順に出力
```

　配列の内容が順に出力され、一見、正しく動作しているように見えます。しかし、以下のようなコードではどうでしょう。

● リスト4-21 for_in_array_ng.js

```
let data = [ 'apple', 'orange', 'banana' ];
// 配列オブジェクトにhogeメソッドを追加
Array.prototype.hoge = function() {}   ←── ❶

for (let key in data) {
  console.log(data[key]);
}       // 結果：「apple」「orange」「banana」「f () {}」を順に出力
```

　まだコードの詳しい意味はわからなくても構いません。まずは、❶で配列の機能を拡張しているとだけ理解しておいてください。そして、この場合、拡張された機能までが列挙されてしまうのです（ここでは「function() { ... }」）。

　また、以下のような問題もあります。

・for...in命令では反復の順序も保証されない※2
・仮変数にはインデックス番号が格納されるだけなので、コードがあまりシンプルにならない（＝値そのものでないので、かえって誤解を招く）

　以上のような理由から、for...in命令を利用するのは非配列のオブジェクトを操作する場合に留め、配列の列挙には次項のfor...of命令を利用すべきです。

▌4.3.5　配列の要素を順に処理する – for...of命令

　for...ofは、配列などの内容を列挙するための命令です。「配列など」とは、for...of命令では、（配列そのものだけではなく）配列ライクなオブジェクト（NodeList、argumentsなど）、イテレーター／ジェネレーターなども処理できるためです。これらを総称して反復可能なオブジェクトとも呼びます。

　反復可能なオブジェクトについては、8.5.1項で改めて解説します。

● 構文 for...of命令

```
for (仮変数 of 反復可能なオブジェクト) {
  ループ内で実行する命令（群）
```

※2　ES2019以前の場合です。ES2020以降で順序が固定されるようになりました。

```
}
```

　構文はfor...in命令とほぼ同じなので、さっそく具体的な例を見てみましょう。以下は、先ほどのリスト4-21を書き換えたものです。

◉ リスト4-22 for_of.js

```
let data = [ 'apple', 'orange', 'banana' ];
Array.prototype.hoge = function() {};

for (let value of data) {
  console.log(value);
}       // 結果：「apple」「orange」「banana」を順に出力
```

　たしかに、配列dataの本来の中身だけを正しく出力できることが確認できます。
　また、for...in命令では、仮変数にキー名（インデックス番号）が渡されていたのに対して、for...of命令では直接の値が渡されるので、値へのアクセスもかんたんになります。

■ 例：for...of命令での分割代入

　for...of命令と分割代入（3.3.3項）とを組み合わせることで、入れ子の配列をループ内で分解することもできます。

◉ リスト4-23 for_of_nest.js

```
let books = [
  ['ゼロからわかる TypeScript入門', '技術評論社'],
  ['これからはじめるVue.js 3実践入門', 'SBクリエイティブ'],
  ['Bootstrap 5 フロントエンド開発の教科書', '技術評論社'],
];

for(let [title, publisher] of books) {
  console.log(`${title} (${publisher} 刊行) `);
}
```

```
ゼロからわかる TypeScript入門（技術評論社 刊行）
これからはじめるVue.js 3実践入門（SBクリエイティブ 刊行）
Bootstrap 5 フロントエンド開発の教科書（技術評論社 刊行）
```

　同じくオブジェクトの配列であれば、以下のように表します。

◉ リスト4-24 for_of_nest_obj.js

```
let books = [
  {
    isbn: '978-4-297-12635-3',
```

147

```
    title: 'ゼロからわかる TypeScript入門',
    publisher: '技術評論社'
  },
  {
    isbn: '978-4-8156-1336-5',
    title: 'これからはじめるVue.js 3実践入門',
    publisher: 'SBクリエイティブ'
  },
  ...中略...
];

for({ title, publisher} of books) {
  console.log(`${title} (${publisher} 刊行) `);
}
```

```
ゼロからわかる TypeScript入門 (技術評論社 刊行)
これからはじめるVue.js 3実践入門 (SBクリエイティブ 刊行)
Bootstrap 5 フロントエンド開発の教科書 (技術評論社 刊行)
```

4.3.6 配列を反復処理するための専用メソッド

そもそも配列 (array) では、for...of以外にも反復処理のための専用メソッドが用意されています。forEach、map、filterなどがそれです。より目的に特化していることから、昨今では制御構文よりも好んで利用される機会が増えています。詳しくは5.5.12項以降で改めますが、本項では最も汎用的なforEachメソッドについてのみ解説しておきます。

forEachメソッドはfor...of命令に近い役割を担うメソッドで、配列の内容を順に取り出しながら、決められた処理を実行します。

● 構文 forEachメソッド

```
list.forEach(function(value, index, array) {
  ...statements...
}, thisArg)
      list       :元の配列
      value      :要素値
      index      :インデックス値
      array      :元の配列
      statements :要素に対する処理
      thisArgs   :コールバック関数でthisが表す値 (5.5.12項)
```

たとえば以下は、リスト4-20をforEachメソッドで書き換えた例です。

● リスト4-25 for_each.js

```
let data = [ 'apple', 'orange', 'banana' ];
data.forEach(function(value, index, array) {
```

```
    console.log(value);
});
```

「function(...) { ... }」でくくられた部分は関数です。関数についてはChapter 6でも改めて解説しますが、この段階では「複数の処理を束ねたもの」と言い換えてもよいでしょう。

forEachとは、あくまで配列から取り出した要素を順に関数に引き渡すだけのメソッドです。その要素をどのように処理するかは、forEachメソッドを使う側が自由に決められるわけです。

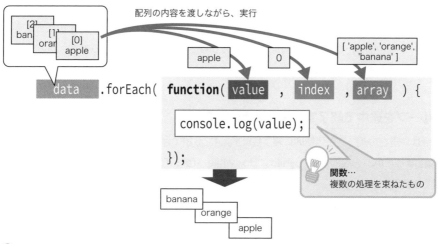

●forEachメソッド

value、index、arrayの部分は、要素に関する情報を受け取るための引数（仮の変数）なので、名前は自由です。それぞれv、i、orgのようにしても構いませんし、そもそも関数の中で必要としないならば、省略しても構いません[※3]。

このように、引数として関数を受け取るメソッドは、この後もよく登場するので、まずは基本的な記法を押さえておきましょう。

> **Note** **コールバック関数**
>
> リスト4-25の太字部分のように、元となるメソッドから呼び出されることを想定した関数のことを、特にコールバック関数ともいいます。あとで呼び出される（＝コールバックされる）べき処理、という意味です。

※3　つまり、この例であれば「function(value) { ... }」としても同じ意味です。

4.4 ループの制御

通常、while ／ do...while、for、for...in ／ for...of 命令は、あらかじめ決められた終了条件を満たしたタイミングでループを終了します。しかし、処理によっては、（終了条件とは別に）特定の条件を満たしたところでループを中断したい、ある周回だけをスキップしたい、ということもあります。JavaScriptでは、このような場合に備えて、break ／ continue などのループ制御命令を用意しています。

4.4.1 ループを途中で終了する - break命令

break命令は、現在のループを強制的に終了します。4.2.6項ではswitchブロックを抜けるための命令として登場しましたが、一般的には、while ／ do...while、for、for...in ／ for...of などのループ構文全般で利用できます。

まずは、具体例を見てみましょう。以下は1〜100の値を加算し、合計値が1000を超えたところでループを脱出する例です。

●リスト4-26 break.js

```javascript
let i = 1;
let result = 0;

for (i = 1; i <= 100; i++) {
  result += i;
  if (result > 1000) { break; }
}

console.log(`合計値が1000を超えるのは${i}`);      // 結果：45
```

この例のように、break命令はifのような分岐命令と合わせて使用するのが一般的です（無条件にbreakしてしまうと、そもそもループは一度だけしか実行されないからです）。

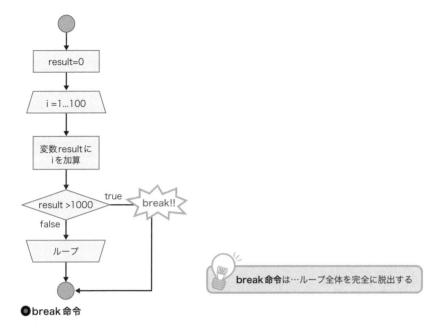

●break命令

| Note | 変数iを別に宣言している理由 |

リスト4-26で変数iをfor命令とは別に宣言しているのは、変数iをforブロックの外で参照するためです。for命令の初期化式として宣言されたカウンター変数は、ブロック配下でしか参照できません。詳細は6.3.1項も参照してください。

4.4.2 特定の周回をスキップする - continue命令

ループを完全に終了するbreak命令に対して、現在のループだけをスキップし、以降のループは継続して実行するのが、continue命令の役割です。たとえば以下は、変数iを1〜100の間で奇数のみ加算し、その合計値を求めるためのサンプルです。

◉ リスト4-27 continue.js

```javascript
let result = 0;

for (let i = 1; i < 100; i++) {
  if (i % 2 === 0) { continue; }
  result += i;
}

console.log(`合計：${result}`);  // 結果：2500
```

このように、continue命令を用いることで、特定の条件下（ここではカウンター変数iが偶数の時）で、現在の周回をスキップできます。

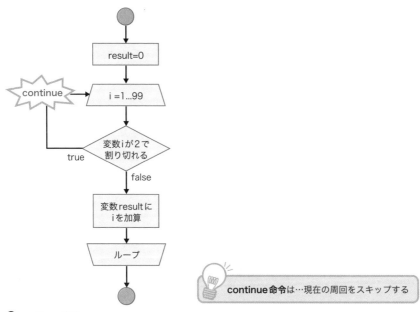

continue命令は…現在の周回をスキップする

●continue命令

偶数／奇数の判定は、値が2で割り切れるか（2で割ったときの余りが0であるか）で判定しています。よく利用する方法なので、覚えておくとよいでしょう。

4.4.3 入れ子のループをまとめて中断／スキップする - ラベル構文

4.2.3項でも触れたように、制御命令は互いに入れ子（ネスト）にできるのでした。そして、ネストされたループの中でbreak／continue命令を使用した場合、既定では最も内側のループを脱出／スキップします。

具体的な例も見てみましょう。以下は九九表を作成するためのコードです。ただし、各段ともに30を超えた値は表示しないものとします。

◉ リスト4-28 label_no.js

```javascript
for (let i = 1; i < 10; i++) {
  for (let j = 1; j < 10; j++) {
    let result = i * j;
    if (result > 30) { break; }
    document.write(`${result} `);
  }
  document.write('<br />');
}
```

内側のループ　外側のループ

```
1 2 3 4 5 6 7 8 9
2 4 6 8 10 12 14 16 18
3 6 9 12 15 18 21 24 27
4 8 12 16 20 24 28
5 10 15 20 25 30
6 12 18 24 30
7 14 21 28
8 16 24
9 18 27
```

●**内側のループだけを脱出**

　ここでは、変数result（カウンター変数i、jの積）が30を超えたところで、break命令を実行しています。これによって、内側のループを脱出するので、結果として、積が30以下の値だけを表示する九九表が生成されることになります。

Note　**document.writeよりもtextContent／innerHTMLを優先する**

　document.writeは、ページに指定された文字列を出力するためのメソッドです。古くはよく利用されていたメソッドですが、「ドキュメントをすべて出力したあとに呼び出した場合には、ページがいったんクリアされてしまう」など、いささか特殊な動きを持ったメソッドでもあります。

　ここでは単純化するためにあえて利用していますが、実際のアプリでは、textContent／innerHTML（9.3.6項）などの命令を優先して利用してください。

　さて、これを「一度でも積が30を超えたら、九九表の出力そのものを停止する」には、どのようにしたらよいでしょうか。以下のとおりです。

●**リスト4-29 label.js**

```
kuku:  ←── ❶
for (let i = 1; i < 10; i++) {
  for (let j = 1; j < 10; j++) {
    let result = i * j;
    if (result > 30) { break kuku; }  ←── ❷
    document.write(`${result} `);
  }
  document.write('<br />');
}
```

```
JavaScript本格入門

127.0.0.1:5500/c...

1 2 3 4 5 6 7 8 9
2 4 6 8 10 12 14 16 18
3 6 9 12 15 18 21 24 27
4 8 12 16 20 24 28
```

●**入れ子になったループを一気に脱出**

❶のように、脱出すべきループの先頭にラベルを付与します。ラベルの命名は、2.2.2項でも触れた識別子のルールに沿ってください。

◉ **構文 ラベル**

ラベル名 :

あとは、❷のようにbreak／continue命令にもラベルを付与するだけです。これで、指定されたループを脱出できます。

■ 注意：ループ制御時の注意点

ループを脱出／スキップする際の注意点を以下にまとめておきます。

(1) ループの中のswitch命令

ループ内のswitch命令には要注意です。というのも、switchブロック配下のbreak命令は、switchを抜けることにしかならないからです。たとえば以下のコードは正しく動作しません。

◉ **リスト4-30 label_switch.js**

```javascript
for (let i = 1; i < 7; i++) {
  let result = i % 3;
  switch(result) {
    case 0:
      break;     ←─ ❶
    case 1:
    case 2:
      console.log(`${i}は3で割り切れません。`);
  }
}
```

```
1は3で割り切れません。
2は3で割り切れません。
4は3で割り切れません。
5は3で割り切れません。
```

　3で割り切れる値が登場したところでループを終了することを想定したコードですが、そうはなりません（あくまで、❶はswitchブロックを抜けるだけなので、ループは最後まで継続します）。意図したように動作させるには、ラベル構文を使って、コードを以下のように修正しましょう。

```
loop:
for (let i = 1; i < 7; i++) {
  ...中略...
    case 0:
      break loop;
  ...中略...
}
```

（2）ラベル構文で抜けられるのは親ブロックのみ

　ラベル構文で抜けられるのは、あくまで自らが属しているブロックだけです。よって、以下のようなコードは「SyntaxError: Undefined label 'label2'」エラーとなります。

◉ リスト4-31 label_parent.js

```
label1: {
  console.log('label1 block');
  break label2;  ←── ❶
}

label2: {
  console.log('label2 block');
}
```

　❶は、label1ブロックを抜けて、label2ブロックの後方に移動することを意図していますが、そうはなりません。もしも意図したように動作させたいならば、以下のように修正します。

```
label2: {
  label1: {
    console.log('label1 block');
    break label2;
  }
  console.log('label2 block');
}
```

(3) ブロック配下の関数からはbreakできない

たとえば以下のようなコードは不可です。関数配下はブロックの直接の配下とは見なされません。

◉ リスト4-32 label_func.js

```
label: {
  console.log('Block start!!');
  (function() {
    break label;
  })();
  console.log('Block end!!');
}
```

ちなみに、太字は即時関数(6.3.3項)と呼ばれる構文です。おそらくループ配下で脱出を伴う関数を記述したくなるとしたら、このパターンがほとんどでしょう。現在では利用する機会こそ減っていますが、気にしておくに越したことはありません。

4.5 制御命令のその他の話題

以降では、ここまでの内容で扱いきれなかった制御命令として、try...catch...finally、throw命令と、コードの扱いをより厳しくするStrictモードについて解説します。

▍4.5.1 例外を処理する - try...catch...finally命令

アプリを実行していると、「数値を受け取ることを想定した関数に文字列が渡された」「変数を参照しようとしたら未定義であった」などなど、開発時には想定しなかったさまざまなエラー（例外）が発生するものです。

もちろん、例外の種類によっては、プログラミング時に未然に回避できるものもありますが、「引数に予期せぬ値が渡された」「関数やクラスを意図せぬ方法で利用された」など、呼び出し側に起因する処理では、例外の発生を完全に防ぐことはできません。

そのような場合にもコード全体が停止してしまわないようにするのが、例外処理の役割です。例外処理を実現するのは、try...catch...finally命令です。

◉構文 **try...catch...finally命令**

```
try {
  例外が発生するかもしれない命令（群）
} catch(例外情報を受け取る変数) {
  例外が発生した時に実行される命令（群）
} finally {
  例外の有無にかかわらず、最終的に実行される命令（群）
}
```

具体的な利用例も見てみましょう。

◉リスト4-33 **try.js**

```
let i = 1;

try{
  i = i * j;     // 例外発生  ←─ ❶
} catch(e) {
  console.log(`${e.name}: ${e.message}`);
} finally {
  console.log('処理は完了しました。');  ←─ ❷
```

```
    }
```

```
ReferenceError: j is not defined
処理は完了しました。
```

　もしもtry...catch...finally命令を利用していない場合、❶の時点で例外（＝未定義の変数を参照しようとした）が発生し、スクリプト全体が停止してしまうはずです。しかし、tryブロックで例外が発生した場合には、処理はそのままcatchブロックに引き継がれ、後続のfinallyブロック（❷）もきちんと実行されていることが確認できるはずです。

　なお、例外情報はcatchブロックにErrorオブジェクト（ここでは変数e）として引き渡されます[1]。Errorオブジェクトからは、以下のようなプロパティにアクセスできます。

プロパティ	概要
name	エラー名
message	エラーメッセージ

●Errorオブジェクトのおもなプロパティ

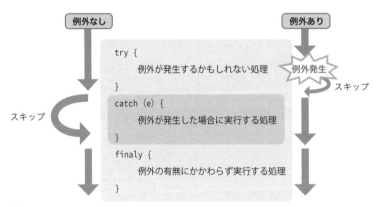

●例外処理

　構文上、catchブロックは空にもできますが、それは避けてください。catchブロックを空にするということは、発生した例外を無視することであり、たいがい、バグなどの問題を特定しにくくします。エラーメッセージを出力し、例外の内容を確認できるようにしておくのは最低限です。そもそもどのように処理すべきかを悩むくらいならば、あえて例外は発生するに任せ、処理すべきではありません。

■ try...catch...finallyの組み合わせ

　try...catch...finally命令において、catch／finallyはそれぞれ省略可能です。ただし、tryだけのブロックは不可です（catch／finallyのいずれかは必須です）。つまり、try命令では、以下の組み合わ

※1　catchブロックで例外情報が要らなければ、「try { ... } catch { ... }」のように、例外変数eは省略しても構いません。

せのいずれかで表すのが基本です。

- ・try...catch...finally（フルセット）
- ・try...catch
- ・try...finally

　try...finallyの組み合わせは、たいがい、リソースの後片付けのために利用します。まずは、try...finallyを利用しない仮想的なコードを見てみましょう（xxxxxFileはいずれも仮想の命令で、実際に存在するわけではありません）。

```
const PATH = '/hoge/foo.dat';

openFile(PATH);
writeFile(PATH);  ←── ❶
closeFile(PATH);
```

　このようなコードは、一見して正しく動作するように見えますが、望ましくないコードです。たとえば❶のタイミングで、ファイルへの書き込みが失敗したら、どうでしょう。コードは即座に終了して、ファイルが閉じられないまま、放置されてしまいます。

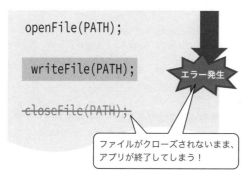

❶ファイルへの処理途中でエラーが発生したら...

　放置されたファイルは、メモリを圧迫したり、そもそもほかからの利用を妨げる原因ともなるので、確実に解放すべきです。

　そこで利用するのがtry...finallyです。上のコードを書き換えてみましょう。

```
const PATH = '/hoge/foo.dat';

openFile(PATH);
try {
  writeFile(PATH);
} finally {
  closeFile(PATH);
```

```
}
```

　try...finallyでくくることで、writeFileが失敗するかどうかにかかわらず、closeFileが呼び出されることが保証されます。共有リソースをはじめ、確実に後片付けしたいものがある場合には、try...finallyを利用します。

4.5.2　例外をスローする - throw命令

　例外は標準ライブラリの中で発生したものを捕捉するばかりではなく、自分で発生させることもできます。たとえば以下は、数値を0で除算した場合に、明示的に例外を発生させる例です。

◉リスト4-34　throw.js

```
let x = 1;
let y = 0;

try{
  if (y === 0) {                              ←
    throw new Error('0で除算しようとしました。 ');          ────❶
  }                                           ←
  let z = x / y;
} catch(e) {
  console.log(e.message);    ←──❷
}
```

```
0で除算しようとしました。
```

　例外を発生させるのは、throw命令の役割です（❶）。例外を発生させることを「例外をスローする」ともいいます。

◉構文　throw 命令

```
throw new Error(エラーメッセージ)
```

　ここでは、「変数yが0である場合にErrorオブジェクトを生成し[2]、処理をcatchブロックに移す」ようにしているわけです。このように、throw命令は、多くの場合、ifのような条件分岐命令と一緒に使います。

　例外の原因に応じて、Errorオブジェクトの代わりに、以下のXxxxxErrorオブジェクトを利用することも可能です[3]。

※2　newはオブジェクトを生成するための、代表的な演算子です。詳しくは7.2.1 項を参照してください。

※3　適切なエラーを選択することで、Xxxxx Errorの種類に応じて処理を分岐することも可能になります。詳しくは8.3.6 項も参照してください。

オブジェクト	エラーの原因
EvalError	不正なeval関数（5.9.1項）
RangeError	指定された値が許容範囲を超えている
ReferenceError	宣言されていない変数にアクセスした
SyntaxError	文法エラー
TypeError	指定された値が期待されたデータ型でない
URIError	不正なURI

●おもなXxxxxError オブジェクト

catchブロックでは、先ほどと同じく、スローされたErrorオブジェクトからmessageプロパティを取得して、これをログとして出力しています（❷）。

今の段階だと、例外処理を利用する理由はイメージしにくいかもしれません。自分自身で処理に関わる値のすべてを決めている状態では、値の不整合による不具合は、コードを実行する前にあらかじめ解消しておけばよいからです。

冒頭でも述べたように、例外処理が有効になるのは、「スクリプトに対して、外からなんらかの値が渡されるケース」です。具体的な例については6.4.1項でも改めて触れるので、徐々に理解を深めていきましょう。

> **Note　throwに渡すのはError以外でも構わない**
>
> そもそもthrow命令で投げるのはXxxxxErrorオブジェクトでなくても構いません。たとえば以下のように文字列を直接スローすることも可能です。
>
> ```
> throw '0で除算しようとしました。';
> ```
>
> ただし、例外の受け取り側ではスローされるのがXxxxxErrorであることをわかっていたほうが扱いが楽になります（型によって例外の種別を識別できますし、name／messageなどのプロパティを持っていることが保証されるからです）。まずは、throw命令ではXxxxxErrorを投げると覚えておくのが吉です。

▌4.5.3　JavaScriptの危険な構文を禁止する - Strictモード

長い歴史を持つJavaScriptには、「仕様としては存在するが、現在では安全性や効率面で利用すべきでない構文」が存在します。以前は、こうした構文の落とし穴を開発者が学んで、落とし穴を避けるようにコーディングしなければなりませんでした。

しかし、これは開発者に余計な負担を負わせるものですし、そもそも開発者のレベルによっては、望ましくないコードの混入を完全に防ぐのは不可能です。そこで、JavaScriptの落とし穴を検出して、エラーとして通知してくれるしくみが用意されています。これがStrictモードです。

以下にStrictモードで通知対象となるおもな構文をまとめておきます。まだよくわからないものもある

はずですが、まずは「こんなものか」という程度で眺めてみてください。

分類	Strictモードによる制限
変数	var／let命令の省略を禁止
	将来的に追加予定のキーワードを予約語に追加（2.2.2項）
	引数名の重複を禁止
	undefined／NaNなどへの代入を禁止
命令	with命令の利用を禁止
	arguments.calleeプロパティへのアクセスを禁止
	eval命令で宣言された変数を、周囲のスコープに拡散しない
	eval／argumentsへの代入やバインドを禁止
	delete命令での単純名の削除を禁止（「delete x」などを許可しない）
その他	関数配下のthisはグローバルオブジェクトを参照しない（undefinedとなる）
	スクリプトの最上位／関数内にないfunction文を禁止（＝if／whileブロック配下のfunctionは不可）
	「0〜」の8進数表記は禁止

●Strictモードによるおもな制限

Strictモードを利用することで、JavaScriptの落とし穴を未然に防げるだけでなく、以下のようなメリットもあります。

- ・非Strictモードのコードよりも高速に動作する場合がある
- ・明示的にエラーが出るため、問題をより早期に発見できる
- ・将来のJavaScriptで変更される点を禁止することで、今後の移行がかんたんになる
- ・JavaScriptの「べからず」を理解する手がかりになる

■ Strictモードを有効にする

Strictモードを有効にするには、スクリプトの先頭、もしくは関数（6.3.1項）ブロックの先頭に「'use strict';」という文を追加するだけです（「"use strict";」でも可）。裸の「use strict;」ではなく、あくまで文字列リテラルである点に注意してください。

●リスト4-35 Strictモードを有効化

```
'use strict';  ← ❶
// 任意のコード

function hoge() {
  'use strict';  ← ❷
  // 関数の本体
}
```

❶では以降のコード全体が、❷では関数内のコードが、それぞれStrictモードで解釈されるようになります。

　ただし、原則として❶のパターンは利用すべきではありません。というのも、❶では、複数のコードを連結した場合、以降のすべてのコードに影響を及ぼすからです。それらの中に非Strictなコードが混在している場合、正しく動作できない可能性があります。

　すべてのコードがStrictモードに対応していることが確認できていないならば、Strictモードは❷の方法で有効化すべきです。一般的には、即時関数（6.3.3項）のイディオムを利用することで、自ずと自前のコードだけにStrictモードを適用できます。

Note　暗黙的なStrictモード

　そもそもモジュール、classブロックの配下では、暗黙的にStrictモードが適用されます（明示的なuse strict宣言は不要です）。モダンな環境を前提とするのであれば、モジュール＋クラスをベースにアプリを開発していくことをおすすめします。

4.5.4　デバッガーを起動する - debugger命令

　アプリに潜在するであろうバグ（誤り）を修正することをデバッグと言います。デバッグはアプリ開発のかなりの部分を占める作業であり、大概の開発環境ではデバッグを支援するためのツールを提供しています（これをデバッガーといいます）。

　それはJavaScriptの世界でも例外ではありません。デバッガーにも種々ありますが、一般的なJavaScript開発者がまず利用するのは、1.5.4項でも紹介したブラウザーの開発者ツールになるはずです。

　そして、このようなデバッガーが起動している時に、アプリの実行を中断し、デバッガーを呼び出すのがdebugger命令の役割です。1.5.4項でも触れたブレイクポイントを、コード上で設置できるようにしたもの、と考えてもよいでしょう。

　具体的な挙動も確認してみます。

◉ リスト4-36 debugger.js

```
let title = 'JavaScript本格入門';
debugger;
title = '改訂3版 JavaScript本格入門';
```

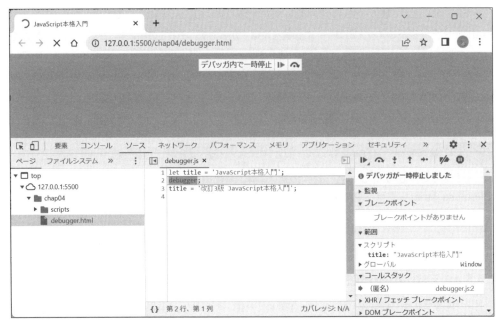

●該当の行で実行が停止している

　debuggerを利用する際は、デバッガー（この場合は開発者ツール）があらかじめ起動していなければなりません。debugger命令にデバッガーを起動する役割はない点に注意です。

　デバッガーで実行が中断した後は、1.5.4項の要領でステップ実行を進めていけばよいでしょう。その他、デバッグに役立つしくみとしては、consoleオブジェクト（10.2節）があります。合わせて理解を深めることをおすすめします。

Chapter 5

基本データを操作する
- 組み込みオブジェクト

5.1 オブジェクトとは？

2.3.6項では、JavaScriptのオブジェクトとは、名前をキーにアクセスできる配列――要は、連想配列（ハッシュ）であると説明しました。これは、JavaScriptのオブジェクトを実装的な視点からとらえるといった意味では正しいのですが、オブジェクトという概念そのものを説明するには不足です。

オブジェクトとは、単に名前がついた入れ物の集合ではありません。オブジェクト自体が1つのモノであり、中に含まれる要素は、このモノの特性や動作を表すために存在します。要は、（連想配列ではなく）「オブジェクト」という言葉を使う場合には、主役は個々の要素ではなく、オブジェクト（モノ）そのものであるといったらよいでしょうか。

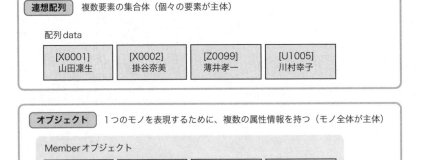

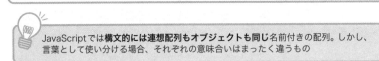

●連想配列とオブジェクト

プログラム上で扱う対象をオブジェクト（モノ）に見立てて、オブジェクトを中心としてコードを組み立てていく手法のことを、オブジェクト指向と呼びます。オブジェクト指向言語として有名なのはJavaやC#、Rubyなどですが、JavaScriptもまたその一員です。

5.1.1 オブジェクト＝プロパティ＋メソッド

2.3.6項でも述べたように、オブジェクトはプロパティとメソッドから構成されます。

プロパティとは、「オブジェクト（モノ）の状態や特性を表すための情報」のこと。たとえば、入力フォームを表すFormのようなオブジェクトであれば、フォームの名前、フォームに含まれるテキストボックスや選択ボックスなどの要素、フォームによる送信先などが、プロパティに相当します。

対して、メソッドはオブジェクト（モノ）を操作するための道具です。Formオブジェクトであれば、「フォームの情報をサーバーに送信する」「フォームの内容をクリアする」などの機能がメソッドに相当します。

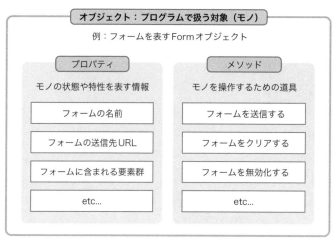

●オブジェクトとは？

プロパティ／メソッドという視点から見た時、オブジェクトとは「データを操作するためのさまざまな機能を持った」高機能な入れ物、といえます。

5.1.2 オブジェクトを生成するための準備 - new 演算子

JavaScriptはじつに柔軟な言語で、オブジェクト生成という局面でもさまざまなアプローチを提供しています（たとえば2.3.6項で触れたオブジェクトリテラルは、オブジェクト生成の最もシンプルな方法です）。しかし、本章でまず押さえておきたいアプローチはこれ——new演算子によるオブジェクト生成です。ほかの言語でもよく用いられているので、JavaScript以外の言語を学んだことのある人にとっては、お馴染みのキーワードかもしれません。

● 構文 new 演算子

```
変数名 = new オブジェクト名([引数, ...])
```

newという名前のとおり、「あらかじめ用意されたオブジェクトをもとに新しい（new）オブジェクトを

作成しなさい」というわけです[1]。引数とは、オブジェクトを生成する際に必要な情報です。一般的には、オブジェクトを初期化するための情報（＝最初に設定しておきたい値、もしくは挙動を左右するためのパラメーター）を渡します。引数が必要ない場合にも、カッコは省略できない点に注意してください。

たとえば日付（Date）オブジェクトであれば、対象となる年月日、時分秒を渡します。元からあるDateオブジェクトに対して、具体的な日時を渡して新たなオブジェクトを生成するわけです。

```
let dat = new Date(2022, 11, 4, 11, 36, 54);
```

このように、オブジェクトの複製を作ることをインスタンス化、インスタンス化によってできあがった複製のことをインスタンスと呼びます。

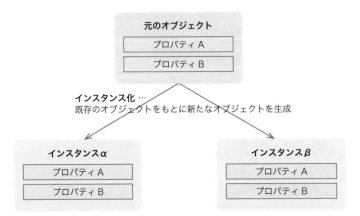

●オブジェクトとインスタンス化

オブジェクトには、インスタンスを初期化するために、専用のメソッドが用意されています。この初期化メソッドのことを、特にコンストラクターと呼びます。new演算子は、正しくはコンストラクターを呼び出すための構文です。

■ 補足：インスタンス化のなぜ

そもそもすでにオブジェクトがあるならば、これをそのまま利用してはダメなのでしょうか。

結論から言ってしまうならば、不可です。というのも、オブジェクトは「自分自身の中でデータを保持できる」という性質を持っているからです。

たとえば、オブジェクトに対して、アプリが複数の箇所から異なる目的でデータを書き込んでしまったらどうでしょう。

---

[1] ほかの言語でオブジェクト指向を学んだ人であれば、この文章に違和感を覚えたかもしれませんが、JavaScriptのオブジェクト指向では正しい表現です。詳しくはChapter 8を参照してください。

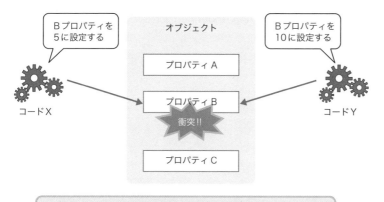

オブジェクトはそれ自身がデータを保持するもの
→ 複数の個所から異なる値をセットしようとすれば不整合が発生する

●オブジェクトはデータを保持するもの

当然、データは互いに衝突して、アプリは正しく動作しません。

そこで、オリジナルのオブジェクトには手を加えず、「オリジナルを複製したコピー」（＝インスタンス）を操作することで、データの競合を防ぐようになっているのです。インスタンス化とは、

オブジェクトを扱うために、「自分専用の領域」を確保する行為

と言い換えても構いません。

5.1.3　メソッド／プロパティの呼び出し - ドット演算子

new演算子で生成されたインスタンスは変数に格納され、以降は、その変数をオブジェクトとして扱えるようになります。

インスタンスからプロパティ／メソッドを呼び出すには、ドット演算子を利用します（2.3.6項のようにブラケット構文を利用しても構いません）。

●構文　プロパティ／メソッドの呼び出し

```
変数名.プロパティ名 [= 設定値];
変数名.メソッド名([引数 [, ...]]);
```

たとえば先ほど作成した日付オブジェクトdatから年だけを取得したいならば、以下のようにgetFullYearメソッドを呼び出します。

```
dat.getFullYear()
```

■ インスタンスがnullの場合のアクセスを簡略化する　ES2020

実際のコーディングでは、「インスタンスがnull／undefinedでない場合にだけ、そのメンバーにア

クセスしたい」（＝null／undefinedであれば、そのままundefinedを返したい）ということはよくあります。

そのような場合、従来であれば、以下のようなコードを書く必要がありました。

● リスト 5-01 nullish_old.js

```
let str = null;

if (str !== null && str !== undefined) {
  console.log(str.length);
}
```

lengthプロパティ（5.2.1項）にアクセスする前に、変数strがnull／undefinedでないことを確認しているわけです。さもないと（＝太字をコメントアウトすると）、「Cannot read properties of null (reading 'length')」（nullからプロパティにアクセスできない）のようなエラーが発生します。

このようなnull／undefinedチェックは定型的ですが、冗長なので、対象となる変数が増えれば、もれの原因にもなります。

そこでES2020で追加されたのが「?.」演算子（optional chaining演算子）です。「?.」演算子を利用することで、リスト5-01は以下のように書き換えられます。

● リスト 5-02 nullish.js

```
let str = null;    ←── ❶
console.log(str?.length);        // 結果：undefined
```

❶の太字を'Hoge'のように置き換えることで、lengthプロパティからの戻り値（ここでは4）を正しく得られることを確認してみましょう。

単純に比較するだけでも「?.」を利用することで、nullの可能性がある変数をかんたんに操作できることが見て取れるでしょう。この例では「?.」を一度呼び出しているだけですが、複数階層にわたって「?.」を利用する状況では、そのメリットをより顕著に感じられるはずです。

```
obj?.name?.trim()
    ┬     └── nameの値がnullか
objがnullか
```

その他、「?.」演算子は、ブラケット構文、メソッド呼び出しに際しても利用できます。

```
obj.func?.(args) ←── メソッド
list?.[i]        ←── ブラケット構文
```

メソッド呼び出しでの「?.」は、おもに、オブジェクトが実装（ブラウザー、ライブラリのバージョンなど）によって、特定のメソッドを利用できない可能性がある場合に役立ちます。ただし、オブジェクトが同名のプロパティ（上の例であればfunc）を持っている場合、「?.」演算子はTypeError例外を返

します。

5.1.4 静的プロパティ／静的メソッド

ただし、プロパティやメソッドによっては、例外的にインスタンスを生成せずに呼び出せるものがあります。このようなプロパティ／メソッドのことを静的プロパティ／静的メソッドと呼びます。

静的プロパティ／静的メソッドを呼び出すための一般的な構文は、以下のとおりです。

● 構文　静的プロパティ／静的メソッドの呼び出し

```
オブジェクト名.プロパティ名 [= 設定値];
オブジェクト名.メソッド名([引数 [, ...]]);
```

たとえば 3.4.3 項で登場した Math.abs は、Math オブジェクトに属する静的メソッドです。以下、再掲しておきます。

```
console.log(Math.abs(x - y) < EPSILON);
```

なお、静的プロパティ／静的メソッドに対して、インスタンス経由で呼び出すプロパティ／メソッドのことをインスタンスプロパティ、インスタンスメソッドといいます[※2]。

5.1.5 組み込みオブジェクトとは

JavaScript では多くのオブジェクトが公開されていますが、その中でも特に基本的なのが組み込みオブジェクト（Built-in Object）です。

組み込み、とは「JavaScript に標準で組み込まれた」という意味です。今後登場するブラウザーオブジェクトが特定の環境（ブラウザー上）でしか動作しないのに対し、組み込みオブジェクトは、JavaScript が動作するすべての環境で利用できます。

また、後述するように、JavaScript では自分でオブジェクトを定義することもできますが、これら組み込みオブジェクトは、特別な宣言や定義なしで利用できます。

以下に、JavaScript で利用できるおもな組み込みオブジェクトをまとめます。

オブジェクト	概要
(Global)	JavaScript の基本機能にアクセスするための手段を提供
Object	すべてのオブジェクトのひな形となる機能を提供
Array／XxxxxArray	配列を操作するための手段を提供
Map／WeakMap	キー／値からなる連想配列を操作するための手段を提供
Set／WeakSet	一意な値の集合を管理するための手段を提供
String	文字列を操作するための手段を提供

（次ページへ続く）

※2　逆に、静的プロパティ／静的メソッドを、インスタンス経由で呼び出すことはできません。

Boolean	真偽値を操作するための手段を提供
Number／BigInt	数値を操作するための手段を提供
Function	関数を操作するための手段を提供（6.2.1項）
Symbol	シンボルを操作するための手段を提供
Math	数値演算を実行するための手段を提供
Date	日付を操作するための手段を提供
RegExp	正規表現に関わる機能を提供
Error／XxxxxError	エラー情報を管理（4.5.1項）
JSON	JSON形式の文字列を解析するための手段を提供
Proxy	オブジェクトの挙動をカスタマイズする手段を提供（8.5.4項）
Promise	非同期処理を実装するための手段を提供（10.5節）

●JavaScriptのおもな組み込みオブジェクト

　注意深い方であれば、このうち、Object、Array、String、Boolean、Number、Symbol、Function までが、2.3節でも紹介したJavaScript標準のデータ型に対応していることに気づいたかもしれません。

　ここで、Stringオブジェクトのlengthプロパティを利用して文字列長を求める例を見てみましょう。

●リスト5-03 built_in.js

```
let str = 'こんにちは！';    ←── ❶
console.log(str.length);    // 文字列長を取得（結果は6）
```

　先にも触れたように、元からあるオブジェクトを利用するには、まずその複製——インスタンスを生成 する必要があります。しかし、JavaScriptでは、

リテラルをそのまま対応する組み込みオブジェクトのインスタンスとして利用できる

という特徴があります。つまり、主要なデータ型の値を扱う限りは、インスタンス化を意識する必要はほ とんどありません。❶のリテラル記述がそのままインスタンス化を意味しているのです。

■ 注意：JavaScript標準の型ではnew演算子を利用しない

　もちろん、これらの型でも、new演算子を使って、明示的にオブジェクトを生成することは可能です。

```
let str = new String('こんにちは！');
```

　しかし、ほとんどの場合、これは冗長であるだけでなく、むしろ有害です。たとえば、以下のような例 を見てみましょう。

●リスト5-04 wrapper.js

```
// 本来は「let flag = false;」と書くべき
let flag = new Boolean(false);
```

```
if (flag) {
  console.log('flagはtrueです！');
}       // 結果：flagはtrueです！
```

　変数flagの値がfalseであるにもかかわらず、Booleanコンストラクターで生成されたオブジェクトは無条件にtrueと見なされているのです。これは、JavaScriptが

null以外のオブジェクトをtrueと見なす

ために起きる挙動です。もちろん、これは意図した挙動ではないので、このような記述も避けるべきです。くり返します。

JavaScript標準の型をnew演算子を使ってインスタンス化するのは、原則として避けてください。

　それでは以下では、これら組み込みオブジェクトについて個々に解説を進めていくことにしましょう。ただし、一部のオブジェクトについては、専用のトピックと密接に関連するので、それぞれ該当する項を参照してください。また、Booleanオブジェクトは、真偽値にオブジェクトとしての体裁を与えるための便宜的なオブジェクトで、それ自体としては独自の機能は提供していないので、本書では割愛します。

Note　ラッパーオブジェクト

　JavaScriptの標準的なデータ型を扱う組み込みオブジェクトの中でも、特に基本型である文字列、数値、論理値、シンボルを扱うためのオブジェクトのことをラッパーオブジェクトと呼びます。ラッパーオブジェクトとは、「単なる値にすぎない基本型のデータを包んで（ラップして）、オブジェクトとしての機能を追加するためのオブジェクト」です。

　本文でも述べたように、JavaScriptでは、基本型と、オブジェクトとしての体裁を持つラッパーオブジェクトとを、自動的に相互変換するため、アプリ開発者がこれを意識する必要はありません。

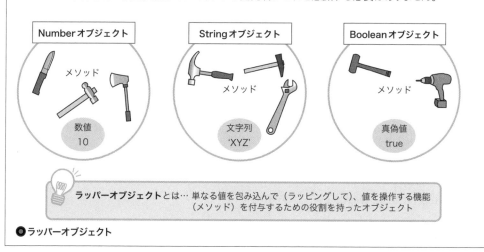

ラッパーオブジェクトとは… 単なる値を包み込んで（ラッピングして）、値を操作する機能（メソッド）を付与するための役割を持ったオブジェクト

●ラッパーオブジェクト

5.2 文字列を操作する — Stringオブジェクト

Stringオブジェクトは、文字列型（string）の値を扱うためのラッパーオブジェクトです。文字列の抽出や加工、検索など、文字列の操作に関わる機能を提供します。

5.2.1 文字列の長さを取得する

文字列の長さ（文字数）を取得するには、lengthプロパティを利用します。

◉ リスト5-05 str_len.js

```
let str1 = 'WINGSメンバー ';   ← ❶
console.log(str1.length);    // 結果：9

let str2 = '叱る';   ← ❷
console.log(str2.length);    // 結果：3
```

❶のように、lengthプロパティは日本語（マルチバイト文字）も1文字として正しくカウントします。ただし、特殊な例外がある点に注意してください。たとえば❷は、見た目の文字数は2文字ですが、結果は3。どこで1文字増えているのでしょうか。

結論からいうと、これは「叱」という文字がサロゲートペアであることから生じる問題です。一般的に、Unicode（UTF-16[※1]）は1文字を2バイトで表現します。しかし、Unicodeで扱うべき文字が増えるに伴い、これまでのバイト数で表現できる文字数（65535文字）では不足する状況が出てきました。そこで、一部の文字を4バイトで表現することで、扱える文字数を拡張することになったわけです。これがサロゲートペアです。

ただし、lengthプロパティはサロゲートペアを識別できないので、4バイト＝2文字と見なします。先ほどの例であれば、「叱」が2文字、「る」が1文字で、合計3文字となります。

サロゲートペアを含んだ文字列を正しくカウントするには、以下のようなコードを書きます。

◉ リスト5-06 str_len_pair.js

```
let str = '叱る';
console.log([...str].length);    // 結果：2
```

※1　JavaScriptでは、内部的な文字エンコーディングとしてUTF-16を採用しています。あくまで内部的な文字エンコーディングなので、スクリプト自体の文字エンコーディングはUTF-8などでも構いませんし、また、そのほうが一般的です。

「...」演算子（6.4.4項）は、文字を文字配列に分解します。この際、サロゲートペアも正しく1文字として認識してくれるので、あとは結果配列の長さを見ることで、文字数を得られます（ここでのlengthは、Arrayオブジェクトのプロパティです）。

5.2.2　文字列を大文字⇔小文字で変換する

文字列の大文字／小文字を変換するには、toUpperCase ／ toLowerCase メソッドを利用します。

◉ リスト5-07　str_upper.js

```javascript
let str1 = 'Wings';
let str2 = 'Ｗｉｎｇｓ';

console.log(str1.toLowerCase()); // 結果：wings
console.log(str1.toUpperCase()); // 結果：WINGS
console.log(str2.toLowerCase()); // 結果：ｗｉｎｇｓ  ←─ ❶
```

半角文字だけでなく、全角文字についても正しく小文字化（大文字化）できる点に注目です（❶）。

> **Note**　地域対応の toLocaleXxxxx メソッド
>
> 特定の地域（ロケール）に対応した toLocaleUpperCase ／ toLocaleLowerCase メソッドもあります。引数には en-US（英語／アメリカ）のようなロケールを表す文字列を指定します（配列で複数を指定しても構いません）。
>
> ```javascript
> console.log(str1.toLocaleLowerCase('en-US'));
> console.log(str1.toLocaleLowerCase(['tr', 'tr-TR']));
> ```
>
> たいがいは toUpperCase ／ toLowerCase メソッドと同じ結果を返しますが、トルコ語（tr）など一部の言語では異なる結果が返る場合があります。

■ 例：先頭文字を大文字化する

プログラミング言語によっては、先頭文字だけを大文字化する toTitleCase のようなメソッドを持つものがありますが、JavaScriptにはありません。JavaScriptで同様の機能を実装するには、以下のようなコードで表します。

```javascript
let msg = 'hELLo';
console.log(msg.substring(0, 1).toUpperCase() + msg.substring(1).toLowerCase());
                 1文字目だけを大文字化              2文字目以降を小文字化
```

substringは指定範囲の部分文字列を取り出すためのメソッドです（5.2.3項）。この例では1文字目と2文字目以降を、それぞれ別々に大文字／小文字化しています。

5.2.3 部分文字列を取得する

Stringオブジェクトでは、オリジナルの文字列から部分的な文字列を抽出するためのメソッドとして、以下のようなメソッドを提供しています[※2]。

メソッド	概要
charAt(*n*)	n番目の文字を取得
slice(*start* [, *end*])	start～end-1文字目を取得
substring(*start* [, *end*])	start～end-1文字目を取得

●部分文字列を取得するためのメソッド

まずは、具体的な例を見てみましょう。

●リスト5-08 str_substring.js

```
let str = 'WINGSプロジェクト';

console.log(str.charAt(5));       // 結果：プ
console.log(str.substring(5));    // 結果：プロジェクト
console.log(str.substring(5, 8)); // 結果：プロジ
console.log(str.slice(5));        // 結果：プロジェクト
console.log(str.slice(5, 8));     // 結果：プロジ
```

●部分文字列を取得

　特定の1文字を取り出すcharAtに対して、範囲で部分文字列を取り出すのがsubstring／sliceメソッドです。ただし、上の例だけではsubstring／sliceメソッドの違いが見て取れません。substring／sliceメソッドは特殊な条件で異なる結果を返します。

※2　よく似たメソッドとしてsubstrメソッドもありますが、こちらはすでに非推奨の扱いです。新たにコードを記述する際に利用すべきではありません。

（1）引数 start ＞引数 end である場合

この場合、substring メソッドは引数 start ／ end の関係を入れ替えて、end 〜 start-1 文字目を抽出します。対して、slice メソッドはこうした入れ替えはせず、そのまま空文字列を返します。

◉ リスト 5-09 str_slice.js

```
let str = 'WINGSプロジェクト';

console.log(str.substring(8, 5));// 結果：プロジ（5 〜 7文字目を取得）
console.log(str.slice(8, 5));    // 結果：空文字列
```

（2）引数 start ／ end が負数である場合

この場合、substring メソッドは無条件に 0 と見なしますが、slice メソッドは文字列末尾からの文字数と見なします。

◉ リスト 5-10 str_slice_minus.js

```
let str = 'WINGSプロジェクト';

console.log(str.substring(5, -2));    // 結果：WINGS（0 〜 4文字目を取得）
console.log(str.slice(5, -2));        // 結果：プロジェ（5 〜 8文字目を抽出）
```

この例では、substring メソッドでは -2 を 0 と見なすので、「str.substring(5, -2)」は「str.substring(5, 0)」と同じ意味です。さらに（1）のルールから、「str.substring(0, 5)」と見なされるわけです。

一方、slice メソッドでは、負数を後方からの文字数と見なします。つまり、-2 は後方から 2 文字目（つまり、9 文字目）と判断され、「str.slice(5, -2)」は「str.slice(5, 9)」と同じ意味になります。

5.2.4　文字列を検索する

ある文字列の中で、特定の部分文字列が登場する位置を検索するには、indexOf ／ lastIndexOf メソッドを利用します。indexOf メソッドは前方から、lastIndexOf メソッドは後方から、それぞれ検索を開始します。

◉ 構文　indexOf ／ lastIndexOf メソッド

```
str.indexOf(searchValue [, fromIndex])
str.lastIndexOf(searchValue [, fromIndex])
     str          ：元の文字列
     searchValue ：検索文字列
     fromIndex   ：検索開始位置
```

まずは、具体的なサンプルを見てみましょう。

● リスト5-11 str_index.js

```
let str = 'にわにはにわにわとりがいる';

console.log(str.indexOf('にわ'));            // 結果：0       ←          ❶
console.log(str.lastIndexOf('にわ'));        // 結果：6       ←
console.log(str.indexOf('にど'));            // 結果：-1      ←    ❷
console.log(str.indexOf('にわ', 5));         // 結果：6       ←    ❸
console.log(str.lastIndexOf('とり', 7));     // 結果：-1      ←    ❹
console.log(str.indexOf('', 5));             // 結果：5       ←    ❺
console.log(str.indexOf('とり', -5));        // 結果：8       ←
console.log(str.lastIndexOf('にわ', -5));    // 結果：0       ←          ❻
console.log(str.indexOf('にわ', 15));        // 結果：-1      ←
console.log(str.lastIndexOf('にわ', 15));    // 結果：6       ←          ❼
```

❶～❷：シンプルなパターン

❶は、indexOf／lastIndexOfメソッドの最も基本的な例です。それぞれ先頭／後方から検索して、はじめて検索文字列が見つかった位置を返します。文字列の先頭位置は、配列と同じく、ゼロと数えます。検索文字列が見つからなかった場合には、-1を返します（❷）。

❸～❹：引数fromIndexを指定

❸では、5文字目から検索した結果、3番目の「にわ」にヒットしています。❹では、7文字目から前方に向かって検索するので、「とり」は合致せず、結果は-1（見つからない）となります。

❺：引数searchValueが空

この場合、indexOf／lastIndexOfメソッドは無条件に引数fromIndexの値を返します。特に、ユーザーからの入力をもとに検索する場合、期待しない結果になる可能性があるので、検索前に引数searchValueの値は確認しておくべきでしょう。

❻～❼：引数fromIndexが文字列の範囲外

まず、引数fromIndexが負数の場合、indexOf／lastIndexOfメソッドはこれを無条件に0と見なします（❻）。結果、indexOfメソッドは文字列全体を検索しますし、lastIndexOfメソッドは文字列先頭だけを検索します。

一方、❼は、引数fromIndexが文字列長よりも大きい例です。この場合、文字列の末尾が検索の基点となるので、indexOfメソッドは-1を返しますし、lastIndexOfメソッドは引数fromIndexを省略した場合と同じ結果を返します。

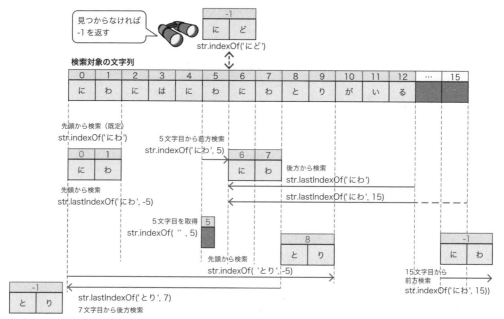

●indexOf／lastIndexOf メソッド

> **Note** 　**大文字小文字の違いを無視する**
>
> 　indexOf／lastIndexOfメソッドは、いずれも大文字小文字を区別します。よって、大文字小文字を無視して検索するには、以下のようにしてください。
>
> ●リスト5-12 str_index_lower.js
>
> ```javascript
> let str = 'Hello, World!!';
> console.log(str.toLowerCase().indexOf('world'.toLowerCase()));  // 結果：7
> ```
>
> 　toLowerCaseメソッドで、元の文字列、検索文字列ともに、小文字で揃えているわけです。このルールは、後述するstartsWith／endsWith／includesでも同様です。

■ 例：文字列の出現回数をカウントする

　indexOfメソッドを利用することで、文字列に検索文字列が何回登場したかをカウントすることも可能です。

●リスト5-13 str_index_count.js

```javascript
let str = 'にわにはにわにわとりがいる';  // 検索対象の文字列
let count = 0;                           // ヒットした個数
let keywd = 'にわ';                       // 検索文字列
let pos = str.indexOf(keywd);            // 検索開始位置

// マッチ文字列がなくなったらループを終了
```

```
while (pos !== -1) {
  count++;
  // 前回のマッチ位置から検索を再開
  pos = str.indexOf(keywd, pos + keywd.length);   ←── ❶
}
console.log(`${count}件がヒットしました。`);            // 結果：3件がヒットしました。
```

　ポイントとなるのは❶のコードです。indexOfメソッドで得た検索結果を、変数posに記録し、これを次の検索開始位置として利用するわけです。whileループの終了条件はindexOfメソッドの戻り値が-1であることなので、これで

前方から順に検索を繰り返し、マッチするものがなくなったところで終了

するわけです。マッチの回数は、変数countでカウントしています。

5.2.5　文字列に特定の部分文字列が含まれるかを判定する

　文字列に特定の部分文字列が含まれているかを判定するには、以下のようなメソッドを利用します。

● 構文　includes（部分一致）／startsWith（前方一致）／endsWith（後方一致）メソッド

```
str.includes(searchString [, position])
str.startsWith(searchString [, position])
str.endsWith(searchString [, length])
     str          ：元の文字列
     searchString ：検索文字列
     position     ：検索開始位置
     length       ：検査対象となる文字列の長さ
```

　引数positionで検索開始位置を指定することもできます。endsWithメソッドの引数lengthは、length文字目までを文字列とした時の末尾を判定します。
　具体的なコードは、以下のとおりです。

● リスト5-14　str_includes.js

```
let str = 'うりうりがうりうりにきてうりうりのこし';

console.log(str.includes('うり'));        // 結果：true    ←┐
console.log(str.startsWith('うり'));      // 結果：true    ←┘  ❶
console.log(str.endsWith('うり'));        // 結果：false
console.log(str.includes('うり', 10));    // 結果：true
console.log(str.startsWith('うり', 3));   // 結果：false
console.log(str.endsWith('うり', 2));     // 結果：true
```

　別解として、indexOfメソッドの戻り値から部分文字列の有無を判定することも可能です。たとえば

以下は、❶の書き換えです。

```
console.log(str.indexOf('うり') > -1);    // 結果：true（部分一致）
console.log(str.indexOf('うり') === 0);   // 結果：true（前方一致）
```

ただし、コードが冗長になるうえ、意図としても不明瞭になるので、あえてそうする意味はありません。ある目的を実現するために複数の方法があるならば、より目的に特化した方法を優先するのが鉄則です。

5.2.6 文字列の前後から空白を除去する

trim／trimStart／trimEndメソッドを利用することで、文字列前後の空白を除去できます。たとえばユーザー入力から余計な空白を除去するような用途で利用します。

◉ リスト5-15 str_trim.js

```
let str = '　WINGSプロジェクト　\n\t\n';

console.log(` 「${str.trim()}」 `);        // 結果：「WINGSプロジェクト」
console.log(` 「${str.trimStart()}」 `);   // 結果：「WINGSプロジェクト　☑ Tab ☑」
console.log(` 「${str.trimEnd()}」 `);     // 結果：「　WINGSプロジェクト」
```

除去される空白は、半角スペースだけではない点に注目です。trimXxxxxメソッドでは、以下のような文字をすべて空白として除去します。

・タブ文字（\t、\v）

・改行文字（\r、\n）

・フォームフィード（\f）

・全角空白

5.2.7 文字列を置き換える

replace／replaceAllメソッドを利用します。replaceメソッドは一致した最初の1つだけを、replaceAllメソッドは一致したすべての部分文字列を、それぞれ置き換えます。

◉ 構文 replace／replaceAll メソッド[3]

```
str.replace(substr, repstr)
str.replaceAll(substr, repstr)        ES2021
      str    ：元の文字列
      substr ：置き換え前の部分文字列
      repstr ：置き換え後の部分文字列
```

※3 　引数substrに正規表現を指定するパターン、引数repstrにコールバック関数を指定するパターンもありますが、これらは5.8.7項で改めます。

以下は、その具体的な例です。

◉リスト5-16 str_replace.js

```
let str = 'にわにはにわにわとりがいる';
console.log(str.replace('にわ', '二羽'));      // 結果：二羽にはにわにわとりがいる
console.log(str.replaceAll('にわ', '二羽'));   // 結果：二羽には二羽二羽とりがいる
```

■ replaceAll メソッドの代替 `Legacy`

replaceAll メソッドは ES2021 で追加された比較的新しいメソッドです。replaceAll 以前の環境ですべての一致文字列を置き換えるには、正規表現を利用するか（5.8.7項）、以下のようなテクニックを利用する必要があります。

◉リスト5-17 str_replaceall.js

```
let str = 'にわにはにわにわとりがいる';
console.log(str.split('にわ').join('二羽'));   // 結果：二羽には二羽二羽とりがいる
```

置き換え前の文字列（ここでは「にわ」）で元の文字列を分割し、置き換え後の文字列（ここでは「二羽」）で連結し直すわけです。これですべての文字列が置き換えの対象となります。split、join メソッドについては、それぞれ5.2.8、5.5.7項を参照してください。

5.2.8　文字列を分割する

split メソッドを利用します。

◉構文　split メソッド[4]

```
str.split(sep [, limit])
       str  ：分割対象の文字列
       sep  ：区切り文字
       limit：分割回数の上限
```

具体的な例も見てみましょう。

◉リスト5-18 str_split.js

```
let str = 'みかん\tりんご\tぶどう\t';
let str2 = '叱られて';

console.log(str.split('\t'));      // 結果：[ 'みかん', 'りんご', 'ぶどう', '' ]  ← ❶
console.log(str.split('\n'));      // 結果：[ 'みかん\tりんご\tぶどう\t' ] ←
console.log(str.split());          // 結果：[ 'みかん\tりんご\tぶどう\t' ] ←   ❷
console.log(str2.split(''));       // 結果：['\uD842', '\uDF9F', 'ら', 'れ', 'て'] ← ❸
console.log(str.split('\t', 2));   // 結果：[ 'みかん', 'りんご' ] ← ❹
```

※4　引数 sep に正規表現を指定するパターンもありますが、この例は5.8.8項で改めます。

```
console.log(str.split('\t', 0));  // 結果：[]  ←— ❺
console.log(str.split('\t', -1));// 結果：[ 'みかん', 'りんご', 'ぶどう', '' ]  ←— ❻
```

❶は、splitメソッドの基本的なパターンです。引数sepで指定された区切り文字で文字列全体が分割されます。文字列の先頭／末尾に区切り文字がある場合（サンプルでは末尾）は、結果に空の要素ができる点にも注目です。

❷は、引数sepが省略された、もしくは元の文字列に見つからなかった場合です。この場合、splitメソッドは、元の文字列を1つ含んだ配列を返します。

❸は、引数sepに空文字列を渡した場合です。その場合、文字単位に分割されます。ただし、サロゲートペア（5.2.1項）は認識されずに文字化けの原因となります。文字単位への分割を意図しているならば、スプレッド構文（5.2.1項）を優先して利用してください。

❹～❻のように引数limitを指定することで、分割数を制限することもできます。引数limitを指定した場合、分割されなかった要素は無視されます（分割されない文字列が末尾にまとめられるわけではありません）。

引数limitがゼロの場合は分割されずに空配列が返されますし（❺）、負数の場合には省略時と同じく文字列全体が分割の対象となります（❻）。

5.2.9　文字列が指定長になるように指定文字で補足する

padStart／padEndメソッドは、文字列の前方、または後方に、それぞれ文字列が指定長になるように、文字を補います。

● 構文　padStart／padEndメソッド

```
str.padStart(targetLength [, padString])
str.padEnd(targetLength [, padString])
      str         ：元の文字列
      targetLength：最終的な文字列長
      padString   ：補う文字（既定は空白）
```

たとえば数値データなどで表示桁数をそろえるためなどに利用します。具体的な例も見てみましょう。

● リスト5-19　str_pad.js

```
let str = '123.45';

console.log(str.padStart(10));           // 結果：▯▯▯▯123.45  ←— ❶
console.log(str.padStart(10, '0'));      // 結果：0000123.45  ←┐
console.log(str.padEnd(10, '0'));        // 結果：123.450000  ←┴— ❷
console.log(str.padStart(10, 'xyz'));    // 結果：xyzx123.45  ←┐
console.log(str.padStart(10, 'abcdef')); // 結果：abcd123.45  ←┴— ❸
console.log(str.padStart(3));            // 結果：123.45  ←— ❹
```

❶は引数padStringを省略した、シンプルなパターンです。この場合、空白で不足桁を補います。数値の桁数をそろえる場合、❷のように「0」で補う機会も多いでしょう。

❸のように、引数padStringに複数文字を渡すこともできます。その場合、指定桁数の範囲で文字列を埋め込もうとするので、文字列途中で切れることもあります。

指定の文字列長（引数targetLength）が元の文字列長よりも少ない場合には、元の文字列をそのまま返します（❹）。あくまで最低でも指定長になるよう文字を補うだけで、元の文字列を切り捨てるわけではありません。

5.2.10　文字列をn回繰り返したものを取得する

repeatメソッドを利用します。

◉構文　repeat メソッド

```
str.repeat(count)
      str  ：元の文字列
      count：繰り返し回数
```

以下は、具体的な例です。

◉リスト5-20　str_repeat.js

```
let str = 'ハム';

console.log(str.repeat(5));     // 結果：ハムハムハムハムハム
console.log(str.repeat(0));     // 結果：（空文字列）
console.log(str.repeat(3.5));   // 結果：ハムハムハム  ⟵ ❶
console.log(str.repeat(-5));    // 結果：エラー（Invalid count value）  ⟵ ❷
```

引数countが小数点数の場合には、整数に丸めた値（ここでは3）と見なされますが（❶）、-5のような負数ではRangeError（範囲エラー）となります（❷）。

5.2.11　文字列をUnicode正規化する

一見して同じく見える文字列にも、じつは、さまざまな表現があります。たとえば「ギガ」は、以下のように表現できる可能性があります。

・ギガ
・ギガ（濁点を別に表記）
・ｷﾞｶﾞ（半角）
・㌆（記号文字）

このような表記の揺れは、文字列を比較／検索する際の障害となります（当然、コンピューター的に

は異なる文字列です）。これらの揺れを統一化するのがUnicode正規化です。上の例であれば、さまざまな表記を、たとえば「ギガ」に統一しようというわけです。

正規化には、大きく以下のような種類があります。

種類	概要
NFD（正規分解）	文字を正規マッピングというルールで分解した後、正規順序で並べること（たとえば「ギ」であれば「キ゚」に変換）
NFC（正規合成）	正規分解した結果を再度合成すること（たとえば「キ゚」であれば「ギ」に変換）
NFKD（互換分解）	文字を正規／互換マッピングというルールで分解した後、正規順序で並べること（たとえば「㌐」であれば「キ゚カ゚」に変換）
NFKC（互換合成）	互換分解した結果を再度合成すること（「㌐」であれば「ギガ」に変換）

●Unicode正規化の種類

互換マッピングを利用することで、半角カナを全角カナに、全角英数字を半角英数字に変換できますし、表内の例のように「㌐」のような記号文字を展開することすら可能です。

これらの変換処理を担うのが、normalizeメソッドです。

●構文 normalizeメソッド

```
str.normalize(form)
      str ：元の文字列
      form：正規化の形式（NFD、NFC、NFKD、NFKCのいずれか）
```

以下に、実際の変換例も確認しておきます。

●リスト5-21 str_normalize.js

```
let type = ['NFD', 'NFC', 'NFKD', 'NFKC'];
let list = ['ギガ', 'キ゚カ゚', 'キ゚カ゚', '㌐'];

for (let t of type) {
  console.log(`■${t}`);
  for (let l of list) {
    console.log(`${l} => ${l.normalize(t)}`);
  }
}
```

```
■NFD
ギガ => キ゚カ゚
キ゚カ゚ => キ゚カ゚
キ゚カ゚ => キ゚カ゚
㌐ => ㌐
■NFC
ギガ => ギガ
キ゚カ゚ => ギガ
```

```
ギガ => ギガ
ギガ => ギガ
■NFKD
ギガ => ギガ
ギガ => ギガ
ギガ => ギガ
ギガ => ギガ
■NFKC
ギガ => ギガ
ギガ => ギガ
ギガ => ギガ
ギガ => ギガ
```

normalizeメソッドの引数を省略した場合には、NFC（正規合成）と見なされます。

Column | **VSCodeの便利な拡張機能（5）- Code Spell Checker**

コード内にスペルミスがあった場合、波線を付与し、警告してくれる拡張機能です。1.4.2項と
同じ要領でインストールしてみましょう。

● スペルミスを波線で表示

「getTriangeArea」（TriangleがTriange）のように、識別子の一部であっても、きちんと単語
分けしてくれるのも嬉しいポイントです。ツールヒントから［クイック フィックス...］を選択すること
で、修正候補（類似する単語）もリストアップしてくれます。

5.3 数値リテラルを操作する - Numberオブジェクト

Numberオブジェクトは、数値型（number）の値を扱うためのラッパーオブジェクト。数値を整形するための機能を提供するとともに、無限大／無限小、数値型の最大値／最小値など、特別な値を表すための読み取り専用プロパティ（定数）を公開しています。

分類	メンバー	概要
定数	*MAX_VALUE	Numberで表せる最大の値。1.79E＋308
	*MAX_SAFE_INTEGER	Numberで安全に表せる最大の整数値。9007199254740991
	*MIN_VALUE	Numberで表せるゼロに近い数値。5.00E－324
	*MIN_SAFE_INTEGER	Numberで安全に表せる最小の整数値。－9007199254740991
	*EPSILON	1と、Numberで表せる1より大きい最小の値との差。2.2204460492503130808472633361816E－16
	*NaN	数値でない（Not a Number）
	*NEGATIVE_INFINITY	負の無限大
	*POSITIVE_INFINITY	正の無限大
変換	toString(rad)	rad進数の値に変換（radは2～36）
	toExponential(dec)	指数形式に変換（decは小数点以下の桁数）
	toFixed(dec)	小数点第dec位になるよう四捨五入
	toPrecision(dec)	指定桁数に変換（桁数が不足する場合は0で補う）
判定	*isNaN(num)	NaN（Not a Number）であるかを判定
	*isFinite(num)	有限値であるかを判定
	*isInteger(num)	整数値であるかを判定
	*isSafeInteger(num)	Safe Integerであるか（正しくIEEE-754倍精度数として表現できるか）を判定
解析	*parseFloat(str)	文字列を小数点数に変換
	*parseInt(str [, radix])	文字列を整数に変換（引数radixは基数）

●Numberオブジェクトのおもなメンバー（*は静的メンバー）

おもなメンバーについては、以下に補足の解説と、具体的なサンプルを示しておきます。

5.3.1 Numberオブジェクトの定数

Numberオブジェクトでは、無限大、非数、最大／最小整数など、特殊な値を表すための定数を提供しています。

■ 無限大と非数値

POSITIVE_INFINITY／NEGATIVE_INFINITY（無限大）は、ある演算の結果がJavaScriptで表現可能な数値の範囲を超えた場合の戻り値として利用されます。一方、NaN（Not a Number）は、たとえば「0を0で除算した」など不正な演算がおこなわれた場合などに、数値として表現できない結果を表すために使用されます。

以下は、これらの特殊値を伴う演算と、その結果をまとめたものです。

列＼行	+∞	−∞
+Ni	+∞	−∞
−Ni	−∞	+∞
0	NaN	NaN
NaN	NaN	NaN

列×行

列＼行	+∞	−∞	+N	-N	0	NaN
+∞	NaN	NaN	+∞	−∞	+∞	NaN
−∞	NaN	NaN	−∞	+∞	−∞	NaN
+N	+0	-0	+N	-N	+∞	NaN
−N	-0	+0	-N	+N	−∞	NaN
0	0	-0	0	-0	NaN	NaN
NaN	NaN	NaN	NaN	NaN	NaN	NaN

列÷行

※+∞：正の無限大（POSITIVE_INFINITY）、−∞：負の無限大（NEGATIVE_INFINITY）、
±N：正負の数値、±Ni：無限大を伴う正負の数値
●特殊値を伴う演算の結果

> **Note　NaNはすべての値と等しくない**
>
> NaNは不思議な値で、自分自身を含むすべての数値と等しくないという性質を持ちます。よって、以下のような比較式はfalseを返します。よって、NaNを判定検出するには（===演算子ではなく）Number.isNaNメソッドを使用してください。
>
> ```
> console.log(Number.NaN === Number.NaN); // 結果：false
> ```

■ 最大／最小の整数値

MAX_SAFE_INTEGER／MIN_SAFE_INTEGERは、JavaScriptで安全に演算できる範囲の整数値の上限／下限を表します。上限下限を超えた演算は、結果も保証されません。

●リスト5-22 num_safe.js

```
console.log(Number.MAX_SAFE_INTEGER); // 結果：9007199254740991
console.log(Number.MAX_SAFE_INTEGER + 1); // 結果：9007199254740992
console.log(Number.MAX_SAFE_INTEGER + 2); // 結果：9007199254740992（不正）
```

より大きな整数を演算するには、BigInt[1]の利用を検討してください。以下は、BigInt値を利用した例です。

※1　BigInt（長整数型）はES2020で新たに追加された型です。

●リスト5-23 big_int.js

```
console.log(BigInt(Number.MAX_SAFE_INTEGER) + 2n);  // 結果：9007199254740993n
                   ❶                          ❷
```

BigInt値を生成するには、以下の方法があります。

❶BingInt関数に整数値、または整数文字列を渡す[2]
❷整数リテラルに接尾辞nを付与する

リテラルを表す際には❷を利用しますし、すでにある値をBigInt値に変換する際には❶を利用します。BigInt値を生成できてしまえば、あとはnumber型の場合と同じく、+、-、*、**、/などの演算子を利用できます。

ただし、BigIntですべての数値操作が可能なわけではありません。以下の点に注意してください。

(1) 数値演算の制限

BigInt値とNumber値との演算は不可です。たとえば以下のようなコードは「TypeError: Cannot mix BigInt and other types, use explicit conversions」のようなエラーとなります。

```
console.log(10n + 2);
```

また、BigInt値同士の演算であっても、「/」演算はNumber値での演算とは結果が異なります（小数点以下が切り捨てられます）。

```
console.log(10n / 3n);   // 結果：3n
console.log(10 / 3);     // 結果：3.3333333333333335
```

(2) 数値比較の制限

BigInt値とNumber値との比較は可能です[3]。等価比較も可能ですが、厳密な等価ではなく、緩い等価である点に注目です。

```
console.log(10n === 10); // 結果：false
console.log(10n == 10);  // 結果：true
```

また、条件式の文脈でBigInt値を指定した場合には、Number値と同様のルールで真偽を判定します。

---

[2] コンストラクターにも見えますが、new演算子を付けてはいけません。

[3] 比較できるということは、BigInt／Number混在の配列をソート（5.5.11項）することも可能ということです。

（3）型変換はしない

BigInt 値から Number 値への変換は、Number 関数、parseInt メソッド（5.3.3 項）を利用します。ただし、両者は精度が異なるので、型変換に伴って精度が落ちる可能性があります。原則、BigInt から Number への変換は避けるべきです。

そもそも数値が Number 型の上限を超えることが予想されないならば、BigInt の利用そのものを避けてください。

5.3.2 数値形式を変換する

toXxxxx メソッドは、それぞれ数値を指数形式に変換したり、特定の桁数にそろえるために使用します。具体的な挙動について、以下のサンプルで確認してみましょう。

◉ リスト5-24 num_string.js

```
let num1 = 255;
console.log(num1.toString(16));    // 結果：ff
console.log(num1.toString(8));     // 結果：377

let num2 = 123.45678;
console.log(num2.toExponential(2)); // 結果：1.23e+2
console.log(num2.toFixed(3));       // 結果：123.457
console.log(num2.toFixed(7));       // 結果：123.4567800
console.log(num2.toPrecision(10));  // 結果：123.4567800
console.log(num2.toPrecision(6));   // 結果：123.457
```

toFixed メソッドは小数点以下の桁数を、toPrecision メソッドは整数部も含めた全体桁数を指定する点に注目です。

■ より細かなスタイルを定義する

定型的なスタイルに変換するだけならば、まずは toXxxxxString メソッドで十分です。しかし、用途に応じて、より細かなスタイルを設定したい場合には、Intl.NumberFormat オブジェクトの利用をおすすめします。

まずは具体的な例を見てみましょう。

◉ リスト5-25 num_format.js

```
let num = 1234.567;
let fmt = new Intl.NumberFormat('ja-JP', {  ←
  style:'currency',
  currency: 'JPY',                              ❶
  currencyDisplay: 'symbol'
});  ←
console.log(fmt.format(num));    // 結果：￥1,235  ← ❷
```

Intl.NumberFormatコンストラクターの構文は、以下のとおりです（❶）。

◉構文 **Intl.NumberFormatコンストラクター**

```
Intl.NumberFormat([locales [, options]])
        locales：ロケール情報（ja-JP、en-USなど）
        options：整形オプション
```

引数localesにはja-JP（日本／日本語）、en-US（英語／アメリカ合衆国）のような文字列を指定できます。配列で複数指定した場合には、記述順に優先されます。ブラウザー既定のロケールを利用したい場合には、空配列を指定してください。

引数optionsは「オプション: 値, ...」形式で表します。利用可能なおもなオプションは、以下のとおりです。

オプション	概要	設定値
style	整形スタイル	decimal（既定）、currency、percent、unit
signDisplay	符号	auto（既定）、never、always、exceptZero
maximumFractionDigits	小数部の最大桁数	0〜20
maximumSignificantDigits	最大有効桁数	1〜21
minimumFractionDigits	小数部の最小桁数	0〜20
minimumIntegerDigits	整数部の最小桁数	1〜21
minimumSignificantDigits	最小有効桁数	1〜21
currency	通貨コード	JPY、USD、EURなど
currencyDisplay	通貨の表示方法	symbol（既定）、narrowSymbol、code、name
currencySign	負数の表記	accounting、standard（既定）
unit	styleがunitの場合に使う単位	byte、liter、percent、yardなど
unitDisplay	unitで使う単位のスタイル	short（既定）、long、narrow

◉**数値の整形オプション**

Intl.NumberFormatオブジェクトを生成できたら、あとはformatメソッド（❷）に整形対象の数値を渡すだけです。

▌5.3.3　文字列を数値に変換する

2.3節でも触れたように、JavaScriptはデータ型に寛容な言語で、その時どきの文脈（前後の関数や演算子）によって、操作対象の値を適切なデータ型に自動的に変換してくれます。しかし、この自動変換が時として、思わぬバグの温床になるようなケースもあります。

そこで、JavaScriptではデータ型を明示的に変換するための方法を提供しています。データ型を明確にしたうえで処理をおこないたい場合、あるいは、変数の内容がそもそもあいまいである場合には、明示的にデータ型を変換することで、コードの思わぬ挙動を未然に防ぐことができます。

たとえば以下は、与えられた値を数値に変換するparseFloat／parseIntメソッド、Number関数（3.7.3項）の例です。parseFloat／parseIntメソッド、Number関数は、いずれも「与えられた値

を数値に変換する」という点で共通しています。しかし、細かな挙動は微妙に異なります。さっそく、具体的なサンプルで確認してみましょう。

● リスト5-26 parse.js

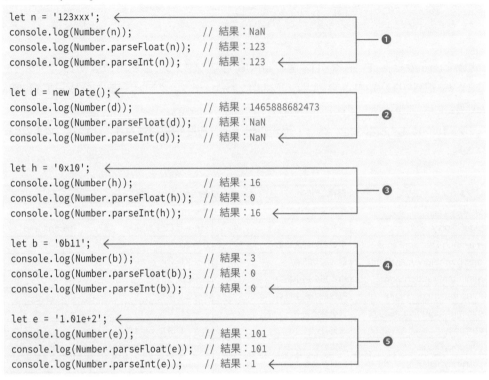

```
let n = '123xxx';                    ←
console.log(Number(n));              // 結果：NaN
console.log(Number.parseFloat(n));   // 結果：123
console.log(Number.parseInt(n));     // 結果：123        ❶

let d = new Date();                  ←
console.log(Number(d));              // 結果：1465888682473
console.log(Number.parseFloat(d));   // 結果：NaN
console.log(Number.parseInt(d));     // 結果：NaN          ❷

let h = '0x10';                      ←
console.log(Number(h));              // 結果：16
console.log(Number.parseFloat(h));   // 結果：0
console.log(Number.parseInt(h));     // 結果：16          ❸

let b = '0b11';                      ←
console.log(Number(b));              // 結果：3
console.log(Number.parseFloat(b));   // 結果：0
console.log(Number.parseInt(b));     // 結果：0           ❹

let e = '1.01e+2';                   ←
console.log(Number(e));              // 結果：101
console.log(Number.parseFloat(e));   // 結果：101
console.log(Number.parseInt(e));     // 結果：1           ❺
```

※❷の結果は、実行都度に異なります。

　たとえば、❶のように「123xxx」のような文字列混在の数値が渡された場合、parseXxxxxメソッドは「123」と解析できる部分を数値として取り込みます（ただし、あくまで先頭からの連続した数値のみで、「xxx123」などは不可です）。しかし、Number関数はこのような文字列混在の数値を解析できず、「NaN」を返します。

　一方、❷のようにDateオブジェクトが渡された場合、parseXxxxxメソッドはこれを解析できずにNaNを返しますが、Number関数だけは「Dateオブジェクトを経過ミリ秒に換算した値」を数値として返します。

　さらに、n進数／指数表現を解析した場合の結果も異なります。❸のように、16進数形式の文字列「0x10」を解析した場合、parseIntメソッドとNumber関数はこれを16進数と見なして「16」を返しますが、parseFloatメソッドでは❶と同じく、数値文字列混在の文字列と見なして「x」より前の値「0」を返します。

　ちなみに、ES2015で導入された2進数、8進数リテラルは、現状、Number関数以外では正しく認識できません（❹）。parseIntメソッドでは、第2引数に基数を指定することでn進数を解析できるよ

うになりますが、その場合も「0b」「0o」などの接頭辞は付与できない点に注意してください。

```
console.log(Number.parseInt('0b11', 2));  // 結果：0（解析できない）
console.log(Number.parseInt('11', 2));    // 結果：3（解析できる）
```

❺は浮動小数点の指数表現「1.01e+2」を解析した場合です。この場合、parseFloat メソッド／Number 関数はこれを正しく解析しますが、parseInt メソッドは末尾の文字列「e+2」をサプレス（削除）し、さらに小数点以下を切り捨てた「1」を返します。

Note　Globalオブジェクトのメソッドと等価

　parseInt ／ parseFloat メソッドは、じつは、ES2015以前でも、Globalオブジェクト（5.9.1 項）の同名のメンバーとして提供されていました。しかし、数値関連の機能は Number オブジェクトにまとまっていたほうがわかりやすいことから、ES2015でまとめられたわけです。

　ES2015以降でも、Globalオブジェクトの parseInt ／ parseFloat メソッドは引き続き利用できますが（機能的にも違いはありません）、今後は Number オブジェクトのそれを優先して利用することをおすすめします。

　諸々比較はしてみましたが、以上を総括すると、一般的な数値文字列の解析には Number 関数を利用するのが無難です（❶だけが Number 関数で対応できませんが、むしろそうした文字列を無理矢理変換するほうが有害です）。ただし、接頭辞なしの任意の n 進数文字列を解析する際には parseInt メソッドを利用します。

5.3.4　基本的な数学演算を実行する

　ここまでにも見てきたように、Number はあくまで数値型の値を直接操作するためのオブジェクトであり、いわゆる指数計算や平方根、対数関数など、数学に関わる演算機能は提供しません。数学演算の機能は、Math オブジェクトによって提供されています。

　Math オブジェクトで利用可能なメンバーは、以下のとおりです。

分類	メンバー	概要
基本	abs(*num*)	絶対値
	clz32(*num*)	32ビットバイナリにおいて前にある0ビットの個数
	max(*num1*, *num2*, ...)	num1、num2...で最も大きな値
	min(*num1*, *num2*, ...)	num1、num2...で最も小さな値
	pow(*base*, *p*)	べき乗（値baseのp乗※4）
	random()	0～1未満の乱数
	sign(*num*)	指定した値が正数の場合は1、負数の場合は-1、0の場合は0
切り上げ／切り捨て	ceil(*num*)	小数点以下の切り上げ（num以上の最小の整数）
	floor(*num*)	小数点以下の切り捨て（num以下の最大の整数）
	round(*num*)	四捨五入
	trunc(*num*)	小数部分を単純に切り捨て（整数部分を取得）
平方根	*SQRT1_2	1/2の平方根。0.7071067811865476
	*SQRT2	2の平方根。1.4142135623730951
	sqrt(*num*)	平方根
	cbrt(*num*)	立方根
	hypot(*x1*, *x2*, ...)	引数の二乗和の平方根
三角関数	*PI	円周率。3.141592653589793
	cos(*num*)	コサイン
	sin(*num*)	サイン
	tan(*num*)	タンジェント
	acos(*num*)	アークコサイン
	asin(*num*)	アークサイン
	atan(*num*)	アークタンジェント
	atan2(*y*, *x*)	2変数のアークタンジェント
	cosh(*num*)	ハイパーボリックコサイン
	sinh(*num*)	ハイパーボリックサイン
	tanh(*num*)	ハイパーボリックタンジェント
	acosh(*x*)	ハイパーボリックアークコサイン
	asinh(*x*)	ハイパーボリックアークサイン
	atanh(*x*)	ハイパーボリックアークタンジェント
対数／指数関数	*E	自然対数の底。2.718281828459045
	*LN2	2の自然対数。0.6931471805599453
	*LN10	10の自然対数。2.302585092994046
	*LOG2E	2を底としたeの対数。1.4426950408889634
	*LOG10E	10を底としたeの対数。0.4342944819032518
	log(*num*)	自然対数
	log10(*num*)	底を10とする対数
	log2(*num*)	底を2とする対数
	log1p(*num*)	引数numに1を加えたものの自然対数
	exp(*num*)	指数関数（eの累乗）
	expm1(*num*)	$e^{num} - 1$

●**Math オブジェクトのおもなメンバー（*は読み取り専用）**

※4　ES2015以降であれば、**演算子を優先して利用すればよいでしょう。

以下は、Math オブジェクトのおもなメンバーを利用したサンプルです。

● リスト 5-27 math.js

```
console.log(Math.abs(-100));          // 結果：100
console.log(Math.clz32(1));           // 結果：31
console.log(Math.min(20, 40, 60));    // 結果：20
console.log(Math.max(20, 40, 60));    // 結果：60
console.log(Math.pow(5, 3));          // 結果：125
console.log(Math.random());           // 結果：0.13934720965325398（結果は、実行都度に異なります）
console.log(Math.sign(-100));         // 結果：-1
console.log(Math.ceil(1234.56));      // 結果：1235
console.log(Math.ceil(-1234.56));     // 結果：-1234
console.log(Math.floor(1234.56));     // 結果：1234
console.log(Math.floor(-1234.56));    // 結果：-1235
console.log(Math.round(1234.56));     // 結果：1235
console.log(Math.round(-1234.56));    // 結果：-1235
console.log(Math.trunc(1234.56));     // 結果：1234
console.log(Math.trunc(-1234.56));    // 結果：-1234
console.log(Math.sqrt(81));           // 結果：9
console.log(Math.cbrt(81));           // 結果：4.326748710922225
console.log(Math.hypot(3, 4));        // 結果：5
console.log(Math.cos(1));             // 結果：0.5403023058681398
console.log(Math.sin(1));             // 結果：0.8414709848078965
console.log(Math.tan(1));             // 結果：1.5574077246549023
console.log(Math.atan2(1, 3));        // 結果：0.3217505543966422
console.log(Math.log(10));            // 結果：2.302585092994046
console.log(Math.exp(3));             // 結果：20.085536923187668
console.log(Math.expm1(1));           // 結果：1.718281828459045
```

Math オブジェクトが提供するメンバーは、すべて静的プロパティ／メソッドである点にも注目です。つまり、以下の形式で、Math オブジェクトが提供するすべてのメンバーにアクセスできます。

```
Math.プロパティ名
Math.メソッド名(引数, ...)
```

そもそも Math オブジェクトを new 演算子でインスタンス化することはできません。たとえば、以下のような記述は、実行時エラーとなります。

```
let m = new Math();
```

■ 乱数を求める

random メソッド（乱数）はアプリを開発する際によく利用するものですし、基本的な乱数生成のイディオムを知っておくと、なにかと便利です。以下に補足しておきます（サンプルコードは math_random.js にまとめています）。

（1）min〜maxの乱数を取得する

　randomメソッドは0以上1未満の乱数を返します。よって、min〜max範囲の乱数を取得したいならば、以下のように表します。

```
let min = 50;
let max = 100;
console.log(Math.floor(Math.random() * (max - min + 1)) + min);      // 結果：90
```

　よく利用する0〜100の値であれば、以下のようにも表せます（上限を変えるだけであれば、太字を変えるだけで対応できます）。

```
console.log(Math.floor(Math.random() * 101));        // 結果：99
```

（2）配列から任意の要素を取り出す

　（1）の理屈を応用することで、配列から任意の要素を取り出すこともできます。

```
let list = [ 'みかん', 'りんご', 'ぶどう', 'すいか', 'なし' ];
console.log(list[Math.floor(Math.random() * list.length)]);          // 結果：みかん
```

（3）配列をシャッフルする

　Array#sort＋Math.randomの組み合わせで、配列をランダムに並び替えることも可能です。こちらの例は5.5.11項でも触れているので、合わせて参照してください。

　なお、いずれの結果も乱数なので、当然、実行のたびに異なります。

5.4 日付／時刻値を操作する - Dateオブジェクト

2.3.1項でも見たように、JavaScript標準のデータ型としてdate型は存在しません。しかし、組み込みオブジェクトDateを利用すれば、日付／時刻を直感的に表現／操作できます[1]。

5.4.1 日付／時刻値を生成する

日付／時刻値には、文字列、数値のようなリテラル表現は存在しないので、オブジェクトの生成には必ずコンストラクターを利用します。コンストラクターは、用途に応じて、以下のような構文を用意しています。

(1) 現在の日付／時刻を生成

Dateオブジェクトを生成する、最もかんたんな方法です。

◉ リスト5-28 dt_now.js

```
let d = new Date();
console.log(d); // 結果：Fri Jun 17 2022 15:18:45 GMT+0900 （日本標準時）
```

※結果は、実行のたびに異なります。

引数なしでDateオブジェクトを生成した場合、既定で現在の日時がセットされます。

なお、生成されたDateオブジェクトをそのままlogメソッドに渡すことで、日付文字列を得ることが可能です（内部的にはtoStringメソッドが呼び出されます）。より特定の形式で文字列を得る方法については、5.4.6項も合わせて参照してください。

(2) 年月日、時分秒を指定

特定の日時を指定したい場合には、この用法を利用します。

◉ リスト5-29 dt_setup.js

```
let d = new Date(2022, 11, 4, 20, 7, 15, 368);
console.log(d);        // 結果：Sun Dec 04 2022 20:07:15 GMT+0900 （日本標準時）
let d2 = new Date(2022, 11, 32, 20, 7, 15, 368);  ←── ❶
```

※1　次世代の日付APIとしてTemporal API（https://github.com/tc39/proposal-temporal）が検討されています。執筆時点でStage 3の状況ですが、興味のある人は本家ドキュメントに目を通してみるのもよいでしょう。

```
console.log(d2);        // 結果：Sun Jan 01 2023 20:07:15 GMT+0900 (日本標準時)
let d3 = new Date(2022, 11, 0);   ←── ❷
console.log(d3);        // 結果：Wed Nov 30 2022 00:00:00 GMT+0900 (日本標準時)
let d4 = new Date(2022, 11);   ←── ❸
console.log(d4);        // 結果：Thu Dec 01 2022 00:00:00 GMT+0900 (日本標準時)
```

　引数の意味は、先頭から年月日、時分秒、ミリ秒です。ただし、月は0〜11の範囲で表す点に注意してください（1〜12ではありません！）。また、それぞれに範囲外の数値が渡された場合には、自動的に繰り上げ／繰り下げが実施されます。❶であれば、日が32となっているので、月（伴い、年）が繰り上がり、2023/01/01と認識されています。

　これを利用して月末日を求めることも可能です（❷）。日付を0としているので、この例であれば、月が繰り上がって11月の末尾（30日）と見なされます。

　❸は、引数を省略したパターンです。その場合、以降の日付／時刻要素はそれぞれ既定の値で埋められます。既定の値とは、日であれば1、時刻であれば0です。

　ちなみに、省略できるのは日付以降です。年だけのパターンは、後述する（4）の構文と区別できないため、不可です。

(3) 日付／時刻文字列から生成

　日付／時刻文字列からDateオブジェクトを生成することもできます。

◉ リスト5-30 **dt_str.js**

```
let d = new Date('2022-12-04T20:07:15');
console.log(d);         // 結果：Sun Dec 04 2022 20:07:15 GMT+0900 (日本標準時)
let d2 = new Date('2022/12/04 20:07:15');
console.log(d2);        // 結果：Sun Dec 04 2022 20:07:15 GMT+0900 (日本標準時)
let d3 = new Date('December 4, 2022 20:07:15');
console.log(d3);        // 結果：Sun Dec 04 2022 20:07:15 GMT+0900 (日本標準時)
```

　ただし、日付／時刻文字列の解釈はブラウザーの種類／バージョンによって異なる可能性があります。サンプルの例であれば、検証ブラウザーは正しい結果を返していますが、一般的には、この構文は避けておくのが無難です。

(4) Unixタイムスタンプ値を設定する

　Unixタイムスタンプ（タイムスタンプ）とは、日付／時刻値を1970年1月1日00:00:00からの経過ミリ秒です。タイムスタンプは単なる整数値なので、あとから日付の加算／減算、比較などでもよく利用します。

◉ リスト5-31 **dt_ts.js**

```
let d = new Date(2022, 11, 4, 20, 7, 15, 368);   ←── ❶
let d2 = new Date(d.getTime());   ←── ❷
```

```
console.log(d);          // 結果：Sun Dec 04 2022 20:07:15 GMT+0900 (日本標準時)
console.log(d2);         // 結果：Sun Dec 04 2022 20:07:15 GMT+0900 (日本標準時)
```

この例であれば❶で作成したDateオブジェクトをもとにタイムスタンプを生成し、そのタイムスタンプから改めてDateオブジェクトを生成しています。タイムスタンプを得るのは、getTimeメソッドの役割です。

コードとしてはあまり意味がないので、まずはタイムスタンプの設定／取得の例としてのみ眺めてみてください。

Note　タイムスタンプ値の取得

getTimeメソッドを利用するほかにも、now、UTCメソッドでもタイムスタンプ値を取得できます[2]。

● リスト5-32　dt_ts2.js

```
let d = new Date();
console.log(d.getTime());    // 結果：1655448367016
console.log(Date.now());     // 結果：1655448367016
console.log(Date.UTC(2022, 11, 4, 20, 7, 15));    // 結果：1670184435000
```

nowメソッドは現在の時刻を、UTCメソッドは指定の日時値でもって協定世界時（5.4.2項）を、それぞれタイムスタンプ値として取得します。いずれも静的メソッドです。

5.4.2　日付／時刻要素を取得する

個々の日付／時刻要素を取得するには、DateオブジェクトのgetXxxxxメソッドを利用します。

● リスト5-33　dt_get.js

```
let dt = new Date(2022, 11, 4, 20, 7, 15, 368);
console.log(dt);                    // 結果：Sun Dec 04 2022 20:07:15 GMT+0900 (日本標準時)
console.log(dt.getFullYear());      // 結果：2022（年）
console.log(dt.getMonth());         // 結果：11（月）
console.log(dt.getDate());          // 結果：4（日）
console.log(dt.getDay());           // 結果：0（曜日。0：日曜～6：土曜）
console.log(dt.getHours());         // 結果：20（時）
console.log(dt.getMinutes());       // 結果：7（分）
console.log(dt.getSeconds());       // 結果：15（秒）
console.log(dt.getMilliseconds());  // 結果：368（ミリ秒）
console.log(dt.getTime());          // 結果：1670152035368（タイムスタンプ値）
console.log(dt.getTimezoneOffset()); // 結果：-540（協定世界時からの時差。分）
```

※2　その他、日付文字列からタイムスタンプを生成するparseメソッドもありますが、本文の（3）でも触れた理由から利用すべきではありません。

getMonthメソッドは、対応する月を（1〜12ではなく）0〜11で返す点に要注意です。

　日付／時刻値を協定世界時（Coordinated Universal Time）として返すgetUTCXxxxxメソッドも用意されています。協定世界時とは、国際的な協定で決められている公式時刻のこと。以前のグリニッジ標準時に代わって、世界標準時として利用されています。こちらも例を挙げておきます。

● リスト5-34 dt_get_utc.js

```
let dt = new Date(2022, 11, 4, 20, 7, 15, 368);
console.log(dt.getUTCFullYear());         // 結果：2022
console.log(dt.getUTCMonth());            // 結果：11
console.log(dt.getUTCDate());             // 結果：4
console.log(dt.getUTCDay());              // 結果：0
console.log(dt.getUTCHours());            // 結果：11
console.log(dt.getUTCMinutes());          // 結果：7
console.log(dt.getUTCSeconds());          // 結果：15
console.log(dt.getUTCMilliseconds());     // 結果：368
```

　getHoursメソッドで20時だった時刻が、getUTCHoursメソッドでは11時となっている点に注目です（日本標準時は協定世界時から9時間の時差があります）。

5.4.3　日付／時刻要素を設定する

　日付／時刻要素は、（コンストラクターだけでなく）setXxxxx／setUTCXxxxxメソッドで個別に設定することもできます。setXxxxxとsetUTCXxxxxとの違いは、ローカル時間、協定世界時いずれを設定するかです。

● リスト5-35 dt_set.js

```
let dt = new Date();
dt.setFullYear(2022);
dt.setMonth(7);
dt.setDate(5);
dt.setHours(11);
dt.setMinutes(37);
dt.setSeconds(15);
dt.setMilliseconds(513);
console.log(dt.toLocaleString());         // 結果：2022/8/5 11:37:15
```

5.4.4　日付／時刻値を加算／減算する

　Dateオブジェクトでは、日付／時刻を直接加算／減算するためのメソッドは用意されていません。getXxxxxメソッドで個々の日付／時刻要素を取り出し、加算／減算した結果をsetXxxxxメソッドで書き戻すという手順が必要となります。

　具体的には、以下のコードを見てみましょう。

● リスト5-36 **dt_add.js**

```
let dt = new Date(2022, 11, 15, 20, 40);
console.log(dt);                // 結果：Thu Dec 15 2022 20:40:00 GMT+0900 (日本標準時)
dt.setMonth(dt.getMonth() + 3); // 3ヶ月を加算
console.log(dt);                // 結果：Wed Mar 15 2023 20:40:00 GMT+0900 (日本標準時)
dt.setDate(dt.getDate() - 20);  // 20日を減算  ←― ❶
console.log(dt);                // 結果：Thu Feb 23 2023 20:40:00 GMT+0900 (日本標準時)
```

特定の要素に対する加算／減算の結果が有効範囲を超えてしまった場合にも、Dateオブジェクトは正しい日付に自動的に換算してくれるので、心配することはありません。❶であれば「15 - 20 = -5」ですが、Dateオブジェクトが前月に遡って正しい日付を作り直しています。

Dateオブジェクトのこのような性質を利用することで、その月の最終日を求めることもできます。

● リスト5-37 **dt_add_last.js**

```
let dat = new Date(2022, 4, 15, 11, 40);
console.log(dat);                 // 結果：Sun May 15 2022 11:40:00 GMT+0900 (日本標準時)
dat.setMonth(dat.getMonth() + 1); // 来月の...
dat.setDate(0);                   // 0日目をセット
console.log(dat);                 // 結果：Tue May 31 2022 11:40:00 GMT+0900 (日本標準時)
```

このように、「来月の0日目」は、Dateオブジェクトでは今月の最終日と見なされます。

5.4.5　日付／時刻の差を求める

もう1つよく利用するのが、日付／時刻の差を求めるような処理です。ただし、これまたDateオブジェクトは直接の機能を提供していないので、以下のようなコードを記述します。

● リスト5-38 **dt_diff.js**

```
let dt1 = new Date(2022, 10, 15);          // 2022/11/15
let dt2 = new Date(2022, 11, 20);          // 2022/12/20
let diff = (dt2.getTime() - dt1.getTime()) / (1000 * 60 * 60 * 24);
console.log(`${diff}日の差があります。`);  // 結果：35日の差があります。
```

ここでは「2022/12/20」と「2022/11/15」との日付差を計算しています。

日付差を求める場合に、まず必要となるのは2つの日付の経過ミリ秒です。5.4.1項でも触れたように、経過ミリ秒を取得するのはgetTimeメソッドの役割でした。ここでは、経過ミリ秒の差を求め、その値をもう一度、日付に変換しています。経過ミリ秒を日付に変換するには、以下のようにします。

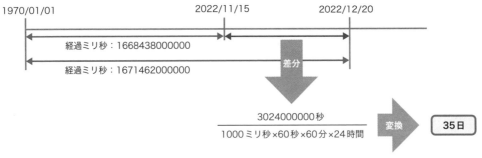

●日付の差分を求めるには？

やや冗長にも見えるかもしれませんが、定型的な差分計算の例なので、決まり切ったコードとして覚えておきましょう。

5.4.6 日付／時刻値を文字列に変換したい

基本的な変換には、まずはtoXxxxxStringメソッドを利用します。

◉ リスト5-39 dt_string.js

```javascript
let dt = new Date(2022, 11, 4, 20, 7, 15, 368);
console.log(dt.toLocaleString());      // 結果：2022/12/4 20:07:15
console.log(dt.toLocaleDateString());  // 結果：2022/12/4
console.log(dt.toLocaleTimeString());  // 結果：20:07:15
console.log(dt.toISOString());         // 結果：2022-12-04T11:07:15.368Z
console.log(dt.toDateString());        // 結果：Sun Dec 04 2022
console.log(dt.toJSON());              // 結果：2022-12-04T11:07:15.368Z
```

toLocaleXxxxxStringメソッドは、現在の環境での地域情報に応じて最適な形式で、日付／時刻値を文字列化します。

toJSONは、JSON（5.9.2項）での利用を想定した文字列化メソッドです。内部的にはtoISOStringメソッドを利用しています。

■ より細かなスタイルを定義する

定型的なスタイルに変換するだけならば、まずはtoXxxxxStringメソッドで十分です。しかし、用途に応じて、より細かなスタイルを設定したい場合には、Intl.DateTimeFormatオブジェクトの利用をおすすめします。

まずは具体的な例を見てみましょう。

◉ リスト5-40 dt_format.js

```javascript
let dt = new Date(2022, 11, 4, 20, 7, 15, 368);
let fmt = new Intl.DateTimeFormat('ja-JP', {   ←──────
  year: 'numeric',
  month: 'short',                                       ──❶
  day: '2-digit',
```

```
    weekday: 'long',
    hour12: true,
    hour: '2-digit',
    minute: '2-digit',
    second: '2-digit',
    dayPeriod: 'short'
});
console.log(fmt.format(dt));      // 結果：2022年12月04日日曜日 夜08:07:15  ← ❷
```

Intl.DateTimeFormatコンストラクターの構文は、以下のとおりです（❶）。

◉ 構文 **Intl.DateTimeFormat コンストラクター**

```
Intl.DateTimeFormat([locales [, options]])
      locales：ロケール情報（ja-JP、en-USなど）
      options：整形オプション
```

引数localesにはja-JP（日本／日本語）、en-US（英語／アメリカ合衆国）のような文字列を指定できます。配列で複数指定した場合には、記述順に優先されます。ブラウザー既定のロケールを利用したい場合には、空配列を指定してください。

引数optionsは「オプション: 値, ...」形式で表します。利用可能なおもなオプションは、以下のとおりです。

オプション	概要	設定値
dateStyle	日付スタイル	short、medium、long、full
timeStyle	時刻スタイル	short、medium、long、full
era	紀元	narrow、short、long
year	年	2-digit、numeric
month	月	2-digit、numeric、narrow、short、long
day	日	2-digit、numeric
weekday	曜日	narrow、short、long
hour	時	2-digit、numeric
hour12	12時間制	true、false
dayPeriod	時間帯（12時間表記の場合だけ有効）	narrow、short、long
minute	分	2-digit、numeric
second	秒	2-digit、numeric
fractionalSecondDigits	秒の小数点以下の桁数	0、1、2、3
timeZoneName	タイムゾーン	short、long

●日付／時刻の整形オプション

dateStyle／timeStyleオプションは同時に利用できますが、その他のオプションと同時に利用することはできません。

Intl.DateTimeFormatオブジェクトを生成できたら、あとはformatメソッド（❷）にDateオブジェクトを渡すだけです。

5.5 値の集合を管理／操作する - Arrayオブジェクト

JavaScriptでは、値の集合を操作するためのオブジェクトとして、以下のようなオブジェクトを提供しています。

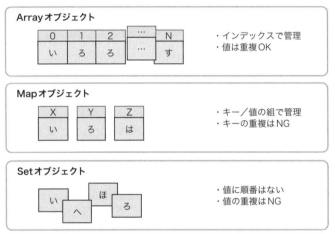

●Array／Map／Setオブジェクト

Arrayオブジェクトは、一般的な配列を扱うためのオブジェクトです。JavaScriptの初期の頃から提供されている、伝統的なオブジェクトです。

一方、Map／Setオブジェクトは、ES2015で追加されたものです。これまでは連想配列（マップ）はオブジェクトリテラル（2.3.6項）で代用するのがJavaScriptのイディオムでした。しかし、今後は、互いのメリット／デメリットを理解して使い分けていく必要があります（詳しくは5.6.1項でまとめます）。

本節では、最もよく利用する配列（Array）から説明していきます。

Note 型付き配列（Typed Array） Advanced

ES2015以降では、特定の型を格納するのに特化した型付き配列（Typed Array）も用意されています。一般的な配列は、任意の型を格納できる分、格納効率はさほどよくはありません。しかし、型付き配列を利用することで、特定範囲の数値（特にバイトデータ）並びを格納する際の効率を格段に効率化できます。

その性質上、基本的なアプリ開発で登場する機会はあまりありませんが、より高度なアプリを開発する時のために、キーワードだけでも押さえておくとよいでしょう。型付き配列には、具体的には

以下のような型が用意されています。

- Int8Array（-128〜127）
- Int16Array（-32768〜32767）
- Int32Array（-2147483648〜2147483647）
- Float32Array（1.2×10^{-38}〜3.4×10^{38}）
- BigInt64Array（-2^{63}〜$2^{63} - 1$）

- Uint8Array（0〜255）
- Uint16Array（0〜65535）
- Uint32Array（0〜4294967295）
- Float64Array（5.0×10^{-324}〜1.8×10^{308}）
- BigUint64Array（0〜$2^{64} - 1$）

- Uint8ClampedArray（0〜255）

5.5.1 配列を生成する

配列の生成については、2.3.5項でもすでに触れています。

```
let list = [ '佐藤', '高江', '長田' ];
```

カンマ区切りの値を[...]でくくるだけのリテラル表現はシンプルでもあり、まずはこちらを優先して利用すべきですが、コンストラクターを利用した生成も可能です。

```
let list = new Array('佐藤', '高江', '長田'); // 指定要素で配列を生成   ← ❶
let list = new Array();        // 空の配列を生成  ← ❷
let list = new Array(10);    // 指定サイズ（インデックスは0〜9）で空の配列を生成   ← ❸
```

ただし、コンストラクターを利用した構文は、意味的に曖昧になりやすいという問題があります。たとえば、❸の構文で、

```
let list = new Array(10);
```

は、長さが10の配列でしょうか、それとも、10という要素を持つ配列でしょうか。いずれの意図であろうと、JavaScriptは前者として認識します。また、

```
let list = new Array(-10);
```

は、-10を要素として持つことを意図したコードですが、JavaScriptは-10の長さを持つ配列を生成しようと試みます（もちろん、結果はエラーです）。

JavaScriptの配列は、要素の追加／削除によって自在に長さを変更できますし、最初から指定のサイズを確保しておかなければならない状況は、それほどには多くないはずです（使い道があるとすれば、fillメソッド（5.5.9項）と併用して初期値付きの配列を作成する場合くらいです）。

そして、❶、❷の意図であれば、リテラル構文を利用したほうがシンプルです。ということで、繰り返しですが、配列を生成するには、最大限、配列リテラルを利用すべきです。

5.5.2 要素を追加／削除する

配列に要素を追加／削除するには、以下のようなメソッドを利用します。

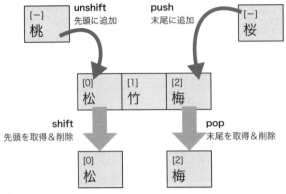

●要素の追加／削除

具体的な例でも挙動を確認しておきましょう。

●リスト5-41 list_push.js

```javascript
let list = ['松', '竹', '梅'];
list.push('桜');
list.unshift('桃', '杏');       // ← ❶
console.log(list);             // 結果：['桃', '杏', '松', '竹', '梅', '桜']
console.log(list.pop());       // 結果：桜   ←
console.log(list.shift());     // 結果：桃   ←   ❷
console.log(list);             // 結果：['杏', '松', '竹', '梅']
```

注目すべきポイントは、以下のとおりです。

❶複数の要素をまとめて追加できる

push、unshiftメソッドには複数の引数を与えることで、2個以上の要素をまとめて追加することも可能です。ただし、以下のようなコードは不可です。

```javascript
list.push(['杉', '桐']);
console.log(list);             // 結果：['松', '竹', '梅', ['杉', '桐']]
```

配列がそのまま入れ子に追加されてしまうからです。このような状況ではスプレッド構文で配列を分解します。スプレッド構文「...」は、配列／オブジェクトをはじめ、反復可能なオブジェクトを個々の要素に分解するための構文です[1]。この後もよく登場するので、是非ここで覚えておきましょう。

※1　文字列を文字に分解するのにも利用できます。具体的な例は5.2.1項も参照してください。

```
list.push(...['杉', '桐']);
console.log(list);          // 結果：['松', '竹', '梅', '杉', '桐']
```

あるいは、concatメソッドを利用しても構いません。

```
list.concat(['杉', '桐'])
```

concatメソッドは、配列同士を連結するためのメソッドなので、配列の内容が個々の要素として追加されます。push／unshiftメソッドと同じく、複数の配列を指定しても構いません。

```
list.concat(['杉', '桐'], ['杏', '柿'])
```

❷ pop／shiftメソッドは要素を取り出す

pop／shiftメソッドは要素を削除するだけでなく、削除した要素を戻り値として返す点に注目です（削除、というよりも、配列から要素を取り出すためのメソッドと考えたほうがよいでしょう）。

削除なしに値を取得するのであれば、ブラケット構文、atメソッドを利用してください。atメソッドは、ES2022で追加された、負のインデックス番号に対応した取得メソッドで、末尾から-1、-2...と数えます。

```
console.log(list[0]);       // 先頭の要素を取得
console.log(list.at(-1));   // 末尾の要素を取得
```

Note　**破壊的なメソッド**

push／pop／shift／unshiftメソッドのように、現在の配列そのものに影響を及ぼすメソッドのことを破壊的なメソッドと呼びます。ちなみに、concatメソッドは連結の結果を戻り値として返すだけで、元の配列には影響を及ぼしません。

このように、Arrayオブジェクトには破壊的メソッドと非破壊的なメソッドとが存在します。利用に際しては、いずれの操作なのかを意識しておく必要があります。以下にはArrayの破壊的メソッドをまとめておきます。

・splice	・copyWithin	・fill	・pop	・push
・shift	・unshift	・reverse	・sort	

■ 補足：スタックとキュー

push／pop／shift／unshiftメソッドをデータ構造の観点から見てみると、もう少し理解が深まります。これらのメソッドを利用することで、配列をスタック／キューとして利用できるようになります。

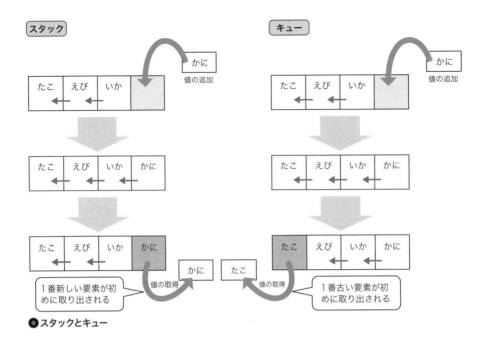

● スタックとキュー

（1）スタック

　スタック（Stack）とは、後入れ先出し（LIFO：Last In First Out）、または先入れ後出し（FILO：First In Last Out）と呼ばれるデータ構造です。たとえば、アプリでよくあるUndo機能では、操作を履歴に保存し、最後に実行した操作から順に取り出します。このような用途での操作にはスタックが適しています。

　あるいは、キャリアカー（車両を運搬するためのトラック）をイメージしてもよいかもしれません。この場合、積み込んだ車両は、最後に積み込んだものからしか降ろせません。

　　スタック（Stack）とは…
　　後入れ先出し（LIFO：Last In First Out）を表すデータ構造

● スタック（Stack）

　このようなスタック構造は、push／popメソッドで実装できます。pushメソッドでキャリアカーに車両を載せ、popメソッドで降ろすのです。

● リスト 5-42 list_stack.js

```javascript
let data = [];
data.push(1);
data.push(2);
data.push(3);

console.log(data.pop());    // 結果：3
console.log(data.pop());    // 結果：2
console.log(data.pop());    // 結果：1
```

(2) キュー

　キュー（Queue）とは、先入れ先出し（FIFO：First In First Out）と呼ばれるデータ構造です。最初に入った要素を最初に処理する（取り出す）流れが、窓口でサービスを待つ様子にも似ていることから、待ち行列とも呼ばれます。この場合、窓口に先に並んだ人が先にサービスを受けて、出ていくことができます。

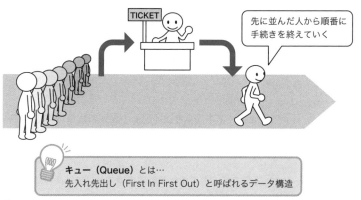

TICKET

先に並んだ人から順番に
手続きを終えていく

　キュー（Queue）とは…
　先入れ先出し（First In First Out）と呼ばれるデータ構造

● キュー（Queue）

　このようなキュー構造は、push ／ shift メソッドで実装できます。

● リスト 5-43 list_queue.js

```javascript
let data = [];
data.push(1);
data.push(2);
data.push(3);

console.log(data.shift());    // 結果：1
console.log(data.shift());    // 結果：2
console.log(data.shift());    // 結果：3
```

5.5.3　配列に複数要素を追加／置換／削除する

　splice メソッドを利用することで、配列の任意の箇所に要素を追加したり、既存の要素を置き換えた

り削除したり、といった処理を短いコードで実装できます。

● 構文　spliceメソッド

```
list.splice(start [, count [, items, ...]])
        list  ：元の配列
        start ：開始位置
        count ：要素数
        items ：置き換え後の要素（可変長引数）
```

配列のstart番目からcount個の要素を除去し、items, ... で置き換える、というわけです。

具体的な例も見てみましょう。以降の例は、以下の配列listを更新した場合の結果を表します（完全なコードはlist_splice.jsを参照してください）。

```
let list = [ 'い', 'ろ', 'は', 'に', 'ほ', 'へ', 'と' ];
```

(1) 要素の置換

要素を置き換えるには、以下のようにします。最もスタンダードな用法です。

```
console.log(list.splice(3, 2, 'X', 'Y', 'Z'));     // 結果：['に', 'ほ']
console.log(list);       // 結果：['い', 'ろ', 'は', 'X', 'Y', 'Z', 'へ', 'と']
```

これで3〜4番目の要素を「'X', 'Y', 'Z'」で置き換えます。置き換え前後の要素の個数は異なっていても構いません。この例であれば、置き換え後のほうが要素数が多いので、配列全体としてはサイズが大きくなります。

なお、spliceメソッドの戻り値は、除去された要素です（置き換えの結果を返すわけではありません）。置き換えの結果は元の配列にそのまま反映されます。

(2) 要素の挿入

置き換え前後の要素数は異なっていてもよい、という性質を利用することで、要素を単に挿入することも可能です。

```
console.log(list.splice(3, 0, 'X', 'Y', 'Z'));     // 結果：[]
console.log(list);
        // 結果：['い', 'ろ', 'は', 'X', 'Y', 'Z', 'に', 'ほ', 'へ', 'と']
```

ポイントとなるのは引数countをゼロとしている点です（負数でも構いません）。これで引数startで指定された箇所に、指定の要素「'X', 'Y', 'Z'」を挿入できます。

(3) 要素の削除

引数itemsを省略することも可能です。

```
console.log(list.splice(3, 2));    // 結果：['に', 'ほ']
console.log(list);                 // 結果：['い', 'ろ', 'は', 'へ', 'と']
```

これで3～4番目の要素を単に削除するという意味になります。

以下のように、引数countを削除すれば、指定位置以降の、すべての要素を削除することも可能です。たとえば以下は3番目以降の要素をすべて削除します。

```
console.log(list.splice(3));       // 結果：['に', 'ほ', 'へ', 'と']
console.log(list);                 // 結果：['い', 'ろ', 'は']
```

以上の操作をまとめたのが、以下の図です。

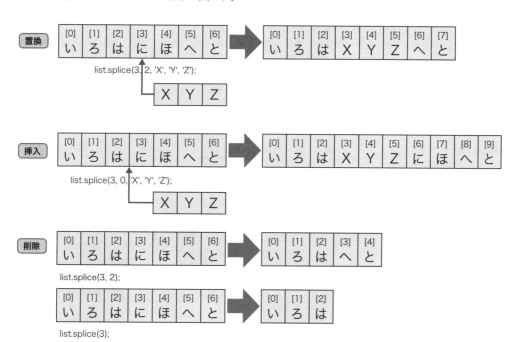

●spliceメソッド

5.5.4 配列から特定範囲の要素を取得する

配列から特定範囲の要素群を取り出すには、sliceメソッドを利用します（もちろん、特定位置の1要素を取得するだけであれば、ブラケット構文、atメソッド（5.5.2項）を利用すれば十分です）。

●構文　sliceメソッド

```
list.slice([start [, end]])
      list  ：元の配列
      start ：開始位置
      end   ：終了位置
```

まずは、具体的な例を見てみましょう。

● リスト5-44 list_slice.js

```javascript
let list = [ 'い', 'ろ', 'は', 'に', 'ほ', 'へ', 'と' ];

console.log(list.slice(3, 6)); // 結果：['に', 'ほ', 'へ'] ← ❶
console.log(list.slice(3));     // 結果：['に', 'ほ', 'へ', 'と'] ← ❷
console.log(list.slice()); // 結果：['い', 'ろ', 'は', 'に', 'ほ', 'へ', 'と'] ← ❸
console.log(list.slice(-3, 6)); // 結果：['ほ', 'へ'] ← ❹
console.log(list.slice(3, -1)); // 結果：['に', 'ほ', 'へ'] ← ❺
console.log(list.slice(7, 10)); // 結果：[] ← ❻
console.log(list.slice(3, 1)); // 結果：[]
```

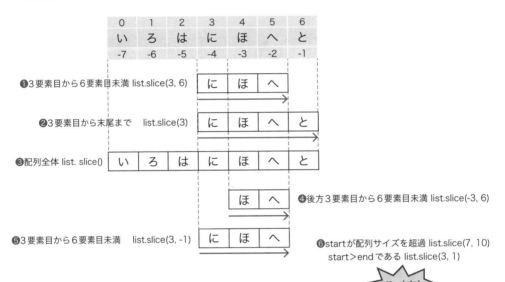

● sliceメソッド

❶が、最も基本的な例です。引数start／endで指定された範囲の要素を取得します。引数endを省略した場合には、start位置から末尾までを取り出しますし（❷）、引数start／endともに省略した場合には、配列全体を返します（❸[2]）。

❹〜❺は、引数start／endに負数を指定した例です。この場合、配列の末尾を-1として、前方に遡った位置を開始／終了地点とします。

❻は、それぞれ引数startが配列サイズを超えている場合、start＞endである場合の例です。これらの場合にはいずれも、sliceメソッドは空配列を返します。

※2 元の配列そのものではなく、あくまでコピーです。詳しくは5.5.10項も合わせて参照してください。

5.5.5 配列の内容を検索する

配列の内容を検索するには、indexOf ／ lastIndexOf メソッドを利用します。

◉構文 **indexOf／lastIndexOf メソッド**

```
list.indexOf(searchElement [, fromIndex])
list.lastIndexOf(searchElement [, fromIndex])
        list          :元の配列
        searchElement :検索する要素
        fromIndex     :検索開始位置
```

基本的な考え方は、String オブジェクトの indexOf ／ lastIndexOf メソッドと同じなので、5.2.4 項も合わせて参照してください。以下には例と、概念図を示すに留めます。

◉リスト5-45 **list_index.js**

```
let list = [10, 20, 30, 20, 50];

console.log(list.indexOf(20));       // 結果：1
console.log(list.indexOf(60));       // 結果：-1
console.log(list.lastIndexOf(20));   // 結果：3
console.log(list.indexOf('20'));     // 結果：-1      ← ❶
console.log(list.indexOf(20, 2));    // 結果：3
console.log(list.lastIndexOf(20, 2)); // 結果：1
console.log(list.indexOf(20, -2));   // 結果：3
```

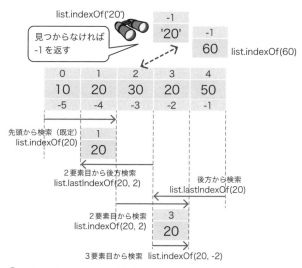

●**indexOf／lastIndexOf メソッド**

indexOf ／ lastIndexOf メソッドは、いずれも要素を厳密等価演算子（===）を使って検索します。よって、❶の例では 20 と '20' なので、indexOf メソッドは合致する要素はないとみなします。

■ 例：すべての要素位置を検索する

indexOf ／ lastIndexOfメソッドは、指定された要素が最初に見つかった位置を返します。合致する
すべての要素位置を取得したいならば、forEachメソッド（5.5.12項）を利用してください。

● リスト5-46 list_index_all.js

```javascript
let list = [ 'い', 'ろ', 'は', 'に', 'い', 'へ', 'と' ];     // 検索対象の配列
let keywd = 'い';        // 検索する要素
let result = [];         // 結果配列

list.forEach(function(v, i) {
  // 合致する要素があれば、そのインデックス値を結果に追加
  if (v === keywd) { result.push(i); }
});
console.log(result);   // 結果：[0, 4]
```

■ 要素が存在するかを確認する

要素の登場位置には関心がなく、指定された要素が存在するかどうかだけを知りたいならば、
（indexOf ／ lastIndexOfではなく）includesメソッドを利用してください。

● 構文 includesメソッド

```
list.includes(searchElement [, fromIndex])
      list          ：元の配列
      searchElement ：検索する要素
      fromIndex     ：検索開始位置
```

戻り値がtrue ／ falseになるだけで、引数の考え方は同じなので、以下の例のみ示します。

● リスト5-47 list_includes.js

```javascript
let list = [ 'い', 'ろ', 'は', 'に', 'い', 'へ', 'と' ];

console.log(list.includes('い'));       // 結果：true
console.log(list.includes('ほ'));       // 結果：false
console.log(list.includes('い', 3));    // 結果：true
console.log(list.includes('ろ', -3));   // 結果：false
```

5.5.6 入れ子の配列をフラット化する

flatメソッドを利用することで、入れ子の配列を平坦化（＝入れ子を解除）できます。

● 構文 flatメソッド

```
list.flat([depth])
      list  ：元の配列
      depth ：平坦化する階層（既定は1）
```

具体的な例は、以下のとおりです。

● リスト5-48 list_flat.js

```javascript
let list = ['ド', ['レ', 'ミ', ['ファ', 'ソ', ['ラ', 'シ']]]];

console.log(list.flat()); ←── ❶
        // 結果：['ド', 'レ', 'ミ', ['ファ', 'ソ', ['ラ', 'シ']]]
console.log(list.flat(2)); ←── ❷
        // 結果：['ド', 'レ', 'ミ', 'ファ', 'ソ', ['ラ', 'シ']]
console.log(list.flat(Infinity)); ←── ❸
        // 結果：['ド', 'レ', 'ミ', 'ファ', 'ソ', 'ラ', 'シ']
```

flatメソッドは既定で配下の1階層を平坦化します（❶）。より深い階層まで平坦化するには、引数depthを指定してください（❷）。不特定数の階層を完全に平坦化するには、引数にInfinity（無限大）を渡すとよいでしょう（❸）。

■ 例：入れ子の配列で要素数を取得する

要素数を取得するにはlengthプロパティを利用するのでした。ただし、多次元配列（入れ子の配列）をカウントする場合には要注意です。

● リスト5-49 list_count.js

```javascript
let list = [
  ['Do', 'ド', 'C'],
  ['Re', 'レ', 'D'],
  ['Mi', 'ミ', 'E'],
];
console.log(list.length);        // 結果：3 ←── ❶
```

多次元配列の正体は、あくまで配列の配列にすぎません。よって、lengthプロパティの戻り値もArray型要素の個数である3となります。

このような多次元配列の要素数を求めたいならば、flatメソッドを利用するのがかんたんです。以下は、リスト5-49の太字を書き換えたものです。

```javascript
console.log(list.flat().length); // 結果：9
```

▍5.5.7 配列内の要素を結合する

joinメソッドを利用することで、配列要素を指定の区切り文字で連結し、文字列化できます。

● 構文 joinメソッド

```
list.join([separator])
      list     ：元の配列
      separator：区切り文字（既定はカンマ）
```

以下は、具体的な例です。

●リスト5-50 list_join.js

```javascript
let list = ['松', '竹', '梅'];
console.log(list.join());          // 結果：松,竹,梅
console.log(list.join('／'));       // 結果：松／竹／梅
console.log(list.join('\t'));      // 結果：松 Tab 竹 Tab 梅  ← ❶
console.log(list.join(''));        // 結果：松竹梅  ← ❷

let list2 = ['hoge', null, undefined, []];  ←
console.log(list2.join());         // 結果：hoge,,,  ←  ❸
```

❶のように区切り文字をタブ文字（\t）とすれば、タブ区切りの文字列を生成することもできます（ファイルなどに記録する際には重宝します）。

引数separatorを空文字列とした場合（❷）には、配列要素は区切り文字なしに連結されます。また、配列個々の要素が空配列、undefined、nullの場合（❸）は、いずれも空文字列に変換されたものが連結されます（スキップされるなどではありません）。

5.5.8 配列内の要素を移動する

copyWithinメソッドは、配列内の指定された要素（群）を、同じ配列の別の場所に複製します。複製なので、移動先の要素は上書きされます（要素のサイズは変化しません）。

●構文　copyWithinメソッド

```
list.copyWithin(target [, start [, end]])
     list   ：元の配列
     target ：移動先の位置
     start  ：コピー開始位置
     end    ：コピー終了位置
```

現在の配列からstart〜end - 1番目の要素を取り出し、target番目の位置にコピーする、というわけです。具体的な例も見てみましょう。

●リスト5-51 list_copyin.js

```javascript
let list = [ 'い', 'ろ', 'は', 'に', 'ほ', 'へ', 'と' ];
let list2 = [ 'い', 'ろ', 'は', 'に', 'ほ', 'へ', 'と' ];
let list3 = [ 'い', 'ろ', 'は', 'に', 'ほ', 'へ', 'と' ];
let list4 = [ 'い', 'ろ', 'は', 'に', 'ほ', 'へ', 'と' ];

console.log(list.copyWithin(3, 2, 4));
      // 結果：['い', 'ろ', 'は', 'は', 'に', 'へ', 'と']
console.log(list2.copyWithin(1, 2));  ← ❶
      // 結果：['い', 'は', 'に', 'ほ', 'へ', 'と', 'と']
console.log(list3.copyWithin(2));  ← ❷
```

基本データを操作する - 組み込みオブジェクト

5

```
                 // 結果：['い', 'ろ', 'い', 'ろ', 'は', 'に', 'ほ']
console.log(list4.copyWithin(3, -6, -3));  ←  ❸
                 // 結果：['い', 'ろ', 'は', 'ろ', 'は', 'に', 'と']
```

引数start、endはいずれも省略可能です。引数endを省略した場合（❶）にはstart番目から末尾まですべての要素が複製の対象となりますし、引数start／endともに省略した場合（❷）には、配列の全要素が対象となります。複製の際に、元々の配列サイズからあふれてしまう要素については無視されます（冒頭、配列サイズは変更しない、と述べたとおりです）。

引数start／endには負数を指定することも可能です（❸）。その場合、配列の末尾を-1とカウントする点は、sliceメソッドでも触れたとおりです。該当の項を合わせて参照してください。

copyWithin(3, 2, 4)…2〜3番目の要素を3番目にコピー

[0]	[1]	[2]	[3]	[4]	[5]	[6]
い	ろ	は	は	に	へ	と
い	ろ	は	に	ほ	へ	と

copyWithin(1, 2)…2番目から末尾までの要素を1番目にコピー

[0]	[1]	[2]	[3]	[4]	[5]	[6]
い	は	に	ほ	へ	と	と
い	ろ	は	に	ほ	へ	と

copyWithin(2)…先頭から要素を2番目にコピー

[0]	[1]	[2]	[3]	[4]	[5]	[6]
い	ろ	い	ろ	は	に	ほ
い	ろ	は	に	ほ	へ	と

あふれた要素は無視

[5]	[6]
へ	と

copyWithin(3, -6, -3)…-6〜-4番目の要素を3番目にコピー

[0]	[1]	[2]	[3]	[4]	[5]	[6]
い	ろ	は	ろ	は	に	と
[-7]	[-6]	[-5]	[-4]	[-3]	[-2]	[-1]
い	ろ	は	に	ほ	へ	と

●copyWithinメソッド

5.5.9 配列ライクなオブジェクトを配列化する Advanced

配列ライクなオブジェクトとは、配列のような見た目を持つが、配列ではないオブジェクトのこと。Map（5.8節）、Set（5.7節）をはじめ、HTMLCollection／NodeList（9.2.1項）、arguments（6.4.1項）、String（5.2節[3]）などが相当します。

これらのオブジェクトは、配列によく似た機能を提供しますが、配列そのものではないので、配列の豊富な機能を利用することはできません。そのような場合には、Array.from静的メソッドを利用することで、これらのオブジェクトを配列に変換できます。

※3　Stringなどは不思議に思われるかもしれませんが、for...of命令を利用すれば、文字を順に取り出すことも可能です（8.5.1項）。

●構文　from メソッド

```
Array.from(obj [, mapFn [, thisArg]])
      obj    ：配列ライクなオブジェクト
      mapFn  ：値変換に利用する関数
      thisArg：引数mapFnでthisが表す値（5.5.12項を参照）
```

たとえば以下は、選択オプション（<option>要素）の値を列挙する例です。

●リスト5-52　上：list_from.html ／ 下：list_from.js

```html
<form>
  <label for="food">一番好きな食べ物は？：</label>
  <select id="food" multiple size="3">
    <option value="ラーメン">ラーメン</option>
    <option value="餃子">餃子</option>
    <option value="焼き肉">焼き肉</option>
  </select>
</form>
```

```js
let opts = Array.from(document.querySelector('#food').options);
opts.forEach(function(opt) {
  console.log(opt.value);
});     // 結果：ラーメン、餃子、焼肉
```

　要素の取得については9.2.1項を参照いただくとして、まずはoptionsプロパティが選択オプション群を表すHTMLOptionsCollectionオブジェクトを返すとだけ理解しておきましょう。HTMLOptionsCollectionはいわゆる配列ライクなオブジェクトですが、fromメソッドを用いることで配列に変換できます（この例であれば、forEachメソッドを呼び出せます）。

Note　以前のJavaScriptでは... `Legacy`

　fromメソッドはES2015で導入されたメソッドです。そのため、それ以前に書かれたコードでは、以下のようなイディオムもよく利用されます。

```
let args = Array.prototype.slice.call(arguments);
console.log(args.join(' ／ '));  ← ❶配列のメソッドを呼び出せる
```

　この例であれば、「argumentsオブジェクト（6.4.1項）をthisとして、Array.sliceオブジェクトを呼び出しなさい」という意味になります。prototypeについては、7.2節で後述するので、まずは「Arrayオブジェクト配下のメンバーをまとめるためのプロパティ」とだけ理解しておいてください。

　sliceメソッド（5.5.4項）は、引数を指定しない場合、元の配列をそのまま返します。したがって、この文によって、argumentsオブジェクトの内容が、配列として得られるわけです。

　はたして❶では、もともとargumentsオブジェクトでは利用できなかったはずのjoinメソッドを利用できている（＝Arrayオブジェクトに変換されている）ことが確認できます。

■ 例：初期値を持った配列を生成する

from メソッドを利用することで、初期値付きの配列を生成することもできます。

⦿ リスト5-53 list_from_init.js

```
let list = Array.from(
  { length: 5 },  ◀── ❶
  function(value, index) {  ◀┐
    return index * 10;      │  ❷
  }  ◀────────────────────┘
);

console.log(list);       // 結果：[0, 10, 20, 30, 40]  ◀── ❸
```

引数objに、lengthプロパティを持ったオブジェクトを渡す点がポイントです（❶）。これでサイズ5の配列ライクなオブジェクトと見なされます。

あとは、コールバック関数（引数mapFn）で初期値を設定するだけです（❷）。コールバック関数の引数value、indexはそれぞれ配列ライクなオブジェクトの値とインデックスを表します[4]。ここでは、インデックス値を10倍したものを要素値として返しています。

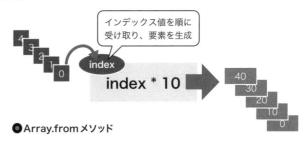

インデックス値を順に受け取り、要素を生成

index * 10

⦿ Array.from メソッド

結果、0、10、20...のような配列ができていることが確認できます（❸）。もちろん、初期値の生成方法は用途に応じて変更して構いません。

> **Note　fillメソッド**
>
> すべての要素を固定値で初期化するだけであれば、fillメソッドを利用しても構いません。たとえば、サイズ5の配列に対して、すべての要素を「－」で埋めるのであれば、以下のようにします。
>
> ```
> let data = new Array(5);
> data.fill('－', 0, data.length);  ◀── ❶
> console.log(data);    // 結果：[ '－', '－', '－', '－', '－' ]
> ```
>
> 太字部分は値を設定する要素（開始〜終了点）を表します。既定で0〜data.lengthなので、❶は「data.fill('－');」としても同じ意味です。

■ 例：特定範囲の連番を生成する

同様のテクニックを用いることで、指定範囲の連番からなる配列を生成することもできます。たとえば

※4　ただし、この例では、valueはすべてundefinedとなります。

以下は、10～20の範囲で3おきの連番を生成します。

● リスト 5-54 list_from_range.js

```
const BEGIN = 10;    // 開始値
const END = 20;      // 終了値
const STEP = 3;      // 増分

let list = Array.from(
  { length: (END - BEGIN) / STEP + 1 },    ← ❶
  function(v, i) {
    return BEGIN + (i * STEP)    ← ❷
  }
);

console.log(list);       // 結果：[10, 13, 16, 19]
```

　必要となる配列長は「(終了値 - 開始値) ÷ 増分 + 1」で求められます（❶）。あとは、開始値を基点に、「インデックス値×増分」を加えることで個々の値を求められます（❷）。

5.5.10　配列を複製する

　配列を複製するには、fromメソッドに配列を渡すだけです。前項でも触れたように、fromは配列ライクなオブジェクトを配列に変換するためのメソッドですが、配列を渡すことで、元の配列から新たな複製を生成してくれます。

● リスト 5-55 list_copy.js

```
let list = [ 1, 2, 3, 4, 5 ];
let copy = Array.from(list);

console.log(copy);             // 結果：[1, 2, 3, 4, 5]    ← ❶
console.log(list === copy);    // 結果：false    ← ❷
```

　たしかに同じ内容の配列が生成されていること（❶）、しかし、実体そのものは別ものであること（===演算子の結果がfalseであること❷）が、それぞれ確認できます。

　ちなみに、代入演算子「=」でも構わないのでは、と思った人は不可です。=演算子による代入は、参照値の代入であり、配列そのものは同じものを指すことにしかなりません。

```
let copy = list;
console.log(list === copy);       // 結果：true
```

■ fromメソッドはシャローコピー

　ただし、fromメソッドによる複製は、あくまでシャローコピー（浅い複製）である点に注意してください。「浅いとは?」と思った人は、以下の例を確認してみましょう。

● リスト5-56 list_copy_shallow.js

```javascript
let list1 = [ 1, 2, 3, 4, 5 ];
let list2 = [
  [ 10, 20, 30 ],
  [ 40, 50, 60 ],
  [ 70, 80, 90 ],
];

// 配列を複製
let copy1 = Array.from(list1);
let copy2 = Array.from(list2);

// 元の配列を修正
list1[0] = 999;
list2[0][0] = 777;

console.log(list1);    // 結果：[999, 2, 3, 4, 5]          ❶
console.log(copy1);    // 結果：[1, 2, 3, 4, 5]
console.log(list2);    // 結果：[ [777, 20, 30], [40, 50, 60], [70, 80, 90]]   ❷
console.log(copy2);    // 結果：[ [777, 20, 30], [40, 50, 60], [70, 80, 90]]
```

基本型の配列では、特に気にすることはありません。個々の要素が複製されるので、元の配列への修正がコピー先の配列に影響することはありません（❶）。

問題となるのが参照型の場合です。参照型の要素は、（配下の要素ではなく）オブジェクトへの参照だけが複製されます（これが、浅いと呼ばれる所以です）。結果、元の配列への修正がコピー先にも影響します（❷[※5]）。

■ 配列を複製するその他の方法

from メソッド以外にも、以下のようなメソッドで配列を複製できます。まずは from メソッドを利用するのが意図も明快と思われますが、このような書き方もできる、と理解の引き出しを増やしておくのはよいことです（本項のサンプルは、list_copy_extra.js にまとめています）。

(1) スプレッド構文

本来、配列を個々にばらすのが目的のスプレッド構文ですが、戻り値をそのままブラケットに渡すことで複製用途とすることもできます。

```javascript
let copy = [...list];
```

(2) slice メソッド

元々は配列から特定範囲の要素を切り出すためのメソッドですが、引数を空にした場合には元の配列

[※5] 「浅い」コピーに対して、配下の要素の中身までコピーする複製のことをディープコピーといいます。ディープコピーについては、7.3.2 項で改めます。

を複製します。

```
let copy = list.slice();
```

(3) concatメソッド

配列同士を連結するためのメソッドですが、引数を空にした場合には単なる複製となります。

```
let copy = list.concat();
```

5.5.11　配列の要素を並べ替える

配列の要素を並べ替えるには、sort ／ reverse メソッドを利用します。

■ 並びを逆順にする

配列を逆順に並べ変えるだけであれば、reverse メソッドを利用できます。

◉リスト5-57 list_reverse.js

```
let list = [ 'い', 'ろ', 'は', 'に', 'ほ', 'へ', 'と' ];
console.log(list.reverse());
        // 結果：['と', 'へ', 'ほ', 'に', 'は', 'ろ', 'い']
```

■ 配列を辞書順に並べ替える

sort メソッドを利用します。誤解もないメソッドなので、例を見てみましょう。

◉リスト5-58 list_sort.js

```
let list = [ 'みつば', 'ねぎ', 'しょうが', 'にら', 'しそ' ];
console.log(list.sort());
        // 結果：['しそ', 'しょうが', 'にら', 'ねぎ', 'みつば']
```

ただし、配列の内容がたとえば数値の場合には意図したようにソートできません。

◉リスト5-59 list_sort_bad.js

```
let list = [ 5, 25, 10 ];
console.log(list.sort());          // 結果：[10, 25, 5]
```

辞書順にソートした結果、25と5では、1桁目が「2」＜「5」なので、「25」＜「5」となるわけです。

■ 配列を数値順で並べ替える

そこでsort メソッドでは、引数としてコールバック関数を指定することで、並べ替えルールそのものを変更できるようになっています。

● 構文 sort メソッド

```
list.sort(function(m, n) {
  ...statements...
})
      list         :元の配列
      m、n          :比較する要素
      statements   :比較ルール
```

コールバック関数のルールは、以下のとおりです。

・引数は比較する要素（2個）
・第1引数が第2引数よりも大きい場合は正数、小さい場合は負数、等しい場合は0を返す

コールバック関数を利用して、リスト5-59の例を書き換えてみましょう。

● リスト5-60 list_sort_num.js

```
let list = [ 5, 25, 10 ];
console.log(list.sort(function(m, n) {
  return m - n;
}));    // 結果：[5, 10, 25]
```

コールバック関数の中では、引数m、nを数値として両者の差を取るのが一般的です（これによって、正負の数が返されます）。もしも降順に並べたいのであれば、太字を「n - m」とします。

■ 例：配列を任意のルールで並べ替える

コールバック関数を用いることで、たとえば役職（部長→課長→主任→担当）の順にオブジェクトを並べ替えることも可能です。

● リスト5-61 list_sort_clazz.js

```
let classes = [ '部長', '課長', '主任', '担当' ];
let members = [
  { name: '鈴木清子', clazz: '主任' },
  { name: '山口久雄', clazz: '部長' },
  { name: '井上太郎', clazz: '担当' },
  { name: '和田知美', clazz: '課長' },
  { name: '小森雄太', clazz: '担当' },
];

console.log(members.sort(function(x, y) {
  return classes.indexOf(x.clazz) - classes.indexOf(y.clazz);    ← ❶
}));
```

223

```
[
  { clazz: "部長"  , name: "山口久雄"},
  { clazz: "課長"  , name: "和田知美"},
  { clazz: "主任"  , name: "鈴木清子"},
  { clazz: "担当"  , name: "井上太郎"},
  { clazz: "担当"  , name: "小森雄太"}
]
```

　ポイントは❶の部分です。オブジェクト配列membersのclazzプロパティをキーに、あらかじめ用意しておいた役職順リスト（classes）を検索し、その登場位置で大小比較します。このように、数値以外の値であっても大小比較できる形に変換できれば、ソートは可能です。

■ 例：配列をランダムに並べ替える

　さらに、特殊な例として配列をランダムに並べ替える例も見ておきます（結果は実行都度に異なります）。

◉リスト5-62 list_sort_random.js

```
let list = [ 'い', 'ろ', 'は', 'に', 'ほ', 'へ', 'と' ];

console.log(list.sort(function() {
  return Math.random() - 0.5;
}));   // 結果：['に', 'い', 'と', 'ろ', 'ほ', 'は', 'へ']
```

　太字は-0.5～0.5の範囲の乱数（5.3.4項）を求めています。このように、正負の結果がランダムに返るようにすることで、結果としてランダムなソートが実現できるわけです。

5.5.12　配列の内容を順に処理する

　forEachメソッドについては4.3.6項でも解説済みです。本項では、その理解を前提により細部のトピックを補足しておきます。

◉構文　forEachメソッド

```
list.forEach(function(value, index, array) {
  ...statements...
}, thisArg)
        list        ：元の配列
        value       ：要素値
        index       ：インデックス値
        array       ：元の配列
        statements：要素に対する処理
        thisArg    ：コールバック関数でthisが表す値
```

■ forEachループを中断する方法

forEachループを（本来の終了タイミングではなく）中断するには、コールバック関数で例外を発生させます。

◉ リスト5-63 list_foreach_break.js

```javascript
let list = [ 1, 2, null, 4, 5 ];

try {
  list.forEach(function(value) {
    // null値の場合に例外をスロー
    if (value === null) {
      throw new Error('null値を検出しました。');
    }
    console.log(value);
  });
} catch(e) {
  console.log(e.message);
}
```

```
1
2
null値を検出しました
```

ただし、一般的に例外を本来のエラー処理以外の用途で利用するのは望ましくありません（コードの意図が不明瞭になりますし、そもそも例外処理そのものが重い処理だからです）。ループを中断する可能性がある状況では、従来のfor、for...of命令を利用するか、every／some、find／findIndexなどのメソッドを利用することをおすすめします[6]。

これらのメソッドではコールバック関数の戻り値がtrue／falseであるかによって、ループの継続を決定します。

■ thisの内容を変更する `Advanced`

引数thisArgsは、コールバック関数の配下でthis（8.1.6項）が参照するオブジェクトを表します。たとえば以下は、コールバック関数でnull、undefined値をチェックし、これを除いたものを配列resultに格納する例です[7]。コールバック関数の配下で、thisでresultにアクセスできていることを確認してください。

◉ リスト5-64 list_foreach_this.js

```javascript
let list = [ 10, 42, null, 73, 8 ];
```

※6　詳細は後述します。5.5.15、5.5.14項を参照してください。

※7　このような抽出を伴う処理にはfilterメソッド（5.5.16項）を利用すべきなので、まずはサンプルのためのコードと捉えてください。

```
// 処理結果を格納するための配列
let result = [];

list.forEach(function(value) {
  // nullでない場合にだけ結果配列に反映
  if (value !== null) {
    // thisはresultを示す
    this.push(value);
  }
}, result);
console.log(result);      // 結果：[10, 42, 73, 8]
```

5.5.13 配列を指定されたルールで加工する

mapメソッドを利用することで、配列を指定された関数で加工できます。

● 構文 mapメソッド

```
list.map(function(value, index, array) {
  ...statements...
} , thisArg)
      list       ：元の配列
      value      ：要素値
      index      ：インデックス値
      array      ：元の配列
      statements：要素に対する処理（戻り値は加工後の値）
      thisArg    ：コールバック関数でthisが表す値（5.5.12項）
```

　コールバック関数が受け取る引数は、forEachメソッドと同じです。ただし、今度は戻り値として加工した結果を返さなければなりません。

　たとえば以下は、配列内の要素を自乗した結果を、新たな配列として取得します。

● リスト5-65 list_map.js

```
let list = [ 2, 3, 4, 5 ];

let result = list.map(function(value, index, array) {
  return value * value;
});
console.log(result);      // 結果：[4, 9, 16, 25]
```

　受け取った要素値valueを演算した結果をコールバック関数の戻り値（太字部分）として返している点に注目です。mapメソッドでは、コールバック関数からの戻り値をまとめて、新たな配列を作成しているのです。

■ map＋flat＝flatMapメソッド

mapメソッドで処理した結果をflatメソッド（5.5.6項）で平坦化するflatMapメソッドもあります。map＋flatメソッドの組み合わせでも代替できますが、わずかながら処理が効率的です。

flatMapメソッドを利用することで、たとえば要素の個数を増減させるような処理をシンプルに表現できます。以下は、flatMapメソッドでそれぞれの要素を2倍、自乗した値を含んだ配列を生成する例です（構文はmapメソッドと同じなので、割愛します）。

● リスト5-66 list_flatmap.js

```
let list = [ 1, 2, 3, 4, 5 ];

console.log(
  list.flatMap(function(value) {
    return [ value * 2, value ** 2 ];    ← ❶
  })
);    // 結果：[2, 1, 4, 4, 6, 9, 8, 16, 10, 25]
```

❶が配列を返すので、mapメソッドであれば、まずは以下のような2次元配列が生成されます。

```
[ [ 2, 1 ], [ 4, 4 ], [ 6, 9 ], [ 8, 16 ], [ 10, 25 ] ]
```

flatMapメソッドでは、これを最終的に平坦化したものを返すわけです。

同じく、一部の要素を削除するならば、以下のように表します。以下は要素値がnullであるものを削除する例です[8]。

● リスト5-67 list_flatmap_null.js

```
let list = [ 10, 42, null, 73, 8 ];

console.log(
  list.flatMap(function(value) {
    // null値の場合は空配列を返す
    if (value === null) { return []; }    ←
    return value;    ←                           ❶
  })
);
```

❶によって、以下のような配列が生成されます。

```
[ 10, 42, [], 73, 8 ]
```

平坦化によって空配列は除去されるので、最終的にnull値を除いた配列が返されるわけです。

---

[8] このような抽出を伴う処理にはfilterメソッド（5.5.16項）を利用すべきなので、まずはサンプルのためのコードと捉えてください。

```
[ 10, 42, 73, 8 ]
```

5.5.14 任意の条件式によって配列を検索する

findメソッドを利用します。indexOfメソッドにも似ていますが、こちらは要素値の等価検索をするだけだったのに対して、findメソッドを利用することで、より複雑な検索条件を設定できます。

◉ 構文 find メソッド

```
list.find(function(value, index, array) {
  ...statements...
} , thisArg)
     list       :元の配列
     value      :要素値
     index      :インデックス値
     array      :元の配列
     statements :要素値を判定するための処理（戻り値はtrue／false）
     thisArg    :コールバック関数でthisが表す値（5.5.12項）
```

配列の内容をコールバック関数で判定し、最初に合致した（＝戻り値がtrueであった）要素を取得するわけです。たとえば以下は、書籍情報booksから書名が「Bootstrap」で始まるものを取り出す例です。

◉ リスト5-68 list_find.js

```
let books = [
  { title: 'TypeScript入門', price: 2948 },
  { title: 'Bootstrapの教科書', price: 3828 },
  { title: 'はじめてのAndroidアプリ開発', price: 3520 },
  { title: '基礎から学ぶC#の教科書', price: 3190 },
  { title: 'これからはじめるVue.js実践入門', price: 3740 },
];

console.log(books.find(function(value) {
  return value.title.startsWith('Bootstrap');
}));   // 結果：{title: 'Bootstrapの教科書', price: 3828}
```

■ インデックス値を取得したい場合

findメソッドは条件に合致した要素そのものを返しますが、要素の登場位置（インデックス値）を知りたいならば、findIndexメソッドを利用します。構文は同じなので、リスト5-68の太字部分をfindIndexと書き換えてみましょう。結果が1に変化することを確認してください。

5.5.15 条件式に合致する要素が存在するかを判定する

条件式に合致するかどうかだけに関心があるならば（＝要素値や登場位置が不要ならば）、some／

everyメソッドを利用します。someメソッドは条件式に合致する要素が1つでも存在する場合、every
メソッドはすべての要素が合致する場合に、それぞれtrueを返します。

以下の構文はsomeメソッドのものですが、everyメソッドも同様です。

● 構文　someメソッド

```
list.some(function(value, index, array) {
  ...statements...
} , thisArg)
        list       :元の配列
        value      :要素値
        index      :インデックス値
        array      :元の配列
        statements :要素値を判定するための処理（戻り値はtrue／false）
        thisArg    :コールバック関数でthisが表す値（5.5.12項）
```

配列の内容をコールバック関数で判定し、

・some：1つでも戻り値がtrueを返したら

・every：すべての戻り値がtrueであったら

それぞれ全体としてtrueと見なすわけです。

具体的な例も見てみましょう。以下は、書籍情報booksに価格（price）が3000円未満のものが1
冊でも存在するかを確認する例です。

● リスト5-69 list_some.js

```
let books = [
  { title: 'TypeScript入門', price: 2948 },
  { title: 'Bootstrapの教科書', price: 3828 },
  { title: 'はじめてのAndroidアプリ開発', price: 3520 },
  { title: '基礎から学ぶC#の教科書', price: 3190 },
  { title: 'これからはじめるVue.js実践入門', price: 3740 },
];

console.log(books.some(function(value) {
  return value.price < 3000;
}));   // 結果：true
```

太字を「every」で置き換えた場合には、結果はfalse（＝すべての書籍が3000円未満であるわけ
ではない）となります。

■ ループの処理を中断する

someメソッドを利用することで、任意の条件で中断できるループを表現できます。たとえば以下は、

229

配列の内容を順に出力するためのコードですが、null値が登場したところでループを終了します。

● リスト5-70 **list_some_break.js**

```javascript
let list = [ 10, 42, null, 73, 8 ];

list.some(function(value) {
  // 値がnullの場合は戻り値をtrue
  if (value === null) { return true; }  ←── ❶
  console.log(value);
});    // 結果：10、42
```

ポイントとなるのは❶です。someメソッドは条件式が1つでもtrueになるかを確認するので、trueを返すことで即座に判定を終了します。その性質を利用して、コールバック関数はループを終了するタイミングでtrueを返すようにします。

たしかに、この例であればnullの前——10、42だけが出力されることが確認できます。

5.5.16　配列から条件に合致した要素だけを取得する

filterメソッドを利用します。5.5.12項で触れたようなnull値の除去なども、まずはfilterメソッドで実装するのが自然でしょう。

● 構文 **filterメソッド**

```
list.filter(function(value, index, array) {
  ...statements...
} , thisArg)
      list      ：元の配列
      value     ：要素値
      index     ：インデックス値
      array     ：元の配列
      statements：要素値を判定するための処理（戻り値はtrue／false）
      thisArg   ：コールバック関数でthisが表す値（5.5.12項）
```

配列の内容をコールバック関数で判定し、trueを返した要素だけを残す（＝falseを返した要素を除去する）というわけです。

具体的な例も見てみましょう。以下は、書籍情報booksから価格（price）が3500円未満である書籍だけを取得する例です。

● リスト5-71 **list_filter.js**

```javascript
let books = [
  { title: 'TypeScript入門', price: 2948 },
  { title: 'Bootstrapの教科書', price: 3828 },
  { title: 'はじめてのAndroidアプリ開発', price: 3520 },
  { title: '基礎から学ぶC#の教科書', price: 3190 },
  { title: 'これからはじめるVue.js実践入門', price: 3740 },
```

```
];

console.log(books.filter(function(value) {
  return value.price < 3500;
}));
```

```
[
  {title: 'TypeScript入門', price: 2948},
  {title: '基礎から学ぶC#の教科書', price: 3190}
]
```

5.5.17 配列内の要素を順に処理して1つにまとめる

reduceメソッドを利用します。

◉ 構文 reduce メソッド

```
list.reduce(function(result, value, index, array) {
  ...statements...
} , initial)
       list     ：元の配列
       result   ：前回までの結果
       value    ：要素値
       index    ：インデックス値
       array    ：元の配列
       statements：要素値への処理
       initial  ：初期値
```

コールバック関数の引数resultに注目です。resultには、直前のコールバック関数の結果が渡されます。reduceメソッドでは、引数resultに（一般的には）valueの値を順に演算していくことで、最終的な結果を得るというわけです。

具体的な例も見てみましょう。以下は、配列の内容を順に積算し、その総積を求めるためのコードです。

◉ リスト 5-72 list_reduce.js

```
let list = [4, 2, 8, 3]
console.log(list.reduce(function (result, value) {
  return result * value;
}));    // 結果：192
```

処理の流れを以下の図にまとめます。

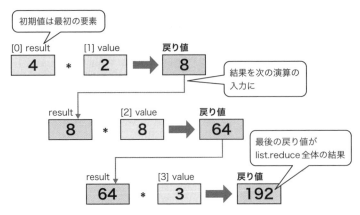

初期値は最初の要素

| [0] result | | [1] value | | 戻り値 |
| 4 | * | 2 | → | 8 |

結果を次の演算の
入力に

| result | | [2] value | | 戻り値 |
| 8 | * | 8 | → | 64 |

最後の戻り値が
list.reduce全体の結果

| result | | [3] value | | 戻り値 |
| 64 | * | 3 | → | 192 |

●reduceメソッド

　最初のループでは、引数resultには先頭要素の値が渡されます。

　引数initialには、引数resultの初期値を渡すこともできます。この例であれば、initialに1を設定してもほぼ同じ意味です。

```
list.reduce(function(result, value) { ... }, 1);
```

■ 右→左方向に演算するreduceRightメソッド

　reduceメソッドが左（先頭）から右（末尾）方向に演算するのに対して、reduceRightメソッドを利用することで、右→左方向に演算できます。

　たとえば以下は、2次元配列をreduce／reduceRightメソッドで平坦化する例です。演算の方向によって、結果も変化している点に注目です。

◉リスト5-73 list_reduce_right.js

```
let list = [
  ['ソロ', 1], ['デュオ', 2], ['トリオ', 3]
]
console.log(list.reduce(function (result, value) {
  return result.concat(value);
}));   // 結果：['ソロ', 1, 'デュオ', 2, 'トリオ', 3]
console.log(list.reduceRight(function (result, value) {
  return result.concat(value);
}));   // 結果：['トリオ', 3, 'デュオ', 2, 'ソロ', 1]
```

5.6 連想配列を操作する - Map オブジェクト

　Map（マップ）は、キー／値のセット——いわゆる連想配列（ハッシュ）を管理するためのオブジェクト。2.3.6項でも触れたように、従来のJavaScriptでは、まずはオブジェクトリテラルを連想配列として利用するのが一般的でした。しかし、ES2015でようやく、専用のオブジェクトが提供されたわけです。

▌5.6.1　マップを初期化する

　マップを初期化するには、Mapコンストラクターを利用します。

●構文　**Map コンストラクター**

```
new Map([[key, value], ...])
        key  :キー
        value:値
```

　引数には、[キー，値]形式[1]の2次元配列を渡していくわけです。以下に、具体的な例も示しておきます。

●リスト5-74　**map_new.js**

```
let data = new Map([
  ['1st', 'ファースト'],
  ['2nd', 'セカンド'],
  ['3rd', 'サード'],
]);
console.log(data);
        // 結果：{'1st' => 'ファースト', '2nd' => 'セカンド', '3rd' => 'サード'}
```

　キー／値の配列を作成すればよいわけなので、たとえばキー配列と値配列からマップを組み立てたいならば、以下のようにも表せます。

●リスト5-75　**map_new_create.js**

```
let keys = [ 1, 2, 3 ];
let values = [ 'あ', 'い', 'う' ];

let data = new Map(
```

※1　キー／値の組み合わせのことをエントリーともいいます。

```
  keys.map(function(value, index) {
    return [ value, values[index] ];
  })
);
console.log(data);        // 結果：{1 => 'あ', 2 => 'い', 3 => 'う'}
```

　mapメソッドで配列keysを走査しながら、インデックス値（index）をキーに配列valuesの対応す
る値を取り出しているわけです。

■ オブジェクトリテラルとの相違点

　マップを生成できたところで、そもそも従来のオブジェクトリテラルと何が異なるのか、何が便利に
なったのかを確認しておきましょう。

(1) 任意の型でキーを設定できる

　オブジェクトリテラルでは、あくまでプロパティ名をキーとして代替していたので、キーとして利用でき
るのは文字列だけです。しかし、Mapオブジェクトでは任意の型をキーとして利用できます（NaN、
undefinedすら、キーになりえます）。

(2) マップのサイズを取得できる

　マップではsizeプロパティを用いることで、マップのサイズを取得できます。

●リスト5-76 map_size.js

```
let data = new Map([
  ['1st', 'ファースト'],
  ['2nd', 'セカンド'],
  ['3rd', 'サード'],
]);
console.log(data.size);     // 結果：3
```

　しかし、オブジェクトリテラルでは、そうしたしくみはありません。サイズを求めるならば、for...inルー
プでオブジェクトを走査し、手動でカウントする必要があります。

(3) クリーンなマップを作成できる

　オブジェクトリテラルの実体はObjectオブジェクトです。配下には、Objectオブジェクトが標準で用
意しているプロパティ（キー）が最初から存在します。空のオブジェクトリテラルを作成した時点で、す
でに空ではないということです。

　しかし、Mapオブジェクトはそれ専用のオブジェクトなので、完全に空の連想配列を生成できます[2]。

※2　Objectオブジェクトでもcreateメソッド（7.1.3項）を利用すれば、強制的に空のオブジェクトを生成することは可能
　　　です。ただし、クリーンなマップを生成するならば、Mapオブジェクトを利用したほうが素直です。

(4) パフォーマンスに優れる

キー／値を頻繁に追加／削除するような用途では、目的特化したマップのほうが高いパフォーマンスを望めます。

ただし、以上のようなメリットにもかかわらず、

- これまで広く利用されてきた
- リテラル表現があるため、シンプルに表現できる

などの理由から、連想配列としてオブジェクトリテラルを利用する状況もまだまだあります。双方のメリット／デメリットを理解しながら、適材適所で使い分けていくとよいでしょう。

■ 5.6.2 マップの値を設定／取得する

マップの値を追加／取得するには、set ／ get メソッドを利用します。

◉ 構文　set ／ get メソッド

```
dic.set(key, value)
dic.get(key)
        dic   ：マップ
        key   ：キー
        value ：値
```

具体的な例は、以下のとおりです。

◉ リスト 5-77　map_set.js

```
let data = new Map();
data.set('壱', '1')  ←┐
    .set('弐', '2')    ├ ❶
    .set('参', '3')    │
    .set('壱', '一');  ← ❷ ←┘

console.log(data.get('参'));   // 結果：3
console.log(data.get('壱'));   // 結果：一  ← ❸
console.log(data.get('肆'));   // 結果：undefined  ← ❹
```

set メソッドの戻り値は現在のマップ自身です。よって、❶のようにドット演算子（.）で繰り返しの呼び出しが可能です。このような呼び出しは、メソッドが鎖のように連なっていることから、メソッドチェーンとも呼ばれます。

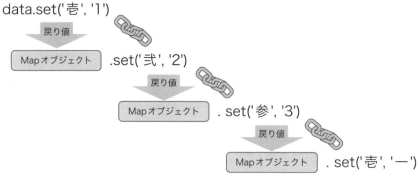

data.set('壱', '1')

戻り値 → Mapオブジェクト .set('弐', '2')

戻り値 → Mapオブジェクト .set('参', '3')

戻り値 → Mapオブジェクト .set('壱', '一')

●メソッドチェーン

　マップのキーは値を特定するための情報なので、一意でなければならない点にも注意してください。重複したキーが渡された場合（❷）には、後のものが前者を上書きします。❸で、そのことを確認しておきましょう。

　渡されたキーが未登録の場合、getメソッドはundefinedを返します（❹）。

> **Note**　**キーが存在するかを判定する**
>
> 　getメソッドでアクセスする前に、キーが存在するかを確認したいならば、hasメソッドを利用してください。たとえば以下のようにすることで、キーが存在しない場合に既定値（ここでは「4」）を指定できます。
>
> ```
> console.log(data.has('肆') ? data.get('肆') : '4');        // 結果：4
> ```

■ 注意：ブラケット構文は利用しない

　オブジェクトリテラルに慣れている人は、値の取得／設定にブラケット構文を利用したくなるかもしれません。試してみましょう。

●リスト5-78 **map_bracket.js**

```
let data = new Map();
data['壱'] = '1';
console.log(data['壱']);   // 結果：1
```

　一見して利用できるように見えます。しかし、これはあくまでオブジェクト（Object）としてのブラケットです（あとで触れますが、マップもまたオブジェクトの一種なので、オブジェクトの機能を利用できます）。マップとは別ものなので、getメソッドを利用しても値を取得できません。

```
console.log(data.get('壱'));        // 結果：undefined
```

　setメソッドで設定した値を、ブラケット構文で取得しようとした場合も同じです。

加えて、ブラケット構文ではキーは文字列に限定されるなど、そもそもマップの恩恵を享受することはできません。マップでもブラケット構文は利用できますが、そうすべきではありません。

■ キー比較の際の注意点

マップでは、キーとして任意の型を利用できるという性質上、まちがえやすいポイントがいくつか存在します。

(1) キーは「===」演算子で比較する

マップを設定／取得する際のキーは「===」演算子で比較されます。よって、以下のようなコードは、意図したように値を受け渡しできません。

◉ リスト5-79 map_strict.js

```
let data = new Map();
data.set('13', '壱参');
console.log(data.get(13));        // 結果：undefined
```

setメソッドのキー'13'は文字列であるのに対して、getメソッドでは数値の13が渡されているからです。

(2) 参照型のキーは参照値が比較される

比較演算子の基本が理解できていればあたりまえですが、参照型のキー値は参照値が比較されます。よって、以下のようなコードは意図したように動作しません。

◉ リスト5-80 map_ref.js

```
let data = new Map();
data.set([], '配列');
console.log(data.get([]));        // 結果：undefined
```

3.4.1項でも触れたように、別の場所で書かれた[]（太字）は、見た目は同じものであっても、あくまで別ものだからです。上のコードを意図したように実行するには、以下のように書き換えてください。

```
let key = [];
data.set(key, '配列');
console.log(data.get(key));
```

(3) NaN === NaN は true

5.3.1項でも触れたように、NaNは何ものとも等しくない値で、一般的には「NaN === NaN」はfalseです。ただし、マップでキーを比較する文脈でのみ、「NaN === NaN」はtrueとなります。

```
let data = new Map();
data.set(NaN, 'ナン');
console.log(data.get(NaN));      // 結果：ナン
```

5.6.3　マップから既存のキーを削除する

マップから特定のキーを削除するには、delete メソッドを利用します。

● 構文　delete メソッド

```
dic.delete(key)
      dic：マップ
      key：キー
```

delete メソッドは、キーを削除できたかどうかによって、true／false を返します。

● リスト 5-82 map_delete.js

```
let data = new Map();
data.set('1st', 'ファースト');
data.set('2nd', 'セカンド');
console.log(data.delete('1st'));    // 結果：true
console.log(data.delete('3rd'));    // 結果：false
```

特定のキーではなく、マップに存在するすべてのキーを破棄したいならば、clear メソッドを利用します。

```
data.clear();
```

5.6.4　マップからすべてのキー／値を取得する

マップのキー／値を取得するには、以下のようなメソッドを利用します。

メソッド	概要
keys	すべてのキーを取得
values	すべての値を取得
entries	すべてのキー／値を取得

● マップのキー／値を取得するためのメソッド

以下に、それぞれの例を示します。

● リスト 5-83 map_all.js

```
let data = new Map();
```

```
data.set('1st', 'ファースト');
data.set('2nd', 'セカンド');
data.set('3rd', 'サード');

for (let key of data.keys()) {
  console.log(key);       // 結果：1st、2nd、3rd
}

for (let value of data.values()) {
  console.log(value);     // 結果：ファースト、セカンド、サード
}

for (let [key, value] of data.entries()) {  ←── ❶
  console.log(`${key}：${value}`);
      // 結果：1st：ファースト、2nd：セカンド、3rd：サード
}
```

entriesメソッドは、[キー，値]のペアを配列として返します（❶）。よって、for...of命令の仮変数でも、太字のようにキー／値を受け取るようにします。

ちなみに、❶は以下のように書き換えても同じ意味です（内部的にはentriesメソッドが呼び出されます）。

```
for (let [key, value] of data) {
```

Note 配列化するには

keys／values／entriesメソッドの戻り値はイテレーター（8.5.1項）で、配列ではありません。もしも配列を取得したいならば、fromメソッドで明示的に変換してください。

```
console.log(data.keys());          // 結果：MapIterator {'1st', '2nd', '3rd'}
console.log(Array.from(data.keys()));  // 結果：['1st', '2nd', '3rd']
```

■ マップの内容を順に処理する

マップの内容を直接処理するならば、forEachメソッドも利用できます。

◉ 構文 forEachメソッド

```
dic.forEach(function(value, key, map) {
  ...statements...
}, thisArg)
      dic        ：元のマップ
      value      ：要素値
      key        ：キー値
      map        ：元のマップ
      statements：要素に対する処理
```

　コールバック関数の第2、3引数がマップに合わせて変化しているほかは、配列と同じように利用できます。以下にも例のみ挙げておきます。

● リスト5-84　map_foreach.js

```js
let data = new Map();
data.set('1st', 'ファースト');
data.set('2nd', 'セカンド');
data.set('3rd', 'サード');

data.forEach(function (value, key) {
  console.log(`${key}：${value}`);
});    // 結果：1st：ファースト、2nd：セカンド、3rd：サード
```

5.6.5　Object⇔Mapを相互変換する

　5.6.1項でも触れたように、ObjectとMapとはよく似たオブジェクトです。Mapはより最近に追加されていますが、それぞれにメリット／デメリットがあり、常にどちらかが優れるというものではありません。アプリを開発していく中では、MapをObjectに変換したい、あるいはその逆の要望がよく出てくるはずです。

　これには、それぞれfromEntries／entriesメソッドを利用します。

（1）MapをObjectに変換する

　Object.fromEntriesメソッドを利用します。

● リスト5-85　map_to_obj.js

```js
let map = new Map([
  ['1st', 'ファースト'],
  ['2nd', 'セカンド'],
  ['3rd', 'サード']
]);
console.log(Object.fromEntries(map));
      // 結果：{1st: 'ファースト', 2nd: 'セカンド', 3rd: 'サード'}
```

　ちなみに、fromEntriesメソッドは反復可能なオブジェクトをなんでも受け取れます。ここではMapの例を示していますが、同様に（たとえば）Arrayを変換することも可能です。

（2）ObjectをMapに変換する

　5.6.1項でも触れたようにMapコンストラクターは［キー，値］形式の2次元配列から生成できるのでした。よって、Objectもその形式に変換できればMap化できることになります。それをおこなうのが

entriesメソッドです。

●リスト5-86 map_from_obj.js

```
let obj = { '1st': 'ファースト', '2nd': 'セカンド', '3rd': 'サード' };
let map = new Map(Object.entries(obj));
console.log(map);
        // 結果：{'1st' => 'ファースト', '2nd' => 'セカンド', '3rd' => 'サード'}
```

entriesメソッドの戻り値は配列なので、たとえばforEachメソッド（5.5.12項）でオブジェクトの内容を列挙することもできます[3]。

5.6.6 弱い参照キーのマップ Advanced

Mapの亜形としてWeakMap（弱参照マップ）があります。弱参照とは、マップ以外でキーが参照されなくなると、そのままガベージコレクションの対象になる（＝破棄される）ということ。まずは、標準のMapで見てみましょう。

●リスト5-87 map_weak_no.js

```
let obj = {};        ← ❶
let data = new Map();
data.set(obj, 'ほげ');
obj = null;     // オブジェクトを破棄  ← ❷
console.log(data.size); // 結果：1  ← ❸
```

❷でobjが破棄されているにもかかわらず、マップのサイズは1（❸）。❶で定義されたオブジェクトはマップ内部で生き続けているわけです[4]。

ただし、マップ以外で参照していないならば、キーを指定してのアクセスはできないわけなので、たいがいはゴミです（keysプロパティではアクセスできます）。ゴミを残しておくのはメモリリークなどの言葉を持ち出すまでもなくよくないことなので、ほかで参照されないキーは破棄したくなります。そこでWeakMapです。

●リスト5-88 map_weak.js

```
let obj = {};
let data = new WeakMap();
data.set(obj, 'ほげ');
obj = null;     // オブジェクトを破棄  ← ❶
```

WeakMapでは、❶のタイミングでマップからもキーが破棄されるので、オブジェクトが不要に維持

※3 オブジェクトの値だけを取り出すならば、Object.valuesメソッドも利用できます。単純に値だけを配列化するならば、こちらを利用すればよいでしょう。

※4 これを弱参照に対して、強参照といいます。

されることはありません（keys／sizeなどのメンバーも持たないので^{※5}、これを確認する術はありませんが、内部的には破棄されています）。

その性質上、WeakMapには、以下のような制限があります。

・キーは参照型であること（数値、シンボルなどの基本型は不可）
・利用できるメソッドは、get、set、has、deleteのみ

同じく弱参照に対応したセットとしてWeakSetもあります。

■ 補足：WeakMapの使い道

「理屈は理解できたけど、結局なんに使うの？」と思ってしまう人は多いかもしれません。結論から言ってしまうならば、弱参照のおもな用途は、オブジェクトの付随的なデータを管理すること、です。

たとえばページ内の要素（9.1.2項）が何回クリックされたかを監視するためのしくみがあったとします。この時、カウント情報を標準のMapで管理していたら、どうでしょう（「要素オブジェクト, カウント値」の組み合わせで情報を管理するイメージです）。

大量の要素が生成されては、破棄されるようなアプリでは、カウント情報――ということは、これを管理するキー（要素オブジェクト）は無制限に増えるだけなので、どこかでメモリリークが発生します。エンドユーザーからは、アプリを長時間使っていると、次第に重くなって見えることでしょう。

もちろん、要素が破棄される時にカウント情報を明示的に破棄しても構いません。しかし、要素が増えてくれば破棄もれの原因にもなりますし、要素そのものの操作とカウント管理とが密接に絡み合うことで、コードそのものが複雑になるおそれもあります。

そこでWeakMapの登場です。繰り返しですが、WeakMapでは、キー（ここでは要素オブジェクト）が破棄されたところで値を破棄してくれるので、このようなメモリリークも解消できます。

---

^{※5} 戻り値がガベージコレクションに依存することから、非決定的になるためです（ガベージコレクションは不要になったオブジェクトを破棄するためのしくみですが、どのタイミングで実行されるかはJavaScriptエンジンに依存します）。

5.7 重複しない値の集合を操作する - Setオブジェクト

Set（セット）は、配列と同じく、複数の値を束ねるためのオブジェクト。ただし、配列とは違って順番を持ちませんし、重複した値も許しません。

数学における集合の概念に似ており、ある要素（群）が存在するかにだけ関心があるような状況でよく利用します[1]。

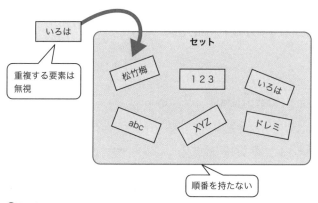

● セット

順番がないので、インデックス番号／キーなどで要素にアクセスする手段は持たない点に注意してください。セットでできるのは、以下の操作だけです。

- hasメソッドで値の有無を判定する
- for...ofループ／valuesプロパティで中身を列挙する

5.7.1 セットを初期化する

セットを初期化するには、Setコンストラクターを利用します。

● 構文 Setコンストラクター

```
new Set([iterable])
      iterable：反復可能なオブジェクト（配列など）
```

※1 配列のincludes／indexOfメソッドでも確認できますが、これらはセットよりも低速ですし、そもそもindexOfではNaNを検出できません。

セットに設定すべき値を配列、マップなど、反復可能なオブジェクト（4.3.5項）として渡しておくわけです。

● リスト5-89 set_new.js

```js
let data = new Set([10, 5, 100, 10, 50]);
console.log(data);        // 結果：Set {10, 5, 100, 50}
```

引数iterableに重複がある場合、重複は除去されます（＝一意になります）。よって、配列から重複を除去したい場合にもセットは利用できます。セットを配列に戻すには、スプレッド構文を利用するだけです。

```js
console.log([...data]);        // 結果：[10, 5, 100, 50]
```

■ 参照型／NaNの比較ルール

セットでも、参照型／NaNの比較ルールはマップのそれと同じです。

● リスト5-90 set_compare.js

```js
let data1 = new Set([NaN, NaN]);
console.log(data1.size);     // 結果：1（同じ値は無視）  ←── ❶

let data2 = new Set([[], []]);
console.log(data2.size);     // 結果：2（それぞれ異なるオブジェクト）  ←── ❷
```

NaNを複数追加した場合（❶）には同じものとして1つにまとめられますし、オブジェクト——たとえば空の配列を複数追加した場合（❷）には、互いに別ものなので、別個に追加されます。

5.7.2　セットの値を追加／削除する

セットの値を追加／削除するには、add ／ delete ／ clearメソッドを利用します。

● 構文　add／delete／clearメソッド

```
set.add(value)
set.delete(value)
set.clear()
        set   ：元のセット
        value：追加／削除する値
```

具体的な例も以下に示します。

● リスト5-91 set_add.js

```js
let data = new Set();
```

```
data.add('壱')  ←
  .add('弐')                    ❶
  .add('参')
  .add('壱');  ←  ❷  ←

console.log(data);        // 結果：Set { '壱', '弐', '参' }
console.log(data.delete('弐'));  // 結果：true  ←
console.log(data.delete('肆'));  // 結果：false  ←      ❸
console.log(data);        // 結果：Set { '壱', '参' }
data.clear();  ←  ❹
console.log(data);        // 結果：Set {size: 0}
```

addメソッドの戻り値は現在のセット自身です。よって、マップのaddメソッドと同じく、ドット演算子を連ねて表すこともできます（これをメソッドチェーンと呼ぶのでした❶）。

セットは一意な値の集合なので、重複した値を追加した場合は、これを無視する点にも注目です（❷）。

deleteメソッドも、引数は削除する値そのものです（順番を持たないので、インデックス番号では指定できません❸）。削除の成否によってtrue／falseを返します。

すべての値を削除するならば、clearメソッドを利用します（❹）。

5.7.3　セットの内容を取得／確認する

セットでできることは、配列に比べるとごく限られています。ある値の有無を確認するか、さもなくばすべての要素を走査することだけです。それぞれ具体的な例を見てみましょう。

■ 値の有無を確認する

hasメソッドは、指定された値が存在する場合にtrueを、さもなくばfalseを返します。

●リスト5-92 set_has.js

```
let data = new Set(['壱', '弐', '参']);
console.log(data.has('壱'));    // 結果：true
console.log(data.has('肆'));    // 結果：false
```

■ すべての値を取得する

forEachメソッドを利用します。

●リスト5-93 set_foreach.js

```
let data = new Set(['壱', '弐', '参']);
data.forEach(function (value, key, set) {  ←
  console.log(value);    // 結果：壱、弐、参        ❶
});  ←
```

コールバック関数の引数value／keyにはいずれも要素の値が[※2]、setにはセット自身が、それぞれ渡されます。value／keyに同じ値が渡されるのは冗長に思えますが、これによって、配列／マップ／セットともに同じ構文を提供できているわけです（ただし、一般的には冗長なので、太字の部分は省略して表すことがほとんどでしょう）。

❶は、for...ofメソッドを使って、以下のようにも表せます。

```
for (let value of data) {
  console.log(value);
}
```

さらに、太字の部分は「data.values()」としても、ほぼ同じ意味です。valuesメソッドはセット配下の要素をイテレーターとして返します。

※2　セットでは、キー／インデックス番号に相当する情報を持たないためです。

※3　検索対象のコメントは、設定ファイルから追加／変更することも可能です。

5.8 正規表現で文字列を自在に操作する - RegExpオブジェクト

　たとえば、以下の文字列から郵便番号だけを取り出したいとします。

我が家の郵便番号は111-0500です。引っ越す前は999-9763でした。

　郵便番号そのものはシンプルな文字列ですが、それでも不定形なテキストからそれだけを取り出すとしたら、先頭から順番に文字を検索していき、「数値が登場したら、その次とさらに次が数値であるか、さらにその次は『-』であるか……」を延々と判定する必要があるでしょう。

　そのような煩雑な手続きを踏むことなく、曖昧な文字列パターンを検索できるしくみが正規表現（Regular Expression）です。たとえば郵便番号は「0～9の数値3桁」+「-」+「0～9の数値4桁」というパターンで表されますが、これを正規表現にすると以下のようになります。

[0-9]{3}-[0-9]{4}

　これを元の文字列と比較することで、任意の文字列の中から、特定のパターンを持つ文字列を検索できるのです。

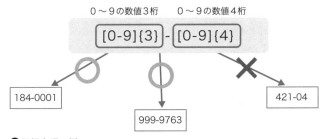

● 正規表現の例

　正規表現で表されたパターンのことを正規表現パターンといいます。また、与えられたパターンが、ある文字列に含まれる場合、文字列が正規表現にマッチするといいます。

　上の図でも示したように、正規表現パターンにマッチする文字列は1つとは限りません。むしろ1つの正規表現パターンに対しては、不特定多数の文字列がマッチするのが一般的です。

5.8.1 正規表現の基本

以下では、アプリを開発する際によく利用するおもな正規表現パターンをまとめておきます。ここで挙げているのは全体の一部にすぎませんが、これらを理解するだけでさまざまな文字列パターンを表現できるようになるはずです。

分類	パターン	マッチする文字列
基本	ABC	「ABC」という文字列
	[ABC]	A、B、Cのいずれか1文字
	[^ABC]	A、B、C以外のいずれか1文字
	[A-Z]	A〜Zの間の1文字
	A|B|C	A、B、Cのいずれか
量指定	X*	0文字以上のX（"fe*"は "f"、"fe"、"fee"などにマッチ）
	X?	0、または1文字のX（"fe?"は "f"、"fe"にマッチ、"fee"にはマッチしない）
	X+	1文字以上のX（"fe+"は "fe"、"fee"などにマッチ。"f"にはマッチしない）
	X{n}	Xとn回一致（"[0-9]{3}"は3桁の数字）
	X{n,}	Xとn回以上一致（"[0-9]{3,}"は3桁以上の数字）
	X{m, n}	Xとm〜n回一致（"[0-9]{3,5}"は3〜5桁の数字）
位置指定	^	行の先頭に一致
	$	行の末尾に一致
文字セット	.	任意の1文字に一致
	\w	大文字／小文字の英字、数字、アンダースコアに一致（"[A-Za-z0-9_]"と同意）
	\W	文字以外に一致（"[^ \w]"と同意）
	\d	数字に一致（"[0-9]"と同意）
	\D	数字以外に一致（"[^0-9]"と同意）
	\n	改行（ラインフィード）に一致
	\r	復帰（キャリッジリターン）に一致
	\t	タブ文字に一致
	\f	改ページに一致
	\s	空白文字に一致（"[\n\r\t\v\f]"と同意）
	\S	空白以外の文字に一致（"[^\s]"と同意）
	\c$X$	制御文字（XはA〜Z）。たとえば\cFで Ctrl + f
	\〜	「〜」で表される文字
	\x$nn$	2桁の16進数コードに対応する文字
	\u$nnnn$	4桁の16進数コードに対応する文字
	\u{$nnnn$}	4〜6桁の16進数コードに対応する文字（uフラグが有効の場合）

● JavaScriptで利用できるおもな正規表現パターン

たとえば、上の表を手がかりに、URLを表す正規表現パターンを読み解いてみましょう。

```
http(s)?://([\w-]+\.)+[\w-]+(/[\w- ./?%&=]*)?
```

最初の「http(s)?://」に含まれる「(s)?」は、「s」という文字が0または1回登場する、つまり、URL文字列が「http://」、または「https://」ではじまることを表します。

次の「([\w-]+ \.)+[\w-]+」は、英数字、アンダースコア、ハイフンで構成される文字列で、かつ、途中にピリオドを含むことを表しています。そして、「(/[\w- ./?% &=]*)?」は後続の文字列が英数字、アンダースコア、ハイフン、スラッシュ、ピリオド、その他特殊文字（?、%、&、=）を含む文字で構成されることを表します。

これは、必ずしも完全なURL文字列を表すものではありませんが、基本的なURLであれば、このような表記でマッチするはずです。複雑に思われるかもしれませんが、他人の書いた正規表現を見ながら、徐々にさまざまな正規表現を書けるようにしていきましょう。

なお、本書ではこれ以上、正規表現の詳細に踏み込みません。正規表現についてきちんと理解したい方は『詳説 正規表現 第3版』（オライリージャパン）などの専門書を参照してください。

5.8.2 RegExpオブジェクトを生成する

JavaScriptで正規表現を扱うには、RegExpオブジェクトを利用します。RegExpオブジェクトは、以下のような方法で作成できます。

・RegExpオブジェクトのコンストラクターを経由する
・正規表現リテラルを利用する

それぞれの構文を見てみましょう。

●構文 RegExpオブジェクトの生成

```
new RegExp(pattern, opts)    ... コンストラクター
/pattern/opts                ... リテラル
       pattern：正規表現パターン
       opts    ：動作オプション
```

正規表現リテラルでは、正規表現パターン全体をスラッシュ（/）でくくります（文字列リテラルをクォートでくくるのにも似ています）。

opts（動作オプション）は、正規表現の挙動を決めるパラメーターで、以下のような値を指定できます。省略しても構いませんし、複数を指定するならば（たとえば）"gi"のように列記します[※1]。詳しくは5.8.5項で改めます。

※1　動作オプションの記述順にルールはありません。たとえば"gi"は"ig"でも同じ意味です。

オプション	概要
g	文字列全体に対してマッチする（無指定の場合、1度マッチした時点で処理を終了）
i	大文字／小文字を区別する
m	複数行検索に対応する
s	「.」が行末文字を含む任意の文字にマッチする（単一行モード）
u	Unicode対応
d	マッチング範囲を記録 ES2022
y	lastIndexプロパティで指定した位置からのみマッチする

●正規表現のおもな動作オプション

以上の点をふまえて、URL文字列を意味するRegExpオブジェクトを生成したのが、以下です。

```
let p = new RegExp('http(s)?://([\\w-]+\\.)+[\\w-]+(/[\\w- ./?%&=]*)?', 'gi');
let p = /http(s)?:\/\/([\w-]+\.)+[\w-]+(\/[\w- .\/?%&=]*)?/gi;
```

双方を並べてみると、構文の違いだけでなく、正規表現そのものの書き方にも違いがあることが見て取れます。以下に整理しておきます。

(1) コンストラクター構文では「\」をエスケープする

コンストラクター構文では、正規表現は文字列リテラルとして表します。2.3.4項でも触れたように、文字列リテラルでは「\xx」はエスケープシーケンスを意味します。たとえば、本来の正規表現パターンである「\w」を認識させるためには、「\」をさらに「\\」としてエスケープしなければなりません。

(2) 正規表現リテラルでは「/」をエスケープする

正規表現リテラルでは、「/」は正規表現パターンの開始と終了を意味する予約文字です。正規表現リテラルで、正規表現パターンそのものに「/」を含む場合には、これを「\/」のようにエスケープしておく必要があります。

いずれの記法を利用しても構いませんが、「正規表現が意図した文字列にマッチしない」、「そもそもスクリプト自体がエラーとなってしまう」ような場合には、上の点を再確認してみましょう。

なお、本書ではよりシンプルに表現できるリテラル表現を優先して利用していきます。文字列として正規表現を動的に組み立てるようなケースでのみコンストラクター構文を利用します。

Note **正規表現オブジェクトをコンストラクターに渡す**

RegExpコンストラクターでは、（文字列だけでなく）正規表現オブジェクトを受け取ることもできます。この場合、指定された正規表現が与えられた動作オプションを使って再生成されます（以下の結果もオプション部分に注目です）。

◉ リスト5-94 re_constructor.js

```
let org  = /[0-9]{3}-[0-9]{4}/g;
let copy = new RegExp(org, 'i');
console.log(copy);      // 結果：/[0-9]{3}-[0-9]{4}/i（オプションが変更された）
```

5.8.3　文字列が正規表現パターンにマッチしたかを判定する

　RegExpオブジェクトを生成できたところで、ここからは文字列を検索する方法を見ていくことにしましょう。まずは、特定の文字列が正規表現パターンにマッチしているかを判定する例です。正規表現の最もシンプルな用法です。

◉ リスト5-95 re_test.js

```
let re = /[0-9]{3}-[0-9]{4}/;
let str1 = '郵便番号は111-0500です。';
let str2 = '住所は東京都東京市東京町1-1-1です。';
console.log(re.test(str1));      // 結果：true
console.log(re.test(str2));      // 結果：false
```

　正規表現パターンがマッチするかを判定するには、testメソッドを利用します。testメソッドはマッチングの結果をtrue／falseで返します。

■ 完全一致、前方／後方一致を表現するには？

　リスト5-95の例では、郵便番号が文字列に含まれていることを判定しています。文字列全体が郵便番号である（＝完全一致である）ことを確認したいならば、正規表現パターンを以下のように修正してください。

```
let re = /^[0-9]{3}-[0-9]{4}$/;
```

　「^」は文字列の先頭、「$」は末尾を、それぞれ意味します。これで文字列が正規表現パターンに完全一致することを意味します。
　ちなみに、前方一致（～で始まる）、後方一致（～で終わる）を表したいならば、以下のように表します。

```
let re = /^[0-9]{3}-[0-9]{4}/;  ⟵ 前方一致
let re = /[0-9]{3}-[0-9]{4}$/;  ⟵ 後方一致
```

■ 文字の登場位置を取得する

　別解としてStringオブジェクトのsearchメソッドを利用しても構いません。

251

```
let re = /[0-9]{3}-[0-9]{4}/;
let str1 = '郵便番号は111-0500です。';
let str2 = '住所は東京都東京市東京町1-1-1です。';
console.log(str1.search(re));     // 結果：5
console.log(str2.search(re));     // 結果：-1
```

searchメソッドは、マッチした文字列の登場位置を返します（先頭が0文字目）。マッチするものがなかった場合、searchメソッドは-1を返すので、その値でもってマッチの有無も確認できます。

5.8.4 正規表現パターンにマッチした文字列を取得する

前項のtestメソッドは、文字列が正規表現パターンにマッチしたかを判定するだけです。マッチした部分文字列を取得したいならば、matchメソッドを利用します。

●構文 matchメソッド

```
str.match(pattern)
      str     ：検索対象の文字列
      pattern ：正規表現
```

たとえば以下は、文字列からURL文字列を抽出する例です（giオプションについては、この後の項で改めます）。

●リスト5-97 re_match.js

```
let re = /http(s)?:\/\/([\w-]+\.)+[\w-]+(\/[\w- ./?%&=]*)?/gi;
let str = `サポートサイトはhttp://www.example.com/です。
           サンプル紹介サイトHTTPS://www.web-deli.com/もよろしく！`;

let results = str.match(re);
for (let result of results) {
  console.log(result);
}
```

```
http://www.example.com/
HTTPS://www.web-deli.com/
```

matchメソッドは、正規表現パターンにマッチした文字列を配列として返します。ここでは、for...ofループで得られた配列の内容を順に出力しています。

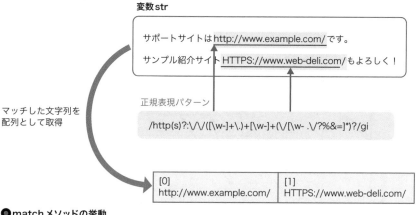

変数 str

サポートサイトは http://www.example.com/ です。

サンプル紹介サイト HTTPS://www.web-deli.com/ もよろしく！

正規表現パターン

/http(s)?:\/\/([\w-]+\.)+[\w-]+(\/[\w- .\/?%&=]*)?/gi

マッチした文字列を
配列として取得

| [0]
http://www.example.com/ | [1]
HTTPS://www.web-deli.com/ |

●match メソッドの挙動

5.8.5　正規表現オプションでマッチングの方法を制御する

5.8.2項でも触れたように、正規表現パターンには動作オプションを渡すこともできます。以下では、これらオプションの中でも、特によく利用すると思われるものについて、動作を確認しておきます。

■ グローバル検索を有効にする - g オプション

g オプションは、グローバル検索——すべてのマッチング結果を取得しようと試みます。この例は、リスト5-97でも見ているので、今一度結果を確認してみましょう。文字列に含まれるすべてのマッチング文字列が検索できていることが見て取れます。

では、リスト5-97の例から g オプションを外してみましょう。

●リスト5-98　re_match.js

```
let re = /http(s)?:\/\/([\w-]+\.)+[\w-]+(\/[\w- .\/?%&=]*)?/i;
```

```
http://www.example.com/
undefined
example.
/
```

この例では、グローバル検索を無効にしているので、最初に文字列がマッチしたところで検索は終了します。この際、match メソッドの戻り値も変化する点に注目です。具体的には、

最初に一致した文字列全体とサブマッチ文字列

を配列として返します。

サブマッチ文字列とは、正規表現パターンの中で丸カッコで示された箇所に合致した部分文字列のこ

と。丸カッコでくくられた箇所は、キャプチャグループ（グループ）、またはサブマッチパターンともいいます。

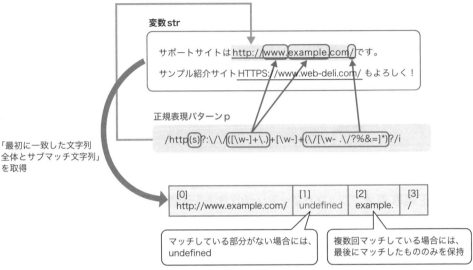

●matchメソッドの挙動（gオプションを無効にした場合）

■ 大文字／小文字を区別しない - iオプション

　こちらもリスト5-97の例で確認してみましょう。iオプションが有効になっているので、大文字／小文字を区別せずにマッチしています。

　この例から、iオプションを外して、変化を確認してみましょう。

● リスト5-99 re_match.js

```
let re = /http(s)?:\/\/([\w-]+\.)+[\w-]+(\/[\w- ./?%&=]*)?/g;
```

```
http://www.example.com/
```

ここではグローバル検索は有効にしていますが、大文字／小文字の違いを無視しない（＝区別する）ように設定しているので、「http(s)?://」は「HTTPS://」にはマッチしません。結果、「http://www.example.com/」だけが取り出されます。

■ マルチラインモードを有効にする - mオプション

ここまでは直感的にもわかりやすい挙動ですね。ややわかりづらいのが、mオプション（マルチラインモード）です。まずは、以下のサンプルを見てみましょう。

● リスト5-100 re_match_multi.js

```
let re = /^[0-9]{1,}/g;
let str = '101匹ワンちゃん。\n7人の小人';

let results = str.match(re);
for (let result of results) {
  console.log(result);
}
```

```
101
```

まずは、マルチラインモードを無効にしている場合の結果です。この場合、正規表現パターン「^」は単に文字列の先頭を表すので、先頭の「101」にのみ合致します。

マルチラインモードを有効にすると、結果はどのように変わるでしょう。

● リスト5-101 re_match_multi.js

```
let re = /^[0-9]{1,}/gm;
```

```
101
7
```

マルチラインモードを有効にした場合、正規表現パターン「^」は行頭を表します。その結果、文字列先頭の「101」はもちろん、改行コード「\n」の直後にある「7」にもマッチするわけです。

ちなみに、これは「$」（文字列末尾）についても同様です。マルチラインモードを有効にした場合、「$」は行末を表します。

> **Note** 正規表現リテラル
>
> 「/パターン/オプション」は、それ自体がリテラル表現ですから、リスト5-100のコードは以下の
> ようにも表せます。リテラルなので、前後をシングル／ダブルクォートで囲んではいけない点に要注
> 意です。
>
> ```
> let results = str.match(/^[0-9]{1,}/gm);
> ```

■ シングルラインモードを有効にする - s オプション

シングルラインモード（単一行モード）とは、「.」の挙動を変更するためのモードです。まずは、シン
グルラインモードが無効の場合の挙動からです。

◉ リスト5-102 re_match_single.js

```
let re = /^.+/g;
let str = 'こんにちは。\n私の名前は鈴木三郎です。';

let results = str.match(re);
for (let result of results) {
  console.log(result);
}
```

```
こんにちは。
```

既定で「.」は\nなどの行末文字を除く任意の文字にマッチします。よって、この例では文字列の先頭
「^」から改行の前までがマッチング結果として得られます。

では、シングルラインモードを有効にすると、どうでしょう。

◉ リスト5-103 re_match_single.js

```
let re = /^.+/gs;
```

```
こんにちは。
私の名前は鈴木三郎です。
```

この場合、「.」は行末文字も含むようになります。結果、上のように、改行を含んだすべての文字列
にマッチするわけです。

■ 正規表現パターンでUnicode文字列を利用する - uオプション

uオプションを利用することで、正規表現でUnicodeに関連した機能を利用できるようになります。たとえば以下は、サロゲートペア文字（ここでは「𠮟」。5.2.1項）を含んだ文字列を検索する例です。

◉ リスト5-104 re_match_unicode.js

```
let str = '𠮟ります';
console.log(str.match(/^.ります$/gu));    // 結果：["𠮟ります"]
```

「.」は任意の1文字を表すのでした。uフラグを削除すると、「𠮟」が1文字とは見なされなくなり（＝サロゲートペアが正しく認識されなくなり）、結果はnullとなります。

その他にも、uオプションを伴う例については、5.8.9項でも解説します。

■ マッチング範囲を記録する - dオプション ES2022

matchメソッド（gオプションなし）がサブマッチ文字列をはじめ、さまざまなマッチング情報を取り出すことは、5.8.5項でも触れたとおりです[2]。このマッチング情報に「サブマッチ文字列の範囲」（indicesプロパティ）を加えるのが、dオプションの役割です。

◉ リスト5-105 re_match_indices.js

```
let re = /http(s)?:\/\/([\w-]+\.)+[\w-]+(\/[\w- .\/?%&=]*)?/di;
let str = `サポートサイトはhttp://www.example.com/です。
            サンプル紹介サイトHTTPS://www.web-deli.com/もよろしく！`;
console.log(str.match(re));
```

```
[
  'http://www.example.com/', ←
  undefined,
  'example.',                          ❶
  '/', ←
  index: 8,
  input: 'サポートサイトはhttp://www.example.com/です。\n
          サンプル紹介サイトHTTPS://www.web-deli.com/もよろしく！',
  groups: undefined,
  indices: [
    [8, 31], undefined, [19, 27], [30, 31],
    groups: undefined  ←── ❷
  ]
][3]
```

結果の太字部分がdオプションによって追加されたindicesプロパティです。❶で表されたマッチング

※2　matchAllメソッド（5.8.6項）でも同等の情報を得られます。

※3　Safari環境では、拡張プロパティ（＝indexプロパティ以降）を除く部分だけが表示されます。以降のサンプルでも同様です。

257

結果の、それぞれの登場位置（範囲）を表しています※4。

indicesプロパティの配下にあるgroupsプロパティは、名前付きキャプチャグループを利用した場合
に、対応する登場位置を格納します（❷）。名前付きキャプチャグループについては5.8.9項も参照して
ください。

■ 指定位置でのみ検索する - yオプション

yオプションを利用することで、lastIndexプロパティで指定された位置でのみマッチングを試みます。
Sticky（粘着質）なマッチングとも呼ばれます。

以下は、const命令を含んだコードから識別子（定数名）を取り出すための例です。

◉ リスト5-106 re_match_sticky.js

```
let code = 'const HOGE = "ほげ"';
let re = /[A-Z0-9_]+/y;

// 6文字目でマッチ
re.lastIndex = 6;   ⟵ ❶
console.log(code.match(re));
      // 結果：['HOGE', index: 6, input: 'const HOGE = "ほげ"', groups: undefined]
```

この例であれば、6文字目（「H」の位置）でのみマッチングを試み、たしかに意図した結果（HOGE）
が得られることが確認できます。lastIndexプロパティの値を（たとえば）5に変化させた場合にはnull
（マッチしない）になることも確認しておきましょう。

使いどころが若干イメージしにくいかもしれませんが、（たとえば）長いテキストの解析を想定してみま
しょう。一般的な検索では、目的の文字列がなくても末尾までマッチングを試みます（これは無駄なオー
バーヘッドです）。しかし、Stickyな検索では位置を特定するので、無駄な検索を省けます。

特にサンプルのような状況──コードなどを字句解析する場合には、たいがい、検索位置も固定できる
ため、Sticky検索は効果的に働くはずです。

5.8.6　正規表現のマッチング結果をまとめて取得する　ES2020

リスト5-97、5-98でも見たように、matchオプションはグローバル検索の有効／無効によって結果
が変化するのでした。

グローバル検索	結果	サブマッチ文字列
有効	すべてのマッチング文字列	含まれない
無効	最初のマッチング文字列	含まれる

◉matchメソッドの挙動（gオプションによる変化）

すべてのマッチング文字列を得ようと思えば、サブマッチ文字列の情報は得られませんし、サブマッチ

※4　相応にオーバーヘッドの大きな処理なので、オプションでの切り替えを可能にしています。

文字列を得ようと思えば、単一の結果しか得られないわけです。そこで双方の結果を得るためのメソッドが用意されています。matchAllメソッドです。

◉ 構文 **matchAllメソッド**

```
str.matchAll(pattern)
      str     ：検索対象の文字列
      pattern：正規表現
```

以下に、具体的な例も示します。

◉ リスト5-107 **re_matchall.js**

```javascript
let re = /http(s)?:\/\/([\w-]+\.)+[\w-]+(\/[\w- .\/?%&=]*)?/gi;
let str = `サポートサイトはhttp://www.example.com/です。
             サンプル紹介サイトHTTPS://www.web-deli.com/もよろしく！`;

let results = str.matchAll(re);
for (let result of results) {
  console.log(result);
}
```

```
[
  'http://www.example.com/',
  undefined,
  'example.',
  '/',
  index: 8,
  input: 'サポートサイトはhttp://www.example.com/です。\n
             サンプル紹介サイトHTTPS://www.web-deli.com/もよろしく！',
  groups: undefined
]

[
  'HTTPS://www.web-deli.com/',
  'S',
  'web-deli.',
  '/',
  index: 55,
  input: 'サポートサイトはhttp://www.example.com/です。\n
             サンプル紹介サイトHTTPS://www.web-deli.com/もよろしく！',
  groups: undefined
]
```

matchメソッド（gオプションなし）と同じく、サブマッチ文字列、拡張プロパティまで含んだ情報が、まとめて出力されていることが確認できます。

■ レガシーな環境ではexecメソッド `Legacy`

matchAllメソッドはES2020で追加されたメソッドで、Internet Explorerのようなレガシーなブラウザーでは利用できません。レガシーな環境でmatchAllメソッドのような挙動を実装したい場合には、execメソッドを利用してください。

以下は、リスト5-107のコードをexecメソッドで書き換えたものです。

⦿ リスト5-108 re_exec.js

```
let result;
let re = /http(s)?:\/\/([\w-]+\.)+[\w-]+(\/[\w- .\/?%&=]*)?/gi;
let str = `サポートサイトはhttp://www.example.com/です。
            サンプル紹介サイトHTTPS://www.web-deli.com/もよろしく！`;

while((result = re.exec(str)) !== null) {
  console.log(result);
}
```

execメソッドは、以下の特徴を持ちます。

1. グローバル検索かどうかにかかわらず、実行結果は常に1つ
2. サブマッチ文字列、拡張プロパティなど詳細情報を含む
3. 最後にマッチした文字位置を記憶できる（＝次回は前回の文字位置から検索を再開する[5]）
4. マッチング文字列が存在しない場合の戻り値はnull

ポイントは3.、4. です。太字のコードによって、execメソッドの戻り値がnullになるまで、繰り返しexecメソッドを実行することで、すべてのマッチング結果を取得しているのです。

変数str

●execメソッドの挙動

※5　具体的には、lastIndexプロパティが変化します。

ただし、exec＋whileループの組み合わせは直感的ではありません。matchAllメソッドを利用できる環境であれば、そちらを優先して利用することをおすすめします。

■ 5.8.7 正規表現で文字列を置き換える

5.2.7項でも登場したreplaceメソッドは、正規表現を使った置き換えにも対応しています。

◉構文 replaceメソッド

```
str.replace(pattern, rep)
        str    ：置き換え対象の文字列
        pattern：正規表現
        rep    ：置き換え後の文字列
```

たとえば以下は、文字列に含まれる電話番号「000-0000-0000」を「000(0000)0000」の形式で置き換える例です。

◉リスト5-109 re_replace.js

```
let re = /(0\d{1,3})-(\d{2,4})-(\d{3,4})/g;  ← ❶
let str = `お問い合わせは088-888-8888まで。
夜間は088-999-9999で受け付けております。`;

console.log(str.replace(re, '$1($2)$3'));  ← ❷
```

```
お問い合わせは088(888)8888まで。
夜間は088(999)9999で受け付けております。
```

引数repには、以下の表のような特殊変数を埋め込むことも可能です。

変数	概要	結果例
$&	マッチした部分文字列	088-888-8888
$` （バックスラッシュ）	マッチした部分文字列の直前の文字列	お問い合わせは
$' （シングルクォート）	マッチした部分文字列の直後の文字列	まで。夜間は～
$1～100	サブマッチ文字列	088、888、8888（$1～3）
$$	ドル記号	$

◉引数repで利用できる特殊変数（結果例は太字にマッチした時の結果）

この例ではgオプションを付与しているので（❶）、該当する電話番号がすべて置き換えられますが、最初の1つだけを置き換えたい場合にはgオプションを外してください。以下は、その場合の結果です。

```
お問い合わせは088(888)8888まで。
夜間は088-999-9999で受け付けております
```

■ すべてのマッチング文字列を置き換える - replaceAll メソッド `ES2021`

すべてのマッチング文字列を置き換えるならば、replaceAll メソッドを利用しても構いません。replace ＋グローバル検索の組み合わせでも同じ意味ですが、replaceAll メソッドを利用することで、おもにコードの可読性という点で、以下のメリットがあります。

・すべて置き換えるという意図が明確になる
・g オプションが無効である場合には、エラーを発生する

以下は、リスト5-109の❷を書き換えたコードです。同じ結果が得られることを確認してください。

```
console.log(str.replaceAll(re, '$1($2)$3'));
```

■ 例：URL文字列をアンカータグに置き換える

replace メソッドを利用することで、文字列に含まれるURL文字列をアンカータグに置き換えることもできます。

◉ リスト5-110　re_replace_url.js

```
let re = /http(s)?:\/\/([\w-]+\.)+[\w-]+(\/[\w- .\/?%&=]*)?/gi;
let str = 'サポートサイトはhttp://www.example.com/です。 ';

console.log(str.replace(re, '<a href="$&">$&</a>'));
```

```
サポートサイトは<a href="http://www.example.com/">http://www.example.com/</a>です。
```

マッチした部分文字列全体を引用するならば、「$&」を利用するのでした。

■ コールバック関数を利用した置き換え

replace ／ replaceAll メソッドの引数rep には、コールバック関数（4.3.6項）を渡すこともできます。コールバック関数を利用することで、置き換え文字列をより複雑なルールで加工したり、なんらかの処理を差し挟むことも可能になります。

たとえば以下は、文字列内のURLをすべて大文字に変換する例です。

◉ リスト5-111　re_replace_func.js

```
let re = /http(s)?:\/\/([\w-]+\.)+[\w-]+(\/[\w- .\/?%&=]*)?/gi;
let str = 'サポートサイトはhttp://www.example.com/です。 ';

console.log(str.replace(re, function(match, p1, p2, p3, offset, string) {
  return match.toUpperCase();
}));
```

> サポートサイトはHTTP://WWW.EXAMPLE.COM/です。

コールバック関数は、引数として以下の表のような値を受け取り、置き換え後の文字列を返します。

引数	概要
match	マッチした文字列
p1、p2、p3...	サブマッチ文字列（グループの数に応じて変動）
offset	マッチした文字列の位置
string	検索対象の文字列

●コールバック関数の引数

この例であれば、引数match（マッチング文字列）を大文字化したものを返しています。

5.8.8　正規表現で文字列を分割する

5.2.8項で示したsplitメソッドも、replaceメソッドと同じく、区切り文字として正規表現を指定できます。たとえば以下は「YYYY/MM/DD」「YYYY-MM-DD」「YYYY.MM.DD」などの日付文字列を「/」「-」「.」で分割する例です。

◉ リスト5-112 re_split.js

```
let re = /[\/\.\-]/g;
console.log('2022/12/04'.split(re));     // 結果：["2022", "12", "04"]
console.log('2022-12-04'.split(re));     // 結果：["2022", "12", "04"]
console.log('2022.12.04'.split(re));     // 結果：["2022", "12", "04"]
```

区切り文字が「/」「-」「.」いずれであっても、文字列が正しく分割されていることが確認できます。

なお、ここでは便宜的にgオプションを付与していますが、splitメソッドはグローバル検索の有効／無効にかかわらず、すべての区切り文字で分割するのが既定です。分割数を制限したい場合には、第2引数で分割数を指定してください。

5.8.9　例：正規表現による検索

正規表現の基本的な操作を理解できたところで、ここからはよく利用する正規表現の一歩進んだ記法をいくつか、具体的な例とともに補足していきます。

■ 最長一致と最短一致

最長一致とは、正規表現で「*」「+」「?」など量指定子を利用した場合に、できるだけ長い文字列に一致させる、というルールのこと。量指定子の既定の挙動です。

具体的な挙動でも確認してみましょう。

●リスト5-113 re_longest.js

```javascript
let str = '<p><strong>お問い合わせ</strong>はこちら<a href="contact.html">🔖
<img src="faq.jpg"></img></a></p>';
let re = /<.+>/g;  ← ❶
let result = str.match(re);

for (let i = 0; i < result.length; i++) {
  console.log(result[i]);
}
```

　<.+>は、

<...>の中に任意の文字（.）が１文字以上（+）

を意味するので、<...>（タグ）ごとに分解された、以下のような結果を意図しています。

```
<p>
<strong>
</strong>
<a href="contact.html">
<img src="faq.jpg">
</img>
</a>
</p>
```

　しかし、実際の結果は以下のとおり。すべてのタグがまとめて単一の結果として返されます。

```
<p><strong>お問い合わせ</strong>はこちら<a href="contact.html"><img src="faq.jpg">🔖
</img></a></p>
```

　これが「できるだけ長い文字列に一致」の意味です。「.+>」（＝１文字以上の後方に「>」）の条件に合致する範囲で、「>」のマッチを先送りしているわけです。

　もし意図したように、個々のタグに分解したいならば、❶を以下のように書き換えてください。

```javascript
let re = /<.+?>/g;
```

　「+?」は最短一致（＝できるだけ短い文字列に一致）を意味するので、今度は最初に「>」を見つけたところでマッチを終了し、意図した結果が得られます。

　ほかの量指定子でも同様で、

　・*?
　・??

・{1, 3}?

のような表現も可能です。

■ 正規表現パターンのグループを名前付けする

　正規表現パターンに含まれる（...）でくくられた部分のことをグループと呼ぶのでした。グループを利用することで、マッチング文字列の断片（サブマッチ文字列）へのアクセスが可能になります。

　たとえば以下は、電話番号を表す文字列からさらに「市外局番」「市内局番」「加入者番号」を取り出す例です。

◉ リスト5-114　re_group.js

```javascript
let re = /(0\d{1,3})-(\d{2,4})-(\d{3,4})/;
let str = 'オフィスの電話番号は000-111-3333です。';

let result = str.match(re);
console.log(`
市外局番：${result[1]}
市内局番：${result[2]}
加入者番号：${result[3]}
`);
```

```
市外局番：000
市内局番：111
加入者番号：3333
```

　サブマッチ文字列には、result[1]のようにブラケット構文でアクセスできます。

　ただし、インデックス値でのアクセスはたいがい見た目にも区別しにくく、誤りの原因です。そのような場合には、グループに意味ある名前を付けておくとよいでしょう（名前付きキャプチャグループ）。

　以下は、リスト5-114を名前付きキャプチャグループで書き換えた例です。

◉ リスト5-115　re_group_named.js

```javascript
let re = /(?<area>0\d{1,3})-(?<city>\d{2,4})-(?<local>\d{3,4})/;  ← ❶
let str = 'オフィスの電話番号は000-111-3333です。';

let result = str.match(re);
console.log(`
市外局番：${result.groups.area}
市内局番：${result.groups.city}
加入者番号：${result.groups.local}
`);
```

　名前は?<名前>の形式で表すことができ、これを参照するには「result.groups.名前」とします。

コードは若干長くなりますが、それぞれの部位が表すものは明確になりました。

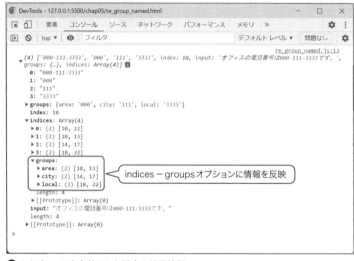
■ グループの内容を後方から参照する

　グループの内容は、戻り値、または置き換え文字列から参照できるばかりではありません。正規表現パターンそれ自身の中からも参照できます（後方参照）。後方参照を利用することで、文字列中に同一の部分文字列が登場するようなパターンを表現できるようになります。

　たとえば以下は文字列から「<a href="mailto:...">...</a>」を取り出す例です（「...」は同じ文字列とします）。

●リスト5-116 re_group_after.js

```
let re = /<a href="mailto:(.+?)">\1<\/a>/;   ⟵ ❶
let msg = 'お問い合わせは<a href="mailto:admin@example.com">admin@example.com</a>まで！';
console.log(msg.match(re)[0]);
        // 結果：<a href="mailto:admin@example.com">admin@example.com</a>
```

グループは「\1」のような番号で後方参照できます（太字）。複数のグループがあるならば、\2、\3...のように表します。

名前付きキャプチャグループも利用できます。その場合は、❶を以下のように書き換えてください。

```
let re = /<a href="mailto:(?<email>.+?)">\k<email><\/a>/;
```

名前付きキャプチャグループを参照するには、\k<名前>のように表します。

■ 参照したくないグループを除外する

ここまで何度も見てきたように、正規表現では(...)を用いることで、サブマッチ文字列を取得できます。ただし、(...)はサブマッチを目的にするばかりではありません。たとえば「*」「+」などの対象をグループ化するために用いる場合もあります。

たとえば以下のような例を見てみましょう。

●リスト5-117 re_noref.js

```
let re = /([a-z\d+\-.]+)@([a-z\d\-]+(\.[a-z]+)*)/i;  ←── ❶
let msg = 'メールアドレスはadmin@example.comです。';

let results = msg.match(re);
for (let result of results) {
  console.log(result);
}
```

```
admin@example.com
admin
example.com
.com
```

上の例では、正規表現パターンに3個のグループが含まれています（❶）。

●参照しないグループ

しかし、3番目のグループは「*」の対象を束ねるためのカッコで、サブマッチ文字列の取得を目的としたものではありません。そのようなグループはあとから参照する際にもまちがいのもととなりますし、そ

もそも参照しない値を保存しておくのは無駄です。

このような場合には、グループを (?:...) とすることで、グループをサブマッチの対象から除外できます。❶を、以下のように書き換えてみましょう。

```
let re = /([a-z\d+\-.]+)@([a-z\d\-]+(?:\.[a-z]+)*)/i;
```

3番目のグループがサブマッチ文字列を生成しなくなったので、結果も以下のように変化します。

```
admin@example.com
admin
example.com
```

■ 前後の文字列の有無によってマッチを判定する

正規表現には、前後の文字列の有無によって、本来の文字列がマッチするかを判定する表現があります。これを先読み、後読みといいます。

正規表現	概要
X(?=Y)	肯定先読み（Xの直後にYが続く場合だけ、Xにマッチ）
X(?!Y)	否定先読み（Xの直後にYが続かない場合だけ、Xにマッチ）
(?<=Y)X	肯定後読み（Xの直前にYがある場合だけ、Xにマッチ）
(?<!Y)X	否定後読み（Xの直前にYがない場合だけ、Xにマッチ）

●正規表現の先読み／後読み※6

それぞれの例を、以下に示します。

●リスト5-118 re_before.js

```
// 文字列strを正規表現regで検索した結果を表示する関数
// （関数についてはChapter 6を参照）
function showResult(str, reg) {
  let results = str.matchAll(reg);
  for (let result of results) {
    console.log(result[0]);
  }
  console.log('-----------');
}

let re1 = /あい(?=うえ)/g;    // 「うえ」が後に続く「あい」
let re2 = /あい(?!うえ)/g;    // 「うえ」が後に続かない「あい」
let re3 = /(?<=。)あい/g;      // 「。」が直前にある「あい」
let re4 = /(?<!。)あい/g;      // 「。」が直前にない「あい」
let str1 = 'あいうえおかきくけこ';
let str2 = 'あいすべきサルですね。あいあいは';
```

※6　後読みはES2018で追加されたしくみです。ただし、執筆時点では、Safariがまだ後読みをサポートしていません。

```
showResult(str1, re1);    // 結果：あい
showResult(str2, re1);    // 結果：（なし）
showResult(str1, re2);    // 結果：（なし）
showResult(str2, re2);    // 結果：あい、あい、あい
showResult(str1, re3);    // 結果：（なし）
showResult(str2, re3);    // 結果：あい
showResult(str1, re4);    // 結果：あい
showResult(str2, re4);    // 結果：あい、あい   ←── ❶
```

先読み／後読みにかかわらず、カッコの中（太字）はマッチング結果には含まれない点に注意してください。なお、❶は、「。」が直前にない「あい」を検索するので、「。あい」が除外された結果、2個の「あい」にマッチします。

■ Unicodeプロパティで特定の文字群を取得する

Unicodeで定義された個々の文字には、それぞれの特性を表すためのプロパティ（属性）が割り当てられています。たとえば文字が記号であるか、ひらがな／カタカナであるか、空白文字であるか、などの属性です。これらのプロパティを正規表現パターンの中で利用できるようにしたものがUnicodeプロパティエスケープという構文です。\p{...}の形式で表し、正規表現そのものにはuオプションを付与します。

たとえば以下は、文字列からひらがな、カタカナ、漢字をそれぞれ取り出すための例です。

● リスト5-119 re_unicode.js

```
let msg = 'WINGSでは執筆メンバーを絶賛募集中です！';

console.log(msg.match(/[\p{sc=Hiragana}]+/gu));   // 結果：['では', 'を', 'です']
console.log(msg.match(/[\p{sc=Katakana}]+/gu));   // 結果：['メンバ']
console.log(msg.match(/[\p{sc=Han}]+/gu));        // 結果：['執筆', '絶賛募集中']
```

ひらがな、カタカナ、漢字以外にも、以下のようなプロパティがあります。

プロパティ	概要
\p{Letter}、\p{L}	文字
\p{Punctuation}、\p{P}	句読点
\p{Uppercase_Letter}、\p{Lu}	英大文字（半角、全角）
\p{Lowercase_Letter}、\p{Ll}	英小文字（半角、全角）
\p{Number}、\p{N}	半角／全角数字（ローマ数字も含む）
\p{Nd}	半角／全角数字（10進数）
\p{Space_Separator}、\p{Zs}	空白
\p{sc=Hiragana}、\p{sc=Hira}	ひらがな
\p{sc=Katakana}、\p{sc=Kana}	カタカナ
\p{sc=Han}	漢字

● よく利用するUnicodeプロパティエスケープ

269

ただし、\p{sc=Hiragana}、\p{sc=Katakana}では句読点、音引きなどにマッチしません。これらの文字も結果に含めるには、\p{**scx**=Hiragana}、\p{**scx**=Katakana}を利用してください。

また、（たとえば）カタカナを含まないを表すには、\P{sc=Katakana}（Pが大文字）とします。

Note gc（General_Category）、sc（Script）、scx（Script_Extensions）

Unicodeプロパティエスケープの接頭辞となる「gc=」「sc=」は、プロパティの分類を意味します。gc（General_Category）は一般カテゴリーとも呼ばれ、英数字、記号のようなおおまかな分類を意味しますし、sc（Script）であればひらがな、カタカナのような文字種を表す分類です（scxは、本文でも触れたように、その拡張です）。

ただし、「xxx=」が省略された場合には一般カテゴリーと見なされるので、「Letter」は「gc=Letter」と同じ意味です。

Column 知っておきたい！JavaScriptの関連キーワード（1）- altJS

ES2015以降、随分と改善されたとはいえ、JavaScriptの開発生産性に不満を持っている人は少なくないでしょう。もっとも、だからといって、ブラウザーで動作する言語は実質、JavaScriptだけであり、これを今さら新たな言語で置き換えるのは現実的ではありません。

そこで近年では、JavaScriptの上にもう1枚、薄い皮（言語）を被せて、JavaScriptの「不満な部分」を補ったり、隠蔽してしまおうというアプローチがあります、そのような言語を、JavaScriptの代替言語という意味でaltJSと総称します。altJSは、一般的にトランスパイラーによってJavaScriptに変換されてから実行されるので、動作環境を選びません。

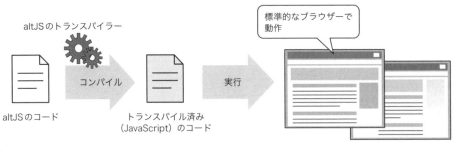

● altJSとは？

altJSに分類される言語には、TypeScript、CoffeeScript、Dart、ClojureScriptなどがあります（P.280に続く）。

（P.280に続く）

270

5

基本データを操作する - 組み込みオブジェクト

5.9 その他のオブジェクト

以降では、これまでに取り上げなかったその他の機能について扱います。

■ 5.9.1 JavaScriptでよく利用する機能を提供する - Globalオブジェクト

Globalオブジェクト（グローバルオブジェクト）は、ここまでに登場してきたオブジェクトと異なります。たとえば、以下のようにインスタンス化することもできません。

```
let g = new Global();
```

以下のように配下のメンバーを呼び出せるわけでもありません。

```
Global.メソッド名(...);
```

グローバルオブジェクトとは、いうなれば、グローバル変数やグローバル関数を管理するために、JavaScriptが自動的に生成する便宜的なオブジェクトなのです。

グローバル変数／グローバル関数とは、要は、関数配下に属さないトップレベルの変数／関数のこと。グローバル変数／関数は、自分自身で定義することも可能ですが、JavaScriptでもいくつかのグローバル変数／関数を既定で提供しています。

これらグローバル変数／グローバル関数は、「Global.〜」ではなく、ただ単に次のように呼び出します。

```
変数名
関数名(引数, ...)
```

グローバルオブジェクトには、JavaScriptでコードを記述するうえで重要な（また、よく使用する機能）が含まれています。

271

分類	メンバー	概要
特殊値	NaN	数値でない（Not a Number）
	Infinity	無限大（∞）
	undefined	未定義値
チェック	isFinite(*num*)	有限値かどうか（NaN、正負の無限大でない）
	isNaN(*num*)	数値でない（Not a Number）かどうか
変換	Boolean(*val*)	真偽型に変換（3.7.3項）
	Number(*val*)	数値型に変換（3.7.3項）
	String(*val*)	文字列型に変換（3.7.3項）
	parseFloat(*str*)	文字列を浮動小数点数に変換（5.3.3項）
	parseInt(*str*)	文字列を整数値に変換（5.3.3項）
エンコード	encodeURI(*str*)	文字列をURIエンコード
	decodeURI(*str*)	文字列をURIデコード
	encodeURIComponent(*str*)	文字列をURIエンコード
	decodeURIComponent(*str*)	文字列をURIデコード
解析	eval(*exp*)	式／値を評価

●JavaScriptで利用可能なグローバル変数／関数

　グローバルオブジェクトのメンバーについては、それぞれ関連する項でも解説しているので、参照先のページを参照してください。以下では、isXxxxx／parseXxxxxメソッドについてのみ補足しておきます。

■ Numberオブジェクトに移動したメソッド

　ES2015では、グローバルオブジェクトに属するメソッドの一部が、Numberオブジェクトに移動しました。数値に関わる機能は、意味的にNumberオブジェクトに属しているほうがわかりやすいからです。

- ・isFinite
- ・isNaN
- ・parseFloat
- ・parseInt

　現在よく使われている環境ではES2015対応は問題ありません。今後はNumberオブジェクトのそれを優先して利用すべきです。

　なお、上のメソッドにおいて、parseFloat／parseIntメソッドはグローバルオブジェクトとNumberオブジェクトとで挙動は完全に一致しています。しかし、isFinite／isNaNメソッドは、挙動が変化しています。

　具体的には、以下の例で確認してみましょう。

● リスト5-120 global_is.js

```
console.log(isNaN('hoge'));            // 結果：true
console.log(Number.isNaN('hoge'));     // 結果：false
```

グローバルオブジェクトのisNaNメソッドが

引数を数値に変換してから判定する

のに対して、Numberオブジェクトでは、

引数が数値型であり、かつ、NaNであるものだけをtrue

とします。つまり、Number.isNaNメソッドのほうがグローバルオブジェクトのそれよりも厳密に、NaNを判定できるということです。

この関係は、Number.isFinite／Global.isFiniteも同様です。

■ 補足：グローバルオブジェクトの実体

グローバルオブジェクトの実体は、JavaScriptの環境によって変化します。

環境	概要
ブラウザー	window（10.1.1項）
Node.js	global
Worker（10.6節）	self

● グローバルオブジェクトの実体

このような違いは、環境をまたいだコードを記述する場合に考慮すべき点を増やします。そこでES2020では、グローバルオブジェクトを表すためにglobalThisというキーワードが追加されました。

たとえば以下は、グローバル関数evalを呼び出す例です。以下のコードは、すべて同じ意味です。

```
eval('console.log(2 * 3)');            ←── ❶
window.eval('console.log(2 * 3)');     ←── ❷
globalThis.eval('console.log(2 * 3)'); ←── ❸
```

もちろん、一般的にはグローバルオブジェクトを明記する意味はないので、❶で十分です。万が一、グローバルオブジェクトを明記しなければならない状況では、ブラウザー環境に依存する❷は避け、❸のように記述すべきです。

273

5.9.2 オブジェクト⇔JSON文字列を相互に変換する - JSONオブジェクト

JSON（JavaScript Object Notation）は、名前のとおり、JavaScriptのオブジェクトリテラル形式に準じたデータフォーマットのこと。その性質上、JavaScriptとは親和性が高く、非同期通信（10.4節）などの用途でよく利用されています。

■ JSON形式のルール

オブジェクトリテラルの構文については2.3.6項でも触れているとおりです。たとえば以下は、書籍情報を表したJSONデータです。

◉ リスト5-121 JSONデータの例

```
{
  "isbn": "978-4-297-12635-3",
  "title": "TypeScript入門",
  "price": "2948"
}
```

大雑把には{キー名: 値, ...}の形式で構造化データを表現できると理解しておけばよいでしょう。ただし、JSONの構文とオブジェクトリテラルのそれとは、厳密には一致していないので要注意です。具体的には、以下のような制約があります。

❶ プロパティはダブルクォートでくくること（シングルクォートも不可）
❷ ゼロはじまりの数値は禁止
❸ 配列／オブジェクト配下の要素末尾をカンマで終えてはいけない

■ JSONオブジェクトの基本

JavaScriptでは、JSONに対応したJSONオブジェクト（そのままですね）を用意しており、オブジェクトリテラルとJSON文字列とをかんたんに相互変換できます。

たとえば、JSONデータをオブジェクトに変換するには、JSON.parseメソッドを呼び出すだけです。

◉ リスト5-122 json_parse.js

```
// 文字列の内容はリスト5-121を参照
let data = `...`;
let obj = JSON.parse(data);
console.log(obj);
```

●JSON文字列がオブジェクトに変換された

JavaScriptオブジェクト→JSON文字列の変換には、JSON.stringifyメソッドを利用します。

```
let str = JSON.stringify(obj):
console.log(str);
```

●オブジェクトが再び文字列化された

本項の例では、JSON文字列をハードコーディングしていますが、一般的にはネットワーク経由で取得したデータをアプリに取り込むような状況でよく利用することになるでしょう（詳しくは10.4.2項も合わせて参照してください）。

また、ストレージ（10.3.1項）などにオブジェクトをそのまま格納するような状況にも、JSONオブジェクトは利用できます。

■ 日付値の生成

ただし、JSONオブジェクトがすべての値を正しく復元できるわけではありません。というよりも、JSONで表現できる型はごく限定的で、

- ・数値（BigIntは除く）
- ・文字列
- ・論理値
- ・null
- ・配列
- ・オブジェクト（ただし、上記の値で構成されるもの）

だけです。たとえばよく利用される日付値はstringify→parseの過程で単なる文字列と化してしまいます。

●リスト5-123 json_date.js

```javascript
let org = {
  title: 'JavaScript本格入門',
  price: 2980,
  published: new Date(2022, 5, 25),
};
let js = JSON.stringify(org);
console.log(js);          // 結果：{"title":"JavaScript本格入門","price":2980, ⮐
"published":"2022-06-24T15:00:00.000Z"}  ⟵ ❶
let obj = JSON.parse(js);  ⟵ ❹
console.log(obj);          // 結果：{title: 'JavaScript本格入門', price: 2980, ⮐
  published: '2022-06-24T15:00:00.000Z'}  ⟵ ❷
console.log(obj.published.getFullYear()); // 結果：エラー (Uncaught TypeError: obj. ⮐
published.getFullYear is not a function)  ⟵ ❸
```

❶では、内部的にはtoJSONメソッド（5.4.6項）が呼び出され、正しく文字列化されているように見えます。ただし、JSON.parseがこれを正しく認識できないので、❷の結果は文字列としてそのまま復元されただけです。オブジェクトとして、たとえばgetFullYearメソッドの呼び出しはできません（❸）。

これを正しく復元するには、parseメソッドの第2引数に値変換のためのコールバック関数を指定します。以下は❹を書き換えたコードです。

```javascript
let obj = JSON.parse(js, function(key, value) {
  // 値が日付形式であればDateオブジェクトとして復元
  if (typeof(value) == 'string' &&
    value.match(/^\d{4}-\d{2}-\d{2}T\d{2}:\d{2}:\d{2}\.\d{3}Z$/)) {
    return new Date(value);
  }
  return value;
});
```

●オブジェクトとして復元された

コールバック関数の条件は、以下のとおりです。

・引数としてプロパティ名、値を受け取ること（ここではkey、value）

・戻り値は変換後の値

parseメソッドは、プロパティ単位にコールバック関数を呼び出し、合算したものを変換結果として返すわけです。よって、変換が不要なプロパティが混じっている場合にも、元の値をそのまま返すようにしてください（太字）。さもないと、結果から対象のプロパティが抜け落ちてしまいます。

結果を確認してみると、今度はpublishedプロパティが正しく復元されていること（＝日付がオブジェクトとして認識されていること）がわかります。

■ 補足：eval関数

JSON.parseメソッドによく似たしくみとして、グローバルオブジェクトにはeval関数が用意されています。たとえばリスト5-122は、eval関数を利用しても、ほぼ同様に表現できます。

◉ リスト5-124 eval_basic.js

```
let data = `...`;
eval(`var obj = ${data}`);※1
console.log(obj);
```

eval関数が、与えられた文字列をJavaScriptのコードとして評価／実行しているのです。汎用的なしくみなので、以下のようなコードも可能です。

```
let str = 'console.log("eval関数")';
eval(str);      // 結果：eval関数
```

このようにしてみると、eval関数には自在にJavaScriptのコードを引き渡し、実行できるので、より便利に見えます。しかし、以下のような理由から、濫用は避けるべきです。

- ・ユーザー入力をeval関数に渡している場合、第3者が任意のスクリプトを自由に実行できてしまう可能性がある（セキュリティリスク）
- ・通常のコードを実行するよりも、処理速度が遅い（パフォーマンスの悪化）

一般的な用途であれば、eval関数には、より安全な代替策があります。上でも触れたJSON文字列の変換であれば、それに特化したJSONオブジェクトを利用すれば十分です。

また、「変数（式）の値によってアクセスすべきプロパティを切り替えたい」という状況を考えてみましょう。eval関数を利用することで、以下のようにも書けます。

◉ リスト5-125 eval_bad.js

```
let obj = { hoge: 1, foo: 2 };
let prop = 'hoge';
eval(`console.log(obj.${prop})`);   // 結果：1
```

※1　変数をvarで宣言しているのは、eval関数で宣言されたコードはブロックとして評価されるからです。letで宣言された変数はブロック配下でのみ有効なので、evalの外からは参照できません（6.3.1項も参照してください）。

しかし、このようなシーンであれば、ブラケット構文を利用したほうがよりシンプルですし、なにより安全です（意図しないコードを挿入される危険を考慮しなくてよいからです）。

```
console.log(obj[prop]); // 結果：1
```

このように、eval関数を利用したくなるような局面では、たいがい、代替策が用意されています。まずは、ほかの方法で置き換えられないかを検討するようにしてください。

「eval is evil」（eval関数は邪悪）なのです。

5.9.3　シンボルを作成する - Symbolオブジェクト

ES2015では、これまでのString／Number／Booleanなどの型に加えて、新たにSymbolという型が追加されました。Symbolとは、名前のとおり、シンボル（モノの名前）を作成するための型です。一見すると、文字列にも似ていますが、文字列ではありません。

本項では、まずはこの不思議な型Symbolの特徴を最初にまとめたあと、具体的な用法を紹介していきます。

■ シンボルの性質を理解する

まずは、シンボルを実際に作成し、生成されたシンボルの内容を確認してみましょう。

◉リスト5-126　symbol_basic.js

```
let sym1 = Symbol('sym'); ←──────┐
let sym2 = Symbol('sym'); ←──────┴── ❶

console.log(typeof sym1);        // 結果：symbol
console.log(sym1.toString());    // 結果：Symbol(sym)
console.log(sym1.description);   // 結果：sym
console.log(sym1 === sym2);      // 結果：false ←── ❷
```

シンボルを生成するのは、Symbol関数の役割です（❶）。コンストラクターにも似ていますが、new演算子で「new Symbol('sym')」のように表すことはできません（TypeErrorとなります）。

◉構文　Symbol関数

```
Symbol([desc])
      desc：シンボルの説明
```

引数descはシンボルの説明（名前）です。引数descが同じシンボルでも、別々に作成されたシンボルは別物と見なされる点に注意してください。上の例であれば、sym1／sym2は、いずれも引数descはsymですが、===演算子での比較では異なるものと見なされます（❷）。

また、シンボルでは文字列／数値への暗黙的な型変換はできません。よって、以下はいずれもエラー

となります。

```
console.log(sym1 + ''); // 結果：Cannot convert a Symbol value to a string
console.log(sym1 - 0);  // 結果：Cannot convert a Symbol value to a number
```

ただし、boolean型への変換は可能です。

```
console.log(typeof !!sym1);        // 結果：boolean
```

このように独特の性質を持ったシンボルですが、これだけでは具体的な利用イメージが見えないかもしれません。そこで、典型的な利用例を1つ挙げておきます。列挙定数を表すようなケースです。

これまで、値そのものに意味がなく、その名前にだけ意味があるような定数を表すのに、以下のようなコードを書いてはいなかったでしょうか。

```
const MONDAY = 0;
const TUESDAY = 1;
...中略...
const SUNDAY = 6;
```

一般的に、このような定数では0、1...といった値に意味はなく、MONDAY、TUESDAY...といった名前に識別子としての意味があるだけです。しかし、これら定数を利用すべき文脈で、定数／数値いずれを利用してもエラーにはなりません。

```
if (week === MONDAY) { ... }
if (week === 0) { ... }
```

コードの可読性を考えれば「0」で比較するのは望ましい状態ではありませんし、そもそも「const JANUARY = 0;」のような定数が現れた時に、同じ値の定数が同居してしまうのはバグが混入する元です（役割が似ていればなおさらです）。

そこで、定数の値としてシンボルを利用するのです。

```
const MONDAY = Symbol();
const TUESDAY = Symbol();
...中略...
const SUNDAY = Symbol();
```

異なるSymbol命令で生成されたシンボルは、同名であってもユニーク（一意）になるのでした。これはSymbol命令の引数を省略した場合も同じです。

生成されたシンボルの値はどこからもわからないので、たとえば定数MONDAYと等しいのは定数MONDAYだけです。

シンボルの本来の目的は、安全にJavaScriptの機能を拡張することにあります。安全に、とは、JavaScript（ECMAScript）に新たなプロパティ／メソッドが追加されても、既存のアプリに影響が出ないようにする、という意味です。

具体的な例は8.5.3項でも後述しますが、現在のJavaScriptでもすでにシンボルを利用したさまざまなしくみが用意されています。本文ではシンボルのイメージを膨らませるために、列挙定数の例を挙げましたが、一般的には、シンボルはJavaScript本体のためのしくみである（＝一般的な開発者がシンボルを利用する機会はほとんどない）と理解しておきましょう。

Column　知っておきたい！JavaScriptの関連キーワード（2）- TypeScript

P.270でも触れたように、altJSと称される言語はさまざま存在しますが、現時点で最も知名度も高く、更新にも勢いがあるのがTypeScript（https://typescriptlang.org/）です。

TypeScriptは、名前の通り、静的な型システムに対応しており、きちんとした—— 一定以上の規模のアプリも開発しやすくなっています。また、JavaScript（ECMAScript）のスーパーセットとなっており、本来のJavaScriptコードはほぼそのまま動作しますし、TypeScript構文に置き換えるのも容易です。具体的なコードも見てみましょう。

```
class Member {
  // コンストラクター（privateプロパティ name、ageを初期化）
  constructor(private name: string, private age: number) { }
  // メソッド
  public show(): string {
    return `${this.name}は${this.age}歳です。`;
  }
}

const m = new Member('山田太郎', 18);
console.log(m.show());    // 結果：山田太郎は18歳です。
```

いかがですか。ここでは詳しい説明は省きますが、Chapter 8でも学んだJavaScriptのクラス構文に型付けを追加したような構文なので、理解しやすいのではないでしょうか。詳しくは以下のような専門書も合わせて参照することをおすすめします。

・『速習 TypeScript 第2版』(Amazon Kindle)

TypeScriptはReact、Vue.js、Angularなどのフレームワーク開発でも利用される機会が増えており、ますます学習の価値も高まっています。これからaltJSを学ぼうとしているならば、選択肢の1つとしてTypeScriptを検討してみてはいかがでしょう。

Chapter 6

繰り返し利用するコードを
1ヵ所にまとめる - 関数

6.1 関数の基本

与えられた入力（パラメーター）に基づいてなんらかの処理をおこない、その結果を返すしくみを関数といいます。オブジェクトに属する関数はメソッドと呼んで区別しますが、役割としては同じものと考えてよいでしょう。

Chapter 5では、JavaScript標準で用意された関数（メソッド）について学びました。しかし、関数はJavaScriptが標準で提供するものばかりではありません。標準関数では賄えないような、しかし定型的な処理については、自前で定義することも可能です。これを標準の関数と区別して、ユーザー定義関数といいます。

6.1.1 ユーザー定義関数が必要な理由

まずは、どのような場合にユーザー定義関数が必要なのかを考えてみます。たとえば以下は、三角形の面積を求めるためのコードです。

● リスト6-01 func_before.js

```
let base = 10;          // 底辺
let height = 4;         // 高さ
let area = base * height / 2;    // 面積
console.log(area);      // 結果：20
```

三角形の面積を求めているのは太字の部分です。特に問題はなさそうですが、三角形の面積を、コードの複数個所で求めたくなったら、どうでしょう。同じ式を何度も記述するのは冗長です。冗長なコードは読みにくくなりますし、なにより修正の手間が増えます。たとえば、面積を求める前に、底辺／高さの値チェック（たとえば、正数であること、などです）を追加しようとすると、該当するすべてのコードに影響が及びます。

大規模なアプリともなれば、そもそも修正すべき箇所を洗い出すだけでもひと苦労でしょう。読みやすく、修正しやすいコードを記述するための第一歩は、コードの重複をなくすことです。ユーザー定義関数とは、まさにコードの重複を1ヵ所にまとめるためのしくみである、といえます。

ユーザー定義関数を使わない場合	ユーザー定義関数を使えば...

```
base = 10;
height = 6;
area = base * height / 2;
    ...その他のコード...
base = 8;
height = 4;
area = base * height / 2;
    ...その他のコード...
base = 12;
height = 10;
area = base * height / 2;
    ...その他のコード...
base = 6;
height = 3;
area = base * height / 2;
```

同じような式を
繰り返し書くのは大変

```
function getTriangleArea (base, height) {
  return base * height / 2;
}
area = getTriangleArea(10, 6);
  ...その他のコード...
area = getTriangleArea(8, 4);
  ...その他のコード...
area = getTriangleArea(12, 10);
  ...その他のコード...
area = getTriangleArea(6, 3);
  ...その他のコード...
```

ユーザー定義関数を使えば、
コードもスッキリ見やすい

ユーザー定義関数とは…
重複したコードを1ヵ所にまとめるためのしくみ

●ユーザー定義関数

6.1.2 ユーザー定義関数の基本

ユーザー定義関数を定義するには、function命令を利用します。

●構文 function命令

```
function 関数名(引数, ...) {
  ...任意の処理...
  return 戻り値;
}
```

以下は、リスト6-01から三角形の面積を求めるためのコードを切り出し、ユーザー定義関数として定義し直した例です。

●リスト6-02 func_basic.js

```
function getTriangleArea(base, height) {
  return base * height / 2;
}

let area = getTriangleArea(10, 4);
console.log(area);        // 結果：20
```

ユーザー定義関数は以下のように呼び出せます（太字）。

```
関数名(引数, ...)
```

この書き方は、これまで見てきた組み込みオブジェクトに対するものと同じなので、特筆すべき点はありません。

引数が存在しない場合にも、関数の後方の丸カッコは省略できないので、注意してください（丸カッコを省略した場合、関数の定義内容がそのまま出力されてしまいます！）。

```
console.log(show);    ←── ×show関数の中身を参照するだけ
console.log(show());  ←── ○show関数を実行する
```

以上、最低限の動作を確認できたところで、ここからは構文の細部を詳しく見ていきます。

> **Note** **中カッコは省略不可**
>
> 4.2.4項でも触れたように、if／for／whileなどの制御命令では、配下の命令が1文である場合に限って中カッコを省略できます。しかし、function命令では、関数の中身が1文であっても中カッコを省略できません。

6.1.3 関数名

識別子の命名規則（2.2.2項）に従うのは、これまでと同じです。getTriangleArea、insertNodeのようなキャメルケース記法で表します。

また、構文規則ではありませんが、関数としての役割がひと目で把握できるように「動詞＋名詞」の形式で命名するのがおすすめです。特に、動詞はよく利用するものは限られます。慣例に従うことで、関数の役割を類推しやすくなります。

動詞	役割
get	取得
add	追加
insert	挿入
start	開始
begin	開始
is	～であるか
read	読み込み
send	送信

動詞	役割
set	設定
remove／delete	削除
replace	置換
stop	終了
end	終了
has	～があるか
write	書き込み
receive	受信

●**関数名でよく利用する動詞**

そのほかにも、updateShowInfoのような、複数動詞の連結もまずは避けるべきです。再利用性、テストのしやすさなどの観点からも、関数の役割は1つに限定するのが理想です。この例であれば、update（更新）なのか、show（出力）なのか、関数の役割を分解すべきでしょう。

ましてや、本来の役割と乖離した名前は論外です。たとえばshowInfoのような名前からは、なんらかの情報を出力（表示）することを期待します。しかし、実際には情報を更新するなどしていたら、利

用者の混乱は避けられません。

名は体を表す——関数に限らず、すべての要素を命名する場合の基本です。

6.1.4 仮引数と実引数

引数とは、関数の中で参照できる変数のこと。関数を呼び出す時に、呼び出し側から関数に値を引き渡すために利用します。より細かく、呼び出し元から渡される値のことを実引数、受け取り側の引数のことを仮引数と、区別して呼ぶこともあります。

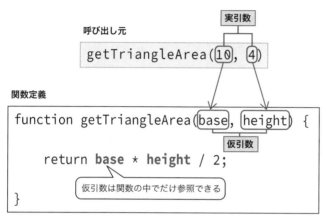

●仮引数と実引数

Note	仮引数はローカル変数の一種

　スコープ（6.3節）の観点から見た場合、仮引数はローカル変数の一種です。つまり、関数の中でのみ参照が可能です。

引数を決める場合の注意点は、以下のとおりです。

（1）引数の個数

引数の上限は、ドキュメント上は明記されていません（利用している環境によって変化します）。著者の環境で256個の引数を試した範囲では問題なく動作していたので、現実的な用途では無制限と考えてよいでしょう。ただし、把握のしやすさを考えれば、5〜7個程度が現実的な上限です。

それ以上になる場合は、関連する引数をオブジェクトとしてまとめることを検討してください。オブジェクトについては、2.3.6項などを参照してください。

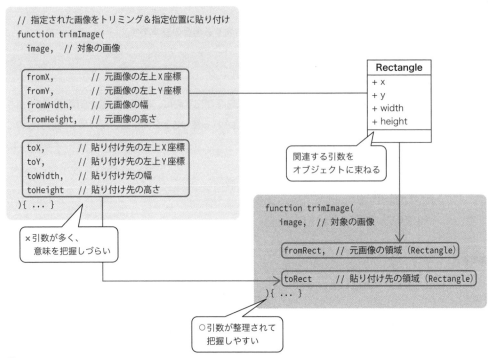

●関連する引数はまとめる

（2）引数の名前

VSCodeのようなJavaScript対応エディターでは、コード補完に際して引数名をヒント表示します。関数名と同じく、意味の捉えやすい名前を付けておくことで、利便性が増します。

また、関連する関数を複数定義するならば、名前の一貫性も考慮すべきです。たとえばgetTriangleArea関数では高さをheightとしているのに、getSquareArea関数ではtallとするのは混乱のもとです（異なる意味であることを想像させてしまうという意味で、読みにくいコードとなります）。

（3）引数の並び順

引数の並びは、以下のルールで決定すべきです。

- **重要なものを先に**
- **関連する情報は隣接するように**

たとえば、ステータス情報を更新するためのupdateStatusのような関数があったとします。その引数を、以下のように並べるのは、大抵の場合に望ましくありません。

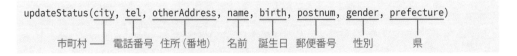

引数が無秩序に並んでいるため、エディターの入力ヒントを利用したとしても、順序の把握は困難です。では、以下のように修正したらどうでしょう。

```
updateStatus(name, gender, birth, tel, postnum, prefecture, city, otherAddress)
```

名前、性別のような重要な情報が先に来て、住所に関わる情報（太字）がまとまったことから、随分と把握がかんたんになっています。

また、関連する関数を複数定義するならば、一貫性も考慮すべきです。updateStatusではbirth→telの順序なのに、insertStatusではtel→birthであるのは、これまた誤りの原因となります。get／set、begin／endなど対称性のある関数では、特に意識してください。

> **Note　引数リスト末尾のカンマ**
>
> ES2017以降、引数リスト末尾のカンマが許容されるようになりました。よって、リスト6-02は以下のように表しても同じ意味です。
>
> ```
> function getTriangleArea(base, height,) { ... }
> let area = getTriangleArea(10, 4,);
> ```
>
> ただし、1行で表す場合には冗長なだけなので、最後のカンマは省略するのが一般的です。一方、長い引数の場合には、引数単位に改行したほうがコードは読みやすくなります。その場合は、末尾のカンマは付けるほうがよいでしょう。それによって、あとで引数を追加した場合にも、カンマのもれを防げるからです。

6.1.5　戻り値

引数が関数の入り口であるとするならば、戻り値（返り値）は出口——関数が処理した結果を表します。関数配下のreturn命令によって表します。

◉構文　return命令

```
return 戻り値
```

関数ブロックの途中にも記述できますが、その場合、return以降の命令は実行されません。一般的に、return命令は関数の末尾に置くか、関数の途中で記述する場合には、ifなどの条件分岐命令とセットで利用します。

たとえば以下は、引数base／heightが0以下である場合に、戻り値も0とする例です。

```
function getTriangleArea(base, height) {
  if (base <= 0 || height <= 0) { return 0; }
  return base * height / 2;
```

```
}
```

そもそも戻り値がない関数では、return命令は省略しても構いません。その場合、関数の戻り値は暗黙的にundefinedと見なされます）。たとえば以下は、求めた三角形の面積をログに表示するshowTriangleArea関数の例です。

```
function showTriangleArea(base, height) {
  console.log(base * height / 2);
}
```

■ 関数の実行を中断する

return命令は、関数を中断する目的でも利用できます。その場合は、「return;」とすることで、戻り値を返さず、ただ処理を終了しなさい（＝呼び出し元に処理を返しなさい）という意味になります。

たとえば以下は、引数base／heightがゼロ以下である場合に、単に処理を終了する例です。

```
function getTriangleArea(base, height) {
  if (base <= 0 || height <= 0) { return; }
  return base * height / 2;
}
```

「return;」は「return undefined;」としても同じ意味ですが、前者のほうがシンプルですし、なにより中断の意図を明確に示せます。

■ 注意：return命令の直後で改行しない

2.1.4項でも触れたように、JavaScriptでは文末のセミコロン（;）は任意です。セミコロンを省略した場合にも、JavaScriptが前後の文脈から文の末尾を判断してくれるからです。このような寛容さは、基本的にJavaScriptのハードルを下げる要因となるものですが、時として、要らぬ混乱をもたらす原因にもなります。以下の例を見てみましょう。

● リスト6-03 func_return.js

```
function getTriangleArea(base, height) {
  return
  base * height / 2;
}

let area = getTriangleArea(10, 4);
console.log(area);
```

これは呼び出し元に三角形の面積——base * height / 2の結果を戻すことを意図したコードですが、実際に呼び出してみると、意図したような結果は得られません。実行結果はundefinedになるはずです。

これは、寛容なJavaScriptが余計なお節介をした副産物です。リスト6-03の太字部分は、実際にはセミコロンが自動的に補完されて、以下のように解釈されているのです。

```
return;
base * height / 2;
```

結果、getTriangleArea関数は戻り値として（既定の）undefinedを返し、後続の式「base * height / 2;」は無視されるというわけです（returnされた後なので、評価すらされないコードです）。

意図したように動作させるには、以下のように、途中の改行を削除します。

```
return base * height / 2;
```

このように、エラーは発生しないが、意図した動作もしないというケースは、後々のデバッグを難しくする原因ともなります。もちろん、この程度の短い式で途中に改行を入れることはないかもしれませんが、戻り値としてより長い式を指定している場合に、無意識に改行を加えてしまわないように要注意です。

Note | **break／continue命令も途中で改行しない**

本文と同じ理由で、以下のような文でも、命令の直後で改行してはいけません。

1. ラベル付きのbreak／continue命令
2. throw命令
3. ++、--演算子（後置）

特に、複雑なループの場合、1.のケースはreturn命令以上に問題を発見しにくくなる可能性があります。

以上をまとめると、JavaScriptでは文の途中で改行できますが、むやみに改行すべきではありません。2.1.4項でも

演算子、カンマ、左カッコの直後など、文の継続が明らかな箇所でのみ改行する

と述べたとおりです。

6.2 関数を定義するための3種の記法

ユーザー定義関数は、function命令だけでなく、以下のような方法でも定義できます。

・Functionコンストラクター経由で定義する
・関数リテラルで定義する
・アロー関数で定義する

本節では、前半でこれらのアプローチについて学んだ後、後半では、それぞれの相違点、使い分けについても解説していきます。

6.2.1 Functionコンストラクター経由で定義する

5.1.5項でも触れたように、JavaScriptでは組み込みオブジェクトとしてFunctionオブジェクトを用意しています。関数は、このFunctionオブジェクトのコンストラクターを利用して定義することもできます。

● 構文 Functionコンストラクター

```
new Function(args, ..., body)
        args：関数の引数（可変長引数）
        body：関数の本体
```

以下は、リスト6-02（getTriangleArea関数）をコンストラクター構文で書き換えた例です。

● リスト6-04 func_const.js

```
let getTriangleArea = new Function(
  'base',         ←──────── 引数
  'height',       ←───────┘
  'return base * height / 2;'   ←─── 関数の本体
);

console.log(getTriangleArea(10, 4));      // 結果：20
```

Functionコンストラクターでは、関数が受け取る仮引数を順に並べ、最後に関数の本体を指定するのがルールです。

String／Number／Booleanなどのオブジェクトと同じく、new演算子を省略して、あたかもグローバル関数であるかのように記述することもできます。

```
let getTriangleArea = Function(...); ← new演算子を省略
```

また、仮引数の部分を1つの引数としてまとめて記述しても構いません。

```
let getTriangleArea = new Function(
  'base, height', ← 仮引数をまとめる
  'return base * height / 2;'
);
```

ここでは関数本体が1文である関数を定義していますが、（もちろん）通常の関数定義と同じく、セミコロン（;）で文を区切って、複数の文を含めても構いません。

■ コンストラクター構文の利用は要注意

このように、構文規則そのものは明快ですが、先のfunction命令を使わずに、あえてFunctionコンストラクターを利用するメリットは何でしょうか。function命令を利用したほうがコードもすっきりと見やすく、クォートで引数や関数本体をくくらなくてよい分、余計なミスも避けられるような気がしませんか。

じつは、特別な理由がない限り、あえてFunctionコンストラクターを利用するメリットはありません。しかし、1点だけFunctionコンストラクターには、function命令にはない重要な特長があります。それは、

Functionコンストラクターでは、引数や関数本体を文字列として定義できる

という点です。

つまり、コンストラクター構文を利用すれば、以下のようなコードも可能です。

◉ リスト6-05 func_const_str.js

```
let param = 'height, width';
let formula = 'return height * width / 2;';
let diamond = new Function(param, formula);

console.log(diamond(5, 2));        // 結果：5
```

上では単純化のため、変数param／formulaをそれぞれ固定値で指定していますが、スクリプト上で文字列を加工して、引数／関数本体を動的に生成することもできます。

ただし、このような使い方は、5.9.2項で述べたのと同じ理由で、濫用すべきではありません。特に、外部からの入力をもとに関数を生成した場合には、第三者によって危険なコードを実行されてしまう可

能性があります。

　特別な理由がない限り、関数はfunction命令、または後述する関数リテラル／アロー関数で定義すると覚えておきましょう。

　どうしてもFunctionコンストラクターを利用したい、という場合にも、以下の箇所で使用するのは避けてください。

- while／forなどのくり返しブロックの中
- 頻繁に呼び出される関数の中

　Functionコンストラクターは、実行時に呼び出されるたびに、コードの解析から関数オブジェクトの生成までをおこなうため、実行パフォーマンス低下の一因となる可能性があります。

6.2.2　関数リテラルで定義する

　関数定義の3番目の記法は、関数リテラルを用いた方法です。

　2.3.1項でも触れたように、JavaScriptでは関数はデータ型の一種です。つまり、数値や文字列と同じく、関数を変数に代入したり、ある関数の引数として渡したり、はたまた、戻り値として関数を返すことすら可能です。具体的な活用例はあとで触れるとして、そのような受け渡しに際して、よく利用されるのが関数のリテラル表現です（関数式ともいいます）。

　まずは、関数リテラルの基本を知るため、リスト6-02を関数リテラルを使って書き換えてみましょう。

◉ リスト6-06 func_literal.js

```
let getTriangleArea = function(base, height) {
          関数名                     仮引数
  return base * height / 2;
       関数の本体（戻り値）
};

console.log(getTriangleArea(10, 4));       // 結果：20
```

　関数リテラルの記法は、function命令によく似ていますが、以下の違いがあります。

- function命令　：関数getTriangleAreaを直接に定義
- 関数リテラル　：名前を持たない関数を定義したうえで、変数getTriangleAreaに格納

　このように、関数リテラルは宣言した時点では名前を持たないことから、匿名関数、または無名関数と呼ばれることもあります。匿名関数は、JavaScriptの関数を利用するうえで重要な概念なので、のち

ほど改めて詳説します。

■ 6.2.3　アロー関数で定義する

最後に、ES2015で追加されたアロー関数の記法です。

アロー関数（Arrow Function）を利用することで、関数リテラルをよりシンプルに記述できます。リスト6-02のgetTriangleArea関数を、アロー関数を使って書き換えてみましょう。

◉ リスト6-07　func_arrow.js

```
let getTriangleArea = (base, height) => {
        関数名              仮引数
  return base * height / 2;
      関数の本体（戻り値）
};

console.log(getTriangleArea(10, 4));      // 結果：20
```

アロー関数の基本的な構文は、以下のとおりです。

◉ 構文　アロー関数

```
(引数, ...) => { ...関数の本体... }
```

アロー関数ではfunctionキーワードは書きません。代わりに、名前の由来である=>（アロー）で引数リストと関数本体をつなぐのです。

これだけでもずいぶんとシンプルになりましたが、条件によってはさらに簡素化できます。

（1）関数本体が1文の場合

まず、本体が1文である場合には、ブロックを表す{...}は省略できます。また、文（式）の戻り値がそのまま関数自体の戻り値と見なされるので、return命令も省略可能です。よって、サンプルのgetTriangleArea関数は、以下のように書き換えできます。

```
let getTriangleArea = (base, height) => base * height / 2;
                                    { }、returnともに省略可
```

（2）引数が1個の場合

さらに、引数が1個の場合には、引数をくくるカッコも省略できます。たとえば、以下は円の面積を求めるgetCircleArea関数の例です。引数radiusは半径を意味します。

```
let getCircleArea = radius => (radius ** 2) * Math.PI;
            前後の丸カッコを省略
```

293

ただし、そもそも引数がない場合には、カッコは省略できません。

```
let show = () => console.log('こんにちは、世界！');
```

以上のような構文の違いのほか、アロー関数には以下のような違いもあります。

- this（7.1.1項）、super（8.3.3項）、arguments（6.4.1項）に紐づかない
- 配下でyield命令（8.5.2項）を利用できない
- コンストラクター関数（8.1.4項）としては利用できない

まだ登場していない話題がほとんどですが、詳細についてはそれぞれ対応する項を参照してください。

■ アロー関数を利用する場合の注意点

アロー関数の記法は、慣れてしまえば難しいものではありませんが、記法に自由度がある分、思わぬ落とし穴もあります。

（1）意図しない戻り値が発生する

`{ … }`のないアロー関数は、式の値がそのまま関数の戻り値となります。そのため、以下のようなアロー関数では、意図せず、戻り値が変化する可能性があります。

```
let func = () => { doSomething() };    ←── ❶
let func = () => doSomething();         ←── ❷
```

❶はundefined（戻り値なし）ですが、❷はdoSomething関数の戻り値がアロー関数全体の戻り値となります。もしも❷のコードでdoSomething関数の戻り値を利用しないことを想定しているならば、以下のようにvoid演算子を冠するべきです。void演算子は、オペランドの式に関わらず、undefinedを返します。

```
let func = () => void doSomething();
```

（2）オブジェクトリテラルが正しく認識されない

たとえば以下のようなオブジェクトリテラルは正しく認識されません。

```
                    関数ブロック
let func = () => { hoge: 'ほげ' };
                    ラベル  文字列式
```

このような記述では、、{...} は関数ブロック、「hoge:」はラベルと、それぞれ見なされてしまうからです。結果、関数全体の戻り値はundefined（未定義）となります。

正しくオブジェクトリテラルと認識させるには、リテラル全体を丸カッコでくくってください。

```
let func = () => ({ hoge: 'ほげ' });
```

■ 6.2.4　関数定義の際の注意点

これで、関数定義の4構文が出そろいました。JavaScriptの世界では、関数の定義そのものになんら難しいことはありません。しかし、細かな点では特有の癖があったり、構文それぞれに違いがあったりと、思わぬ不具合に悩まされることもあります。本項では、それらおもな注意点をまとめておきます。

■ 関数はデータ型の一種

ほかのプログラミング言語を学んだことがある方ならば、以下のコードが直感的に「おかしい！」と感じるかもしれません。

● リスト6-08 func_data.js

```
function getTriangleArea(base, height) {
  return base * height / 2;
}

console.log(getTriangleArea(10, 4)); // 結果：20
getTriangleArea = 0;          ←── ❶
console.log(getTriangleArea);        // 結果：0 ←── ❷
```

「関数と同名の変数が定義されたことに問題があるならば、❶はエラーとなるはず」「関数をあたかも変数のように呼び出していることが問題ならば、❷で問題となるはず」と思うでしょう。

しかし、これはJavaScriptでは正しいコードです。

しつこいようですが、JavaScriptでは「関数はデータ型の一種」なのです。よって、getTriangleArea関数を定義するとは、じつは

getTriangleAreaという変数に関数型のリテラルを格納すること

と同義です。したがって、❶で変数getTriangleAreaに改めて数値型の値をセットしてもまちがいではありませんし、当然、数値型に書き換えられた変数を参照している❷のコードも正しいわけです。

関数のこの性質を利用して、さらにあからさまに、以下のようなコードを記述することもできます。

● リスト6-09 func_data2.js

```
function getTriangleArea(base, height) {
  return base * height / 2;
```

```
}

console.log(getTriangleArea);     // カッコがない呼び出し
```

↓

```
f getTriangleArea(base, height) {
  return base * height / 2;
}
```

ここではgetTriangleAreaを変数として参照しているので、getTriangleに格納された関数定義が、そのまま文字列として出力されているわけです（厳密にはFunctionオブジェクトのtoStringメソッドが呼び出されて、文字列表現に変換されたものが出力されます）。

これが先ほど、関数を呼び出す際に「引数がなくても丸カッコを省略できない」と述べた理由です。丸カッコは「関数を実行する」という意味も持っているのです。

■ function命令は巻き上げられる

もっとも、function命令による関数定義は、「関数リテラルを代入演算子（=）で変数に代入すること」とは異なる点もあるので、要注意です。たとえば、以下のようなコードに注目です。

◉リスト6-10 func_static.js

```
console.log(getTriangleArea(5, 2));  ←── ❶

function getTriangleArea(base, height) {
  return base * height / 2;
}
```

「関数の定義が変数の定義である」と考えれば、❶はエラーとならなければなりません。❶の時点で、まだgetTriangleArea関数（関数定義を格納した変数getTriangleArea）は宣言されていないはずだからです。

しかし、実際にはこのコードを実行してみると、正しくgetTriangleArea関数が実行されて、結果も表示されます。これは、function命令で宣言された関数が、スコープ[1]の先頭に巻き上げられる（hoist）からです。巻き上げるといってしまうとわかりにくいかもしれませんが、

function命令が、スコープの先頭で定義されたと見なされる

ということです。したがって、❶でも関数が定義済みのものとして呼び出せるわけです。

---

[1]　スコープとは、ある変数／関数の有効範囲です。詳しくは6.3節で改めますが、この文脈では、コード全体と捉えておけば十分です。

```
```

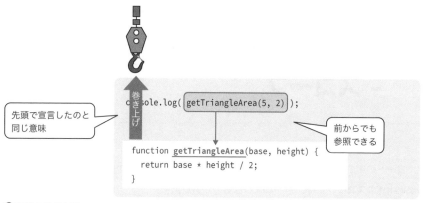

●関数の巻き上げ

> **Note** **関数を定義する<script>要素は呼び出し側より先に記述する**
>
> 　2.1.3項で述べたように、関数を定義したスクリプトブロック（<script>要素）は、「呼び出し側のスクリプトブロックより前」あるいは「同じスクリプトブロック」に記述されなければなりません。
>
> 　ブラウザーは<script>要素の単位で、順にスクリプトを処理していくためです。この点は混乱しやすいところなので気を付けてください。

■ 関数リテラル／アロー関数、Functionコンストラクターは代入まで保留される

　では、リスト6-10を関数リテラル／アロー関数、またはFunctionコンストラクターで書き換えたらどうなるでしょうか。残る3構文でも、function命令と同様、関数は巻き上げられるのでしょうか。

●リスト6-11 func_static2.js

```
console.log(getTriangleArea(5, 2));  ←── ❶

let getTriangleArea = function(base, height) {
  return base * height / 2;
};
```

　❶で結果が5となれば成功ですが、結果は……残念ながら、実行時エラー「Cannot access 'getTriangleArea' before initialization：（初期化前に'getTriangleArea'にアクセスできません）」です。これは、アロー関数、Functionコンストラクターで書き換えた場合も同様です。

　この結果から、function命令とは異なり、

関数リテラル、アロー関数、Functionコンストラクターは実行（代入）時に評価される

ことがわかります。よって、関数リテラル／アロー関数、Functionコンストラクターで関数を定義する場合には、「呼び出し元のコードよりも先に記述する」必要があるのです。

　このほか、関数リテラルとFunctionコンストラクターの間にも、じつは、スコープ認識の違いがあります。こちらは次節で改めて解説します。

6.3 変数はどの場所から参照できるか - スコープ

スコープとは、コードの中での変数の有効範囲のこと。変数がコードのどこから参照できるかを決める概念です。JavaScriptのスコープには、以下のようなものがあります。

スコープ	宣言場所	有効範囲
グローバルスコープ	トップレベル	スクリプト全体
関数スコープ	関数配下	関数ブロックの配下
ブロックスコープ	if／forなどのブロック配下	ブロック配下
モジュールスコープ	モジュール	モジュール配下

●JavaScriptのスコープ

複雑に思われるかもしれませんが、現時点ではグローバルスコープ、ブロックスコープを理解しておけば十分です。関数スコープはあとで触れるように過去の遺物ですし、モジュールスコープは8.4節でモジュールとともに合わせて解説します。

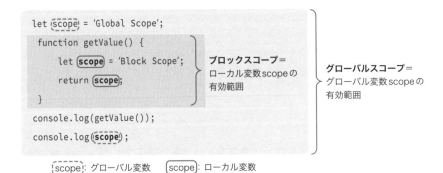

グローバルスコープ＝
グローバル変数scopeの
有効範囲

ブロックスコープ＝
ローカル変数scopeの
有効範囲

{scope}: グローバル変数　　[scope]: ローカル変数
●グローバルスコープとブロックスコープ

ここまではトップレベル（＝ブロックでくくられていない範囲）で定義する変数ばかりを見てきたので、スコープを意識する機会はほとんどありませんでした（if／forなどの配下で変数を定義している場合には若干関係ありましたが、それでもほぼ気にせずに済んでいたはずです）。しかし、関数という大きなブロック構造を扱うようになると、いよいよスコープの概念とも無縁ではいられなくなります。

　グローバルで有効な変数のことをグローバル変数、ブロックスコープ／関数スコープなどの有効範囲が限定される変数のことをローカル変数ともいいます。この後、よく出てくる呼称なので、覚えておきましょう。

6.3.1　スコープの基本

　変数のスコープは、宣言した場所によって決まります（前頁の表「JavaScriptのスコープ」も確認しておきましょう）。トップレベルで宣言された変数はグローバルに有効になりますし、特定のブロック配下[※1]で宣言された変数はブロック配下でのみ有効です。

　具体的な例でも確認してみましょう。

■ ローカル変数の範囲を確認する

　まずは、ローカル変数の確認からです。

● リスト6-12 scope_local.js

```
function checkScope() {
  let scope = 'blockScope';   ←── ❶
  return scope;
}

console.log(checkScope());   // 結果：blockScope   ←── ❸
console.log(scope);          // 結果：エラー   ←── ❷
```

　変数scopeは関数（ブロック）配下で宣言されているので（❶）、function { ... }の範囲でのみ有効です。❷でも、関数の外から変数scopeを参照しようとしているので、「Uncaught ReferenceError: scope is not defined」のようなエラーになることが確認できます。

　ただし、ローカル変数でも、❸のように戻り値経由で受け渡しすれば、トップレベルからも参照できます。

　（関数でなく）if、forなどの制御構文ブロックでも同様です。リスト4-26（break.js）の例を思い出してください。カウンター変数iを（ブロックの外ではなく）ブロック内で宣言した場合には、「i is not defined」のようなエラーとなるはずです。

```
for (let i = 1; i <= 100; i++) {
```

　ブロックスコープに属するiは、forブロックの外からは参照できないからです。

※1　関数ブロックも含みます。関数スコープとは、限定されたブロックスコープと考えてもよいでしょう。

■ ブロックスコープからグローバル変数を参照する

逆のパターンも見てみましょう。トップレベルで宣言された変数を、関数ブロックから参照する例です。

●リスト6-13 scope_global.js

```javascript
let scope = 'globalScope';

function checkScope() {
  return scope;   ← ❷
}

console.log(checkScope());   // 結果：globalScope
console.log(scope);          // 結果：globalScope   ← ❶
```

変数scopeはトップレベルで宣言されているので、トップレベルからはもちろん（❶）、ブロック配下からも参照できます。スコープ（有効範囲）は、

現在の階層だけでなく、その配下まで及んでいる

のです。

これは、ブロックが入れ子になっている場合も同様です。上位のブロックで定義された変数は下位のブロックでも参照できます（並列に並んだブロック間は不可です）。

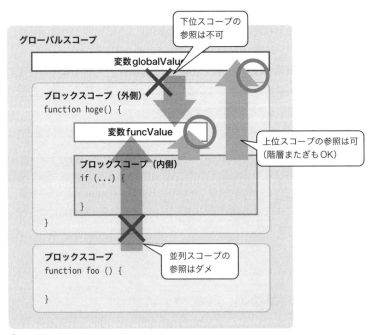

●入れ子のスコープ

■ グローバル変数はファイルをまたいで有効

グローバル変数のグローバルとは、ファイルも越えます。たとえば同一のページで複数の.jsファイルをインポートしている場合、global2.jsは、global.jsで定義された変数scopeにもアクセスできます。

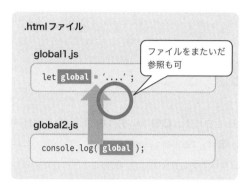

●グローバル変数の有効範囲

このように、グローバル変数は有効範囲が大域にわたる変数です。ここでは取得の例を見ていますが、同じく変更もどこからでも可能です。その性質上、アプリが巨大になった場合は値を追跡するのが難しくなりますし、思わぬ衝突が発生する可能性もあります（衝突はたいがいバグの原因となります）。

そのような理由から、特別な理由がない限り、グローバル変数を用いるべきではありません。代替としてはモジュール（8.4節）を用いるか、コード全体をブロックでくくるとよいでしょう（P.156でも触れたように、if、functionなどを伴わないブロックも可能です）。

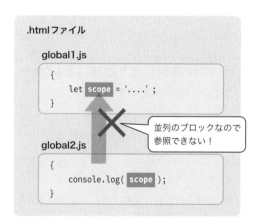

●できるだけグローバルスコープは使わない（ブロック化）

この例では、変数scopeはブロックスコープに属するので、global2.jsからは参照できません。

■ スコープ間で識別子が衝突した場合

ここで問題です。以下のように、異なるスコープ間で変数（識別子）の名前が衝突した場合、❸と❹の結果はどうなるでしょうか。

● リスト6-14 scope_collision.js

```javascript
let scope = 'Global Scope';   ← ❶

function getValue() {
  let scope = 'Block Scope';   ← ❷
  return scope;
}

console.log(getValue()); // 結果：？？？   ← ❸
console.log(scope);       // 結果：？？？   ← ❹
```

　一見すると、❶で初期化された変数scopeが❷で上書きされて、❸❹はいずれも「Block Scope」になるように思えます。しかし、❸は「Block Scope」、❹は「Global Scope」です。

　ここで、スコープに関する以下のルールを押さえておきましょう。

スコープの異なる変数は、名前が同一であっても異なる変数と見なされる

のです。繰り返しになりますが、変数のスコープは宣言場所によって決まるのでした。つまり、❶のscopeはグローバルスコープで、関数内で定義された❷のscope（ブロックスコープ）とは別物です。よって、❶の変数は❷で上書きされることもありませんし、❹はトップレベルにあるので、変わらず「Global Scope」を返すわけです。❸は、関数の戻り値を経由して関数ローカルな❷の変数を見ているので、「Block Scope」を返します。

6.3.2　仮変数のスコープ

　6.1.4項でも触れたように、仮引数とは「呼び出し元から関数に渡された値を受け取るための変数」です。以下のようなgetTriangleArea関数であれば、仮引数はbase、heightです。

```javascript
function getTriangleArea(base, height) {
  return base * height / 2;
}
```

　スコープという観点から見た時、仮引数は関数ブロックに属するローカル変数です。つまり、有効範囲は関数の中に留まり、基本的には外部に影響を及ぼしません。「基本的に」というのが一寸気になるところかもしれませんが、まずはさておき、動作を確認してみましょう。

● リスト6-15 scope_args.js

```javascript
let value = 10;   ← ❶

function decrement(value) {   ← ❷
  value--;   ← ❸
  return value;
```

```
}
console.log(decrement(value));    // 結果：9
console.log(value);               // 結果：10  ← ❹
```

　これは直感的にも理解できる挙動です。基本型では、実引数の値は仮引数にコピーされます。つまり、変数value（❶）と仮引数value（❷）は互いに別ものなので、仮引数valueへの操作（❸）が元の実引数valueに影響することもありません（❹）。

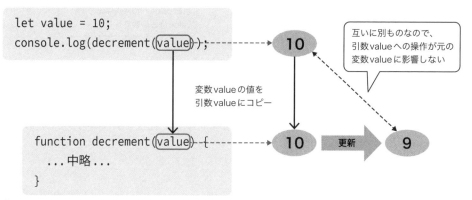

```
let value = 10;
console.log(decrement(value));
```

変数valueの値を
引数valueにコピー

```
function decrement(value) {
  ...中略...
}
```

互いに別ものなので、
引数valueへの操作が元の
変数valueに影響しない

10

10　更新　9

●基本型の受け渡し

　では、これが参照型（たとえば配列）になるとどうでしょう。

●リスト6-16 scope_args_ref.js

```
let value = [1, 2, 4, 8, 16];  ← ❶

function updateArray(value) {  ← ❷
  // 末尾の要素を削除
  value.pop();
  return value;
}

console.log(updateArray(value)); // 結果：[1, 2, 4, 8]  ← ❸
console.log(value);        // 結果：[1, 2, 4, 8]  ← ❹
```

　ここまで何度か触れてきたように、参照型とは「値そのものではなく、値を格納したメモリ上の場所（参照値）だけを格納している型」です。そして、参照型の値を受け渡しする場合には、渡される値も（値そのものではなく）参照値となります。

　つまり、上の例であれば、❶で定義されたグローバル変数valueと、❷で定義された仮引数（ローカル変数）は、変数としては別物ですが、❸でグローバル変数valueの値が仮引数valueに渡された時点で、結果として参照先が等しくなるわけです。

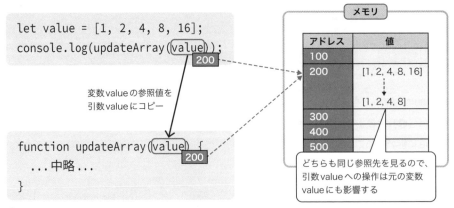

```
let value = [1, 2, 4, 8, 16];
console.log(updateArray(value));
                         200

変数valueの参照値を
引数valueにコピー

function updateArray(value) {
  ...中略...
}
                        200
```

メモリ

アドレス	値
100	
200	[1, 2, 4, 8, 16] ↓ [1, 2, 4, 8]
300	
400	
500	

どちらも同じ参照先を見るので、
引数valueへの操作は元の変数
valueにも影響する

●参照型の受け渡し

　よって、関数の中で配列を操作した場合（ここではArray#popメソッドで配列末尾の要素を削除）、その結果はグローバル変数valueにも反映されることになります（❹）。

　ただし、配列そのものを置き換えた場合には、結果が変化します（リスト6-16から変更したのは太字部分だけです）。

●リスト6-17 scope_args_ref.js

```
let value = [1, 2, 4, 8, 16];

function updateArray(value) {   ←── ❶
  // 配列そのものを置き換え
  value = [10, 20, 30];   ←── ❷
  return value;
}

console.log(updateArray(value));   // 結果：[10, 20, 30]
console.log(value);                // 結果：[1, 2, 4, 8, 16]
```

　この場合、関数呼び出しの時点（❶）では、実引数／仮引数は同じものを指しています。しかし、❷で新たに配列を代入した場合には、参照値そのものが置き換わっています。よって、この操作が実引数に影響することはありません。

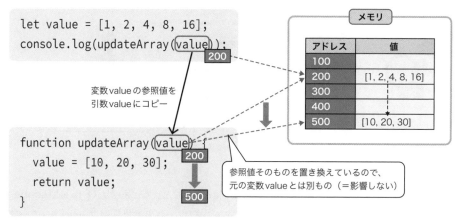

●参照型の受け渡し（2）

　このような挙動は、参照型の性質を理解していればあたりまえですが、グローバル変数／ローカル変数と絡んでくると、混乱しやすいポイントでもあります。ここで今一度、きちんと頭を整理しておきましょう。

6.3.3　スコープから見たvar／let命令 `Legacy`

　2.2.1項でも触れたように、現在、一般的な環境を対象にアプリを開発する限り、レガシーなvar命令を利用する必要はありません。ただし、レガシーなアプリをメンテするなどの目的で、var命令を見かける機会は少なくありません。ここで改めてvar命令の特徴を押さえておくことは無駄なことではありません。

■ ブロックスコープは存在しない

　var命令で宣言された変数は、ブロックスコープは持ちません。たとえば以下はlet命令を利用したコードです。

●リスト6-18　var_block.js

```
{
  let scope = 'Hoge';   ←── ❷
}

console.log(scope);     // 結果：エラー（scope is not defined） ←── ❶
```

　let変数はブロックスコープを持つので、トップレベル（❶）からブロック配下の変数scope（❷）は参照できません。
　では、太字をvarに変更してみたら、どうでしょう。varはブロックスコープを持たないので、ブロック配下の変数を参照できてしまいます。

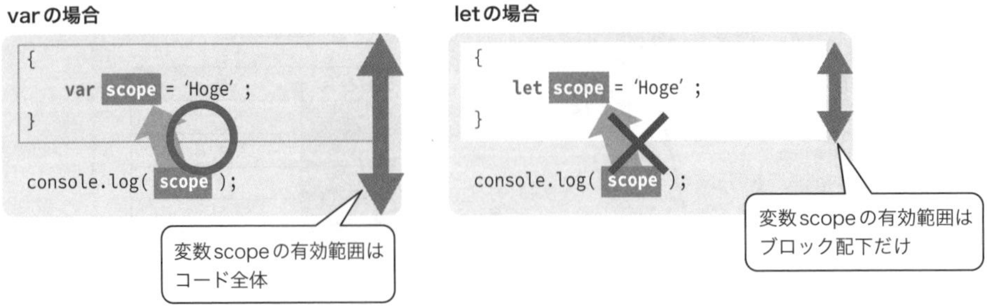

var の場合

```
{
  var scope = 'Hoge' ;
}
console.log( scope );
```

変数 scope の有効範囲は
コード全体

let の場合

```
{
  let scope = 'Hoge' ;
}
console.log( scope );
```

変数 scope の有効範囲は
ブロック配下だけ

● **var はブロックスコープを持たない**

　もちろん、var変数がすべてのスコープを持たないわけではありません。たとえばリスト6-12（scope_local.js）はletをvarに置き換えても同じ挙動になります。つまり、var変数は関数ブロックでスコープを形成するのです（関数スコープ）。

■ ブロックスコープの代替手段 - 即時関数

　「変数の意図せぬ競合を防ぐ」という意味でも、変数のスコープをできるだけ必要最小限にとどめることは重要です。そこで、特殊なイディオムを用いることで、var命令でも擬似的にブロックスコープを実現できます。

● **リスト 6-19 var_immediate.js**

```
(function() {
  var scope = 'Hoge';
  console.log(scope);      // 結果：Hoge    ←──❶即時関数
}).call(this);             ❷その場で実行

console.log(scope);        // 変数scopeはスコープ外なのでエラー
```

　「関数によってスコープが決まるならば、関数を（処理のかたまりとしてではなく）スコープの枠組みとして利用してしまおう」というのです。この例であれば、まず❶でスコープの枠組みを匿名関数として定義し、これをcallメソッド（8.1.6項）を使って、その場で呼び出しています（❷）。関数はあくまで形式的な枠にすぎないので、定義したら、そのまま実行してしまうのです。

　これで、配下の変数（ここではscope）はローカル変数となるので、ブロックの外からは参照できません。定義した関数を即時呼び出すことから、このようなテクニックを即時関数と呼びます。

　おもに、ファイル外部にスコープが及ばないよう、ファイル全体を即時関数でくくっているコードは、今でもよく見かけます。今となっては、let変数＋{...}の組み合わせで代替できますが、見かけた時に理解できる程度には覚えておきましょう。

■ ローカル変数の有効範囲はどこまで？

　var命令でローカル変数を扱っていると、不思議な挙動に遭遇することがあります。

　まずは、具体的なサンプルを見てみましょう。以下はリスト6-14（scope_collision.js）をvar命令

（左余白・縦書き）
6
繰り返し利用するコードを1ヵ所にまとめる - 関数

で書き換えるとともに、❶のコードを追加した例です。

◉ リスト6-20 var_hoist.js

```
var scope = 'Global Scope';

function getValue() {
  console.log(scope);    // 結果：？？？   ←─ ❶
  var scope = 'Block Scope';
  return scope;
}

console.log(getValue()); // 結果：Block Scope
console.log(scope);       // 結果：Global Scope
```

さて、ここでクイズです。❶で出力する値はいくつになるでしょうか。

❶の時点では、ローカル変数scopeが設定されていないので、グローバル変数scopeの値「Global Scope」が出力されると考えたあなたは残念、不正解です。

ローカル変数（ブロックスコープ）がブロック配下で有効という定義からすれば、ローカル変数scopeの値「Block Scope」が出力されると考えたあなた、これまた不正解です。

正解は、undefined（未定義）です。

理屈を説明すると、まず関数ブロックで定義されたvar変数は「関数ブロック全体で有効」なので、❶の時点ではすでにローカル変数scopeも有効です。しかし、❶の時点ではまだローカル変数が確保されているだけで、var命令は実行されていません。つまり、ローカル変数scopeの中身は未定義（undefined）であるというわけです。このような挙動のことを変数の巻き上げ（hoisting）といいます。

ややわかりにくいかもしれませんが、JavaScriptのこのような挙動が思わぬ不具合の原因となります。

これを避けるという意味でも、

関数内のvar変数は関数の先頭で宣言する

ことを心がけるのが好ましいでしょう（そもそもlet命令を利用すべきですが、それはさておき※2）。これによって、直感的な変数の有効範囲と実際の有効範囲との食い違いを避けられるので、予期せぬ不具合を引き起こす心配もなくなります。

> **Note** let変数では？
>
> リスト6-20の変数宣言をletに戻してみると、❶の結果は「Uncaught ReferenceError: Cannot access 'scope' before initialization at getValue」（初期化前のアクセスはできません）エラーとなります。letでもローカル変数がブロック全体で有効である点は変わりません。しかし、let変数は宣言文が実行されるまで初期化されません。結果、より明確にReferenceErrorを投げ

※2　この作法は、「変数はできるだけ利用する場所の近くで宣言する」というほかの言語での作法に反するので、要注意です。

てくれるわけです。

　この一時的に参照できない期間のことをTemporal dead zone（一時的なデッドゾーン）と呼びます。

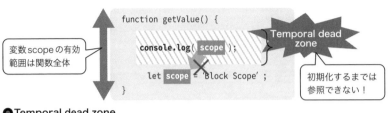

● Temporal dead zone

　よって、let変数は本来あるべき「利用する場所の近くで宣言」すれば十分です。

■ var／letで異なるグローバルスコープ

　var／letいずれを利用した場合にも、トップレベルで宣言した変数はグローバルスコープを形成します（その有効範囲は、一見して同等です）。ただし、決定的に異なる点があります。それは、var命令で登録された変数は、

グローバルオブジェクト（5.9.1項）のプロパティとなる

という点です。具体的なコードでも、動作を確認してみましょう。

● リスト6-21　var_global.js

```
var scope = 'var global';

console.log(scope);          // 結果：var global
console.log(window.scope);   // 結果：var global  ← ❶
```

　たしかに、var変数は、グローバルオブジェクト（ブラウザー環境ではwindow）のプロパティとして登録されています。太字をletに変更し、❶の結果がundefinedに変化する（＝グローバルオブジェクトのプロパティとならない）ことも確認しておきましょう。

　グローバル変数を意図してグローバルオブジェクトのプロパティとして扱うことはほとんどないはずですが、双方の名前が重複した場合の挙動には要注意です。

● リスト6-22　let_global.js

```
window.scope = 'var global';
let scope = 'let global';

console.log(scope);          // 結果：let global
console.log(window.scope);   // 結果：var global
```

あたりまえといえばあたりまえですが、let変数が生成されたとしてもグローバルオブジェクトのscopeプロパティは別ものなので、上書きされることもありませんし、元々の値を参照できます（もちろん、このようなコードは誤りの原因となるので、意図して記述すべきではありません）。

6.3.4 スコープに関わるその他の注意点

前項では、おもにvar命令に関わるスコープの特徴（注意点）を説明しました。本項では、ここまでで扱いきれなかったその他の注意点についてまとめておきます。

■ let／varなしの変数宣言はダメ、絶対ダメ

2.2.1項でも触れたように、JavaScriptではそもそもlet／varいずれを利用するか以前に、双方を省略することもできます。最初に値が代入された時に、変数が確保されるからです。しかし、この記法はmust notです。

なぜか。具体的な例を見てみましょう。

◉ リスト6-23 notice_declare.js

```
scope = 'Global Scope';    ←── ❶

function getValue() {
  scope = 'Block Scope';    ←── ❷
  return scope;
}
console.log(getValue()); // 結果：Block Scope   ←── ❸
console.log(scope);       // 結果：Block Scope   ←── ❹
```

リスト6-14（scope_collision.js）と異なるのは、変数宣言からlet命令を取り除いた点だけです。冒頭でも触れたように、let／varの省略は認められているので、このコードは動作します。

しかし、その結果はどうでしょうか。今度は❸、❹ともに「Block Scope」という値が返されます。どうやら、❶で定義されたグローバル変数が❷で上書きされてしまったようです。

結論からいってしまうと、JavaScriptでは

let／varなしで宣言された変数はすべてグローバル変数

と見なします。結果、❶で定義されたグローバル変数scopeは、getValue関数が実行された段階（❷のタイミング）で上書きされてしまうことになるのです。

ということで、本節冒頭で「スコープが宣言場所によって決まる」というのは少しだけ嘘で、正確には、

let／var命令で定義された変数は、定義する場所によって変数のスコープが決まる

のです。もっといえば、

しなければなりません。以上のような理由から、関数内でグローバル変数を書き換えるような用途を除いては[3]、let ／ var命令を省略してはいけません。グローバル変数を宣言する場合も、「グローバル変数にはlet ／ var命令をつけず、ローカル変数にはlet ／ var命令をつける」というのはかえって混乱のもとになります。変数はlet ／ var命令で宣言するクセをつけておくことで、無用なバグの混入を防ぐことができるでしょう。

■ 代入の連鎖にも注意

前項と同じ理由で、代入の連鎖も避けてください。

◉リスト6-24 notice_chain.js

```javascript
function checkScope() {
  let x = y = 13;
}

checkScope();
console.log(y);     // 結果：13（グローバルスコープでアクセスできる）
```

このような連鎖代入（太字）では一見してletを介しているように見えるかもしれませんが、違います。内部的な解釈は、以下です。

```javascript
let x = (y = 13);
```

「y = 13」でlet ／ varを介さないグローバル変数yが生成され、その結果（13）がlet変数xに代入されているのです。このような誤りは意外と気づきにくく、躍起に目確認するのも建設的ではありません。

ほかでもそうですが、Strictモード（4.5.3項）が対応している問題は、積極的に有効にして、「べからず」なコードを検出してもらうのが吉です。

■ switchブロックでのlet宣言に注意

switch命令（4.2.6項）は、条件分岐全体として1つのブロックです（caseはラベルで修飾された句であり、ブロックではありません！）。そのため、case句の単位に変数をlet宣言した場合には、「Identifier 'value' has already been declared」のようなエラーとなります。

◉リスト6-25 notice_switch.js

```javascript
switch(x) {
  case 0:
```

---

[3] そもそもグローバル変数に影響を及ぼす関数は、コードの見通しを悪くするため、避けてください。たいがいは引数／戻り値による受け渡しで代替できるはずです。

```
    let value = 'x:0';
    break;
  case 1:
    let value = 'x:1';   // 変数名の重複
    break;
}
```

このような場合の対処方法は、以下の通りです。

（1）let宣言をブロックの外に移動する

4.4.1項と同じく、変数valueの宣言をswitchブロックの外に移動しましょう。伴い、switchブロックの配下は（宣言ではなく）代入文に改めます。

```
let value;
switch(x) {
  case 0:
    value = 'x:0';
    break;
  case 1:
    value = 'x:1';
    break;
}
```

（2）case句をブロックでくくる

変数に関わる処理がcase句の配下で完結するならば、以下のようにcase句ごとにブロックでくくっても構いません。

```
switch(x) {
  case 0: { ... }
  case 1: { ... }
}
```

その他、リスト6-25のletをvarに置き換えてもエラーは解消されますが、原則varを利用すべきでないことは、これまでにも繰り返し述べてきたとおりです。

■ 関数リテラル／Functionコンストラクターにおけるスコープの違い

スコープに絡んでもう1点、6.2.4項で保留にしておいた、関数リテラルとFunctionコンストラクターの違いについても触れておきましょう。

関数リテラルとFunctionコンストラクターは、いずれも匿名関数を定義するためのしくみですが、じつは関数の中でこれらを利用した場合、スコープの解釈が異なります。以下のコードで動作を確認してみましょう。

● リスト6-26 notice_const.js

```
let scope = 'Global Scope';  ←── ❷

function checkScope() {
  let scope = 'Block Scope';  ←── ❶

  let f_lit = function() { return scope; };
  console.log(f_lit()); // 結果：Block Scope
  let f_con = new Function('return scope;');
  console.log(f_con()); // 結果：Global Scope
}

checkScope();
```

　関数リテラル f_lit も、Function コンストラクター f_con も、関数内部で定義しています。そのため、いずれも変数 scope はローカル変数（❶）を参照するように思われるかもしれませんが、結果を見てもわかるように、Function コンストラクターではグローバル変数（❷）を参照しています。

　これは直感的にはわかりにくい挙動ですが、Function コンストラクターで生成された関数は、その生成場所にかかわらず、グローバルスコープに紐づくのです（よって、アクセスできるのもグローバル変数と自身で定義したローカル変数だけです）。

　6.2.1 項でも述べたように、Function コンストラクターは原則として利用しないことを前提とすれば、このような混乱が生じるケースも少ないかもしれませんが、ここで改めて、「関数の4つの記法は必ずしも意味的に等価でない」ということを確認しておきましょう。

6.4 引数のさまざまな記法

　ユーザー定義関数の基本を理解できたところで、以降は、ユーザー定義関数に関するさまざまなテクニックを紹介します。まずは、引数に関するトピックからです。

　JavaScriptの引数の特徴を解説するとともに、引数に関わるさまざまな記法について解説します。

　ただし、引数に関わる仕様はES2015で大きく改善しています。ES2015以前の内容については本書では割愛するので、詳しくは旧版『改訂新版 JavaScript本格入門』（技術評論社）を確認してください。

6.4.1　JavaScriptは引数の数をチェックしない

　引数に関する具体的なテクニックに踏み込む前に、JavaScriptにおける引数の性質について確認しておきます。まずは、以下のようなコードを試してみましょう。

◉ リスト6-27　args_rule.js

```javascript
function showMessage(value) {
  console.log(value);
}

showMessage();                // 結果：undefined  ← ❶
showMessage('山田');           // 結果：山田  ← ❷
showMessage('山田', '鈴木');   // 結果：山田  ← ❸
```

　ユーザー定義関数showMessageは、引数を1つ受け取ります。このような関数に対して、❶～❸のように、それぞれ0、1、2個の引数を渡すと、どのような結果が得られるでしょうか。

　直感的には、引数を1個渡している❷のコードだけが正しく動作して、❶と❸はエラーとなるように思うかもしれません。しかし、実際には❶～❸すべてが動作します。つまり、JavaScriptでは

与える引数の数が、関数側で要求する数と異なる場合も、これをチェックしない

のです。したがって、❶のケースでは仮引数valueの値はundefined（未定義）として処理されますし、❸のケースでは多かった2つめの引数（"鈴木"）は無視され、結果として❷と同様の結果が得られるというわけです。

　もっとも、多かった引数（❸のケース）も切り捨てられるわけではありません。内部的には「引数情報の1つ」として保持されて、あとから利用することができる状態になっています。そして、この引数情

313

報を管理するのがargumentsオブジェクトです。

　argumentsオブジェクトは、関数配下（関数を定義する本体部分）でのみ利用できる特別なオブジェクトです。

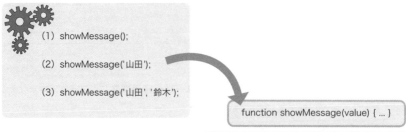

No.	仮引数value	argumentsオブジェクト	
(1)	undefined		
(2)	山田	[0] 山田	
(3)	山田	[0] 山田	[1] 鈴木

argumentsオブジェクトには渡された
すべての引数の値が保存される

●argumentsオブジェクト

　argumentsオブジェクトは、関数呼び出しのタイミングで生成されて、呼び出し元から与えられた引数の値を保持します。argumentsオブジェクトを利用することで、たとえば

関数が本来要求している引数の個数と、実際に渡された引数の個数を比較し、異なる場合にはエラーを返す

ような処理も実装できます。具体的なコードは、以下のとおりです。

◉リスト6-28 args_check.js

```
function showMessage(value) {
  if (arguments.length !== 1) {              ←
    throw new Error(`引数の数がまちがっています：${arguments.length}`);        ❶
  }                                          ←
  console.log(value);
}

try {
  showMessage('山田', '鈴木');     ←  ❷
} catch(e) {
  console.log(e.message);
}
```

　try...catch／throw命令については4.5.1項を参照していただくとして、ここで注目すべきは❶です。lengthは、argumentsオブジェクトに属するプロパティの1つで、実際に関数に渡された引数の個数を表します。つまりここでは、「実際に渡された引数が1個でない場合に、例外をスローしている」わけです。この例では、呼び出し元の引数が2個なので（❷）、例外が発生し、エラーメッセージをログ表示します。

Note **argumentsオブジェクト**

　以前のJavaScriptでは、argumentsオブジェクトを可変長引数（6.4.3項）というしくみを実装するために使っていました。しかし、現在では代替する「...」構文が利用できます。

　また、不足引数の検出も6.4.2項のテクニックを利用すれば代替できます。現在では、argumentsオブジェクトを利用しなければならない機会はほとんどないはずですし、利用すべきでもありません。

6.4.2　引数の既定値を設定する

　引数の数をチェックしない——ということは、JavaScriptではすべての引数は省略可能であるということです。ただし、たいがいのケースでは、引数がただ省略されただけでは、正しく動作しないことがほとんどです。

　そこで、省略可能な引数に対しては「仮引数名 = 値」の形式で、既定値を設定しておくのが一般的です。たとえば以下は、getTriangleArea関数の引数base、heightにそれぞれ既定値10、5を設定する例です。

◉ リスト6-29 args_default.js

```javascript
function getTriangleArea(base = 10, height = 5) {
  return base * height / 2;
}

console.log(getTriangleArea());      // 結果：25（base／height双方を省略）
console.log(getTriangleArea(4));     // 結果：10（heightだけを省略）
console.log(getTriangleArea(1, 2));  // 結果：1（省略なし）
```

　引数base／heightそれぞれ、または双方を省略した場合に、対応する既定値が適用されていることが確認できます。このように、構文としては誤解のしようもない既定値構文ですが、利用にあたっては注意すべき点もあります。

（1）既定値として参照できるのは前の引数だけ

　既定値にはリテラルだけでなく、ほかの引数、関数（式）の結果などを指定することもできます。たと

えば以下のようにです。

```
function getTriangleArea(base = 10, height = base) { ... } ←── ❶ほかの引数
function formatTime(date = Date.now()) { ... } ←── ❷式の結果
```

たとえば❶であればheightの既定値はbaseの値ですし、❷であれば現在のタイムスタンプ値が引数dateの既定値となります。

ただし、ほかの引数を既定値とする場合、参照できるのは、自身より前に定義されたものだけです。たとえば、以下のようなコードは不可です。

```
function getTriangleArea(base = height, height = 10) { ... }
```

引数baseが登場したところではheightは未出なので、「Cannot access 'height' before initialization at getTriangleArea」のようなエラーとなります。

(2) 既定値が適用されるのは、値が渡されなかった場合

既定値が適用されるのは、引数が明示的に渡されなかった場合だけです。よって、たとえばnull／false／0／空文字列など、意味的に空を表すような値（＝falsyな値）でも、それらが明示的に渡された場合は、既定値が適用されることはありません。

たとえば以下は、リスト6-29を書き換えたものです。

● リスト6-30 args_default.js

```
function getTriangleArea(base = 10, height = 5) { ... }
console.log(getTriangleArea(5, null));    // 結果：0
```

結果を見ても、第2引数heightに既定値は適用されず、「5 × null ÷ 2」で0となります（nullは数値コンテキストでは0と見なされます）。

ただし、undefinedだけは例外です。undefined（未定義）を引数に渡した場合には、引数は渡されなかったものと見なされ、既定値が適用されます。

```
console.log(getTriangleArea(5, undefined));        // 結果：12.5
```

(3) 既定値のない引数を、既定値付き引数の後方に置かない

既定値を持った仮引数は、引数リストの末尾で宣言すべきです（構文規則ではありません）。

たとえば、既定値付きの仮引数が末尾に来ない──以下のようなコードを例に考えてみましょう。

● リスト6-31 args_default_bad.js

```
function getTriangleArea(base = 1, height) { ... }
```

```
console.log(getTriangleArea(10));
```

　この例であれば、どのような結果が得られるでしょうか。呼び出しの際に引数が1つしか渡されていないので、「引数baseには既定値である1が適用され、引数heightに10が渡される」と考えるかもしれません。

　しかし、話はもっとシンプルです。答えは

引数baseに10が渡され、引数heightは既定値を持たないのでundefined

と見なされます。よって、演算結果も「10×undefined÷2」でNaNです。つまり、このような関数では、引数heightだけに値を渡すことはできないのです（＝引数baseは実質的に必須となります[1]）。

　一般的にこのような挙動はわかりにくく、バグの原因にもなるので、既定値を持つ引数（＝任意の引数）の後方に、持たない引数を記述するべきではありません。そもそも、ほかの多くの言語では構文レベルで制限している事項なので、既定値を持つ引数は末尾に置くことで、コードの意図も明確になります。

■ 補足：必須の引数を宣言する

　JavaScriptの世界では、引数に対して既定値が宣言されているかどうかが、そのまま引数の必須／任意を表すわけではありません。改めて以下のコードで確認してみましょう。

◉ リスト6-32 args_default_required.js

```
function show(x, y = 1) {
  console.log(`x = ${x}`);
  console.log(`y = ${y}`);
}
show();
```

```
x = undefined
y = 1
```

　既定値を持たない引数xの値は、そのままundefinedとなるだけです。値が渡されなかったからといって、引数の不足を通知してくれるわけではないのです（これは6.4.1項でも触れたとおりです）。

　もしも必須の引数を表現するならば、以下のようなコードを準備してください。

```
function show(x, y = 1) {
  if (x === undefined) { throw new Error('x is required.'); }
  ...中略...
}
```

---

[1]　厳密には「getTriangleArea(undefined, 10)」で既定値を適用することもできますが、本来の既定値の目的からは外れています。

```
show();        // 結果：エラー (x is required.)
```

> **Note** ES2015以前の既定値構文 `Legacy`
>
> 　ちなみに、undefinedチェックは既定値構文が導入される前に、既定値を設定するためにも用いられていたものです（以下の例ではx、yともに既定値は0）。
>
> ```
> function show(x, y) {
>   if (x === undefined) { x = 0; }
>   if (y === undefined) { y = 0; }
>   ...中略...
> }
> ```

6.4.3 可変長引数の関数を定義する

　可変長引数の関数とは、引数の個数があらかじめ決まっていない関数のこと。たとえば、6.2.1項でも登場したFunctionコンストラクターを思い出してみましょう。Functionコンストラクターでは、生成する関数オブジェクトが要求する引数の個数に応じて、引数を自由に変更できるのでした。定義時に引数の数を固定できない関数、といってもよいかもしれません。

```
let showMessage = new Function('msg', 'console.log(msg);');
                                    ⤷ 与える引数は2個（仮引数と処理内容が1つずつ）
let getTriangle = new Function('base', 'height', 'return base * height / 2;');
                                    ⤷ 与える引数は3個（仮引数2個と処理内容が1つ）
```

　可変長引数の関数は、ユーザー定義関数としても定義できます。たとえば以下は、引数に与えられた任意個数の値を合計するsum関数の例です。

● リスト6-33 args_variable.js

```
function sum(...nums) {  ← ❶
  let result = 0;
  for (let num of nums) {  ←
    if (typeof num !== 'number') {  ←
      throw new Error(`指定値が数値ではありません：${num}`);  ← ❸      ❷
    }  ←
    result += num;
  }  ←
  return result;
}

console.log(sum(1, 3, 5, 7, 9));   // 結果：25
```

可変長引数を表すには、本来の仮引数の直前に「...」（ピリオド3個）を付与するだけです（❶※2）。これで渡された任意個数の引数をまとめて配列として取得できます。

配列なので、あとはfor...ofなどで順に値を取り出していくだけです（❷）。この例であれば、配列numsから取り出した値を変数resultに足し込むことで、最終的に総和を求めています。

また、ここではtypeof演算子を使って、要素値が数値であるかどうかを確認している点にも注目です（❸）。typeof演算子の戻り値がnumberでない（＝要素が数値でない）場合には、Errorオブジェクトを呼び出し元にスローし、処理を中断します。

■ 例：固定引数と可変長引数とを混在させる

固定引数（従来の引数）と可変長引数とは混在させることもできます。

◉ リスト6-34 args_variable_mix.js

```javascript
function printf(format, ...args) {
  for (let i = 0; i < args.length; i++) {
    let pattern = new RegExp(`\\{${i}\\}`, 'g');  //※3
    format = format.replaceAll(pattern, args[i]);
  }
  console.log(format);
}


printf('こんにちは、{0}さん。私は{1}です。', '掛谷', '山田');
        // 結果：こんにちは、掛谷さん。私は山田です。
```

printfは、第1引数で指定された書式文字列に含まれる、{0}、{1}、{2}...のようなプレイスホルダー（パラメーターの置き場所）を、第2引数以降の値で置き換えた結果を出力するための関数です。

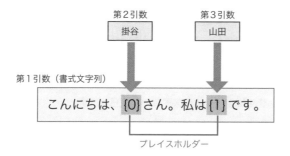

●printf関数の挙動

可変長引数を固定引数と同居させる場合、注意すべきは1点だけ、

※2　このような引数のことを残余引数（Rest Parameter）とも言います。

※3　「\\{」「\\}」としているのは、「{」「}」が正規表現として意味ある文字であるためです。「\{」で正規表現として、「\\」で文字列リテラルとして、それぞれエスケープします。

だけです。さもないと、すべての引数が可変長引数に吸収されてしまうからです（実際、可変長引数を末尾以外に置いた場合には「Rest parameter must be last formal parameter」のようなエラーとなります）。

ここでは、forループで可変長引数の値（args[0]〜[n]）を取り出し、対応するプレイスホルダー（{0}〜{n}）と順に置き換えています。replaceAllメソッドについては5.2.7項も参照してください。

Note **すべての引数を可変長引数にはしない**

構文的には、すべての引数を可変長引数としてもまちがいではありません。本文の例であれば、引数formatまで含めて可変長引数argsに含めてしまうわけです。

```
// 本来のformatにはargs[0]でアクセスできる
function printf(...args) { ... }
```

しかし、これはコードの可読性という観点から、あまりおすすめできない書き方です。というのも、シグニチャ[4]からprintf関数が要求するパラメーターを把握できなくなるので、関数の使い勝手が低下します（＝引数argsの先頭が書式文字列でなければならない、という暗黙のルールを知らなければ使えなくなります）。

まずは、通常の引数が基本、可変長引数には、関数の定義時に個数をあらかじめ特定できないものだけをまとめるのが原則です。

■ 例：可変長引数で1個以上の引数を渡す方法

可変長引数は、より正しくは「0個以上の引数」を表します。よって、リスト6-33のsum関数であれば、単に「sum()」としてもまちがいではありません。この場合、引数argsにはサイズ0の配列が渡されるので、結果も0となります。

しかし、sumのような関数を引数なしで呼び出す意味はなく、最低でも1個以上の引数を要求したいと思うかもしれません。その対応策として、まずは以下のような実装が考えられます。

● リスト6-35 args_variable_required.js

```javascript
function sum(...nums) {
  if (nums.length === 0) {
    throw new Error('引数は1個以上指定してください。');
  }
  ...中略...
}
```

※4　関数名、引数の並びのこと。大雑把に関数を識別するための情報のことです。

可変長引数numsのサイズをチェックし、中身が空の場合は例外（エラー）をスローしているわけです。

しかし、このような実装は最善手とはいえません。この関数が1つ以上の引数を要求していることは、中身のコードを読み解かなければ（あるいは、実行時にエラーが返されるまで）わからないからです※5。関数の仕様は明確に示すべき、という原則からすれば、以下のような実装がより望ましいでしょう。

◉ リスト6-36 args_variable_required2.js

```javascript
function sum(init, ...nums) {
  let result = init;
  ...中略...
}
```

引数を1個受け取ることは確実なので、1個目の引数は（可変長でない）普通の引数initとして宣言し、第2引数以降を可変長引数として宣言するわけです。これによって、関数の仕様がより明確になります。

6.4.4　スプレッド構文による引数の展開

残余引数によく似た構文として、スプレッド構文があります。同じ「...」で表しますが、前者が複数の要素をまとめるのに対して、後者は

配列（正確にはfor...ofブロックで処理できるオブジェクト）を個々の値に展開

します（真逆の意味です）。既に何度か例を示していますが、ここでは実引数で利用する例を紹介します。

◉ リスト6-37 spread.js

```javascript
console.log(Math.max(15, -3, 78, 1));     // 結果：78   ←── ❶
console.log(Math.max([15, -3, 78, 1]));   // 結果：NaN  ←── ❷
```

Math.maxメソッドは、可変長引数を受け取るので、❶では正しく引数の最大値を求めることができます。しかし、❷のように配列を渡した場合は、これを展開することはできず、結果はNaNとなります。

このような場合には、配列を渡す際にスプレッド構文を用いることで、個々の値に分解できます。

```javascript
console.log(Math.max(...[15, -3, 78, 1]));        // 結果：78
```

可変長引数の関数に渡すべき値があらかじめ配列として用意されているような状況では、スプレッド構文を用いることでシンプルに値を受け渡しできます。

※5　この事情は必須引数にもいえますが、こちらは既定値のない引数は原則必須と考えればよいでしょう。逆に、任意引数はそれとわかるように既定値を宣言すべきです。

■ ES2015以前の環境ではapplyメソッド `Legacy`

スプレッド構文はES2015で導入された、比較的新しい機能です。それ以前のレガシーな環境を対象とするならば、applyメソッドで代用してください。

```
console.log(Math.max.apply(null, [15, -3, 78, 1]));        // 結果：78
```

applyメソッドについて詳細は8.1.6項で改めるので、ここでは「第2引数（配列）を、個々の引数としてmaxメソッドを実行する」とだけ理解しておいてください。

6.4.5　名前付き引数でコードを読みやすくする

名前付き引数とは、以下のように呼び出し時に名前を明示できる引数のこと。まずは、従来の値だけを渡す引数（上）と、名前付き引数（下）とを並べて、互いに比較してみましょう。

以下のshowDialog関数は、ダイアログを生成するための仮想の関数です（そういった関数が実際に存在するわけではありません）。

```
showDialog('ダイアログです。', 'ダイアログ例', 100, 50, 'center', true);

showDialog({
  content: 'ダイアログです。',   // 表示する本文
  title: 'ダイアログ例',        // タイトル
  width: 100,                 // 幅
  height: 50,                 // 高さ
  position: 'center',         // 表示位置
  modal: true,                // モーダルか
});
```

名前付き引数を用いることで、以下のようなメリットがあります。

1. 引数の意味を把握しやすい（型の同じ値が並んでいても識別しやすい）
2. 必要な引数だけを指定できる
3. 引数の順序を自由に変更できる

特に2. については注目です。さらに比較例を挙げておきます（上が従来の引数、下が名前付き引数です）。

```
showDialog('ダイアログです。', 'ダイアログ例', 100, 50, 'center', true);
                  後方の引数を指定するならば、途中も省略できない

showDialog({
  content: 'ダイアログです。',
  modal: true,   // 必要な引数だけを指定できる
```

```
    });
```

　呼び出しに際して、明示的に名前を指定しなければならないので、コードが冗長になるというデメリットもありますが、

- ・そもそも引数の数が多い
- ・省略可能な引数が多く、省略パターンにもさまざまな組み合わせがある

ようなケースでは有効な方法です。その時どきの文脈に応じて、使い分けるようにしてください。

■ 名前付き引数の実装

　先ほどのshowDialog関数を例に、具体的な実装も確認してみましょう（ダイアログそのものの表示ロジックは本論から外れるので、ここでは渡された引数をログ出力するに留めます）。

◉ リスト6-38 args_named.js

```
function showDialog({            ←
  content = '',
  title = 'My Dialog',
  width = 100,
  height = 100,                              ❶
  position = 'center',
  modal = false
}) {             ←
  // 引数の内容を表示
  console.log(`content: ${content}`);    ←
  ...中略...                                   ❷
  console.log(`modal: ${modal}`);    ←
  // ダイアログ表示のためのコード
}

showDialog({            ←
  content: 'ダイアログです。',
  modal: true,                               ❸
});             ←
```

```
content: ダイアログです。
title: My Dialog
width: 100
height: 100
position: center
modal: true
```

　❶（仮引数）は分割代入（3.3.4項）の構文です。

```
{ プロパティ名 = 既定値, ... }
```

で受け取るべき引数と、その既定値を列挙しています。分割構文なので、渡された値はプロパティ名を
キーに独立した変数としてアクセスできます（❷）。

　呼び出しのタイミングでも引数を{...}と記述しているのは、名前付き引数の実体はオブジェクトリテラ
ルであるからです（❸）。JavaScriptの構文として名前付き引数が用意されているわけではありません。

■ 補足：オブジェクトから特定のプロパティだけを取り出す

　同じように、分割代入を利用した例で、引数に渡したオブジェクトから特定のプロパティだけを取り出
すこともできます。

● リスト6-39 args_named_pick.js

```
function show({name}) {  ← ❶
  console.log(name);  ← ❷
};

let member = {
  mid: 'Y0001',
  name: '山田太郎',
  address: 't_yamada@example.com',
};

show(member);   // 結果：山田太郎
```

　この例であれば、show関数は引数としてオブジェクト全体を受け取りますが、関数側では、nameプ
ロパティだけを分割代入によって取り出しています（❶）。

　あとで複数のプロパティが必要となった場合にも、関数の呼び出し側ではそれを意識せず、オブジェ
クトをまるっと渡せるのがよいところです。

　また、関数の実装側でも、（obj.nameなどでなく）単にnameと表せるので（❷）、コードがわずか
ながらシンプルになります。フレームワークを利用するようになると、よく見かけるイディオムでもあるの
で、ぜひ頭の片隅に留めておきましょう。

6.5 関数呼び出しと戻り値

引数のさまざまな記法を理解できたところで、ここからは関数を呼び出すためのさまざまな方法と、戻り値に関連したトピックを解説していきます。

6.5.1 複数の戻り値を返したい

関数から複数の値を返したいというケースはよくあります。しかし、return命令で「return x, y;」のように複数の値を返すことはできません。この場合には、一旦、戻り値を配列／オブジェクトとして束ねる必要があります。

たとえば以下は、与えられた任意個数の数値に対して、それぞれ最大値と最小値を求めるgetMaxMin関数の例です。

● リスト6-40 call_return.js

```javascript
function getMaxMin(...nums) {
  return [Math.max(...nums), Math.min(...nums)];
}

let result = getMaxMin(10, 35, -5, 78, 0);     ← ❶
console.log(result);       // 結果：[78, -5]

let [max, min] = getMaxMin(10, 35, -5, 78, 0);     ← ❷
console.log(max);          // 結果：78
console.log(min);          // 結果：-5
```

getMaxMin関数からの戻り値は、もちろん、❶のように、そのまま配列として受け取っても構いません。しかし、コードの読みやすさを勘案し、要素ごとに意味ある名前の付いた変数に振り分けたいこともあるでしょう（result[0]よりもmaxのほうが内容を理解しやすいはずです）。

その場合は、❷のように分割代入（3.3.3項）を利用します。この例では、getMaxMin関数で得られた最大値／最小値を、それぞれ変数max、minに代入していますが、もしも片方が不要であれば、以下のように表すこともできます。

```javascript
let [,min] = getMaxMin(10, 35, -5, 78, 0);
```

これで最小値だけがminに割り当てられ、最大値は切り捨てられます。

6.5.2 関数自身を再帰的に呼び出す – 再帰関数

再帰関数（Recursive Function）とは、ある関数が自分自身を呼び出すこと、または、そのような関数のことです。再帰関数を利用することで、たとえば階乗計算のように、同種の手続きを何度も呼び出すような処理を、よりコンパクトに表現できます。

まずは、具体的な例を見てみましょう。factorial関数は、与えられた自然数nの階乗を求めるためのユーザー定義関数です。

◉リスト6-41 call_recursive.js

```javascript
function factorial(n) {
  if (n != 0) { return n * factorial(n - 1); }
  return 1;  ← ❶
}

console.log(factorial(5));        // 結果：120
```

階乗とは、自然数nに対する1〜nの総積のこと（数学的には「n!」と表します）。たとえば、自然数5の階乗は5×4×3×2×1です（ただし、0の階乗は1）。

ここでは、自然数nの階乗が「n×(n－1)!」で求められることに着目しています。これをコードで表現しているのが太字の部分です。つまり、与えられた数値から1を差し引いたもので、自分自身（factorial関数）を再帰的に呼び出している──「n * factorial(n - 1)」というわけです。

これを念頭においてコードを見てみると、内部的には以下のような手順で処理がおこなわれていることになります。このように何段階にもわたる処理も、再帰呼び出しを利用すれば、これだけ短いコードで記述できるのです。

```
factorial(5)
  → 5 * factorial(4)
   → 5 * 4 * factorial(3)
    → 5 * 4 * 3 * factorial(2)
     → 5 * 4 * 3 * 2 * factorial(1)
      → 5 * 4 * 3 * 2 * 1 * factorial(0)
       → 5 * 4 * 3 * 2 * 1 * 1
      → 5 * 4 * 3 * 2 * 1
     → 5 * 4 * 3 * 2
    → 5 * 4 * 6
   → 5 * 24
  → 120
```

再帰関数では、再帰の終了点を忘れないようにしてください。この例であれば、自然数nが0である場合に戻り値を1としています（❶）。このような終了点がないと、factorial関数は永遠に再起呼び出しを続けることになってしまいます（一種の無限ループです）。

6.5.3 関数の引数も関数 - 高階関数

これまで何度も触れていますが、「JavaScriptの関数はデータ型の一種」です。つまり、関数そのものもまた、ほかの数値型や文字列型などと同様、関数の引数として引き渡したり、戻り値として返したりすることができるということです。そして、そのように「関数を引数、戻り値として扱う関数」のことを高階関数と呼びます。

たとえば5.5節で紹介したArrayオブジェクトのforEach、map、filterなどのメソッドは、いずれも高階関数です。ただし、5.5節では高階関数を利用方法の観点からのみ見たので、本項では実装の観点から解説していきたいと思います。

■ 高階関数の基本

以下で定義しているarrayWalk関数は、引数に与えられた配列dataの内容を、指定されたユーザー定義関数callbackの規則に従って、順番に処理するための高階関数です（Arrayオブジェクトのfor Eachメソッドを自分で実装したようなものです）。

●リスト6-42 call_higher.js

```javascript
// 高階関数arrayWalkを定義
function arrayWalk(data, callback) {
  for (let [key, value] of data.entries()) {
    // 引数callbackで指定された関数を呼び出し
    callback(value, key);
  }
}

// 配列を処理するためのユーザー定義関数
function showElement(value, key) {
  console.log(`${key}：${value}`);
}

let list = [1, 2, 4, 8, 16];
arrayWalk(list, showElement);
```

```
0：1
1：2
2：4
3：8
4：16
```

ユーザー定義関数callbackは、引数として配列の値（仮引数value）、キー名（仮引数key）を受け取り、それぞれの配列要素に対して任意の処理をおこなうものとします（これは高階関数というよりも、arrayWalk関数としての決まりです）。

ここで引数callbackに渡されているのは、showElement関数です。引数として受け渡ししても、実

体が関数であることは変わらないので、「callback(...)」の形式で呼び出せるのはこれまで同様です（太字）。

　showElement関数は、与えられた引数に基づいて「キー：値」のような形式でログを出力するので、arrayWalk関数は全体として、配列内のキー名と値をリスト形式で出力することになります。

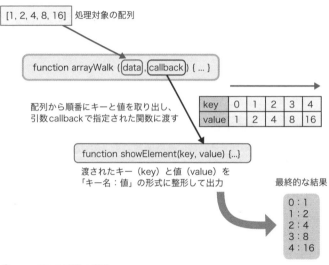

●arrayWalk関数の挙動

　もちろん、ユーザー定義関数は自由に差し替えることもできます。というよりも、それこそが高階関数を使う最大の理由です。たとえば、以下のサンプルは配列内の要素（数値）を順に加算して、最終的に配列内要素の合計値を求めるためのコードです。この処理をarrayWalk関数を使って実現しています。

●リスト6-43 call_higher2.js

```js
// 高階関数arrayWalkを定義
function arrayWalk(data, callback) { ... }

// 結果値を格納するためのグローバル変数
let result = 0;
function sumElement(value, key) {
  // 与えられた配列要素で変数resultを加算
  result += value;                              ①
}

let list = [1, 2, 4, 8, 16];
arrayWalk(list, sumElement);
console.log(`合計値：${result}`); // 結果：31
```

　ユーザー定義関数sumElementは、引数valueの値をグローバル変数resultに足しこんでいます（ここでは引数keyは使いません）。そのため、arrayWalk関数はそれ全体として、配列要素の合計値

を求めることになります。これによって、配列listの合計値31が得られることを確認しておきましょう。

ここで、大元のarrayWalk関数は一切書き換えていない点に注目です。このように、高階関数を利用することで、大枠の機能（ここでは配列を順に走査する部分）だけを定義しておいて、詳細な機能は関数の利用者が自由に決められるわけです。

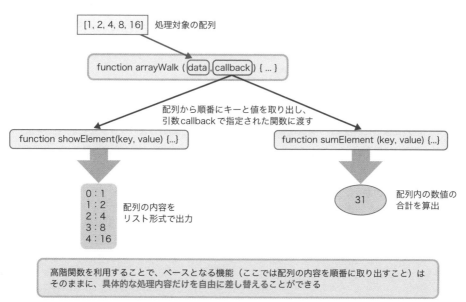

●高階関数のメリット

6.5.4 「使い捨ての関数」は匿名関数で

リスト6-42、6-43では、arrayWalk関数に渡すためのユーザー定義関数として、showElement、sumElementのような関数をあらかじめ定義していました。しかし、高階関数に渡すことを目的とした関数は、多くの場合、その場限りでしか利用しません。そのような、いわゆる使い捨ての関数のために名前を付けるのは無駄なので、できればなくしてしまいたいところです。

そこで登場するのが、6.2.2項でも触れた匿名関数です。機能の塊を受け渡しするような用途では、匿名関数を用いることでコードがよりシンプルになります。さっそく、リスト6-42を匿名関数を使って書き換えてみましょう。

●リスト6-44 call_higher_anonymous.js

```js
function arrayWalk(data, callback) { ... }

let list = [1, 2, 4, 8, 16];
arrayWalk(
  list,
  function (value, key) {
    console.log(`${key} : ${value}`);
  }
);
```

❶

いかがですか。匿名関数（太字）を利用することで、関数呼び出しのコードに関数を直接指定できます。これによって、コードが短くなったのはもちろんですが、関連する処理が1つの文で記述できることから、呼び出し元のコードと実際の処理を規定している関数との関係がわかりやすくなり、コードが読みやすくなったと思いませんか。また、一度限りしか使用しない関数に名前——しかも、グローバルスコープの名前を付けずに済むので、「意図せぬ名前の重複を回避できる」という意味もあります。

このような記法は、より高度なスクリプトを記述するうえで重宝しますし、多くのJavaScriptプログラマーが好んで利用しているので、ほかの人が書いたコードを読み解く際にも有用です。ぜひとも、ここでしっかりと押さえておきましょう。

■ アロー関数も利用できる

6.2.3項でも触れたように、アロー関数を利用することで、匿名関数はよりシンプルに表現できます。最近ではアロー関数を利用したコードもあたりまえのように見かけるので、ぜひ双方の書き方に慣れておくことをおすすめします。

以下は、リスト6-44の❶をアロー関数で書き換えた例です。

```
arrayWalk(list, (value, key) => console.log(`${key}：${value}`));
```

6.6 高度な関数のテーマ Advanced

JavaScriptの関数はじつに奥深い世界です。関数をいかに極めるかが、JavaScriptの「極みの道」といえます。ここからは、関数を利用したより高度なトピックを紹介していきます。「まず基本だけを修めたい」という方はスキップしても構いませんが、ぜひ、あとからでもきちんと読み解いてください。

6.6.1 テンプレート文字列をアプリ仕様にカスタマイズする
– タグ付きテンプレート文字列

テンプレート文字列（`〜`）を利用することで、文字列リテラルに変数を埋め込むことは2.3.4項で学びました。しかし、時として、変数をそのまま埋め込むだけでなく、なにかしら加工したうえで埋め込みたいということもあるでしょう。

たとえばよくあるのが、変数を埋め込む際に「<」「>」などの文字を「<」「>」に置き換えたいという状況です（これをHTMLエスケープといいます）。「<」「>」はタグとして認識されてしまうので、文字列が正しく認識されない、セキュリティ上の危険がある（9.3.6項）などの問題があるからです。

このような場合に役立つのが、タグ付きテンプレート文字列（Tagged template strings）という機能です。挙動は、具体的なサンプルを見たほうが理解しやすいでしょう。

● リスト6-45 advance_tagged.js

```js
// 与えられた文字列をエスケープ処理
function escapeHtml(str) {
  if (!str) { return ''; }
  str = str.replaceAll(/&/g, '&amp;');
  str = str.replaceAll(/</g, '&lt;');
  str = str.replaceAll(/>/g, '&gt;');
  str = str.replaceAll(/"/g, '&quot;');
  str = str.replaceAll(/'/g, '&#39;');
  return str;
}

// 分解されたtemplatesとvaluesを順に連結（valuesはescapeHtml関数でエスケープ）
function e(templates, ...values) {  ←
  let result = '';
  for (let [i, temp] of templates.entries()) {  ←
    result += temp + escapeHtml(values[i]);      ❸              ❷
  }  ←
  return result;
}
```

```
// テンプレート文字列をエスケープ処理
let name = '<"Mario" & \'Luigi\'>';
console.log(e`こんにちは、${name}さん！`);  ←── ❶
        // 結果：こんにちは、&lt;&quot;Mario&quot; &amp; &#39;Luigi&#39;&gt;さん！
```

タグ付きテンプレート文字列の実体は、単なる関数呼び出しにすぎません（❶）。

● 構文　**タグ付きテンプレート文字列**

```
func`str`
        func：関数名
        str ：任意の文字列
```

ただし、タグ付きテンプレート文字列で利用するために、関数は以下の条件を満たしていなければなりません（❷）。

- 引数として「テンプレート文字列（分解したもの）」「埋め込む変数（可変長引数）」を受け取ること
- 戻り値として加工済みの文字列を返すこと

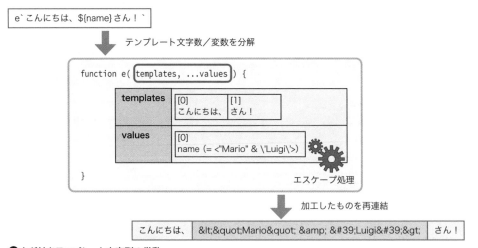

●**タグ付きテンプレート文字列の挙動**

この例では、引数templates（テンプレート文字列）とvalues（埋め込み変数）とをfor...ofループで交互に出力しています。その際、変数の内容をescapeHtml関数でエスケープ処理している点に注目してください（❸）。これによって、テンプレート文字列に影響を与えず、変数の値だけを加工しているわけです。

使いやすい関数の名前

　6.1.3項では、「関数名は『動詞＋名詞』の形式で、できるだけわかりやすいものを」と述べました。しかし、e関数のようにコードの随所から頻繁に呼び出す可能性があるものは、入力の手間を省くために短い名前にすることもあります。使いやすい名前の基準は、その時どきで変化するのです。

■ 標準のタグ関数 - String.rawメソッド

　じつは、標準ライブラリにもテンプレート文字列を修飾することを意図したタグ関数（メソッド）が用意されています。String.rawメソッドです。

　String.rawメソッドを用いることで、「\xx」をエスケープシーケンスと見なさず、表記のままに解釈する文字列リテラルを生成できます。たとえば標準的な文字列リテラルで、Windowsのパス文字列を表現するのはめんどうです。

```
console.log(`C:\\data\\jsbook\\chap06`);  // 結果：C:\data\jsbook\chap06
```

　「\」はそのままではエスケープシーケンスと見なされてしまうので、すべての「\」を「\\」のように表記しなければならないのです。しかし、String.rawを利用することで、以下のように表現できます。

```
console.log(String.raw`C:\data\jsbook\chap06`);   // 結果：C:\data\jsbook\chap06
```

　エスケープシーケンスを処理しないので、「\」をそのまま「\」と表記できているわけです。ちなみに、無視されるのは「\xx」だけで、式展開（${...}）が認識される点は変わりありません。

```
let file = 'index.html';
console.log(String.raw`${file}はC:\data\jsbook\chap06配下`);
        // 結果：index.htmlはC:\data\jsbook\chap06配下
```

6.6.2　変数はどのような順番で解決されるか - スコープチェーン

　6.3節でも触れたように、JavaScriptはコードの構造に応じて複数のスコープを準備しているのでした。グローバルスコープは、JavaScript実行時に常に生成されるスコープで、あとは（大雑把には）ブロックに準じてスコープが形成されます。

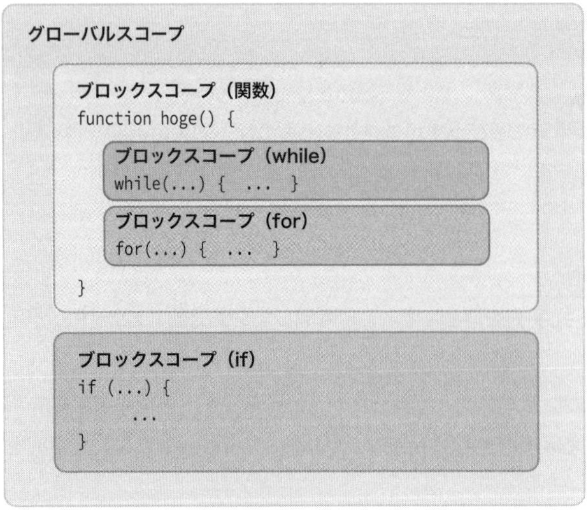

● スコープはブロックごとに生成される

　スコープチェーンとは、これらのスコープが階層順に連結されたリストのことをいいます。JavaScript
では、このスコープチェーンの先頭に位置するスコープから順に変数を検索し、マッチする変数がはじめ
て見つかったところで、その値を採用しているのです。

　たとえば、以下のように入れ子になった関数の例を見てみましょう。

● リスト6-46 scope_chain.js

```javascript
let y = 'Global';

function outerFunc() {
  let y = 'Local Outer';

  function innerFunc() {
    let z = 'Local Inner';
    console.log(z);      // 結果：Local Inner
    console.log(y);      // 結果：Local Outer
    console.log(x);      // 結果：エラー（x is not defined）
  }
  innerFunc();
}

outerFunc();
```

　このようなコードでは、以下のようなスコープチェーン——先頭から、入れ子関数のスコープ、親関
数のスコープ、グローバルスコープが形成されているはずです。このようなスコープチェーンにおいて、
変数x、y、zを参照した場合、次の図のような順番で変数が解決されます。

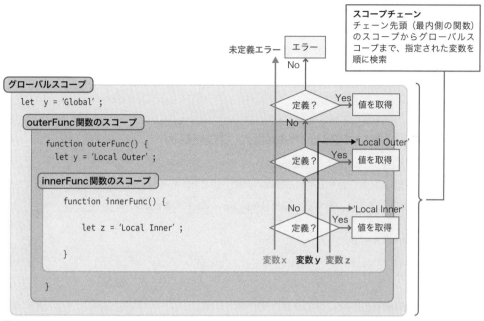

● スコープチェーンのメカニズム

■ スコープチェーンが確定するタイミング

スコープチェーンの基本を理解したところで、以下のようなコードを見てみましょう。

● リスト6-47 scope_lexical.js

```javascript
let data = 'Global';  ←── ❹

function scope1() {
  console.log(data);  ←── ❸
}

function scope2() {
  let data = 'Local Scope2';
  scope1();  ←── ❺
}

scope1();       // 結果：？？？  ←── ❶
scope2();       // 結果：？？？  ←── ❷
```

❶はシンプルです。scope1（関数スコープ）→グローバルスコープのチェーンが形成されているので、❸はグローバル変数data（❹）を参照します。結果、「Global」を返します。

では、❷はどうでしょう。一見すると、scope1（関数スコープ）→ scope2（関数スコープ）→グローバルスコープのチェーンが形成されて、「Local Scope2」が返されるように思えます。しかし、結果は「Global」。

335

スコープチェーンは、関数を定義したところで決定するわけです。よって、scope1関数がどこで呼び出されたとしても、形成されるスコープチェーンは、scope1（関数スコープ）→グローバルスコープです。

このように、スコープが定義された場所によって決まる性質をレキシカルスコープといいます。レキシカル（Lexical）とは字句という意味で、この場合はコード構造によって静的に決まる、という意味です[1]。

6.6.3　その振る舞いオブジェクトの如し - クロージャ

さて、長くなってきた本章もいよいよ最後のテーマ——クロージャです。クロージャとは、ひとことでいうならば、「ローカル変数を参照している関数内関数」のこと。もっとも、ひとことでまとめられてもわかりづらいと思います。まずは、具体的なコードを見てみることにしましょう。

● リスト6-48 closure_basic.js

```javascript
function closure(init) {
  let counter = init;

  return function() {
    return ++counter;
  }
}

let myClosure = closure(1);
console.log(myClosure());       // 結果：2  ←
console.log(myClosure());       // 結果：3  ←── ❶
console.log(myClosure());       // 結果：4  ←
```

まずは、closure関数に注目です。一見すると、「初期値として引数initを受け取り、それをインクリメントした結果を戻り値として返している」ように見えます。が、よくよく注意深く見てみると、戻り値は（数値ではなく）「数値をインクリメントするための匿名関数」（太字）であることがわかります。このように、引数や戻り値が関数である関数のことを、高階関数というのでした。

さて、このように関数の中で入れ子になった関数が戻り値として返されると、どのようなことが起こるのでしょうか？ここからがクロージャのしくみになります。

通常、関数の中で使われたローカル変数（ここでは変数counter）は、関数の処理が終了した時点で破棄されるはずです。しかし、リスト6-48のケースではclosure関数から返された「匿名関数がローカル関数counterを参照し続けている」ので、closure関数の終了後もローカル変数counterは保持され続ける、というわけなのです。

さきほどのスコープチェーンの概念を借りて言い換えるならば、

・匿名関数（戻り値）が表すローカルスコープ

※1　一方、関数を実行したタイミングで決まるスコープのことをダイナミックスコープといいます。

・closure関数が表すローカルスコープ

・グローバルスコープ

というスコープチェーンが、匿名関数が有効である間は保持される——ということになります。

　これが理解できてしまえば、❶の挙動も見えてくるはずです。まずは、最初のclosure関数呼び出しで、変数myClosureに匿名関数がセットされます。ここで匿名関数myClosureは、ローカル変数counterを維持しつつも、（closure関数自体は終了しているので）もともとのclosure関数とは独立して動作できるようになります。

　結果、その後、myClosure関数を呼び出すごとに、変数counterはインクリメントされて、2、3、4...という結果が得られるわけです。

　このような結果から、（やや難しい言い方をするならば）クロージャとは、「一種の記憶域を提供するしくみ」であるといえます。

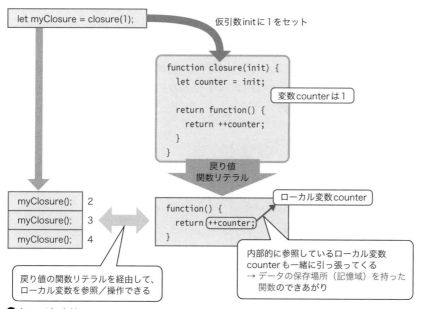

● クロージャとは

　一種の記憶域……とはまた、ややわかりにくい表現かもしれませんが、ここでもう1つ、具体的なコードを見てみることにしましょう。

● リスト6-49　closure_multi.js

```
function closure(init) {
  ...中略（リスト6-48を参照）...
}

let myClosure1 = closure(1);   ← ❶
let myClosure2 = closure(100); ← ❷
```

337

```
console.log(myClosure1());    // 結果：2
console.log(myClosure2());    // 結果：101      ❸
console.log(myClosure1());    // 結果：3
console.log(myClosure2());    // 結果：102
```

　いかがですか。同じローカル変数counterを参照しているはずなのに、結果は、あたかも異なる変数を参照しているかのように、独立してインクリメントした値を得ています。

　一見すると不可思議な挙動に思われるかもしれませんが、これもまた、先ほどのスコープチェーンの概念からすれば、すっきりと読み解くことができます。

　まず、繰り返しですが、❶～❷でclosure関数が呼び出されたタイミングで、

・匿名関数（戻り値）が表すローカルスコープ
・closure関数が表すローカルスコープ
・グローバルオブジェクト

というスコープチェーンが形成されます。ただし、スコープそのものは関数呼び出しの都度に生成されます。つまり、❶で生成されるスコープと❷のそれとは互いに別もの――そして、その中で管理されるローカル変数counterもまた別ものなのです。

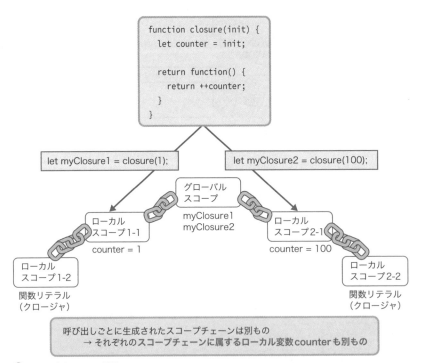

●スコープチェーンの構造
```
```

　これを理解してしまえば、サンプルの理解も明快です。まず、❶、❷でclosure関数を呼び出したタイミングで、それぞれに独立したクロージャと、その中で参照されたローカル変数counter（値は1と100）が生成されます。あとは、クロージャmyClosure1、myClosure2が呼び出されるたびに、それぞれ独立したローカル変数がインクリメントされ、2、3、4……という結果と、101、102、103……という結果が得られるわけです（❸）。

Note　クロージャは「シンプルなオブジェクト」

　このようにクロージャを見ていくと、オブジェクトにおけるプロパティやメソッドの関係に似ているように思えてきませんか。クロージャは「シンプルなオブジェクト」と言い換えられるのです。実際、クロージャに関わる構成要素をオブジェクトのそれになぞらえてみると、次のような対応関係があることがわかります。

クロージャ	オブジェクト
クロージャをくくっている親関数（ここではclosure関数）	コンストラクター
クロージャから参照されるローカル変数	プロパティ
クロージャ自身	メソッド
リスト6-48－❶での関数呼び出し	インスタンス化
クロージャを格納する変数	インスタンス

●**クロージャとオブジェクトの関係**

　なかなかイメージしづらいしくみかもしれませんが、この時点ですべてを理解する必要はありません。この後、学習を進める中で、またクロージャという言葉に出会う時がきっとあるはずです。その時に振り返って再確認できる程度に、覚えておけば十分です。

Column	ECMAScript期待の機能

1.2節でも触れたように、ECMAScriptは日々新たなProposalsがまとめられ、進化を続けています。本コラムでは、その中からまだStage-4には至っていないが、著者が注目している機能について紹介しておきます。

Temporal API（https://tc39.es/proposal-temporal/docs/）

次世代の日付／時刻APIです。クラシカルな日付／時刻オブジェクト（5.4節）の問題点——日付、時刻を独立して扱えない、日付／時刻演算が煩雑など——を解決することを目的としています。執筆時点でStage-3に達しているので、そろそろStage-4としてお目見えの日も近そうです。

Setの新しいメソッド（https://github.com/tc39/proposal-set-methods）

Setクラス（5.7節）に和集合、積集合などの集合演算メソッドが追加されます。これらの機能追加によって、ようやくSetが他言語相当になり、実用の機会が増えそうです。

Record／Tuple（https://github.com/tc39/proposal-record-tuple）

Record／Tupleはイミュータブル（不変）なオブジェクト／配列のこと。#{...}、#[...]の形式で、それぞれ表せるようになる予定です。（参照ではなく）値によって比較、操作できるので、オブジェクト／配列の扱いが簡単化されます。

デコレーター（https://github.com/tc39/proposal-decorator-metadata）

デコレーターは、既存のクラス／メソッドなどを拡張するためのしくみ。@...の形式で対応する定義の先頭に付与できます。実験的ながら、TypeScriptでは既に実装されているので[2]、興味のある人は現時点でも利用が可能な機能です。

Type Annotations（https://github.com/tc39/proposal-type-annotations）

JavaScriptで型宣言（注釈）を可能にしようという試みです。あくまで実行時ではなく、対応するエディターなどが型を認識し、警告できるようにするための注釈という扱いのようです。執筆時点でStage-1なので、今後、どのように変化していくかは不透明ですが、トランスパイラーのお世話にならずに、JavaScriptに型の概念を導入できるのは、多くの開発者にとって恩恵であるはずです。

---

[2] 詳しくは、以下を参照してください。https://www.typescriptlang.org/docs/handbook/decorators.html
Angularなどのフレームワークでも活用されています。https://angular.jp/start

Chapter 7

JavaScriptらしい
オブジェクトの用法を理解する
- Objectオブジェクト

7.1 オブジェクトを生成する

本書冒頭でも触れたように、JavaScriptはオブジェクト指向言語です。たとえば数値、文字列は、それぞれNumber、Stringというオブジェクトであり、それらを操作するために、種々のメソッドが存在することも、ここまでに見てきたとおりです。

ただし、ほとんどのオブジェクト指向言語と異なる、独特の性質もあります。その1つが、最初にクラスを用意することなく、オブジェクトを利用できるという点です。「クラスがなんぞや」と思った人は──詳しくは次章までお待ちいただくとして、「オブジェクト指向の世界でクラスがなくてもよいのはめずらしい」と思っていただければ、まずは十分です。

本章では、まずは、オブジェクトを直接に定義し、利用する方法、そして、オブジェクトの基本的な性質を担うObjectオブジェクトについて解説を進めます。

■ 7.1.1 オブジェクトをリテラルで表現する

まずは、オブジェクトを作成する方法から見ていきます。JavaScriptでオブジェクトを生成するには、以下のような方法があります。

1. オブジェクトリテラル
2. new演算子
3. Object.createメソッド

それぞれの記法は順に見ていくとして、まずは、オブジェクトリテラルからです。オブジェクトリテラルについては2.3.6項で触れているので、本節ではその知識を前提に発展的な内容について解説していきます。

■ オブジェクトの動作を定義する

2.3.6項でも触れたように、オブジェクトはプロパティ（情報）とメソッド（動作）の集合体です。ここまではプロパティを定義する例だけを見てきましたが、メソッドについても（もちろん）定義できます。

具体的な例を見てみましょう。

◉ リスト7-01 literal_basic.js

```
let member = {
```

```
    name: '佐藤リオ',
    age: 21,
    show: function() {                    ←
      console.log(`私は${this.name}、${this.age}歳です。`);  ────── ❶
    }                                     ←
};

member.show();  // 結果：私は佐藤リオ、21歳です。    ←── ❷
```

じつは、JavaScriptには厳密にはメソッドという独立した概念はありません。

値が関数オブジェクトであるプロパティがメソッドと見なされる

のです。❶であれば、showプロパティに関数リテラルを引き渡しているので、いわゆるshowメソッドを宣言したことになるわけです。

また、メソッド配下のthisキーワードにも注目です。thisは中々に複雑なオブジェクトで、その場その場の文脈で中身が変化する不思議な存在です。細部は8.1.6項で改めるので、この例では

現在定義しているオブジェクト自身を表す

とだけ理解しておいてください。よって、this.nameであれば「佐藤リオ」、this.ageであれば「21」を指すことになります。

❷でshowメソッドを実行し、オブジェクトの内容に基づいた結果が得られていることを確認しておきましょう。

■ メソッドの簡易構文
ES2015以降では、メソッドをシンプルに定義するための構文が追加されました。

●構文　メソッドの簡易構文

```
メソッド名(引数, ...) {
  ...メソッド本体...
}
```

リスト7-01の例であれば、以下のように書き換えが可能です。

```
let member = {
  ...中略...
  show() {
    console.log(`私は${this.name}、${this.age}歳です。`);
  }
};
```

functionキーワードが消えてすっきりしただけでなく、

・プロパティと明確に区別できるようになった
・class構文（8.1.1項）と記法を統一できる

などのメリットがあります。今後は積極的に簡易構文を活用していきます。

Note **アロー関数は不可**

6.2.3項でも触れたように、アロー関数はthisを持ちません。よって、thisを前提としたメソッドをアロー関数で定義することはできません。

×   show: () => console.log(`私は${this.name}、${this.age}歳です。`)

コードを簡略化する目的であれば、本文の簡易構文を利用すれば十分です。

■ 変数を同名のプロパティに割り当てる

プロパティ名と、その値を格納した変数名とが同じ場合には、値の指定を省略できます。

◉ リスト7-02 literal_prop.js

```
let name = '山田太郎';
let birth = new Date(1970, 5, 25);
let member = { name, birth };

console.log(member);
// 結果：{name: '山田太郎', birth: Thu Jun 25 1970 00:00:00 GMT+0900 (日本標準時)}
```

これまでであれば、太字の部分は以下のように表す必要がありました。ここでは、わずかに2個のプロパティを定義しているだけですが、ずいぶんとすっきりすることがわかります。

```
{name: name, birth: birth};
```

■ プロパティ名を動的に生成する

プロパティ名をブラケットでくくることで、式の値から動的にプロパティ名を生成できます。これを算出プロパティ名（Computed property names）といいます。

◉ リスト7-03 literal_compute.js

```
let i = 0;
let member = {
  name: '山田太郎',
  birth: new Date(1970, 5, 25),
```

```
  [`memo${++i}`]: '正規会員',
  [`memo${++i}`]: '支部会長',
  [`memo${++i}`]: '関東'
};

console.log(member);  // 結果：{name: "山田太郎", birth: Thu Jun 25 1970 00:00:00 ▼
GMT+0900 (日本標準時), memo1: "正規会員", memo2: "支部会長", memo3: "関東"}
```

　この例であれば、変数iを順に加算していくことで、memo1、2、3...のようなプロパティ名を生成しているわけです。より実践的な用法については、このあと8.5.1項で、イテレーターの解説でも触れるので、合わせて参照してください。

■ 7.1.2　コンストラクター経由でオブジェクトを生成する - new 演算子

　newは、コンストラクター（＝オブジェクトを生成するためのしくみ）からオブジェクトを生成する演算子。5.1.2項でも組み込みオブジェクトをnewする方法を紹介済みです。

```
let list = new Array('松', '竹', '梅');  ←── ❶
let published = new Date(2022, 5, 25);
let p = new RegExp('http(s)?://([\\w-]+\\.)+[\\w-]+(/[\\w- ./?%&=]*)?', 'gi');
let data = new Map([
  ['1st', 'ファースト'],
  ['2nd', 'セカンド'],
  ['3rd', 'サード'],
]);
```

　オブジェクトによっては、そもそもリテラル表現が用意されており、よりかんたんにオブジェクトを生成することもできます。たとえば❶は、以下のようにしてもほぼ同じ意味です。5.1.5項でも触れた理由から、リテラル表現があるオブジェクトについては、原則、リテラルを優先して利用していくべきです[※1]。

```
let list = ['松', '竹', '梅'];
```

　では、オブジェクトリテラルにもコンストラクター表現があるのでしょうか。あります。たとえばリスト7-01は、以下のように表してもほぼ同じ意味です。

◉ リスト7-04 new_object.js

```
let member = new Object();
member.name = '佐藤リオ';
member.age = 21;
member.show = function() {
  console.log(`私は${this.name}、${this.age}歳です。`);
};
```

※1　特に基本型の値、配列を生成するために、コンストラクターを利用すべきではありません。

```
member.show();
```

オブジェクトリテラルとは、Objectオブジェクトのインスタンスであったわけです。Objectオブジェクトは、その名のとおり、オブジェクトの基本的な性質／機能を提供するためのオブジェクト。詳しくは7.3節でも触れますが、すべてのオブジェクトの基本オブジェクトともなっています（すべてのオブジェクトがObjectオブジェクトの機能を引き継いでいる、と言い換えてもよいでしょう[2]）。

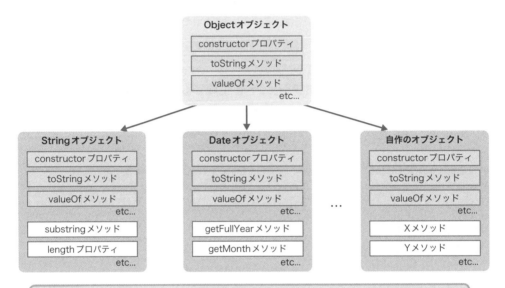

●Objectオブジェクトはすべてのオブジェクトの基本

つまり、組み込みオブジェクトも、Chapter 8で後述するユーザー定義のオブジェクトも、「オブジェクト」と名前の付くものはすべて、Objectオブジェクトで定義されたプロパティやメソッドを共通して利用できます（具体的なメンバーについては8.5.3項で触れます）。

> **Note** **オブジェクトの意味**
>
> これまで漠然とオブジェクトという言葉を用いてきましたが、JavaScriptで「オブジェクト」といった場合、微妙に意味が異なる場合があります。
>
> **1. 空のオブジェクト（Objectオブジェクト、オブジェクトリテラル）**
> **2. Array、RegExp、Functionなど、特定の機能を備えたオブジェクト**
>
> 本質的には、2. は1. が派生し、目的特化しただけのモノなのですが、文脈によっては双方を区

※2　例外的にObjectを引き継がないものもありますが、大雑把にはそのように捉えてよいでしょう。

別したいことがあります。その場合に、本書では、1. を名前を持たないオブジェクト——匿名オブジェクトと呼んで区別しています。

■ 補足：匿名オブジェクトを生成するために

匿名オブジェクトを生成するために、Objectオブジェクトではなく、たとえばArrayのような組み込みオブジェクトを利用することもできます。

```
let obj = new Array();
obj.name = 'トクジロウ';
```

しかし、空のオブジェクトを生成するために、これら特定の目的を持ったオブジェクトをもとにする理由はありません。かえって、誤りやバグの原因となるだけです。まずは、オブジェクトとして最低限の機能のみを持つObjectオブジェクトを使うべきです。

7.1.3 より詳しい設定付きでオブジェクトを生成する

オブジェクトを生成するための第3の手段がこれ、Object.createメソッドです。createメソッドを利用することで、

- プロパティの詳細情報（読み取り専用か、列挙可能かなど）
- オブジェクトを生成する際に元となる機能（プロトタイプ）

など、詳細な情報を設定できます[※3]。

● 構文 createメソッド

```
Object.create(proto, props)
      proto：プロトタイプ（7.2節を参照）
      props：プロパティの属性情報（「属性名：値, ...」形式）
```

たとえば以下は、name、birthなどのプロパティを持ったオブジェクトmemberを定義する例です。

● リスト7-05 create_basic.js

```
'use strict';  ←── ❺

let member = Object.create(Object.prototype, {  ←── ❶
  name: {
    value: '佐藤理央',
    writable: true,
    configurable: true,
```

※3　細部の設定が不要であれば、オブジェクトリテラルで十分です。

```
      enumerable: true
  },
  birth: {
      value: new Date(2010, 5, 25),
      writable: true,
      configurable: true,
      enumerable: true
  },
  memo: {
      value: '仮入部期間中です。',
      writable: true,
      configurable: true,
      enumerable: true
  }
});

// プロパティ値への書き込み
// member.memo = '正式入部しました。';    ←── ❷

// プロパティ値の列挙
// for (let prop in member) {    ←──┐
//   console.log(`${prop}: ${member[prop]}`);      ──── ❸
// }    ←──┘

// プロパティの破棄
// delete member.memo;    ←── ❹
```

引数 proto に渡している Object.prototype（❶）は、

Objectオブジェクトの機能を引き継いだオブジェクトを作成しなさい

という意味です。プロトタイプ（prototype）について詳細は7.2節で改めます。

　もしもObjectオブジェクトの機能すら持たない――完全に空のオブジェクトを生成したいならば、引数protoにnullを渡します。

```
let obj = Object.create(null);
```

　引数propsには、以下の形式でプロパティをまとめて定義できます。

```
{
  プロパティ名: {
    属性名: 値,
    ...
  },
  ...
}
```

348

属性とは、プロパティの性質を表すための情報です。以下に利用できる属性をまとめます。

属性	概要	既定値
configurable	属性（writable以外）の変更やプロパティの削除が可能か	false
enumerable	for...inによる列挙が可能か	false
value	値	―
writable	書き替え可能か	false
get	ゲッター関数	―
set	セッター関数	―

●プロパティの構成情報（引数props）

configurable／enumerable／writableなどの属性はいずれもfalseが既定です。試しに太字を削除したうえで、❷〜❹のコードを有効化してみましょう。以下は、それぞれの結果です。

❷Cannot assign to read only property 'memo' of object '#<Object>'（memoプロパティが読み取り専用）

❸name: 佐藤理央、birth: Fri Jun 25 2010 00:00:00 GMT+0900（日本標準時）（memoプロパティが表示されない）

❹Cannot delete property 'memo' of #<Object>（memoプロパティを削除できない）

サンプルでStrictモードを有効（❺）にしているのは、これらの制約エラーを明示的に発生させるためです。非Strictモードの環境では、制約違反は無視されるだけで、エラーが発生しません。問題が特定しにくくなるので、createメソッドで各種制約を有効にした場合には、Strictモードも有効にしておくことをおすすめします。

■ ゲッター／セッターを定義する

プロパティを取得／設定する際に、付随的な処理を加えたいことはよくあります。

・値の取得時にデータを加工したい
・値の設定時に、渡された値の妥当性を検証したい
・値を読み取り／書き込み専用にしたい

などです。そのような場合に、プロパティをメソッド（関数）の形式で表すためのしくみがゲッター（getter）、セッター（setter）です。プロパティを読み書きする時に呼び出される特殊なメソッド、といってもよいでしょう。

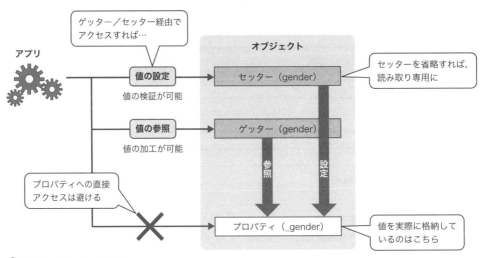

● ゲッター/セッターの役割

たとえば以下は、リスト7-05を修正して、

・male ／ female ／ unknownのいずれかだけを設定できるgenderプロパティ

・birthプロパティをもとに現在の年齢を返すageプロパティ

を追加する例です。

● リスト7-06 create_accessor.js

```javascript
let member = Object.create(Object.prototype, {
  ...中略（リスト7-05を参照）...
  age: {
    // ageゲッター
    get() {
      let birth = this.birth;    // 誕生日
      let current = new Date();  // 現在の日付
      let c_birth = new Date(current.getFullYear(),
        birth.getMonth(), birth.getDate());        // 今年の誕生日
      return (current.getFullYear() - birth.getFullYear()) +
        (c_birth.getTime() > current.getTime() ? -1 : 0);
    },
    configurable: true,
    enumerable: true
  },
  gender: {
    // genderゲッター
    get() {
      // 無指定の場合の既定値
      if (!this._gender) { return 'unknown'; }
      return this._gender;
    },
```

❸

❷

```
  // genderセッター
  set(value) {                    ⟵
    if (!['male', 'female', 'unknown'].includes(value)) {
      throw new Error('gender is invalid value.');
    }
    this._gender = value;                                        ❶
  },                              ⟵
  configurable: true,
  enumerable: true
  },
});

member.gender = 'male';          ⟵
console.log(member.gender);      // 結果：male                    ❹
console.log(member.age);         // 結果：12  ⟵
```

ゲッター／セッターの最小限の骨組みは、以下のとおりです。

● 構文　ゲッター／セッター[4]

```
get() {
  return プロパティの戻り値
},
set(value) {
  プロパティに値を設定するための処理
}
```

セッターの引数valueは設定された値を意味します（引数なので、名前はvalueでなくても構いません）。以上の構文をもとに、❶〜❸のコードを確認しておきましょう。

❶ genderセッター

genderセッターの中核は太字です。渡された値を_genderプロパティに格納しています。セッターはあくまで関数（処理）なので、値そのものは別の場所に格納するわけです。

ただし、設定する前に渡された値を確認しています。この例であれば、includesメソッド（5.5.5項）で値がmale／female／unknownのいずれかであることを確認し、それ以外の値であれば例外をスローします。このように、セッターを介することで、意図しない値を水際でせき止められます。

> **Note　this._genderの意味**
>
> プロパティ値を格納するための変数this._genderがアンダースコアではじまるのは、これがプライベート変数（＝オブジェクトの外からアクセスできない変数）であることを表すためです。
> JavaScriptでは、長らくプライベート変数の機能を提供してきませんでした[5]。そこで、このよう

※4　これは7.1.1項でも触れたメソッドの簡易構文です。従来の構文で記述するならば、「get: function() { ... }」「set: function(value) { ... }」のようになります。

※5　ES2022で追加されています。詳細は8.2.2項を参照してください。

な命名規則でプライベート変数を表すのが慣例です。もちろん、あくまで「外からアクセスしてほし
くない」意思を示すだけなので、アクセスしようと思えばできてしまう——いわば紳士協定にすぎま
せん。

❷ gender ゲッター

genderゲッターはシンプルで、先ほど設定した_genderプロパティから値を取り出すだけです。そ
の際、_genderプロパティが空であれば、既定値としてunknown値を返すようにします。

ちなみに、既定値をvalueオプションで指定するのは不可です。getter／setterオプションとvalue
オプションとを同時に指定した場合には、「Invalid property descriptor. Cannot both specify
accessors and a value or writable attribute, #<Object>」のようなエラーが発生します。

❸ age ゲッター

❶、❷では、ゲッター／セッターの組み合わせで、読み書き可能なgenderプロパティを定義してみ
ました。しかし、ゲッター／セッターは常に双方なければならないわけではありません。

たとえば、❸のようにゲッターだけのプロパティがあっても構いません。ageはbirthプロパティの値
をもとに算出される値なので、設定できてはいけないわけです（this._ageのような実体も持ちません）。

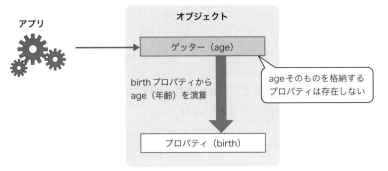

●実体を持たないプロパティ

年齢そのものは現在の年と誕生年との差で求められます。ただし、今年の誕生日が未来日である（＝
まだ来ていない）場合には、1歳差し引いておきます（太字）。

以上を理解したら、ゲッター／セッター経由でアクセスしているコードにも注目してみましょう（❹）。
ゲッター／セッターは関数（メソッド）ですが、利用者の側からはあくまで変数（プロパティ）として見
えている点に注目です。つまり、「member.gender('...')」ではなく、「member.gender = '...'」でアク
セスできます。

ゲッター／セッターを利用することで、「見た目は変数、中身は関数」なプロパティを定義できるのです。

■ 補足：オブジェクトリテラルでのゲッター／セッター

ゲッター／セッターはオブジェクトリテラルでも利用できます。

◉ リスト7-07 literal_accessor.js

```javascript
let obj = {
  // プロパティ値の実体
  _name: '名無権兵衛',
  // ゲッター／セッターの定義
  get name() { return this._name },
  set name(value) { this._name = value; }
};

obj.name = '山田太郎';
console.log(obj.name);   // 結果：山田太郎
```

見た目は、メソッドの簡易構文に対して、get／setキーワードを付与しただけなので、特筆すべき点はありません[6]。

| Column | VSCodeの便利な拡張機能（7）- Bookmarks |

コード内の任意の行にブックマークを追加する拡張機能です。1.4.2項と同じ要領でインストールしたら、該当する行にカーソルを置いて、コンテキストメニューから［Bookmarks］－［Toggle］を選択します。行の横に ▮ のようなアイコンが付与されたら、ブックマークは設置できています。［Toggle Labeled］でブックマークにラベル（説明）を付与することもできます。

ブックマークを付与することで、コンテキストメニューから［Bookmarks］－［Jump to Previous/Next］で前後に移動することもできますし、サイドバーの ▯ （Bookmarks）からブックマークリストを表示し、ダイレクトに目的の箇所に移動することも可能です。

●アプリ内のブックマークを一覧表示

※6　リテラルのゲッター／セッター構文はES2015以前のES5から利用できます。

7.2 オブジェクトの雛型「プロトタイプ」を理解する Advanced

　プロトタイプとは、オブジェクトの元となる機能を提供するオブジェクトのこと。ここまでは保留にしてきたキーワードですが、JavaScriptの根幹を占める重要な概念です。最近ではさまざまなシンタックスシュガー（糖衣構文）によって、プロトタイプを意識しなければならない状況も減っていますが、それでも本質的な理解には欠かせないので、ここでかんたんに解説しておきます。

7.2.1 プロトタイプの基本

　まず、JavaScriptのすべてのオブジェクトは、その原型となるオブジェクト（プロトタイプ）に紐づいています。

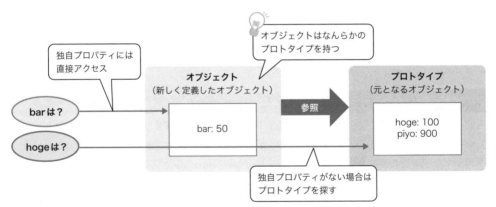

●プロトタイプ

　この時、現在のオブジェクトが直接保持するプロパティを、便宜的に独自プロパティと呼びます。たとえば、以下のように、プロパティを参照した場合、JavaScriptはまず、現在のオブジェクトから目的のプロパティを検索します。

```
obj.prop
```

　そして、見つからなかった場合には、プロトタイプとなるオブジェクトのプロパティを参照（取得）するわけです。

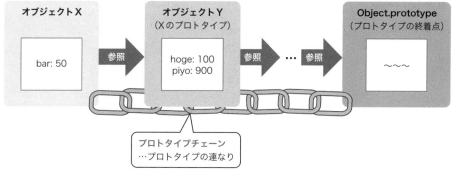

●プロトタイプチェーン

プロトタイプオブジェクトは、それ自体がさらにプロトタイプを持つはずなので、目的のプロパティが見つからなければ、さらにプロトタイプを遡ります。このようなプロトタイプへの暗黙的な参照の連なりのことをプロトタイプチェーンと呼びます。

プロトタイプチェーンの終点は、一般的にはObject.prototype——Objectが提供するプロトタイプです（それがすべてのオブジェクトがObjectオブジェクトであると述べた理由です）。

■ Object.create メソッドの引数 proto

オブジェクトリテラルによって生成されたオブジェクトは、常にObject.prototypeオブジェクトをプロトタイプとします。一方、Object.createメソッドでは引数protoで明示的にプロトタイプとすべきオブジェクトを指定しなければなりません。

```
let member = Object.create(Object.prototype, { ... });
```

Object.prototypeはObjectオブジェクトのプロトタイプを意味します（同じく、たとえばArray.prototypeとすれば、Arrayオブジェクトのプロトタイプを参照できます）。よって、Objectオブジェクトの機能すら引き継ぎたくないのであれば、引数protoをnullとすればよかったわけです。

```
let member = Object.create(null, { ... });
```

これで、memberオブジェクトがプロトタイプを持たない——プロトタイプチェーンの終点となることを意味するわけです。

7.2.2 プロトタイプチェーンの挙動を確認する

まずは、自分で定義したオブジェクトparentをプロトタイプに設定し、新たなオブジェクトobjを定義してみましょう。

● リスト7-08 proto_basic.js

```javascript
// objの元となるオブジェクト
let parent = {
  x: 10,
  y: 20,
};

// parentをプロトタイプにして作成したオブジェクト
let obj = Object.create(parent, {       // ← ❶
  z: {
    value: 30,
    writable: true,
    configurable: true,
    enumerable: true
  }
});

console.log(obj);      // 結果：{z: 30}※1  ← ❷
console.log(Object.getPrototypeOf(obj));    // 結果：{x: 10, y: 20}  ← ❸

for (let prop in obj) {
  console.log(`${prop}: ${obj[prop]}`);      // ← ❹
}     // 結果：z: 30、x: 10、y: 20
```

❶で、parentをプロトタイプにしてobjを定義しています。そのことをさまざまな方法で確認しているのが❷～❹です。

❷はobjをログに出力している例ですが、まずは現在のオブジェクトの内容としてzプロパティが表示されるのみです（プロトタイプをたどることでparentの内容も確認できます）。

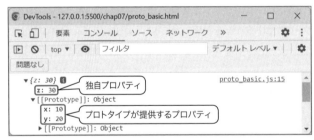

● プロトタイプの内容を確認

❸のように、Object.getPrototypeOfメソッドでプロトタイプに直接アクセスすることもできます※2。

for...in命令でプロパティを列挙した場合には、プロトタイプも含めて、オブジェクトで列挙可能なプ

※1　Safari環境では、プロトタイプまで含めた「{z: 30, x: 10, y: 20}」が表示されます。ほかのブラウザーで試すか、
　　console.logをconsole.dirに置き換えて確認してください。以降のサンプルでも同様です。
※2　「obj.__proto__」（前後のアンダースコアは2個）でもほぼ同じ意味ですが、こちらは非標準のしくみです。よく見かけ
　　る記法ですが、原則利用すべきではありません。

ロパティをすべて参照できます（❹）。もしも独自プロパティだけに限定したいならば、以下のように hasOwnメソッドを利用してください。hasOwnメソッドは、指定されたプロパティが現在のオブジェクト自身が持つメンバーであるかをtrue／falseで返します。

```
for (let prop in obj) {
  // 独自プロパティでなければスキップ※3
  if (!Object.hasOwn(prop, obj)) { continue; }
  console.log(`${prop}: ${obj[prop]}`);
}
```

> **Note　in演算子**
>
> 　独自プロパティであるかを判定するhasOwnメソッドに対して、プロトタイプまで遡ってプロパティが存在するかを判定したいならば、in演算子を利用します。
>
> ```
> console.log('z' in obj);     // 結果：true
> console.log('x' in obj);     // 結果：true
> ```

7.2.3　プロパティを追加／更新／削除した場合の挙動

　プロトタイプが絡むと、プロパティの操作に伴う挙動が複雑になり、ともすれば誤解を招きやすいものとなります。ここで、追加／更新／削除の操作を具体的な例とともに確認し、プロトタイプへの理解を深めていきます。

■ プロトタイプへの追加

　まずは、プロトタイプに対して後付けでプロパティを追加した例からです（省略部分はリスト7-08を参照してください）。

◉リスト7-09 **proto_add.js**

```
let parent = { ...中略... };      // {x:10, y:20}
let obj = Object.create(parent, { ...中略... });   // {z:30}

parent.v = 0;

for (let prop in obj) {
  console.log(`${prop}: ${obj[prop]}`);
}
```

　プロトタイプを元に新たなオブジェクトが生成されていると理解してしまうと、for...inループの出力に

※3　hasOwnはES2022で追加されたメソッドです。ES2021以前ではhasOwnPropertyメソッドを使ってください。太字は「if (!obj.hasOwnProperty(prop)) {...}」となります。

vプロパティが含まれないはずです。しかし、結果は以下のとおりです。

```
z: 30
x: 10
y: 20
v: 0
```

　作成されたオブジェクトとプロトタイプとの関係は、（複製ではなく）あくまで参照である点を再確認してください。

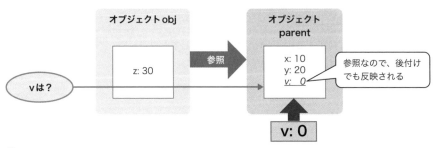

● プロトタイプへの追加

　よって、プロトタイプへの操作は参照元のオブジェクトにも反映されるのはあたりまえです。

■ プロパティ値の設定

　では、参照元のオブジェクトからプロトタイプのプロパティを設定したら、どうでしょう。

◉ リスト7-10 proto_set.js

```javascript
let parent = { ...中略... };        // {x:10, y:20}
let obj = Object.create(parent, { ...中略... });   // {z:30}

console.log(obj);
console.log(parent);
console.log('---------------------------');

obj.x = 100;

console.log(obj);
console.log(parent);
```

　オブジェクトがプロトタイプへの参照を持っていることを思えば、オブジェクトへの設定はそのままプロトタイプにも反映されるように思えます。つまり、以下の結果を期待するのではないでしょうか。

```
{z: 30}
{x: 10, y: 20}
---------------------------
```

```
{z: 30}
{x: 100, y: 20}  ←── プロトタイプに反映される
```

しかし、そうはなりません。実際に得られる結果は、以下のとおりです。

```
{z: 30}
{x: 10, y: 20}
--------------------------
{z: 30, x: 100}
{x: 10, y: 20}
```

結論から言ってしまうと、プロトタイプは読み取り専用です。値が設定されるのは、常に本来のオブジェクトに対してです。

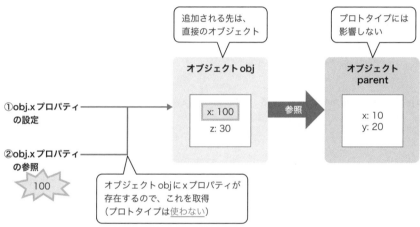

● プロパティの設定

まず、❶の時点では、objはxプロパティを持たないので、プロトタイプのxプロパティを参照します。ところが、❷の時点でobjのxプロパティが書き換えられると、

obj自身がxプロパティを持つようになる

ので、objはxプロパティを取得するためにプロトタイプを参照する必要がなくなります。結果、そのままobjのxプロパティが参照されるわけです。もちろん、見に行かなくなっただけで、プロトタイプのxプロパティがなくなったわけでも書き換えられたわけでもありません（これを「objのxプロパティがプロトタイプのxプロパティを隠蔽する」といいます）。

■ プロパティの設定 - セッターを持つ場合

ただし、対象となるプロパティがセッター（7.1.3項）を持つ場合には、少しだけ話が変わります。

● リスト7-11 proto_setter.js

```javascript
let parent = Object.create(Object.prototype, {
  // セッター／ゲッターを伴うxプロパティ
  x: {
    get() {
      return this._x ?? 10;
    },
    set(value) {
      console.log(`setter is called: ${value}`);
      this._x = value;
    },
    configurable: true,
    enumerable: true
  },
  y: {
    value: 20,
    writable: true,
    configurable: true,
    enumerable: true
  }
});

let obj = Object.create(parent, { ...中略... });   // {z:30}

obj.x = 100;

console.log(obj);
console.log(parent);
```

```
setter is called: 100  ← ❶
{z: 30, _x: 100}  ← ❷
{y: 20}
```

　セッターを伴うプロパティ（ここではx）を更新する場合には、そのままobjにxプロパティを追加するのではなく、まずプロトタイプのセッターが呼び出されるのです（❶）。ただし、セッターが操作する対象は（プロトタイプではなく）あくまでobjに対してです。❷で、objに_xプロパティが追加されている点に注目してください。

　少々わかりづらく思えるかもしれませんが、まずはオブジェクト操作によってプロトタイプが書き換えられることはないと覚えておきましょう。

■ プロパティの削除

　最後に、オブジェクトからプロパティを削除する場合の例です。

● リスト7-12 proto_delete.js

```
let parent = { ...中略... };  // {x:10, y:20}
let obj = Object.create(parent, { ...中略... });  // {z:30}

obj.x = 108;  ←
console.log(obj.x);         // 結果：108        ❶
console.log(parent.x);      // 結果：10   ←

console.log(delete obj.x);  // 結果：true  ←
console.log(obj.x);         // 結果：10          ❷
console.log(parent.x);      // 結果：10   ←

console.log(delete obj.x);  // 結果：true  ←
console.log(obj.x);         // 結果：10          ❸
console.log(parent.x);      // 結果：10   ←
```

ここまで読み進めてきた皆さんならば、結果は予想できていたかもしれません。

まず、❶はリスト7-10でも触れたプロパティの追加です。objにxプロパティが追加された結果、parentのxプロパティが隠蔽された状態です。

この状態に対して、プロパティを削除すると、delete演算子はobjのxプロパティを削除します（❷）。結果、隠蔽されていたparentのxプロパティが見えるようになります。

では、さらにobjのxプロパティを削除する❸は、どのような結果になるでしょうか。プロトタイプは変更されないというルールを覚えていればかんたん、delete演算子は無視されます。そもそもxプロパティを持たないobjが変化しないのはもちろん、parentに影響が及ぶこともありません。

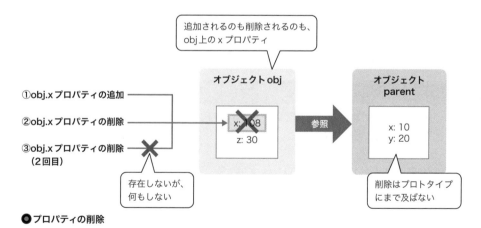

● プロパティの削除

■ プロトタイプ経由のプロパティを強制的に削除する方法

もちろん、以下のようなコードでプロトタイプのプロパティを削除することも可能です[4]。

※4 「delete parent.x;」としても同じですが、obj経由でアクセスするならば本文のコードとなります。

```
delete Object.getPrototypeOf(obj).x;
```

　ただし、一般的にはプロトタイプにまで影響を及ぼすコードは望ましくありません（プロトタイプを複数のオブジェクトが共有している場合、すべてに影響が及んでしまうからです）。

　もしもプロトタイプで提供されるプロパティを現在のオブジェクト上で削除するならば、ややトリッキーですが、以下のような方法で表すことも可能です。

```
obj.x = undefined;
```

　xプロパティの値にundefinedを与えることで、プロトタイプのxプロパティを隠蔽しているわけです。

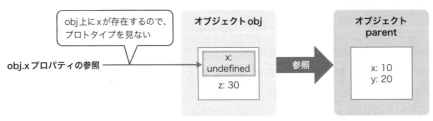

●プロパティを擬似的に削除する

　ただし、この方法は

プロパティの存在はそのままに、値を強制的に未定義としている

にすぎません。本質的にはプロパティを削除しているわけではないので、for...inループで中身を列挙した場合には、xプロパティを拾ってしまう点に注意してください。

Note　プロトタイプそのものを入れ替える

　ちなみに、setPrototypeOfメソッドを使えば、オブジェクトに紐づいたプロトタイプそのものを入れ替えたり、破棄することも可能です。

```
Object.setPrototypeOf(obj, new_parent); // プロトタイプをnew_parentに
Object.setPrototypeOf(obj, null);       // プロトタイプを破棄
```

7.3 すべてのオブジェクトの雛型 - Objectオブジェクト

7.1.2項でも触れたように、Objectオブジェクトはすべてのオブジェクトの大元となるオブジェクトです。ほかのオブジェクトに対して、

オブジェクトの共通的な性質／機能を提供する

とともに、

オブジェクトを操作するための汎用的な機能（静的メソッド）

を提供します。本節では、まず静的メソッドを中心にObjectオブジェクトの機能を紹介します[1]。

7.3.1 オブジェクトをマージする

assignメソッドを利用することで、既存のオブジェクトを結合（マージ）できます。

◉構文 **assignメソッド**

```
Object.assign(target, source, ...)
      target：ターゲット
      source：コピー元（可変長引数）
```

引数source, ...で指定されたオブジェクトのメンバーを、引数targetにコピーするわけです。assignメソッドは戻り値としてマージした後のオブジェクトを返しますが、元のオブジェクト（引数target）にも影響が及ぶ点に注意してください。

以下に、具体的な例も見てみましょう。

◉**リスト7-13 obj_assign.js**

```javascript
let pet = {
  type: 'スノーホワイトハムスター ',
  name: 'キラ',
  description: {
    birth: '2014-02-15'
  },
};
```

※1 「共通的な性質／機能」の部分は、継承の理解が前提となるため、改めて8.5.3項で解説します。

```javascript
let pet2 = {
  name: '山田きら',
  color: '白',
  description: {
    food: 'ひまわりのタネ'
  },
};

let pet3 = {
  weight: 42,
  photo: 'http://www.wings.msn.to/img/ham.jpg',
};

Object.assign(pet, pet2, pet3);   ←── ❶
console.log(pet);
```

```
{
  color: "白",
  description: {
    food:"ひまわりのタネ"
  },
  name: "山田きら",
  photo:"http://www.wings.msn.to/img/ham.jpg"
  type: "スノーホワイトハムスター ",
  weight: 42
}
```

assignメソッドでは、以下の点に注意してください。

- 同名のプロパティは、あとのもので上書きされる（この例ではname）
- 再帰的なマージには非対応（この例ではdescriptionプロパティは丸ごと上書き）

また、先ほども触れたように、assignメソッドは引数target（ここでは変数pet）を書き換えます。元のオブジェクトに影響を及ぼしたくない場合には、❶を以下のように書き換えます。

```javascript
let merged = Object.assign({}, pet, pet2, pet3);
```

これによって、「空のオブジェクトに対してpet1〜3をマージしなさい」という意味になるので、元のオブジェクトpet1〜3には影響は及びません。

Note **スプレッド構文**

スプレッド構文（6.4.4項）を利用して、以下のように表しても構いません。

```javascript
let merged = { ...pet, ...pet2, ...pet3 };
```

7.3.2　オブジェクトを複製する

assignメソッド（またはスプレッド構文）を用いることで、オブジェクトを複製することもできます。

● リスト7-14　obj_copy.js

```
let pet = {
  name: 'キラ',
  description: {
    birth: '2014-02-15'
  },
};

// オブジェクトの複製（let copied = { ...pet }; でも可）
let copied = Object.assign({}, pet);

console.log(pet);
      // 結果：{name: 'キラ', "description": {"birth": "2014-02-15"}}
console.log(copied);
      // 結果：{name: 'キラ', "description": {"birth": "2014-02-15"}}
console.log(pet === copied);      // 結果：false
```

　ただし、assignメソッドの性質上、浅いコピー（5.5.10項）である点に注意してください。つまり、入れ子になったオブジェクトでは参照を複製するのみです（変更が相互に影響します）。

■ オブジェクトのディープコピー

　オブジェクトを深く（ディープ）コピーするには、以下のような方法があります。

（1）オブジェクトを文字列化する

　JSON.stringifyメソッドで、オブジェクトを文字列化し、parseメソッドで再構築します。再構築されたオブジェクトは、当然、元のオブジェクトとは末端まで別ものです。

● リスト7-15　obj_copy_deep.js

```
let obj = { hoge: 1, foo: { bar: 100 }};
let copied = JSON.parse(JSON.stringify(obj));

obj.foo.bar = 99;
console.log(obj);          // 結果：{hoge: 1, foo: {bar: 99}}
console.log(copied);       // 結果：{hoge: 1, foo: {bar: 100}}（影響しない）
```

　この方法は手軽ですが、制限もあります。というのも、利用できる型が文字列／数値／真偽値、配列など、JSONオブジェクトが対応している型に限られます。サードベンダーのライブラリはもちろん、標準ライブラリでも、undefined／NaN／Infinity、関数、シンボルなどは不可ですし（スキップされるか、nullに変換されます）、日付型も文字列化は可能ですが、オブジェクトの再構築にはひと手間かけなければなりません（詳細は5.9.2項も参照してください）。

ただし、このことはさほど問題になることはないでしょう。これらのオブジェクトを複製するシーンは限られていますし、サードベンダーのライブラリで（必要であれば）専用のしくみを提供しています。

(2) Lodashを利用する

Lodash（https://lodash.com/）は、JavaScriptプログラミングで利用できる便利関数をまとめたライブラリです。ディープコピーだけでなく、その他にも値操作に関わる便利な機能があまねく用意されているので、興味のある人は調べてみるとよいでしょう。

Lodashでディープコピーするには、以下のように表すだけです。

● リスト7-16　上：obj_copy_lodash.html／下：obj_copy_lodash.js

```html
<script src="https://cdn.jsdelivr.net/npm/lodash@4.17.21/lodash.min.js"></script>
```

```js
let obj = { hoge: 1, foo: { bar: 100 }};
let copied = _.cloneDeep(obj);
```

Lodashを利用するにはライブラリをインポートするだけです。バージョンは適宜その時どきでの最新バージョンを利用することをおすすめします（太字を置き換えるだけです）。

7.3.3　プロパティを操作する

Objectオブジェクトでは、プロパティを操作するための静的メソッドもさまざまに提供しています。詳細情報を伴うプロパティを追加／取得する際には、以下のようなメソッドを利用してください。

■ プロパティ情報を追加／更新する

詳細情報を伴うプロパティは（createメソッドだけでなく）definePropertyを用いることで、あとから追加／変更することもできます。

● 構文　definePropertyメソッド

```
Object.defineProperty(obj, prop, desc)
      obj ：対象のオブジェクト
      prop：プロパティ名
      desc：プロパティの詳細情報
```

引数descで利用できる属性情報は、createメソッド（7.1.3項）のそれに準じます。以下に、具体的な例も見てみましょう。

● リスト7-17　obj_define.js

```js
let member = {
  name: '佐藤理央',
  age: 18,
};

// ageプロパティの設定を更新
```

```
Object.defineProperty(member, 'age', {
  value: 25,
  writable: false,
  configurable: true,
  enumerable: true
});

// 新規にgenderプロパティを追加
Object.defineProperty(member, 'gender', {
  value: 'male',
  writable: true,
  configurable: true,
  enumerable: true
});

for (let prop in member) {
  console.log(`${prop}: ${member[prop]}`);
}
```

❶

```
name: 佐藤理央
age: 25
gender: male
```

■ 複数のプロパティを定義する

複数のプロパティをまとめて定義するならば、definePropertiesメソッド（複数形）を利用したほうがシンプルです。

●構文 definePropertiesメソッド

```
Object.defineProperties(obj, props)
      obj  ：対象のオブジェクト
      props：プロパティ
```

以下は、リスト7-17 ー❶をdefinePropertiesメソッドで書き換えた例です。

●リスト7-18 obj_define_multi.js

```
Object.defineProperties(member, {
  age: {
    value: 25,
    writable: false,
    configurable: true,
    enumerable: true
  },
  gender: {
    value: 'male',
    writable: true,
```

```
      configurable: true,
      enumerable: true
  }
});
```

■ プロパティを列挙する

オブジェクトに属するプロパティを取得するには、keysメソッドを利用します。

◉ リスト7-19 obj_keys.js

```
let obj = Object.create(Object.prototype, {
  name: {
    value: '佐藤理央',
    writable: true,
    configurable: true,
    enumerable: true
  },
  age: {
    value: 25,
    writable: false,
    configurable: true,
    enumerable: false
  },
  gender: {
    value: 'male',
    writable: true,
    configurable: true,
    enumerable: true
  }
});

for(let prop of Object.keys(obj)) {  ←── ❶
  console.log(Object.getOwnPropertyDescriptor(obj, prop));
}
```

```
{value: '佐藤理央', writable: true, enumerable: true, configurable: true}
{value: 'male', writable: true, enumerable: true, configurable: true}
```

keysメソッドの戻り値は、プロパティ名の配列です。この例では、これをfor...of命令でループし、すべてのプロパティを走査しています。プロパティの詳細情報はgetOwnPropertyDescriptorメソッドで取得できます。

◉ 構文 getOwnPropertyDescriptorメソッド

```
Object.getOwnPropertyDescriptor(obj, prop)
    obj ：対象のオブジェクト
    prop：プロパティ名
```

keysメソッドは列挙可能なプロパティだけを取得しますが、列挙の可否を問わず、現在のオブジェクトのすべてのプロパティを取得するならば、getOwnPropertyNamesメソッドを利用してください[※2]。❶を書き換え、結果の変化も確認しておきましょう（enumerable属性がfalseであるageプロパティが追加されています）。

```
for(let prop of Object.getOwnPropertyNames(obj)) {
```

```
{value: '佐藤理央', writable: true, enumerable: true, configurable: true}
{value: 25, writable: false, enumerable: false, configurable: true}
{value: 'male', writable: true, enumerable: true, configurable: true}
```

なお、keys／getOwnPropertyNamesはともに、プロトタイプチェーンをたどりません。プロトタイプで定義されたプロパティも含めてアクセスしたいならば、for...in命令（4.3.4項）を利用してください。

```
for(let prop in obj) { ... }
```

> **Note** プロパティが列挙可能かを判定する
>
> プロパティが列挙可能かどうかは、propertyIsEnumerableメソッドで判定できます。
>
> ```
> console.log(obj.propertyIsEnumerable('age'));
> ```

> **Note** プロパティ記述子をまとめて取得する
>
> プロパティ記述子をまとめて取得したいならば、getOwnPropertyDescriptorsメソッドを利用しても構いません。戻り値は、Object.createメソッドに渡したような「プロパティ名：記述子, ...」形式のオブジェクトです。
>
> ```
> console.log(Object.getOwnPropertyDescriptors(obj));
> ```

7.3.4 不変オブジェクトを定義する

不変オブジェクトとは、最初に生成した後は、一切の状態（値）を変更できないオブジェクトのこと。オブジェクトを不変にすることで、オブジェクトの状態を意図せず変えられてしまう心配がないことから、いわゆる「可変オブジェクト」よりも実装／利用がかんたんになる——結果として、バグの混入を防げるなどのメリットがあります。

このような不変オブジェクトを定義するために、JavaScriptでは以下のようなメソッドを用意していま

※2　ただし、getOwnPropertyNamesメソッドでもSymbol型のプロパティ（8.5.3項）は列挙されません。Symbol型のプロパティを列挙したいならば、getOwnPropertySymbolsメソッドを利用してください。

す。これらのメソッドは、プロパティの操作に対して、それぞれ以下のような制限を課します。

メソッド	プロパティの追加	プロパティの削除	プロパティ値の変更
preventExtensions	不可	可	可
seal	不可	不可	可
freeze	不可	不可	不可

● プロパティの操作を制限するためのメソッド

以下のコードで、具体的な動作も確認してみましょう。

● リスト7-20 obj_freeze.js

```javascript
'use strict';

let pet = {
  type: 'スノーホワイトハムスター ',
  name: 'キラ',
};

// 以下をそれぞれコメント解除して、動作を確認
// Object.preventExtensions(pet);   ← ❶
// Object.seal(pet);   ← ❷
// Object.freeze(pet);   ← ❸

// 既存のプロパティ値を変更
pet.name = '山田きら';
// 既存のプロパティを削除
delete pet.type;
// 新規のプロパティを追加
pet.weight = 42;
```

コメントアウトされた❶～❸のコードを、それぞれ有効化した場合の結果は、以下のとおりです。

- ❶Cannot add property weight, object is not extensible（weightプロパティを追加できない）
- ❷Cannot delete property 'type' of #<Object>（typeプロパティを削除できない）
- ❸Cannot assign to read only property 'name' of object '#<Object>'（nameプロパティは変更できない）

なお、サンプルをStrictモードで動作しているのは、非Strictモードでは、preventExtensions／seal／freezeメソッドの制約にもかかわらず、例外が発生しないためです。たとえば、preventExtensionsメソッドを呼び出したあとに新規のプロパティを追加しても、無条件に無視されるだけで、通知されません。これは挙動としてわかりにくいので、preventExtensions／seal／freezeメソッドを利用する場合には、Strictモードを有効にすべきです。

Column　知っておきたい！JavaScriptの関連キーワード（3） - WebAssembly

　フロントエンド開発への注目は依然として高く、それに呼応するように、JavaScriptもその実行環境であるブラウザーも飛躍的に進化しました。しかし、どこまで行っても課題となるのは実行速度となります。JavaScriptエンジンは常に改善されていますが、できること（求められていること）が増えている以上、それはいたちごっこなのです。

　そこで登場したしくみがWebAssembly（WASM）です。WebAssemblyとは、大雑把に言ってしまえば、モダンブラウザーで効率的に動作することを目指したバイナリフォーマット。ブラウザー内で用意された仮想マシン上で動作させることで、ネイティブコードに限りなく近い高速性を実現できます。

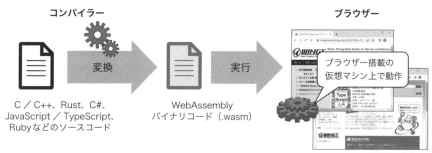

●WebAssemblyの動作

　C／C++、Rust、C#、JavaScript／TypeScript、Rubyなどなど、さまざまな言語がWebAssemblyに対応している点にも注目です。選択肢によっては、サーバー／クライアント双方を同一の言語で開発することも可能になります（それこそJavaScriptレスの世界です！）。

　もちろん、現時点ではなかなかそこまでは現実的ではないかもしれませんが、その性質上、JavaScriptとの親和性にも優れているので、「パフォーマンスを求められる箇所ではWebAssemblyを、さもなくばJavaScriptを」という使い分けも可能です。

　本書ではこれ以上は踏み込みませんが、詳しくは以下のような記事でも解説しています。興味のある人は、合わせて参照することをおすすめします。

　・いろんな言語で試す、WebAssembly入門（https://atmarkit.itmedia.co.jp/ait/series/32725/）

Column	知っておきたい！JavaScriptの関連キーワード（4）- コンポーネント指向

　フロントエンド開発では、コンポーネント指向でアプリを開発するのが一般的です。コンポーネントとは、ページを構成するUI部品のこと。ビュー（テンプレート）、ロジック（オブジェクト）、スタイルなどから構成されます。

　アプリを用途／機能に応じてコンポーネントに分割することで、コードを再利用しやすくなりますし、アプリ全体の見通しもよくなります。たとえば以下は、一般的なWebページの構造（例）です。

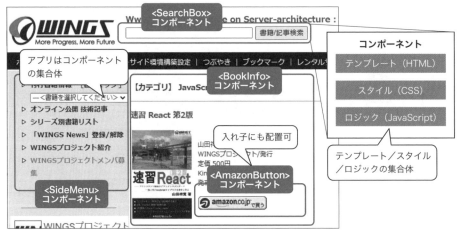

● コンポーネントとは？

　現在よく利用されているフレームワークであるReact、Vue.js、Angularは、いずれもコンポーネント指向であり、値の受け渡しなどの考え方もよく似ています。本書を学んだ後は、以下のような書籍で、これらのフレームワークをまずはひとつ学び、コンポーネントの基本を理解してみてはどうでしょう。

- 『速習React 第2版』(Amazon Kindle)
- 『これからはじめるVue.js 3実践入門』(SBクリエイティブ)
- 『速習 Vue.js 3 - Composition API編』(Amazon Kindle)
- 『Angularアプリケーションプログラミング』(技術評論社)

Chapter 8

大規模開発でも通用する書き方を
身につける – オブジェクト指向構文

8.1 クラスの基本

前章では、オブジェクトを直接定義して即座に使用する――ある意味、JavaScriptらしいオブジェクトについて学びました。しかし、アプリを開発していると、同様の機能を持ったオブジェクトが欲しくなることは、よくあります。

たとえば、文字列。文字列オブジェクトは、コード上で扱うために、5.2節でも見たような機能を備えている必要があります。しかし、あまた存在する文字列オブジェクトそれぞれに対して、いつもデータと機能（メソッド）を1から準備するのは非効率です。そこで、すべての文字列を普遍的に表現／操作できるような雛型が必要となります。それがクラスです。

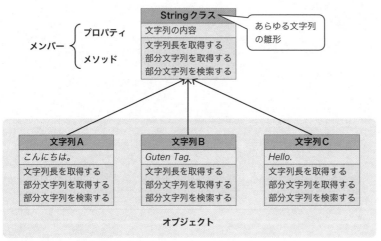

●クラス

より大規模な開発では、まずはクラス（雛型）を定義し、そこからオブジェクト（インスタンス）を生成するのが一般的です。

Note プロトタイプベースのオブジェクト指向

より正しくは、JavaScriptにはクラス／インスタンスという区別は存在しません。JavaScriptにあるのはオブジェクトだけであり、あるオブジェクトをプロトタイプ（雛型）として別のオブジェクトを定義するのが基本です（7.2.1項でも触れたとおりです）。このようなオブジェクト指向を「クラスベースのオブジェクト指向」に対して、「プロトタイプベースのオブジェクト指向」と呼びます。

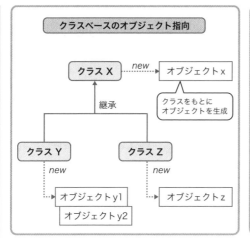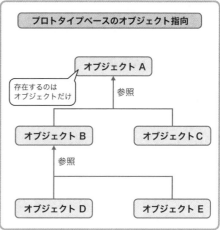

● クラスベースとプロトタイプベース

　しかし、プロトタイプベースのオブジェクト指向は一種独特なもので、長くJavaScript開発者を苦しませる原因となっていました。そこでES2015からはclass構文が導入され、JavaScriptでも、いわゆる「クラス」を利用できるようになっています[1]。

　ただし、ES2015のクラスは、あくまでプロトタイプをらしく見せるための糖衣構文（シンタックスシュガー）にすぎません。JavaScriptの本質は、変わらずプロトタイプである点に注意してください。本書でもわかりやすさの観点から、クラス／インスタンスという言葉を利用しますが、JavaScriptの本質はあくまでオブジェクトであることを、頭の片隅に留めておきましょう。

8.1.1　最もシンプルなクラスを定義する

　ここからは、具体的にクラスを定義していきます。まずは、構文的に最小限のクラスからです。

● リスト8-01 class_basic.js

```
class Member { }
```

　「これだけ？」と思われるかもしれませんが、これだけです。クラスはclass命令で宣言します。

● 構文 class命令

```
class クラス名 {
    ...クラスの本体...
}
```

　クラスとは、メソッド／プロパティなどの要素を収めるための単なる器にすぎません。つまり、ここでは、これらの中身を持たないMemberクラスを定義しているわけです。名前は、プロパティ／メソッド

※1　ES2015以前のクラス定義については本書では割愛します。本書旧版のChapter 5を参照してください。

と区別するためのパスカル記法で表すのが一般的です。

これが正しいクラスであることを確認するために、Memberクラスをインスタンス化してみましょう。

● リスト8-02 class_basic.js

```
let m = new Member(); ←── ❶
console.log(m); // 結果：Member {}
```

クラスをインスタンス化するには、組み込みオブジェクトと同じく、new演算子（❶）を呼び出すだけです（5.1.2項の例を思い出してみましょう）。まだMemberオブジェクトとして扱う情報はないので、引数リストは空となります。

結果として表示されるのは、Memberオブジェクトの文字列表現です。現時点ではクラス名が表示されているだけですが、まずは上のような結果が表示されれば、クラスは正しく認識できています。自分でクラスを定義する、といっても、難しいことはありません。

Note **classの特徴とプラスα**

classブロックには、以下のような特徴があります。

- **クラス定義は巻き上げされない（＝呼び出しよりも定義は先になければならない。6.2.4項）**
- **classブロック配下はStrictモード（4.5.3項）で動作する**
- **class {...} の形式で、クラスリテラル（クラス式）を表すことも可能**

たとえばリスト8-02はクラス式を使うことで、以下のように表せます。

```
let Member = class { };
```

比較的新しい構文ということもあり、関数式よりは利用頻度も少ない構文なので、このような表現もある、という程度で覚えておくとよいでしょう。

8.1.2 クラスに属する情報を準備する - プロパティ ES2022

もっとも、リスト8-02のコードではインスタンス化できるとはいっても、実質的にクラスとしての意味はありません。そこで、ここからはクラスという器にさまざまな要素（メンバー）を追加していくことにしましょう。

まずは、プロパティからです。プロパティとは、インスタンス（オブジェクト）に属する情報（変数）のこと。インスタンス変数と呼ばれることもあります。プロパティを利用することで、ようやくインスタンスが意味のある値を持つようになります。

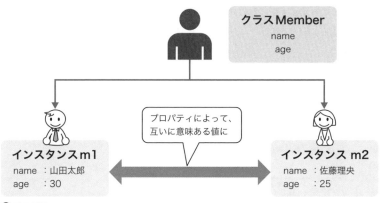

●プロパティ

　クラスに属する、といっても、ただclassブロックの中で定義すればよいわけではなく、クラスで定義された対象を説明するための情報でなければなりません。たとえばMemberクラスであれば人に関する情報ということで、name（氏名）、age（年齢）のようなプロパティが必要かもしれません。さっそく、追加してみましょう。

●リスト8-03 class_prop.js

```
class Member {
  name = '名無権兵衛';  ← ❶
  age = 0;  ←
}


let m = new Member();
console.log(m); // 結果：Member {name: '名無権兵衛', age: 0}  ←
console.log(`私の名前は${m.name}、${m.age}歳です。`);          ❷
      // 結果：私の名前は名無権兵衛、0歳です。  ←
```

　プロパティの宣言は、大雑把にはclassブロック配下での変数宣言です（❶）。ただし、letキーワードは不要です。初期値も省略できますが（その場合はundefinedとなります）、2.2.1項でも触れた理由から初期値は明示したほうがよいでしょう。

　new演算子で生成されたインスタンスにも、たしかに、宣言時に渡されたプロパティ値が反映されていることが確認できます（❷）。

Note	ES2022以前では？

　classブロックで宣言するプロパティ構文は、ES2022で追加された比較的新しいしくみです。ES2022以前の環境でプロパティを定義するには、後述するコンストラクターを利用してください。

■ 補足：インスタンス単位にプロパティを追加する

　プロパティは、classブロックで宣言するばかりではありません。一旦作成したインスタンスに対して、

あとからプロパティを追加することもできます。たとえば以下は、Member クラスに対して、あとから gender（性別）プロパティを追加する例です。

●リスト8-04 class_prop_add.js

```javascript
class Member { ... }

let m1 = new Member();
m1.gender = 'male';                        // ❶
console.log(m1.gender);  // 結果：male      // ❶

let m2 = new Member();                     // ❷
console.log(m2.gender);  // 結果：undefined  // ❷
```

なるほど、この場合にも正しくプロパティを認識できていることが確認できます（❶）。ただし、インスタンスに追加したプロパティは、あくまでそのインスタンスだけのものです。❷のように、異なるインスタンスには反映されません。

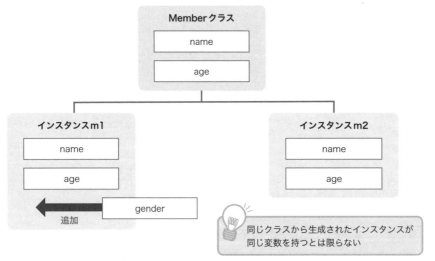

●インスタンスへのプロパティ追加

型に厳密な——たとえばJava／C#のような言語に慣れた人にとっては、「同一のクラスで生成されたインスタンスは、同一のメンバーを持つ」のが常識ですが、JavaScriptの世界では

同一のクラスで生成されたインスタンスであっても、同一のメンバーを持つとは限らない

ということです※2。

※2　ここではプロパティを追加していますが、「delete m1.name」で削除も可能ですし、「m1.greet = function() { ... }」とすることでメソッド（8.1.3項）の追加も可能です。メソッドの追加については、サンプルコードからclass_method_add2.jsも参照してください。

8.1.3 クラスに属する処理を準備する - メソッド

リスト8-03では、Memberクラスと、それに属するプロパティとしてname、ageを用意しました。これを呼び出し側で整形して「私の名前は名無権兵衛、0歳です。」のような文字列を出力していたわけですが、同じようなコードを何度も記述するのは無駄です。

このように、クラスに関わる共通的な処理は、メソッドとしてクラスにまとめるべきです。メソッドとは、クラスの中で定義された関数のことです。ある対象に対して、関連する情報（変数）と機能（メソッド）とをひとまとめに管理できるのが、クラスのよいところです。

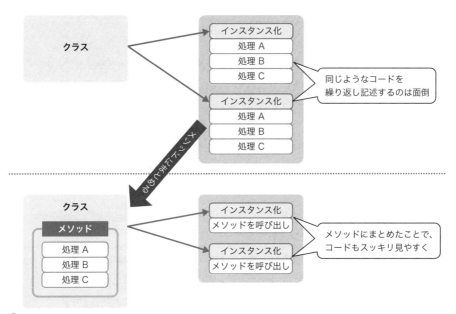

●メソッド

具体的な実装例も見てみましょう。以下は、リスト8-03のMemberクラスに対して、name／ageプロパティを表示するためのshowメソッドを追加する例です。

◉リスト8-05 class_method.js

```javascript
class Member {
  name = '名無権兵衛';
  age = 0;

  show() {
    console.log(`私の名前は${this.name}、${this.age}歳です。`);    ──❶
  }
}

let m = new Member();
m.show();          // 結果：私の名前は名無権兵衛、0歳です。    ───❷
```

メソッドの基本的な構文（❶）はユーザー定義関数のそれとほとんど同じですが、functionキーワードが不要です（その意味で、オブジェクトリテラルのメソッド簡易構文に準ずる、と捉えたほうがわかりやすいかもしれません[※3]）。

また、showメソッド配下のthisキーワードにも注目です。thisキーワードは、new演算子によって生成されるインスタンス（つまり、自分自身）を表すものです。つまり、以下のような構文で、現在のインスタンスに属するプロパティ値を参照／変更できます。

this.プロパティ名
this.プロパティ名 = 値

同様に、メソッド名を指定することで、現在のクラスで定義された別のメソッドを呼び出せます。

this.メソッド名(...)

thisは、今後もよく登場するキーワードなので、ここで存在をきちんと意識しておきましょう。

メソッドの呼び出しについては5.1.3項などでも紹介したとおりです（❷）。組み込みオブジェクトの場合となんら変わりないので、特筆すべき点もありません。

8.1.4　クラスを初期化する – コンストラクター

ここまで何度も触れてきたように、クラスを利用する際には、最初にnew演算子によってインスタンスを生成する必要があります。このインスタンス化のタイミングで実行される特別なメソッドがコンストラクターです。一般的には、インスタンスで利用するプロパティを初期化するために利用します。

たとえば以下は、リスト8-05を修正して、Memberクラスのname／ageプロパティをコンストラクター経由で初期化する例です。

◉リスト8-06 class_const.js

```
class Member {
  constructor(name = '名無権兵衛', age = 0) {  ←
    this.name = name;                              ❶
    this.age = age;
  }  ←

  show() {
    console.log(`私の名前は${this.name}、${this.age}歳です。`);
  }
}

let m = new Member('佐藤理央', 25);
```

※3　実際には逆で、クラスでのメソッド構文と同様に記述できるように、オブジェクトリテラルの簡易構文が導入されました。

```
m.show();          // 結果：私の名前は佐藤理央、25歳です。
```

　コンストラクターの構文は、以下のとおりです（❶）。名前はconstructor固定で、クラスに1つしか定義できません（省略しても構いません）。

◉ 構文　コンストラクター

```
constructor(args, ...) {
  ...statements...
}
        args       ：任意の引数
        statements：コンストラクターの本体
```

　コンストラクター配下のthisは、先ほども触れたように生成されるインスタンスです。よって、同様にプロパティ値を設定できます。

this.プロパティ名 = 値

　なお、コンストラクターは内部的にthisが示すオブジェクトを返すので、戻り値は不要です。そうすべきではありませんが、コンストラクターが明示的にオブジェクトを返した場合には、その値がnew演算子の戻り値となります。thisへの操作は無視されるので、注意してください。

Note　ES2022以前では？

　先ほども触れたように、プロパティ構文はES2022で追加されたものです。それ以前の環境でリスト8-03と意味的に等価なコードを表すならば、以下のように書きます。

```
class Member {
  constructor() {
    this.name = '名無権兵衛';
    this.age = 0;
  }
  ...中略...
}
```

■ **補足：コンストラクターでの初期化コードを簡略化する**

　Object.assignメソッド（7.3.1項）、オブジェクトリテラルの省略構文（7.1.1項）を組み合わせることで、コンストラクターの初期化コードをよりシンプルに表せます。

　たとえば以下は、リスト8-06を書き換えたものです。

◉ リスト8-07　class_const.js

```
class Member {
```

```
  constructor(name = '名無権兵衛', age = 0) {
    Object.assign(this, { name, age });  ← ❶
  }
  ...中略...
}
```

何度も繰り返しているように、thisは現在のインスタンスです。よって、❶で

現在のインスタンスに対して、引数の内容をまとめてマージする

という意味になります。太字部分は、オブジェクトリテラルの省略構文で、以下と同じ意味です。

```
{ name: name, age: age }
```

上のイディオムを利用することで、初期化対象のプロパティが増えた場合にも、似たようなコード
──「this.プロパティ名 = 値」を列記しなくて済むので、コードがコンパクトになります。

■ 補足：class構文以前では？ `Legacy`

class命令によって定義されたクラスは、内部的には関数です。試しにリスト8-06の末尾に、以下の
ようなコードを追加してみましょう。たしかに「クラス＝関数」であることが確認できます。

```
console.log(typeof Member);      // 結果：function
```

そもそもclass命令が導入されるES2015より前には、クラスはfunction命令で定義していました。
たとえば以下は、name、ageプロパティを持つMemberクラスを関数構文で定義したものです[4]。

● リスト8-08 class_const_legacy.js

```
let Member = function(name, age) {
  this.name = name;
  this.age = age;
};
let m = new Member('佐藤理央', 25);
```

クラスという枠組みはなく、コンストラクターを意味する関数（コンストラクター関数）がそのままク
ラスとしての役割を担っているのです。
class構文の導入によって、このような記法は過去のものとなりましたが、「クラス＝関数」という概
念が根底から覆ったわけではありません。あくまで

※4　メソッドの追加については8.1.7項で触れているので、興味のある人は合わせて参照してください。

なのです。

　ただし、コンストラクター関数とclassブロックとは完全に等価でもありません。たとえば、classブロックで定義されたMemberを、関数として呼び出すことはできません。

```
let m = Member();  ←── newがない！
```

　コンストラクター関数の世界では、関数として呼び出されないために、追加的な対策を講じる必要がありましたが、classの世界では、そうした原始的な対策は不要になっているわけですね。

■ 8.1.5　静的プロパティ／静的メソッドを定義する

　5.1.4項でも触れたように、静的プロパティ／静的メソッドとは「インスタンスを生成しなくてもオブジェクトから直接呼び出せるプロパティ／メソッド」のことです。まとめて静的メンバーともいいます。

　このような静的メンバーを定義するには、プロパティ／メソッド定義にstaticキーワードを付与するだけです（静的プロパティはES2022以降で追加されました）。

● リスト8-09　class_static.js

```
class Area {
  // 静的プロパティ
  static pi = 3.14;

  // 静的メソッド
  static circle(radius) {
    return (radius ** 2) * this.pi;  ←── ❷
  }
}

console.log(Area.pi);          // 結果：3.14  ←─┐
console.log(Area.circle(10));  // 結果：314    ←─┴── ❶
```

　たしかに、「クラス名.メンバー」の形式で静的メンバーにアクセスできることが確認できます（❶）。staticを付与するだけで誤解のしようもないメンバーですが、1点のみ注意すべき点があります。それは

静的メソッド配下のthisは現在のクラスを参照

する点です（インスタンスメソッドでのthisとは異なります）。よって、「this.pi」はインスタンスプロパティではなく、静的プロパティpiを示します（❷）。

　インスタンスが存在しないので当然といえば当然ですが、静的メソッドからインスタンスメンバーにアクセスすることはできません。

> **Note**　**なぜ静的メンバーを定義するのか**
>
> 　静的メンバーは、機能的にはグローバル変数／関数となんら変わりません。「それならば、別に静的プロパティ／静的メソッドなどを使わず、素直にグローバル変数／関数を使えばよいではないか」と思われるかもしれませんね。
>
> 　しかし、これはおすすめしません。というのも、グローバル変数／関数は、名前が競合する原因となるからです。
>
> 　たとえば、100個のグローバル変数／関数を含んだライブラリを考えてみましょう。アプリからこのライブラリを使おうとした場合、ここで定義された100個の名前は、いわゆる予約語になるので、アプリで命名することはできなくなります（もしまちがって上書きしてしまった場合には、元の機能や情報は失われてしまいます）。グローバル変数／関数が多くなればなるほど、アプリ側では、名前のバッティングを意識してコードを書かなければならなくなってしまうのです。
>
> 　これは当然好ましい状態ではないので、グローバル変数／関数はできるだけ少なくなるように設計すべきです。静的メンバーを利用すれば、変数／関数はクラスの配下に属することになるので、こうした競合の可能性を減らすことができます（たとえば、グローバル変数 version と静的プロパティ Area.version は別物です）。
>
> - ・グローバル変数／関数はできるだけ減らす
> - ・そのために関連する機能や情報は静的メンバーにまとめる
>
> 　心がけましょう（8.4節で触れるモジュールも、同じことを目的としたしくみです）。

■ 注意：静的プロパティの使いどころ

　ただし、静的プロパティを利用する状況は、さほどに多くないはずです。というのも、クラス単位で保有される情報であろう静的プロパティは、インスタンスプロパティとは違って、その値を変更した場合に、コード内のすべての箇所に影響が及んでしまうからです。

　静的プロパティの利用は、まずは

1. 読み取り専用（定数）
2. さもなくば、クラス自体の状態を監視する

など、限られた状況に留めるべきです。このうち、1. については次項で改めるので、ここでは 2. の用途──クラス自体の状態を監視する例について見てみます。

　以下は、インスタンスをキャッシュ＆再利用する Member クラスの例です。インスタンスプロパティ name をキーにインスタンスをキャッシュしておき、同一 name のインスタンスを生成する際には以前のものを再利用します。

●リスト8-10 class_static_prop.js

```javascript
class Member {
  // インスタンスをキャッシュするための静的プロパティ
  static cache = new Map();

  constructor(name) {
    this.name = name;
  }

  // インスタンスを生成するための静的メソッド
  static of(name) {                    ❶
    // キャッシュが存在する場合は、そのまま返す
    if (this.cache.has(name)) {
      return this.cache.get(name);     ❸
    }
    // さもなければ、新規インスタンスを生成&キャッシュに登録
    let m = new Member(name);          ❷
    this.cache.set(name, m);
    return m;
  }
}

let m1 = Member.of('田中譲二');
let m2 = Member.of('田中譲二');
console.log(m1 === m2); // 結果：true（同じインスタンスである）
```

　ポイントは、インスタンスを静的メソッドof（❶）経由で生成させている点です（このように、インスタンス生成を目的としたメソッドのことをファクトリーメソッドと呼びます）。コンストラクターと異なり、ファクトリーメソッドであれば、必ずしも新規のインスタンスを返さなくても構いません。

　この例では、生成したインスタンスをキャッシュ（静的プロパティcache）に保存しています（❷）。ただし、生成のタイミングで同一nameのインスタンスが存在したら、代わりに保存済みのものを返すようにします（❸）。

　このように、インスタンスそのものの管理／生成を担う変数／メソッドは、まさにクラスに属するものなので、静的メンバーとして定義する必要があります。

■ 補足：クラス定数は存在しない

　執筆時点で、クラス定数（クラス配下で宣言できる定数）は存在しません。よって、以下のような記述は不可です。

```javascript
class MyClass {
  const VALUE = 10;
}
```

　対策としては、以下の方法があります。

(1) 静的プロパティを利用する

アンダースコア記法（大文字）で静的プロパティを利用します。

● リスト8-11 class_constant.js

```
class MyClass {
  static VALUE = 10;
}
```

もちろん、実体は静的プロパティなので、定数として扱われるわけではありませんが、表記から定数であると伝われば、たいがいの用途では十分ですし、将来的にクラス定数が導入された場合にも、（おそらくは）対応しやすいというメリットもあります。

(2) ゲッター構文を利用する

ゲッター構文を利用することで、変更できない値を表現できます。厳密には、読み取り専用のクラスプロパティですが、用途としては差し支えないはずです。

● リスト8-12 class_constant.js

```
class MyClass {
  static get VALUE() {
    return 10;
  }
}
```

■ クラス初期化時に一度だけ実行する - 静的イニシャライザー `ES2022`

静的イニシャライザーを利用することで、クラスを初回評価（ロード）した時に一度だけ実行すべき処理を定義できます。

● 構文 **静的イニシャライザー**

```
static { statements }
        statements：クラス初期化時に実行すべき処理
```

コンストラクターがインスタンスプロパティを初期化するために利用するのに対して、静的イニシャライザーはおもに静的プロパティを初期化するために利用します。たとえば以下は、リスト8-10を静的イニシャライザーを使って書き換えたものです。

● リスト8-13 class_static_prop.js

```
class Member {
  static cache;

  static {
    this.cache = new Map();
```

```
  }
  ...中略...
}
```

staticブロックの配下でのthisはクラスそのものを表すので、this.cacheで静的プロパティcacheに
アクセスできます（ほかの静的メンバーと同じです）。

もちろん、このようなかんたんな式で静的イニシャライザーを利用する意味はありません（一般的な初
期化式を利用すれば十分です）。しかし、より複雑な条件で値を選択的に代入したり、そもそも値を実
行時に加工&生成するような局面では、静的イニシャライザーが役に立つことになるでしょう。

8.1.6　文脈によって中身が変化する変数 - thisキーワード

thisキーワードは、コードのどこからでも参照できる特別な変数です。ただし、呼び出す場所、また
は呼び出しの方法（文脈）によって中身が変化します。たとえばインスタンスメソッド／コンストラクター
（8.1.3項）の文脈では「this＝インスタンス」ですが、静的メソッド（8.1.5項）の文脈では「this＝
クラス」となるのでした。

その性質上、JavaScript初心者にとってはわかりにくく、時としてバグの温床にもなります。ここで
thisキーワードが示すものを整理しておくことにしましょう。

■ thisキーワードの参照先

thisキーワードの参照先は、以下のように呼び出し元によって変化します。

場所	thisの参照先
トップレベル（関数の外）	グローバルオブジェクト
関数	グローバルオブジェクト（ただし、Strictモードではundefined）
bind ／ call ／ applyメソッド	引数で指定されたオブジェクト
イベントリスナー	イベントの発生元
コンストラクター	生成したインスタンス
インスタンスメソッド	呼び出し元のオブジェクト（＝レシーバーオブジェクト）
静的メンバー	呼び出し元のクラス

●thisキーワードの参照先

もっとも、単にこれらのルールを丸暗記しておけばよいのかといえば、そうもいかないところがthisの
難しさです。たとえば以下の例は、どのような結果を返すでしょうか。

●リスト8-14 this_basic.js

```
globalThis.name = '大山田';  ← ❺

let member = {
  name: '小山田',  ← ❹
```

```
  greet() {                                              ←❶
    console.log(`こんにちは、${this.name}さん！`);
  }                                                      ←
}

function myHigher(fn) {
  fn();        ← ❸
}

myHigher(member.greet);  // 結果：？？？    ← ❷
```

❶はメソッドなので、配下のthis.nameは小山田（❹）を指すように見えます。しかし、❷の結果は「こんにちは、大山田さん！」。

❷の時点では、関数（メソッド）はmyHigher関数に渡されただけで、まだ実行されていません。実行されるのは、myHigher関数の配下でのfn呼び出し（❸）のタイミングです。あくまで関数として呼び出されているので（＝obj.methodの形式ではありません！）、配下のthisもグローバルオブジェクトを示します。よって、❺で定義された大山田が返されるのです[5]。

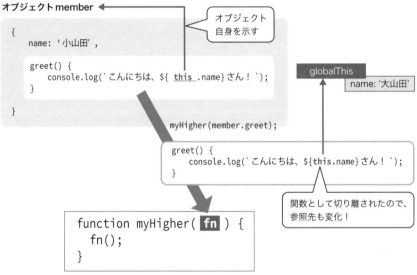

●コールバック関数の実行

これはたいがいの場合、意図した挙動ではないはずなので、メソッドをコールバック関数に渡す際には、thisを固定するのが一般的です。thisが特定のオブジェクトを示すように明示するという意味で、thisの束縛ともいいます。

※5　ただし、非Strictモードの場合です。Strictモードでは関数配下のthisはundefinedとなるので、リスト8-14はそもそもエラーとなります。

■ thisの束縛

thisを束縛するには、bindメソッドを利用します。

● 構文 bindメソッド

```
func.bind(thisArg [, args, ...])
    func    ：関数オブジェクト
    thisArg ：関数呼び出し時に利用されるthis
    args    ：関数に渡すべき引数（可変長引数）
```

たとえば先の例であれば、リスト8-14－❷を以下のように修正します。

```
myHigher(member.greet.bind(member));
```

thisがmemberで固定されるので、結果も「こんにちは、小山田さん！」となることを確認してください。

■ thisを束縛して実行する

call／applyメソッドを利用することで、thisの束縛と、関数の呼び出しをまとめることも可能です。call／applyメソッドの違いは、関数に渡すべき引数を可変長引数／配列いずれの形式で渡すかだけです。

● 構文 call／applyメソッド

```
func.call([thisArg [, args, ...]])
func.apply(thisArg [, argsArray])
    func      ：関数オブジェクト
    thisArg   ：関数呼び出し時に利用されるthis
    args      ：関数に渡すべき引数（可変長引数）
    argsArray ：関数に渡すべき引数（配列）
```

以下は、リスト8-14－❸を書き換えた例です（ここではcallを使っていますが、applyとしても同じ意味です[6]）。結果として「こんにちは、小山田さん！」を得られることを確認しておきましょう。

```
fn.call(member);
```

call／applyメソッドについては、6.3.3／6.4.4項でも例を示しているので、合わせて参照してください。

■ アロー関数はthisを持たない

6.2.3項でも触れたように、アロー関数はthisを持たない構文です。たとえばリスト8-14－❶をア

※6　先ほどリスト8-14－❷を書き換えている場合は、元に戻してください。

ロー関数で書き換えると、結果はどのように変化するでしょうか。

```
greet: () => console.log(`こんにちは、${this.name}さん！`)
```

　thisがないのでエラーになる——と思った人は不正解。アロー関数がthisを持たないので、スコープチェーン（6.6.2項）をたどってグローバルスコープを参照した結果、「こんにちは、大山田さん！」が返されます。

▌8.1.7　既存のクラスにメソッドを追加する

　メソッドの追加について解説する前に、7.2節でも触れたプロトタイプについて、クラスの観点から補足しておきます。

■ クラスとプロトタイプの関係

　プロトタイプ（prototype）とはオブジェクトの雛型となるオブジェクトです。既存のオブジェクトをプロトタイプに新たなオブジェクトを生成できることは、7.1.3項でも触れたとおりです。

　そして本章では新たにクラスという概念が登場しましたが、プロトタイプの存在が消えてなくなったわけではありません。class命令は、JavaScript固有の概念を隠蔽し、よりオブジェクトを使いやすくするためのシンタックスシュガーなのです。

　まず、class命令によって生成されたクラス[7]には、prototypeプロパティが自動的に用意されます。prototypeプロパティは、まさに、

インスタンスを生成する際に利用される雛型（プロトタイプ）

を意味します。既定では空のオブジェクトですが、classブロックで定義された内容が追加されます。

※7　8.1.4項でも触れたように、正しくは関数の一種です。

クラス定義

```
class Member {

    show() {
        ...
    }

}
```

↓

内部的には...

●**クラスとプロトタイプの関係**

　そして、このprototypeプロパティに格納されたメンバーは、new演算子によって生成されたインスタンスに引き継がれる——もっといえば、prototypeプロパティに対して追加されたメンバーは、そのクラスを元に生成されたすべてのインスタンスから利用できるというわけです。やや難しげな言い方をするならば

クラスをインスタンス化した場合、インスタンスは元となるクラスに属するprototypeプロパティ（プロトタイプ）に対して、暗黙的な参照を持つことになる

といってもよいでしょう。

　コードでも確認してみましょう。

●**リスト8-15 prototype_basic.js**

```
class Member {
  constructor(name = '名無権兵衛', age = 0) {
    this.name = name;
    this.age = age;
  }

  show() {
    console.log(`私の名前は${this.name}、${this.age}歳です。`);
  }
}

let m = new Member('佐藤理央', 25);
console.log(Object.getPrototypeOf(m));
        // 結果：{constructor: f, show: f}  ←─ ❶
console.log(Member.prototype === Object.getPrototypeOf(m));        // 結果：true  ←─ ❷
```

たしかに、インスタンスのプロトタイプにshowメソッドなどが含まれていること（❶）、クラスのprototypeプロパティと、インスタンスのプロトタイプとが同一のオブジェクトを示していること（❷）が確認できます。

Note ドキュメントの表記

　MDN（https://developer.mozilla.org/ja/docs/Learn/JavaScript）などのドキュメントを参照していると、「Array.prototype.includes()」のような表記を見かけますが、本文の内容を理解していると、より意味が明快になります。

　上であれば、「Arrayクラスのprototypeプロパティで提供されているincludesメソッド」という意味です。prototypeの内容はそのままインスタンスに引き継がれるので、要はincludesはインスタンス（ここではlist）から「list.includes(...)」のように呼び出せるインスタンスメソッドということです。

■ メソッドを動的に追加する

　プロトタイプを理解することで、メソッドを（classブロックだけではなく）後付けで追加することが可能になります。

● 構文　メソッドの追加

```
clazz.prototype.method = function(args, ...) { ...statements... }
     clazz      ：クラス名
     method     ：メソッド名
     args       ：メソッドの引数
     statements：メソッドの本体
```

　たとえば以下は、Memberクラスに対して、あとからgreetメソッドを追加する例です。

● リスト8-16 class_method_add.js

```
class Member {
  ...リスト8-15を参照...
}

let m = new Member('佐藤理央', 25);
// greetメソッドを追加
Member.prototype.greet = function() {          ←
  console.log(`こんにちは、${this.name}さん！`);       ─── ❶
};                                             ←
m.greet();       // 結果：こんにちは、佐藤理央さん！
```

　インスタンスが生成される際に、プロトタイプは複製されるわけではなく、

プロトタイプへの参照が生成される

点に再度注目してください。よって、❶のようにインスタンス化のあとでメソッドを追加した場合にも、正しくメソッドを呼び出せます。

> **Note** **プロトタイプにプロパティを追加する**
>
> プロトタイプには、プロパティを追加することも可能です。ただし、7.2.3項でも触れたように、プロトタイプで追加されたプロパティをインスタンスから更新することはできません（インスタンス自身のプロパティが追加されるだけです）。
>
> 一般的には、プロパティをプロトタイプに登録することはあまり意味がないので（インスタンスに追加すれば十分です）、まずはプロトタイプにはメソッド（関数）を登録する、と覚えておくとよいでしょう。

> **Column** **VSCodeの便利な拡張機能（8）- SFTP**
>
> FTP経由でWebアプリを管理している人におすすめの拡張機能です※8。コードを保存のタイミングで自動アップロードできる他、差分のファイルだけを任意のタイミングでアップロードしたり、リモート／ローカル環境のすべてのファイルを同期することも可能です。常日頃、ファイルの反映もれなどに悩んでいる人であれば、大幅に工数とミスを減らせるはずです。
>
> インストールそのものは1.4.2項と同じ要領で可能です。インストールできたらコマンドパレッドから［SFTP: Config］を選択してください。/.vscodeフォルダー配下に設定ファイルsftp.jsonが作成されるので、環境に応じて編集してみましょう。
>
> ◉ リスト8-17　**sftp.json**
>
> ```
> {
>   "name": "MyApp",                  // 接続名
>   "host": "ftp.example.com",        // ホスト名
>   "protocol": "ftp",                // プロトコル（ftp、sftp）
>   "port": 21,                       // ポート番号
>   "username": "myuser",             // ユーザー名
>   "password": "mypassword",         // パスワード
>   "remotePath": "/httpdocs/myapp",  // リモート側のルートパス
>   "uploadOnSave": true              // 保存時に自動アップロードするか
> }
> ```
>
> 準備は以上です。これで、現在のプロジェクトでファイルを保存したタイミングで、指定のサーバーにファイルがアップロードされるようになります。自動保存を無効にした場合には、（たとえば）コマンドパレットから「SFTP: 〜」コマンドを選択することで、指定のファイルだけをアップロードすることもできます。
>
> その他にも、SFTPにはさまざまな機能が備わっています。詳細は、本家サイト（https://github.com/Natizyskunk/vscode-sftp）も合わせて参照してください。

※8　ただし、似たような名前の拡張機能がいくつかあります。ダウンロードするのは、Natizyskunk氏によるものです。

8.2 利用者に見せたくない機能を隠蔽する - カプセル化

class命令の基本的な構文を理解できたところで、ここからは、オブジェクト指向構文を構成する付随的なしくみについて解説していきます。カプセル化、継承など、より抽象的なテーマも増えてきますが、構文をなぞるだけでなく、利用局面（そのしくみが存在する意味）にも思いを馳せながら、学習を進めていきましょう。

まずは、カプセル化からです。

8.2.1 カプセル化とは?

カプセル化（Encapsulation）の基本は、「利用者に関係ないものは見せない」ことです。クラス（オブジェクト）で用意された機能のうち、利用するうえで知らなくてもよいものは隠してしまうこと、と言い換えてもよいでしょう。

たとえば、よく例として挙げられるのは、ビデオのようなデジタル機器です。ビデオにはさまざまな回路が含まれていますが、利用者はその大部分には触れられませんし、そもそも存在を意識することすらありません。利用者が触れられるのは、電源、再生、録画などのごく限られた機能だけです。

これが、まさにカプセル化です。利用者が触れられる機能はビデオに用意された回路全体からすれば、ごく一部かもしれません。しかし、それによって利用者が不便を感じることはありません。むしろ無関係な回路（たとえば番組データを受信＆整形する、録画した動画をエンコード＆保存する、のような）に不用意に触れてしまい、ビデオ全体が壊れてしまうリスクを回避できます。小さな子どもから機械の苦手な人までがビデオを苦もなく利用できるのも、余計な機能が見えなくなっているからなのです。

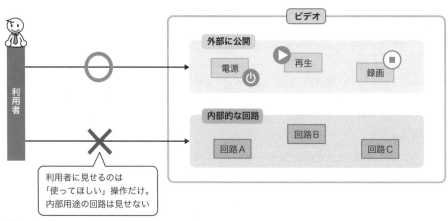

●カプセル化

　同じことがクラスにもいえます。クラスにも、利用者に使ってほしい機能と、その機能を実現するための内部的な機能とがあります。それら何十、何百にも及ぶメンバーが区別なく公開されていたら、利用者にとって機能の把握が困難となります。しかし、「あなたに使ってほしい機能は、これだけですよ」と、あらかじめ10個に絞ってもらえれば、利用のハードルはぐんと下がります。

　より安全に、より使いやすく——それがカプセル化の考え方です。

8.2.2　プライベートメンバーの実装　ES2022

　クラスの外側からアクセスできないメンバーのことをプライベートメンバー（あるいは役割に応じて、プライベートメソッド、プライベートプロパティ）といいます。また、プライベートメンバーに対して、クラスの内外から自由にアクセスできるメンバーのことをパブリックメンバーといいます。

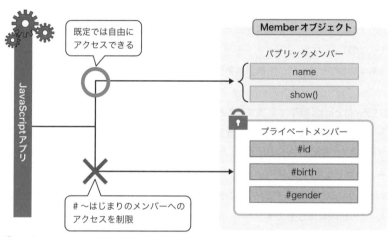

●パブリックメンバーとプライベートメンバー

　メンバーの既定はパブリックであり、これまで扱ってきたのもすべてがパブリックメンバーです。プライベートメンバーを定義するには、名前の先頭に「#」を付けてください。

●リスト8-18 private_basic.js

```javascript
class Member {
  // プライベートプロパティ
  #name = '';        ←──❸
  #age = 0;      ←

  constructor(name, age) {
    this.#name = name;    ←──❹
    this.#age = age;
  }

  // プライベートメソッド
  #createMessage() {
    return `私の名前は${this.#name}、${this.#age}歳です。`;
```

```
  }

  // パブリックメソッド
  show() {
    console.log(this.#createMessage());
  }
}

let m = new Member('佐藤理央', 25);
m.show();           // 結果：私の名前は佐藤理央、25歳です。  ← ❷
console.log(m.#name);    // 結果：エラー (Private field '#name' 🔽
must be declared in an enclosing class)
m.#createMessage();      // 結果：エラー (Private field '#createMessage' 🔽
must be declared in an enclosing class)  ←
```
❶

　たしかに、クラス外部からはプライベートメンバーにアクセスできないことが確認できます（❶）。もちろん、パブリックメンバー（❷）経由で、プライベートメンバーにアクセスすることは問題ありません。

　ほとんど誤解のしようもないしくみですが、注意点もあります。

(a) プライベートプロパティはclass直下で宣言すること

　プライベートプロパティは、classブロックの直下で宣言しなければなりません。リスト8-18の例であれば、❸をコメントアウトすると、❹で「Private field '#age' must be declared in an enclosing class」のようなエラーが発生します。

　パブリックプロパティは、class直下での宣言なしにコンストラクター／メソッドから直接に生成できたので（8.1.4項も参照）、この制限には注意です。

(b) protectedメンバーは存在しない

　オブジェクト指向プログラミングに触れたことがある人であれば、パブリック／プライベートメンバーのほかに、protectedメンバーについて知っているかもしれません。protectedメンバーは、現在のクラスとその派生クラス（8.3節）でのみアクセスできるメンバーです。ただし、執筆時点のJavaScriptではprotectedメンバーに相当する機能は存在しません。

(c) プライベートメンバーは比較的新しい機能

　プライベートメンバーを意味する「#」はES2022で追加された、比較的新しい機能です。それ以前のJavaScriptでは、そもそもプライベートメンバーという概念がなかったのです。

　代替策としては、以下のような方策があります。

・名前の先頭にアンダースコア（_）を付ける
・シンボルで擬似的なプライベートメンバーを実装する

　前者は単なる紳士協定です。「_名前」のメンバーをプライベートであると見なし、クラス外部からも

操作しないようにします。利用者があえて紳士協定を踏み越える意味はなく、一般的には、この方策で十分でしょう。（b）のprotectedメンバーを定義したい場合も同様です。

　ただし、紳士協定以上のガードを課したい場合には、後者の方法で擬似的なプライベートメンバーを実装することもできます。ただし、こちらは複雑な上に、利用するメリットもさほど大きくはないことから、本書では紹介しません。具体的な方法については、旧版のP.269を参照してください。

■ 8.2.3　ゲッター／セッター

　カプセル化の典型的な例として、プロパティの隠蔽とゲッター／セッターについても例示しておきます。ゲッター／セッターについては7.1.3項でも触れていますが、プロパティの読み書きに際して、処理を付与するためのしくみです。「#」だけでは、プロパティへのアクセスを許可するか禁止するかの二択しかありませんが、ゲッター／セッターを用いることで、

- ・値の取得時にデータを加工したい
- ・値の設定時に、渡された値の妥当性を検証したい
- ・値を読み取り／書き込み専用にしたい

など、細かな制御が可能になります。

　クラスでのゲッター／セッター構文は、オブジェクトリテラルでのそれ（7.1.3項）とほぼ同じです。さっそく、具体例を見ていきましょう。

◉ リスト8-19　private_accessor.js

```js
class Member {
  // name ／ ageプロパティの格納先（プライベートメンバー）
  #name = '';
  #age = 0;

  constructor(name, age) {
    this.#name = name;
    this.#age = age;
  }

  // nameゲッター
  get name() {
    return this.#name;
  }

  // ageゲッター
  get age() {
    return this.#age;
  }

  // ageセッター
  set age(value) {
    // 不正な値は例外をスロー
```

```
    if (typeof(value) !== 'number' || value < 0) {        ←
      throw new TypeError('ageは0以上の数値で指定してください。');        ← ❶
    }     ←
    this.#age = value;
  }


  show() {
    console.log(`私の名前は${this.#name}、${this.#age}歳です。`);
  }
}

let m = new Member('佐藤理央', 25);
m.show();        // 結果：私の名前は佐藤理央、25歳です。
m.age = -18;     // 結果：エラー（ageは0以上の数値で指定してください）   ← ❷
```

　#name、#ageはプライベートプロパティなので、クラス外部からはアクセスできません。アクセスにはゲッター／セッターを経由しなければならないので、値の取得／設定を確実に管理できます。たとえば#nameプロパティはゲッターしか持たないので、インスタンス化のあとの変更はできませんし、#ageプロパティは設定時に型チェックを介しているので（❶）、正数だけしか設定できません（❷）。

　「#」構文とゲッター／セッターを用いることで、必要ない操作は隠蔽し、必要な操作だけを安全に公開する——カプセル化が実現できるわけです[1]。

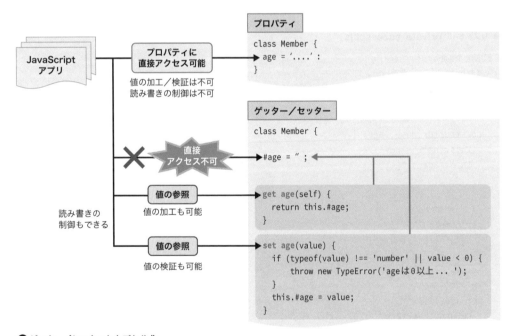

●ゲッター／セッターとカプセル化

※1　ちなみに、オブジェクトリテラルでは「#」表記を認めていないので、ゲッター／セッターのすり抜けが可能です（7.1.3項でも示した_nameのような命名は、あくまで「アクセスしてほしくない」ことをゆるく意思表示しているにすぎません）。

「#」構文が導入された現在、新たに作成するクラスでは、プロパティは極力アクセサー経由で公開するのが望ましいでしょう。現時点では単なる値の出し入れになったとしても、将来的に、値検証、加工の追加がかんたんになるからです（ただし、本書ではコード簡略化のため、以降もアクセサーは省略します）。

8.2.4　補足：不変クラスを定義する

　一般論として、インスタンスの状態は生成のあとは変化しないほうが扱いはかんたんになります。利用者が状態の変化を意識しなくてもよいからです。そのようなクラスのことを不変クラスといいます。クラス設計に際しては、用途が許す範囲で、できるだけ不変クラスとしたほうが使い勝手はよくなります。

　以下に、不変クラスの具体的な例を示します。

◉ リスト8-20 private_immutable.js

```
class Member {
  #name = '';              ←─────────┐
  #birth = new Date();     ←─────────┘ ❶

  constructor(name, birth) {    ←─┐
    this.#name = name;           │
    this.#birth = new Date(birth.getTime());   ←─ ❺  │  ❷
    Object.freeze(this);   ←─ ❸                       │
  }   ←─────────────────────────┘

  get name() {
    return this.#name;
  }

  // 参照型を返すゲッター
  get birth() {
    return new Date(this.#birth.getTime());   ←─ ❻
  }

  show() {
    console.log(`私の名前は${this.#name}、誕生日は${this.#birth.toDateString()}です。`);
  }

  // nameだけを変更した複製を生成
  withName(name) {   ←─┐
    return new Member(name, this.birth);   ←─┐  ❼
  }   ←─────────────┘                        │
}
Object.freeze(Member.prototype);   ←─ ❹
```

　不変クラスであることのポイントは、以下のとおりです。

❶❷すべてのプロパティはプライベート宣言

不変クラスでは、すべてのプロパティは「#」宣言します（❶）。そして、これらのプライベートプロパティを初期化するのは、原則として、コンストラクターだけの役割です（❷）。不変クラスなので、セッターを設けてはいけません（値を取得するためのゲッターを持つことは問題ありません）。

❸❹プロパティ/メソッドの追加を禁止

8.1.7項でも触れたように、JavaScriptではクラスをあとから拡張したり、インスタンスに独自のメンバーを追加できるのでした。しかし、不変クラスでは当然独自のメンバーを許容すべきではありません。そこでthis（インスタンス）、Member.prototype（プロトタイプ）を固定しておきます。

❺❻参照型のプロパティには注意

ただし、参照型（オブジェクト）の値をコンストラクター/ゲッターで引き渡す場合には要注意です。というのも、参照型の代入は参照値の引き渡しです。よって、コンストラクター/ゲッター経由で渡された（受け取った）値を変更してしまえば、その内容は元のプロパティにも影響してしまうのです。

よって、参照型の値を受け渡す際には、明示的に複製を生成します（この例であれば、タイムスタンプ値を元に日付値を生成し直します）。このような手法のことを防衛的コピーといいます。

❼プロパティの変更はwithXxxxxメソッドで

ただし、不変クラスでも、特定のプロパティだけを変更したいという状況が出てきます。そのような場合には、withXxxxx（Xxxxxはプロパティ名）のようなメソッドを用意することをおすすめします。

withXxxxxメソッドでも、現在のインスタンスは変更しません。代わりに、複製を生成したうえで、特定のプロパティだけを差し替えます（withXxxxxという命名は慣例で、構文ルールではありません）。

以上が不変クラスの基本的な実装です。ただし、上記のルールを守っていても、プロパティとして扱うオブジェクトがさらにオブジェクトを保持している場合、どこまで面倒を見るのかという問題も出てきます。そもそもここまでの手法でも、クラス/プロパティが増えてくれば、コードは冗長となります。

現実的には、どこまで不変性に拘るのかという取り決めは必要となるでしょう（プライベートメンバーとゲッターの組み合わせで十分という割り切りもあります）。

8.3 既存のクラスを拡張する - 継承

継承（Inheritance）とは、既存のクラスの機能（メンバー）を引き継ぎながら、新たな機能を加えたり、元からある機能の一部を修正したりするしくみ。この時、継承元となるクラスのことを基底クラス（またはスーパークラス、親クラス）、継承によって新たに定義されるクラスのことを派生クラス（またはサブクラス、子クラス）と呼びます。

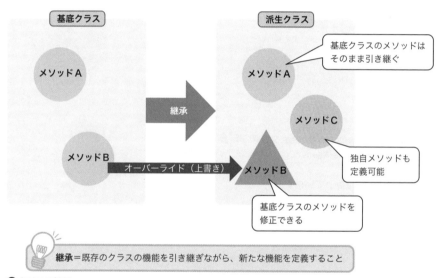

●クラスの継承

たとえば、先ほどのMemberクラスとほとんど同じ機能を持ったBusinessMemberクラスを定義したい、という状況を想定してみましょう。このような場合に、BusinessMemberクラスを1から定義するのは得策ではありません。その場の手間暇はもちろん、Member／BusinessMember共通の機能を修正する際には、重複した作業を強いられます。そのような無駄は、めんどうなだけでなく、誤りの原因となります。

しかし、継承を利用することで、無駄を省けます。Memberの機能を引き継ぎつつ、BusinessMemberでは新たな機能だけを用意すればよいからです。コードを修正する際にも、共通部分は基底クラスにまとまっているので、そちらを修正すれば派生クラスにも自動的に反映されます。

401

8.3.1 継承の基本

既存のクラスを継承するには、extendsキーワードを利用します。

◉構文 **クラスの継承**

```
class SubClass extends SuperClass { ...definitions... }
      SubClass     ：クラス名
      SupperClass  ：継承するクラス
      definitions  ：クラスの本体
```

たとえば以下は、Memberクラスを継承してBusinessMemberクラスを定義する例です。

◉リスト8-21 inherit_basic.js

```
class Member {
  constructor(name = '名無権兵衛') {
    this.name = name;
  }

  greet() {
    return `こんにちは、${this.name}さん！`;
  }
}

// Memberクラスを継承したBusinessMemberクラスを定義
class BusinessMember extends Member {
  work() {
    return `${this.name}は働いています。`;
  }
}

let bm = new BusinessMember('佐藤理央');
console.log(bm.greet()); // 結果：こんにちは、佐藤理央さん！   ←── ❷
console.log(bm.work());  // 結果：佐藤理央は働いています。   ←── ❶
```

　BusinessMemberクラスで定義されたworkメソッドはもちろん（❶）、Memberクラスで定義されたコンストラクターやgreetメソッドが、BusinessMemberクラスのメンバーとして呼び出せていることが確認できます（❷）。

　このように、継承の世界では、まず現在のクラス（ここではBusinessMember）で要求されたメンバーを探し、存在しなかった場合には、基底クラスで定義されたメンバーを探しに行くのです。

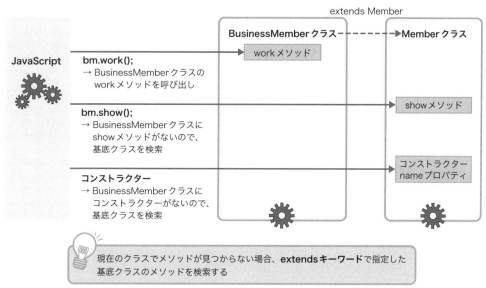

● 継承のしくみ

Note 単一継承と多重継承

　JavaScriptでは、以下のように1つのクラスが複数のクラスを親に持つような継承——いわゆる多重継承を認めていません。

```
class BusinessMember extends Member, Hoge {  // 不可
```

　つまり、ある派生クラスの基底クラスは常に1つです。これを単一継承といいます。
　ただし、ある派生クラスを継承して、さらなる派生クラスを定義するのは構いません。

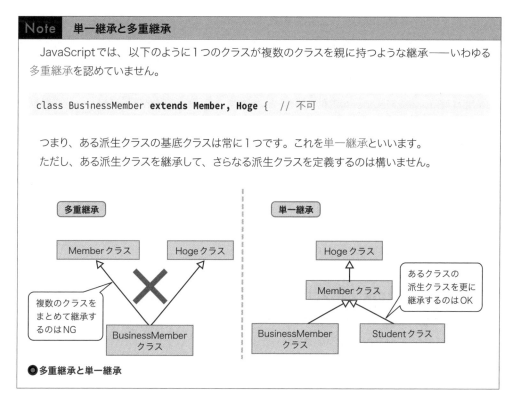

● 多重継承と単一継承

■ 補足：継承を利用すべき状況

　継承は、コードを再利用したい場合の有効な手段ですが、唯一の手段ではありません。というよりも、継承を利用すべき状況はむしろ限定的です（継承が望ましくない例は、8.3.4項で詳述します）。

「ここで継承を使ってよいのかな?」と思ったら、まずは

基底クラスと派生クラスとの間にis-a関係が成り立つか

を確認してください。is-a関係とは「SubClass is a SuperClass」(派生クラスが基底クラスの一種である)ということです。

●is-aの関係

たとえば「BusinessMember(ビジネスマン)はMember(人)」なので、BusinessMemberとMemberの継承関係は妥当であると判断できます。is-aの関係とは、BusinessMember(派生クラス)がMember(基底クラス)にすべて含まれる関係、と言い換えてもよいでしょう(逆は成り立ちません)。

このような関係を難しげに表現するならば、BusinessMemberはMemberの特化(特殊化)であり、MemberはBusinessMemberの汎化である、といえます。BusinessMemberはMemberの特殊な一形態ですし、一方のMemberは、BusinessMemberをはじめとするその他の概念(たとえばStudent、GuestMemberのような)の共通点——メンバー(人)としての性質、機能を抽出したものであるということです。

文法的には、クラスはどんなクラスを継承するのも自由です。たとえばHamsterクラスがCarクラスを継承するのも自由です。しかし、Hamsterがたとえ「走る」という意味でCarと共通していたとしても、互いにis-a関係が成り立たない以上、どこかで関係は破綻するはずです(たとえばCarにstartEngineのようなメソッドが追加されたら!)。

8.3.2　基底クラスのメソッド/コンストラクターを上書きする

基底クラスで定義されたメソッド/コンストラクターは、派生クラスで上書きすることもできます。これをメソッドのオーバーライドといいます。オーバーライドとは、

基底クラスで定義された機能を派生クラスで再定義すること

と言い換えてもよいでしょう。

たとえば以下は、Memberクラスで定義されたgreetメソッドを、BusinessMemberクラスで再定

義する例です。

◉ リスト8-22 inherit_override.js

```
class Member {
  ...中略（リスト8-21参照）...
}

class BusinessMember extends Member {
  // greetメソッドをオーバーライド
  greet(title) {
    return `こんにちは、${this.name}${title} ！ `;
  }
}

let bm = new BusinessMember('佐藤理央');
console.log(bm.greet('課長'));    // 結果：こんにちは、佐藤理央課長！  ⟵ ❶
```

greetメソッドはBusinessMemberクラスで上書きされているので、結果も（Memberクラスではなく）BusinessMember#greetメソッドを実行した結果が得られます（❶）。

では、❶を以下のように書き換えてみたら、どうでしょう。

```
console.log(bm.greet());
```

BusinessMember#greetメソッドとは引数が一致しないので、Member#greetメソッドが呼び出されそうな気がします。しかし、結果は「こんにちは、佐藤理央undefined！」。

BusinessMember#greetメソッドが呼び出されますが、引数titleが渡されていないので、結果にもundefinedが反映されています。ほかのオブジェクト指向言語を知っている人にとっては違和感があるところかもしれませんが、JavaScriptの世界では

オーバーライドはメソッド名によって識別される（＝引数は影響しない）

のです（6.4.1項でも触れたように、JavaScriptの関数（メソッド）は引数の個数をチェックしないからです）。

8.3.3　基底クラスのメソッドを呼び出す - superキーワード

オーバーライドは、リスト8-22のように基底クラスのすべての機能を書き換えるばかりではありません。基底クラスの機能を流用しつつ、基底クラスの側で独自の機能を追加する場合もあります。そのような場合には、派生クラスのメソッドから基底クラスのメソッドを明示的に呼び出す必要があります。

具体的な例を見てみましょう。たとえば以下は、Member#greetメソッドをオーバーライドして、「■挨拶メッセージ■」のように文字列を修飾する例です。

● リスト8-23 inherit_super.js

```
class Member {
  ...中略（リスト8-21参照）...
}

class BusinessMember extends Member {
  greet() {
    return `■${super.greet()}■`;    ← ❶
  }
}

let bm = new BusinessMember('佐藤理央');
console.log(bm.greet()); // 結果：■こんにちは、佐藤理央さん！■
```

　基底クラスを呼び出すのは、superキーワードの役割です。

● 構文　superキーワード

```
super.メソッド名(引数, ...)
```

　❶であれば、Member#greetメソッドの結果に対して前後を■で修飾しなさい、という意味になります。

■ コンストラクターのオーバーライドも可能

　8.3.2項でも触れたように、コンストラクターのオーバーライドも可能です。たとえば以下は、Memberクラスのnameプロパティに加えて、title（役職）プロパティを追加したBusiness Memberクラスを定義する例です。

● リスト8-24 inherit_super_const.js

```
class Member {
  constructor(name = '名無権兵衛') {
    this.name = name;
  }
}

class BusinessMember extends Member {
  constructor(name = '名無権兵衛', title = '社員') {
    // 基底クラスのコンストラクターを呼び出し
    super(name);
    this.title = title;
  }
}

let bm = new BusinessMember('佐藤理央', '主任');
console.log(bm);            // 結果：BusinessMember {name: '佐藤理央', title: '主任'}
```

コンストラクターもメソッドの一種なので、基本的な記法は同じですが、1点のみsuper呼び出しの
ルールが異なります。

◉ 構文 **super キーワード (コンストラクター)**

```
super(引数, ...)
```

名前が不要で、superの後方にそのまま引数リストを並べます。また、派生クラスのコンストラクター
ではsuper呼び出しは必須で、また、先頭の文でなければなりません。さもなければ、「Must call
super constructor in derived class before accessing 'this' or returning from derived
constructor at new BusinessMember」(thisアクセスの前にsuper呼び出しが必要です) のような
エラーとなります。

▋8.3.4　継承以外のクラス再利用の手段 - 委譲

継承は、JavaScriptにおけるコード再利用の代表的なアプローチですが、唯一の手段でもなければ、
最良の手段でもありません。8.3.1項でも触れたように、継承を利用すべき状況は相応に限られる、と
捉えるべきです。

■ 継承が不適切な例

ではさっそく、継承が適さない状況から見ていきましょう。

継承が適するかどうかはis-a関係であるかを確認すること。is-a関係を確認するための代表的なアプ
ローチとしては、リスコフの置換原則が挙げられます。リスコフの置換原則とは、

派生クラスのインスタンスは、基底クラスのインスタンスと常に置換可能である

ことです。この原則に照らすと、たとえば以下のようなQueueクラスは不当です。Queueクラスは、標
準のArrayクラスをもとにキュー機能 (5.5.2項) を定義しています。

◉ リスト8-25 **inherit_delegate_before.js**

```
class Queue extends Array {
  // キューに要素を追加
  enqueue(elem) {
    super.push(elem);
  }

  // キューから要素を取り出す
  dequeue() {
    return super.shift();
  }

  // キューから要素を取り出す (削除しない)
```

❶

```
  peek() {
    return this[0];
  }

  // その他の不要なメソッドを無効化
  reverse() {
    throw new Error('reverse is not supported.');
  }                                               ❷
  ...中略...
}

let q = new Queue(10, 20, 30);
q.enqueue(40);
console.log(q.dequeue());    // 結果：10
console.log(q.peek());       // 結果：20
```

キューは先入れ先出しの構造なので、最低限、以下のメソッドを定義しておくべきです。

- ・enqueue：キューの末尾に要素を追加
- ・dequeue：キューの先頭から要素を取得（削除）
- ・peek   ：キューの先頭から要素を取得（削除しない）

よって、❶でもそれぞれArrayクラスのpush／shift、ブラケット構文を再利用して、対応するメソッドを実装しています。そして、その他の――たとえばreverseのようなメソッドはキューでは不要なので、例外を送出して、擬似的に無効化しています（❷[※1]）。これがリスコフの置換原則に反します。

```
let list = new Queue(10, 20, 30);
list.reverse();  // 結果：エラー
```

QueueクラスがArrayとしては動作しないのです。このような継承関係は、一般的には妥当ではありません。

■ 委譲による解決

前置きが長くなりましたが、このような状況を解決するのが委譲です。委譲では、再利用したい機能を持ったオブジェクトを、現在のクラスのプロパティとして組み込みます。

※1 キューとして、配列のその他の機能が不要かどうかは議論の余地があるかもしれません。ただし、本書では、クラスは目的特化したほうが使いやすい、という立場で話を進めます。

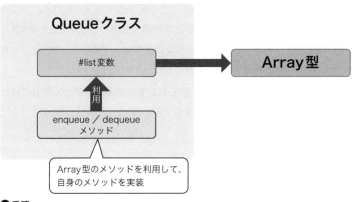

●委譲

　このようなクラス同士の関係を（is-a関係に対して）has-a関係と呼びます。この例であれば、プロパティ#listに配列を持ち（has）、そこから配列の機能を利用させてもらうというわけです。以下は、リスト8-25を委譲を使って書き換えた例です。

●リスト8-26 inherit_delegate.js

```javascript
class Queue {
  #list = [];

  // 引数の内容で配列を初期化
  constructor(...data) {
    this.#list = data;
  }

  // #list経由で値を操作
  enqueue(elem) {
    this.#list.push(elem);
  }

  dequeue() {
    return this.#list.shift();
  }

  peek() {
    return this.#list[0];
  }
}

let q = new Queue(10, 20, 30);
q.enqueue(40);
console.log(q.dequeue());   // 結果：10
console.log(q.peek());      // 結果：20
```

　委譲のよい点は、クラス同士の関係が弱まる点です。利用しているのがプロパティなので、委譲先ク

ラスの内部実装に影響を受ける心配はありません。また、クラス同士の関係が固定されません。プロパティへの代入なので、委譲先を変更するのも自由であれば、複数の委譲先を持つこと、インスタンスごとに異なる委譲先を持つことすら可能です。継承がクラスの静的な関係を定義するしくみであるとすれば、委譲はインスタンス同士の動的な関係を定義するしくみといってもよいでしょう。

　本項冒頭でも触れたように、継承を利用すべき状況は相応に限られます。継承を想定して設計されたクラスでないのであれば、まずは継承よりも委譲を優先して利用すべきでしょう。

8.3.5　補足：ミックスイン

　ミックスインとは、再利用可能な機能（メソッド）を束ねたオブジェクトのこと。それ単体で動作することを意図しておらず、ほかのクラスに組み込まれることでのみ動作します。「断片的なオブジェクト」といってもよいでしょう。

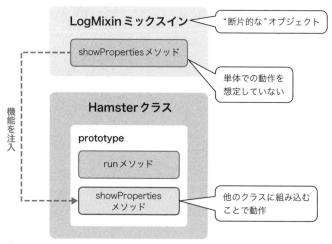

●ミックスイン

　ミックスインのしくみを実装するために、継承を利用している言語もあれば、それ専用の機能を提供する言語もありますが、JavaScriptではいずれもサポートしていません。継承を利用できないのは、JavaScriptが単一継承のルールに準じているからです。

　たとえばHamsterクラスがLogMixin（ログ出力するためのミックスイン）を継承するのは正しいでしょうか。is-a関係に反するのはもちろん、直感的にもHamsterクラスは（たとえば）Animalのようなクラスを継承すべきで、その枠をLogMixinで埋めてしまうのは望ましくありません。

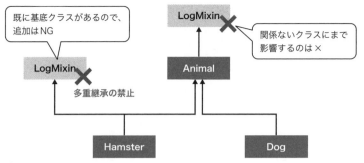

●**継承が望ましくない理由**

では、AnimalクラスがLogMixinを継承してもよいではないかと思われるかもしれませんが、不要な機能を関係ない上位のクラスにまでばら撒くのはよいことではありません。そもそもAnimalクラスがさらに上位のクラスを要求する場合に破綻します。

そこで以下のようなテクニックを使って代替します。具体的な例を見てみましょう。

●リスト8-27 inherit_mixin.js

```javascript
let LogMixin = {
  // 現在のインスタンスの内容を列挙
  showProperties() {
    for (let [key, value] of Object.entries(this)) {
      console.log(`${key}：${value}`);
    }
  }                                                    ❶
};

class Hamster {
  name = 'まめ';
  gender = 'male';
  age = 2;
}
// ミックスインを組み込み
Object.assign(Hamster.prototype, LogMixin);   ❷

let m = new Hamster();
m.showProperties();
```

```
name：まめ
gender：male
age：2
```

ミックスインとは言っても、メソッド（群）を定義したオブジェクトにすぎません。ただし、あくまで機能を付与するためのしくみなので、プロパティ（値）は持ちません。この例では、メソッドとしてshowPropertiesメソッドを準備しておきます（❶）。

showPropertiesは、現在のインスタンスの内容を列挙するためのメソッドです。LogMixinは自身ではプロパティを持たないので、それ単体ではshowPropertiesが意味を持ちません。これが冒頭で「それ単体で動作することを意図していない」と述べた理由です。

では、どうするのか。対象とするクラスのプロトタイプ（7.2節）に組み込みます。Object.assignはオブジェクトの内容をマージするためのメソッドでした（❷）。ここではLogMixin1つを組み込んでいるだけですが、同じ要領で複数のミックスインを組み込むことも可能です。

なお、assignメソッドによるミックスインは、その性質上、❷のタイミングで確定します。よって、組み込みの後、ミックスインに新たなメソッドを追加したとしても、それが対象のクラスに反映されることはありませんし、既存メソッドの変更が反映されることもありません。

8.3.6 オブジェクトの型を判定する

これまでも見てきたように、JavaScriptには、厳密な意味での「クラス」という概念はありません。あるクラスを元に生成したインスタンスが、必ずしも同じメンバーを持つとは限らないのがJavaScriptの世界なのです。

よって、いわゆる「クラスベースのオブジェクト指向でいうところの型」という概念も正確にはありません。しかし、それでも以下のような機能を利用することで、ゆるく型を判定できます。

■ 生成元のコンストラクターを取得する - constructorプロパティ

constructorプロパティを利用することで、オブジェクトの元となったコンストラクターを取得できます。

◉ リスト8-28 type_constructor.js

```
// Animalクラスと、これを継承したHamsterクラスを準備
class Animal {}
class Hamster extends Animal {}

let ani = new Animal();
let ham = new Hamster();
console.log(ani.constructor === Animal);    // 結果：true
console.log(ham.constructor === Animal);    // 結果：false  ←── ❶
console.log(ham.constructor === Hamster);   // 結果：true
```

ただし、派生クラスではconstructorプロパティが返すのも、派生クラスのコンストラクターです（❶でもAnimalとは別ものと認識されていることを確認してみましょう）。継承関係を加味して、基底クラスまで含めた型の互換性を判定したいならば、instanceof演算子を利用してください。

■ 指定したクラスのインスタンスであるかを判定する - instanceof演算子

リスト8-28の例をinstanceof演算子で判定してみます。

```
console.log(ham instanceof Animal);        // 結果：true
console.log(ham instanceof Hamster);       // 結果：true
```

「インスタンス instanceof クラス」で、あるインスタンスが指定されたクラスから作成されているか[2]を判定するわけです。constructorプロパティと異なり、継承関係を遡っての判定も可能です。

■ 参照しているプロトタイプを確認する - isPrototypeOfメソッド

instanceof演算子と似たようなメソッドとして、isPrototypeOfメソッドもあります。こちらは、オブジェクトが参照しているプロトタイプ（prototypeプロパティ）を確認するために用います。

```
console.log(Hamster.prototype.isPrototypeOf(ham));   // 結果：true
console.log(Animal.prototype.isPrototypeOf(ham));    // 結果：true
console.log(Object.prototype.isPrototypeOf(ham));    // 結果：true  ←── ❶
```

一般的には、プロトタイプチェーンの終点はObject.prototypeなので、たしかにHamsterオブジェクトhamがObject.prototypeを参照していることも確認できます（❶）。

■ メンバーの有無を判定する - in演算子

JavaScriptでは、同じクラスを元にしたインスタンスが、必ずしも同じメンバーを持つとは限りません（インスタンスの単位にメンバーが動的に追加されることもあります）。

そこで、その時点で特定のメンバーを利用できるかをチェックするならば、in演算子を利用するのが便利です。一般的な型判定の文脈では、たいがい、型そのものというよりも、特定メンバーの有無に関心が向いている状況がほとんどです。そのような場合には、in演算子による判定が確実です。

◉ リスト8-29 type_in.js

```
let obj = { hoge: function(){}, foo: function(){} };
console.log('hoge' in obj);    // 結果：true
console.log('piyo' in obj);    // 結果：false
```

---

[2] よりJavaScriptらしく表現するならば、そのクラスのprototypeプロパティが、インスタンスが持つプロトタイプチェーンのどこかに現れるか、を判定します。

8.4 アプリを機能単位にまとめる - モジュール

モジュールとは、アプリを機能単位に分割するためのしくみです。アプリの規模が大きくなった場合に、すべてのファイルを1つのファイルにまとめるのは望ましくありません。目的のコードを見つけにくくなりますし、なにより名前の競合リスクが増すからです。

しかし、モジュールを利用することで、コードをファイル単位に分離できるようになります[※1]。分離されたコードは、それぞれ独立したスコープを持つので、ほかのモジュールへの影響を気にする必要はありません。モジュールの外からアクセスできるのは、明示的にアクセスを許可した要素だけです。

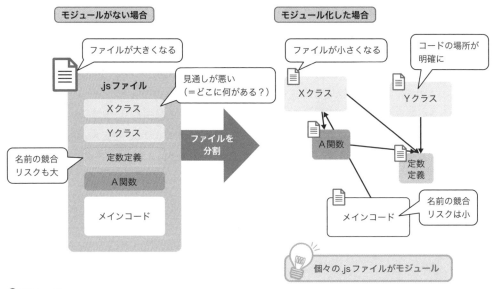

●モジュール

8.4.1 モジュールを定義する

本節冒頭でも触れたように、JavaScriptのモジュールはファイル単位でまとめるのが基本です。たとえば以下は、定数AUTHOR、getTriangleArea関数、Memberクラスを、utilモジュールとしてまとめた例です。

※1 非モジュール環境で.jsファイルを分割することには、スコープの観点からはあまり意味がありません。6.3.1項でも触れたように、グローバルスコープはファイルをまたぐからです。

● リスト8-30 lib/util.js

```javascript
const AUTHOR = 'YAMADA, Yoshihiro';

export function getTriangleArea(base, height) {
  return base * height / 2;
}

export class Member {
  ...中略（リスト8-06を参照）...
}
```

　モジュール配下のメンバーは、既定でモジュール配下でしか参照できません（6.3節で保留にしておいたモジュールスコープです）。モジュール外部からアクセスするには、それぞれの宣言の頭にexportキーワードを付与してください。

　上の例であれば、getTriangleArea関数、Memberクラスが公開の対象です。定数AUTHORにはexportが指定されていないので、非公開です[2]。

■ 8.4.2　モジュールを利用する

　定義したモジュールには、以下のようにアクセスできます。

● リスト8-31　上：module_basic.html／下：module_basic.js

```
<script type="module" src="scripts/module_basic.js"></script>   ←─ ❶   HTML

import { getTriangleArea, Member } from './lib/util.js';   ←─ ❷   JS

console.log(getTriangleArea(10, 2));        // 結果：10

let m = new Member('佐藤理央', 25);
m.show();        // 結果：私の名前は佐藤理央、25歳です
```

　ポイントとなるのは2点です。

❶スクリプトの型を明示する

　モジュールを利用する場合は、<script> 要素の記述も変化します。type属性でモジュール環境であることを明示してください（太字）。「type="module"」属性が指定されなかった場合、import命令を呼び出したタイミングで「Cannot use import statement outside a module」のようなエラーが発生します。

❷モジュールをインポートする

　モジュールをインポートするのは、import命令の役割です。

※2　const、function、classのほかにも、let／varもexport宣言できます。

●構文 import命令

```
import { name, ... } from module
        name   ：インポートする要素
        module：モジュールへの相対パス
```

これで、モジュール配下のMember／Areaクラスにアクセスできるようになります。

モジュール側で明示的にexportしていても、利用する側でインポートされなかったものにはアクセスできません。たとえばimport命令を以下のように書き換えた場合、getTriangleArea関数にはアクセスできません。

```
import { Member } from './lib/util.js';
```

また、引数moduleは文字列リテラルでなければならない点にも注意してください。以下のように変数を介した指定は不可です（「Unexpected identifier 'path'」のようなエラーとなります）。

```
let path = './lib/util.js';
import { getTriangleArea, Member } from path;
```

Note   拡張子の省略

esbuildのようなモジュールバンドラー（11.3節）を利用している場合、以下のような拡張子なしの記述を見かけることがあるかもしれません。

```
import { getTriangleArea, Member } from './lib/util';
```

ただし、この記法はモジュールバンドラーが既定の拡張子を補っているにすぎません。ブラウザー単体でモジュールを利用する際には、拡張子は省略できません。

Note   モジュールのメタ情報 ES2020

ES2020では、現在実行中のモジュール情報を取得するためにimport.meta命令が追加されました。import.metaによって取得できる情報は環境によって異なりますが、執筆時点でのブラウザー環境ではurlプロパティを持ったオブジェクトを返します。

```
console.log(import.meta);
// 結果：{url: 'http://127.0.0.1:5500/chap08/scripts/module_basic.js', resolve: f}
```

■ 補足：モジュール環境の特徴

「type="module"」でモジュール機能を有効にした場合、一般的な実行環境と変化する点があります。

（1）Strictモードが有効になる

モジュール環境を有効にした場合、Strictモード（4.5.3項）が無条件に有効になります。モジュールにネイティブに対応している環境であれば、Strictモードによって禁止されるようなレガシーな記法は必要ないはずですし、むしろ有害です。Strictモードが有効になるのは理に適っています。

（2）実行タイミングが変化する

モジュール環境で実行されたコードは、文書ツリーが生成された直後に実行されます。このタイミングはdefer属性（9.2.3項）が指定されたタイミングと一致します。一般的に、文書ツリーが準備できてからコードを実行すべき状況がほとんどで、このことが障害になることはほとんどないでしょう。

（1）（2）いずれもモダンなアプリを開発する場合は、あるべき特徴です。レガシーな環境では、この環境を作り出すためにひと手間かけなければならなかったのですが、モジュールを利用することで、その手間が不要になるわけです。その意味でも、モジュールは積極的に利用するべきです。

8.4.3 import命令のさまざまな記法

import命令には、前項で触れたほかにも、目的に応じてさまざまな書き方があります。本項では、その中でも特によく目にするものをまとめておきます。

■ モジュール全体をまとめてインポート

アスタリスク（*）でモジュール配下のすべてのメンバーをインポートできます。この記法では、as句でモジュールの別名を指定しなければなりません。

◉ リスト8-32 module_import_all.js

```
// utilモジュールに別名appを付与
import * as app from './lib/util.js';

let m = new app.Member('佐藤理央', 25);
m.show();          // 結果：私の名前は佐藤理央、25歳です。
```

これで、utilモジュールのすべてのエクスポートをapp.〜の形式で参照できるようになります。

■ モジュール配下のメンバーに別名を付与

as句を利用することで、モジュール配下の個々のメンバーに対して別名を付与することもできます。モジュール間で名前が衝突した場合、長い名前を短くしたい場合などに利用します。

◉ リスト8-33 module_import_alias.js

```
// getTriangleArea関数に別名を付与
import { getTriangleArea as triangle, Member } from './lib/util.js';
```

```
console.log(triangle(10, 2));      // 結果：10
```

別名は一部のメンバーだけに付与しても構いません。この例であれば、getTriangleArea関数だけに
別名（triangle）を付与し、Memberクラスはそのままエクスポートしています。

■ 既定のエクスポートをインポート

モジュール配下に1つだけであれば、既定のエクスポートを宣言することもできます。これには
export defaultキーワードを利用します。以下に例を示します。

◉ リスト8-34 lib/area.js

```
export const VERSION = '2.0';

export default class {
  static circle(radius) {
    return (radius ** 2) * Math.PI;
  }
}
```

既定のエクスポートでは、関数／クラスの名前は省略可能です。

これをインポートしているのが、以下のコードです。これでareaモジュールの既定のエクスポートに、
Areaという名前でアクセスできるようになります。

◉ リスト8-35 module_import_default.js

```
import Area from './lib/area.js';

console.log(Area.circle(10));      // 結果：314.1592653589793
```

ここまでに触れた記法と組み合わせることもできます。

```
// 別名付きインポートとの組み合わせ
import Area, { VERSION as VER } from './lib/area.js';

// 全インポートとの組み合わせ
import Area, * as a from './lib/area.js';
```

■ 動的インポート ES2020

インポートは、大きく以下のように分類できます。

・静的インポート：初期起動時にモジュールをインポート
・動的インポート：実行時に条件等に応じてモジュールをインポート

　ここまでに扱ってきたインポートはすべて静的インポートですし、単にインポートといった場合には静的インポートを指すのが一般的です。ただし、静的インポートは初期読み込みのタイミングですべてのモジュールをインポートするため、アプリの起動（初期表示）が遅延する傾向があります。

　条件によって利用するかどうかわからない——そもそも初期表示に必要ないモジュールをインポートする場合には、動的インポートの利用も検討するとよいでしょう。

◉ 構文 **import命令（動的インポート）**

```
import(path).then(module => {
  ...statements...
})
        path     ：モジュールのパス
        module   ：インポートされたモジュール
        statements：モジュールを利用したコード
```

　指定されたモジュール（path）をインポートし、インポートでき次第、thenメソッド配下のコールバック関数を実行します。コールバック関数配下では、「module.〜」の形式でモジュール配下の要素にアクセスできます。

　たとえば以下は、リスト8-31を動的インポートで書き換えた例です。

◉ リスト8-36 **module_import_dynamic.js**

```
import('./lib/util.js').then(util => {
  console.log(util.getTriangleArea(10, 2));        // 結果：10

  let m = new util.Member('佐藤理央', 25);
  m.show();      // 結果：私の名前は佐藤理央、25歳です。
});
```

Note	**import命令の戻り値はPromise**

　動的インポートでのimport命令は、戻り値としてPromiseを返します。ここではthenメソッドも呪文のように説明していますが、10.5節でPromiseについて学ぶと、thenメソッドの意味もより明確になるはずです。

　Promiseなので、より簡易なawait構文への置き換えも可能です。こちらは10.5.4項で述べます。

```
let util = await import('./lib/util.js');
```

■ **副作用のためだけの呼び出し**

モジュールを実行するだけの目的で呼び出すこともできます。

● リスト8-37　上：lib/run.js／下：module_import_run.js

```js
console.log('run module is called.');
```

```js
console.log('main module is called: before');   ←— ❶

import './lib/run.js';   ←— ❷

console.log('main module is called: after');   ←— ❸
```

▼

```
run module is called.
main module is called: before
main module is called: after
```

　この場合、モジュール（ここではrun.js）のグローバルコードが実行されるだけで、（あったとしても）配下の一切のメンバーはインポートされません。これまでのような定義のインポートというよりも、外部ファイルの実行と捉えたほうがよいかもしれません（なんらかの結果を得られる——副作用のあるモジュールでのみ意味があります[3]）。

　また、実行順序にも注目です。静的インポートは、

- 静的インポート以外のコードを実行する前に読み込まれ、
- モジュールのグローバルコードまでがまず実行

されます。よって、この例でも❷→❶→❸の順に結果が表示されます。

8.4.4　export命令のさまざまな記法

　importと同じく、export命令にも、これまでに触れてきた以外のさまざまな記法があります。本項では、その中でも特によく利用するものをまとめておきます（export defaultについては前項を参照してください）。

■ 宣言とエクスポートとを分離

　ここまでの例では、宣言時にまとめてexport宣言を加えていましたが、export宣言だけを別に切り出すこともできます。

● リスト8-38　lib/export_separate.js

```
const AUTHOR = 'YAMADA, Yoshihiro';
function getTriangleArea(base, height) { ... }
class Member { ... }
```

※3　ただし、一般的にはモジュールは副作用があるべきではありません。

```
export { getTriangleArea , Member };  ← ❶
```

※本サンプルは、module_export_separate.htmlから起動できます。

　これでgetTriangleArea関数とMemberクラスとをエクスポートしなさい、という意味になります（❶）。エクスポートされたメンバーがモジュールの最後にまとまっているので、モジュールが公開する機能を一望しやすいというメリットもあります。

■ エクスポートするメンバーに別名を付与

　export命令を単体で利用した場合、エクスポートするメンバーに公開用の別名を付与することもできます。たとえば以下は、リスト8-38 −❶を書き換えた例です。

```
export { getTriangleArea, Member as MyAppMember };
```

　これでMemberクラスがMyAppMemberクラスとしてエクスポートされます。
　もちろん、インポート側でさらに別名を付けるのは自由なので、エクスポート時に別名を付与することは比較的まれです。しかし、モジュール内部では短い名前で、公開時には長い名前とすることで、以下のようなメリットがあります。

・利用者により把握しやすい名前を提供できる
・ほかのモジュールとの衝突リスクを軽減できる

■ 再エクスポート

　なんらかのライブラリを開発している場合——特に、それが大きなライブラリで、モジュールの個数が増えている場合、これを個別にインポートさせるのは利用者に優しくありません。

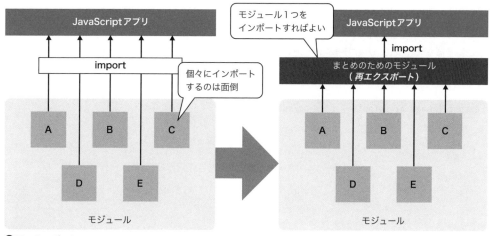

●再エクスポート

そのような場合には、複数のモジュールを集約してまとめてエクスポートする中核のモジュールが用意されていると便利です。つまり、以下のようなモジュールです。

●リスト8-39 lib/export_main.js

```
import { hoge } from './sub1.js';
import { foo, bar as myBar } from './sub2.js';

export { hoge, foo, myBar };
```

※本サンプルは、module_export_main.htmlから起動できます。

これでsub1／sub2モジュールで定義されたhoge、foo、bar関数を、まとめてエクスポートできるわけです。利用者はモジュールの依存関係など意識しなくても、export_main.jsだけをインポートすればよいので、格段に利用のハードルが下がります。

ただし、インポートしたものをそのままエクスポートするだけのために、import／exportを記述しなければならないのは冗長です。そこでこれをまとめるための構文がES2020で追加されています。以下は、リスト8-39の書き換えです。

```
export { hoge } from './sub1.js';
export { foo, bar as myBar } from './sub2.js';
```

■ 既定のエクスポートを再エクスポート

既定のエクスポートを再エクスポートする場合には、defaultキーワードを利用します。

```
export { default as hoge } from './def1.js';
export { default as foo, bar } from './def2.js';
```

既定のエクスポートには名前がないので、代わりにdefaultキーワードで受け取るわけです。この例であれば、def1／def2モジュールで定義された既定のエクスポートを、それぞれhoge／fooという名前で再エクスポートしています。もちろん、名前付きのbarもまとめて再エクスポートできます。

逆に、ほかのモジュールからインポートしたメンバーを、既定のエクスポートとして再エクスポートしたいならば、以下のように表します。

```
export { hoge as default } from './sub1.js';
```

8.5 オブジェクト指向構文の 高度なテーマ Advanced

　JavaScriptのオブジェクト指向構文は、まだまだ奥深い世界です。語り尽くせばキリがありませんが、本節ではここまでの内容では解説しきれなかった、より高度なトピックを紹介していきます。まずは基礎を固めたいという人は、本節はスキップしても構いません。

■ 8.5.1 反復可能なオブジェクトを定義する - イテレーター

　イテレーターとは、オブジェクトの内容を列挙するためのしくみのこと。たとえばArray、String、Map、Setなどの組み込みオブジェクトが、いずれもfor...of命令で配下の要素を列挙できるのは、既定でイテレーターを備えているからです。

● リスト8-40 iterator_basic.js

```
let data_ary = ['one', 'two', 'three'];
let data_str = 'あいうえお';
let data_map = new Map([['MON', '月曜'], ['TUE', '火曜'], ['WED', '水曜']]);

for(let d of data_ary) {
  console.log(d);        // 結果：one、two、three
}

for(let d of data_str) {
  console.log(d);        // 結果：あ、い、う、え、お
}

for(let [key, value] of data_map) {
  console.log(`${key}：${value}`);        // 結果：MON：月曜、TUE：火曜、WED：水曜
}
```

　イテレーターを利用していることをより明確にするために、あえて配列を列挙しているコードをより原始的に表現すると、以下のようになります。

● リスト8-41 iterator_array.js

```
let data_ary = ['one', 'two', 'three'];
let itr = data_ary[Symbol.iterator]();   ← ❶

let d;
while(d = itr.next()) {   ← ❷
```

423

```
  if (d.done) { break; }  ←─── ❸
  console.log(d.done);  // 結果：false、false、false
  console.log(d.value);  // 結果：one、two、three
}
```

[Symbol.iterator] メソッドは、配列内の要素を列挙するためのイテレーター（Iteratorオブジェクト）を返します（❶）。イテレーターは、配列の次の要素を取り出すためのnextメソッドを1つだけ備えたオブジェクトです（❷）。

ただし、nextメソッドの戻り値も、要素の値そのものではなく、以下のようなプロパティを持ったオブジェクトである点に注意してください。要素値を取得するには、valueプロパティにアクセスしなければなりません。

プロパティ	概要
done	イテレーターが終端に到達したか（＝次の要素がないか）
value	次の要素の値

●nextメソッドの戻り値

この例でも、doneプロパティがtrueを返す（❸）までwhileループをくり返すことで、配列の内容をすべて出力しているわけです。for...of命令とは、内部的には、「イテレーターの取得からdoneメソッドによる判定、valueプロパティによる値の取り出しまで」をまとめてまかなってくれるシンタックスシュガーともいえます。

> **Note** **Symbol.iteratorプロパティ**
>
> Symbol.iteratorプロパティは、オブジェクト既定のイテレーターを特定するシンボル（＝イテレーターを取得するためのメソッド名）を表します。Symbol.iteratorをブラケット（[...]）でくくっているのは、Symbol.iteratorから返されたシンボルをキーとして、Arrayオブジェクトのメンバーを呼び出しているという意味です（2.3.6項でも触れたブラケット構文です）。Array.Symbol.iteratorではないので、まちがえないようにしてください。

■ 自作クラスへのイテレーターの実装

リスト8-41でも見たように、for...of命令では、内部的に [Symbol.iterator] メソッド経由でイテレーターを取り出しているのでした。ということで、反復可能なオブジェクトを自作する場合にも、[Symbol.iterator] メソッドを実装すればよいということになります。

たとえば以下では、自作のMyIteratorクラスにイテレーターを組み込み、コンストラクター経由で渡された配列を列挙できるようにします。

◉ リスト8-42 iterator_my.js

```
class MyIterator {
```

```
  // 引数経由で渡された配列をdataプロパティに設定
  constructor(data) {
    this.data = data;
  }

  // 既定のイテレーターを取得するためのメソッドを定義
  [Symbol.iterator]() {
    let current = 0;
    let that = this;    ←── ❹
    return {
      // dataプロパティの次の要素を取得
      next() {    ←──────────────────────────────────┐
        return current < that.data.length ?          │     ←── ❶
          {value: that.data[current++], done: false} :    ←── ❷
          {done: true};    ←── ❸
      }    ←──────────────────────────────────────────┘
    };
  }
}

// MyIteratorクラスで保持された配列を列挙
let itr = new MyIterator(['one', 'two', 'three']);
for(let value of itr) {
  console.log(value);    // 結果：one、two、three
}
```

[Symbol.iterator]と、ブラケットでくくっているのは算出プロパティ名の構文です。

　[Symbol.iterator]メソッドが返すイテレーター（Iteratorオブジェクト）の条件は、nextメソッドを持つことでした（❶）。この例では、現在の位置（current）をチェックし、配列サイズ未満であれば、以下のオブジェクトを返します（❷）。

{ value: 要素の値, done: false }

current++としているのは「インデックス番号を1つずらす――次の要素を取得しなさい」という意味です。変数currentが配列サイズに達していれば、以下のオブジェクトを返して、末尾に到達したことを通知します（❸）。

{ done: true }

> **Note　thatの意味**
>
> 　nextメソッド配下のthis（8.1.3項）は、自分自身（イテレーター）を示します。よって、この例では、[Symbol.iterator]メソッド直下のthisを、いったん変数thatに退避させておくことで（❹）、MyIteratorオブジェクトのメンバーにアクセスできるようにしています。

> **Note** 別解：配列のイテレーターを利用する
>
> リスト8-42の[Symbol.iterator]メソッドは、以下のように表してもほぼ同じ意味です。
>
> ```
> [Symbol.iterator](){
>   return this.data[Symbol.iterator]();
> }
> ```
>
> この例では、dataプロパティ（配列）の内容を走査しているだけなので、配列のイテレーターを再利用すれば十分だからです。あくまでリスト8-42は独自のイテレーターを実装する場合の参考として見てください。

8.5.2 反復可能なオブジェクトをよりかんたんに実装する - ジェネレーター

反復可能なオブジェクトは、ジェネレーターを利用することで、よりかんたんに実装できます。まずは、ごく基本的なジェネレーターの例を見てみましょう。

● リスト8-43 gen_basic.js

```
function* myGenerator() {
  yield 'あいうえお';
  yield 'かきくけこ';
  yield 'さしすせそ';
}

for(let t of myGenerator()) {
  console.log(t);
}        // 結果：あいうえお、かきくけこ、さしすせそ
```

ジェネレーターは一見して普通の関数に見えますが、以下の点で異なります。

1. function* {...}で定義（functionの後方に「*」）
2. yield命令で値を返す

yieldは、returnとよく似た命令で、関数の値を呼び出し元に返します。しかし、return命令がその場で関数を終了するのに対して、yield命令は処理を一時停止するだけです。つまり、次に呼び出された時には、その時点から処理を再開できます。

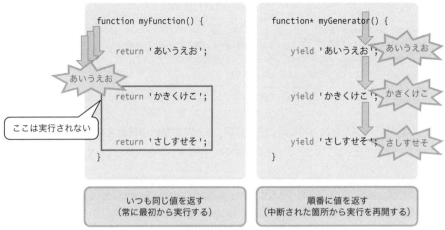

● return命令とyield命令との違い（同じ関数を3回呼び出した場合）

よって、定義されたmyGeneratorをfor...of命令に渡すことで、ループの都度、順番にyield命令による値――「あいうえお」「かきくけこ」「さしすせそ」が返されるわけです。

■ 例：素数を求めるジェネレーター

ジェネレーターの基本を理解できたところで、もう少しだけ実用性のある例を見てみましょう。以下は、素数を求めるジェネレーターの例です。

● リスト8-44 gen_prime.js

```javascript
// 素数を求めるためのジェネレーター
function* genPrimes() {
  let num = 2;    // 素数の開始値
  // 2から順に素数判定し、素数の場合にだけyield（無限ループ）
  while (true) {
    if (isPrime(num)) { yield num; }
    num++;
  }
}


// 引数valueが素数かどうかを判定
function isPrime(value) {
  let prime = true;      // 素数かどうかを表すフラグ
  // 2～Math.sqrt(value)で、valueを割り切れる値があるかを判定
  for (let i = 2; i <= Math.floor(Math.sqrt(value)); i++) {   ← ❶
    if (value % i === 0) {
      prime = false;   // 割り切れたら素数でない
      break;
    }
  }
  return prime;
}
```

```
for(let value of genPrimes()) {
  // 素数が101以上になったら終了（これがないと無限ループになるので注意！）
  if (value > 100) { break; }
  console.log(value);
} // 結果：2、3、5、7、11、13、17、19、23、29、...83、89、97
```

素数の判定には「エラトステネスのふるい」（2から順にすべての整数の倍数を振るい落としていく方法）が有名ですが、ここではシンプルに、2から順に約数が存在するかを判定しています。

> **Note** **for命令の上限はMath.sqrt(value)**
>
> for命令（❶）の上限は、判定の対象となる値（value）そのものではなく、その平方根で十分です。たとえば対象の値が24であれば、その約数は1、2、3、4、6、8、12、24です。約数は、2×12、3×8、4×6...のように互いに掛け合わせることで元の数になる組み合わせがあります。平方根（この例では4.89...）は、その組み合わせの折り返しとなるポイントなのです。よって、折り返し点よりも前の値さえチェックすれば、それ以降には約数がないことを確認できます。

このような例では、結果は無限にあります。これを従来の関数で表すことはできません。すべての結果を得るまで、値を返すことはできないからです。

仮に、上限を区切って1万個までの素数を求めるにしても、1万個の値を格納するための配列を用意しなければなりません。これはメモリの消費も大きく、望ましい状態ではないでしょう。

しかし、ジェネレーターを利用することで、値はyield命令で都度返されます。つまり、メモリ消費も、その時どきの状態を管理するための最小限で済みます。なにかしらのルールに従って、反復する値を生成するような用途では、ジェネレーターは有効な手段です。

■ イテレーターで実装したクラスをジェネレーターで書き換える

最後に、先ほどリスト8-42で作成したMyIteratorクラスを、ジェネレーターを作成して書き直してみましょう。

◉ リスト8-45 gen_iterator.js

```
class MyIterator {
  // 引数経由で渡された配列をdataプロパティに設定
  constructor(data) {
    this.data = data;
  }

  *[Symbol.iterator]() {
    let current = 0;
    while(current < this.data.length) {
      yield this.data[current++];
    }
```

```
    }
}
```

　ジェネレーター関数の戻り値は、内部的にはGenerator――[Symbol.iterator]メソッドとnextメソッドを備えたオブジェクトです。nextメソッドを備えるということは、そのまま[Symbol.iterator]メソッドの実装として利用できます[※1]。ジェネレーター関数を表すのは、メソッド定義では先頭の「*」です。

　あとはリスト8-42と同じく、配列dataを読み込み終わるまで、yield命令を繰り返し実行します。

8.5.3　オブジェクトを基本型に変換する

　すべてのオブジェクトの大元であるObjectオブジェクト（7.3節）は、オブジェクトを基本型に変換するために、以下のようなインスタンスメソッドを用意しています。

メソッド	戻り値
toString	文字列
valueOf	文字列以外の基本型の値

●基本型への変換のためのメソッド

　いずれもアプリ開発者が自ら呼び出す状況は少なく、オブジェクトを文字列、または基本型の値に変換すべき文脈で、暗黙的に呼び出されます。たとえば、3.2.1項のリスト3-03―❸で日付型を数値演算できたのも、減算演算子の文脈でvalueOfメソッドが呼び出されたからです。

　組み込み型において、toString／valueOfメソッドがそれぞれどのような値を返すかは、以下の表にまとめておきます。

型	toString	valueOf
Object	[object Object]	（元のオブジェクト）
日付	Sun Jul 17 2022 11:10:39 GMT+0900 (日本標準時)	1658023839649
配列	hoge,foo,bar	（元のオブジェクト）
数値	10	10
RegExp	/[0-9]{3}-[0-9]{4}/g	（元のオブジェクト）

●toString／valueOfメソッドの戻り値例（組み込みオブジェクトの場合）

　ObjectオブジェクトのtoString／valueOfメソッドは、いずれも意味ある値を返しません。toStringメソッドは内容にかかわらず固定値ですし、valueOfメソッドはオブジェクトをそのまま返すだけです。

■ ユーザー定義型でのtoString／valueOfメソッド

　よって、ユーザー定義クラスでも（可能であれば）極力適切なtoStringメソッドを再定義すべきです。

※1　ちなみに、ジェネレーター関数をfor...of命令に直接渡せていたのは、その戻り値（Generatorオブジェクト）が[Symbol.iterator]メソッドを備えていたからです。

文字列以外の基本型表現が可能であれば、valueOfメソッドも再定義しますが、こちらは必ずしも必須ではありません。

それではさっそく、具体的な例を見てみましょう。以下は座標情報を表すCoordinateクラスで、文字列表現として「(x, y)」を、数値表現として原点からの距離[2]を返すものとします。

◉ リスト8-46 obj_tostring.js

```javascript
class Coordinate {
  constructor(x, y) {
    this.x = x;
    this.y = y;
  }

  // 座標の文字列表現を返す
  toString() {
    return `(${this.x}, ${this.y})`;
  }

  // 座標の数値表現を返す
  valueOf() {
    return Math.sqrt(this.x ** 2 + this.y ** 2);
  }
}

let c = new Coordinate(5, 2);
console.log(`${c}`);       // 結果：(5, 2)  ←── ❶
console.log(+c);           // 結果：5.385164807134504  ←── ❷
console.log(c + '');       // 結果：5.385164807134504  ←── ❸
```

それぞれ文脈に応じて、文字列／数値表現が返されることを確認してください。

■ 文脈に応じた基本型変換の選択

JavaScriptでは、オブジェクトを基本型に変換する際に、内部的にnumber、string、defaultという文脈（＝どの型の値が要求されているか）を検知します。number文脈であれば極力数値型を返すようにしますし、string文脈であれば文字列型を返します[3]。そして、default文脈はいずれの型でもよい場合で、戻り値はオブジェクトに委ねられます。リスト8-46であれば❶〜❸がそれぞれstring、number、default文脈です。

ただし、オブジェクトによっては文脈による変換の挙動を自前で制御したいことがあります。リスト8-46であれば、❸は最終的に数値変換されますが、文字列を得たい場合もあります。そのような場合には、[Symbol.toPrimitive]メソッド[4]を定義してください。以下は、リスト8-46を書き換えたものです。

※2 原点からの距離は三平方の定理でx、y座標の二乗和を平方根することで求められます。

※3 ただし、すべてのオブジェクトが意図した型の値を返すことを保証するものではありません。実装によっては、たとえばtoStringメソッドが数値型の値を返す可能性もあります。

※4 7.1.1項でも触れたのと同じく、算出プロパティ名の構文です。

[Symbol.toPrimitive]メソッドは、引数として文脈を識別するための引数hintを受け取ります（hintの値はstring、number、default）。この例では、引数hintがnumberの時にだけvalueOfメソッドを、それ以外（string、default）ではtoStringメソッドを呼び出す、としています。サンプルを再実行し、リスト8-46－❸の結果が「(5, 2)」に変化することを確認しておきましょう。

◉ リスト8-47 obj_tostring.js

```
class Coordinate {
  ...中略...
  // 基本型変換のルールを定義
  [Symbol.toPrimitive](hint) {
    if (hint === 'number') {
      return this.valueOf();
    }
    return this.toString();
  }
}
```

■ 補足：Well-known Symbol

Symbol.toPrimitiveのように、Symbolにはメソッドの名前を規定したシンボル定数が用意されています。これを予約済みのシンボル ——Well-known Symbolといいます（8.5.1項ではSymbol.iteratorも登場しました）。これまでにも見てきたように、算出プロパティ名の構文から利用するのが一般的です。

toPrimitive、iteratorのように非シンボルな名前で定義してもよいではないか、と思われるかもしれませんが、それはよいアプローチではありません。というのも、既存のアプリ（オブジェクト）にすでにtoPrimitive、iteratorという名前があったらどうでしょう。ある日突然、iteratorは別の役割で使うよ、となった場合、それらはすべて修正を余儀なくされます。

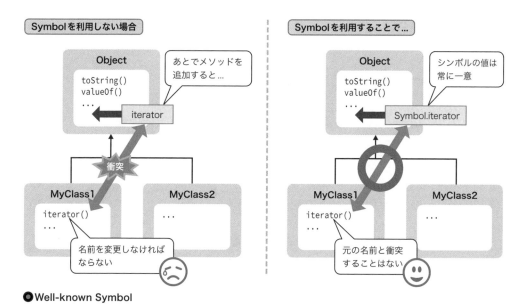

●Well-known Symbol

不特定多数のアプリを想定することはできないので、JavaScriptの機能追加に際しては、こうした名前競合のリスクが常に付きまといます。しかし、シンボルであれば、そのような心配はいりません。5.9.3項で触れたように、シンボルの名前は一意であるからです。

ちなみに、このようなWell-known Symbolには、ほかにも以下のようなものがあります。

Well-known Symbol	概要
Symbol.asyncIterator	非同期イテレーター（10.5.5項）の実装
Symbol.hasInstance	instanceof演算子による判定処理
Symbol.species	派生クラスが利用すべきデフォルトコンストラクターを設定
Symbol.toStringTag	オブジェクトを表す文字列表現を取得（Object#toStringが利用）

●おもなWell-known Symbol

8.5.4 オブジェクトの基本的な動作をカスタマイズする - Proxyオブジェクト

Proxyは、（たとえば）プロパティの設定／取得／削除、for...of／for...in命令による列挙といった、オブジェクトの基本的な動作を、アプリ独自の動作に差し替えるためのオブジェクト。Proxyを利用することで、たとえば

・オブジェクトを操作したタイミングでログを出力する
・プロパティ値の設定／取得に際して、値検証／変換などの付随処理を実装する

といった処理を、既存のオブジェクトに手を加えずに実装できます。

さっそく、具体的な例を見てみましょう。以下は、存在しないプロパティにアクセスした時に、既定値として「?」を返す例です。

●リスト8-48 proxy.js

```
let data = { red: '赤色', yellow: '黄色' };
let proxy = new Proxy(data, {      ←
  get(target, prop) {      ←
    return prop in target ? target[prop] : '?';      ❷      ❶
  }      ←
});      ←

console.log(proxy.red);      // 結果：赤色      ←
console.log(proxy.nothing);  // 結果：?      ←      ❸
```

Proxyコンストラクターの構文は、以下のとおりです（❶）。

●構文 Proxyコンストラクター

```
new Proxy(target, handler)
      target  ：操作を差し挟む対象となるオブジェクト（ターゲット）
      handler：ターゲットの操作を定義するためのオブジェクト（ハンドラー）
```

Proxyオブジェクトの世界では、操作を差し挟む対象のオブジェクトをターゲット、ターゲットに対する操作を表すオブジェクトをハンドラーといいます。

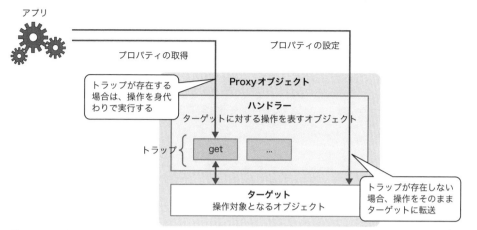

●Proxyオブジェクト

ハンドラーで定義できるメソッドには、以下のようなものがあります。ハンドラーメソッドのことをトラップともいいます。

メソッド（トラップ）	戻り値	ターゲットに対する操作
getPrototypeOf(*target*)	オブジェクト／null	プロトタイプの取得
setPrototypeOf(*target*, *prototype*)	－	プロトタイプの設定
get(*target*, *prop*, *receiver*)	任意の型	プロパティの取得（receiverはプロキシ）
set(*target*, *prop*, *val*, *receiver*)	boolean	プロパティの設定
has(*target*, *prop*)	boolean	in演算子によるメンバーの存在確認
deleteProperty(*target*, *prop*)	boolean	delete命令によるプロパティの削除
defineProperty(*target*, *prop*, *desc*)	boolean	プロパティを定義
getOwnPropertyDescriptor(*target*, *prop*)	オブジェクト／undefined	プロパティの構成情報を取得
ownKeys(*target*)	反復可能オブジェクト	自分自身が持つプロパティキーの配列を取得
construct(*target*, *args*, *newTarget*)	オブジェクト	new演算子によるインスタンス化
apply(*target*, *thisArg*, *args*)	任意の型	applyメソッドによる関数呼び出し
isExtensible(*target*)	boolean	オブジェクトが拡張可能かを判定
preventExtensions(*target*)	boolean	プロパティの追加を禁止

●ハンドラーで定義できるおもなメソッド（booleanは操作の成否を表す）

❷では、getメソッドを実装して、ターゲット（target）のプロパティ（prop）が存在していれば、その値（target[prop]）を、さもなければ既定値として「?」を返しています。はたして、実際に存在するredプロパティが正しく参照できていること、存在しないnothingプロパティが「?」を返すことを確認してみましょう（❸）。

なお、プロキシーに対する操作は、ターゲットにもそのまま反映されます。

● リスト 8-49 proxy.js（追加分のみ）

```javascript
proxy.red = 'レッド';
console.log(data.red);   // 結果：レッド
console.log(proxy.red);  // 結果：レッド
```

Column	知っておきたい！JavaScriptの関連キーワード（5）- Web Components

　フロントエンド開発の基本的な思想に「コンポーネント指向」があることは、P.372でも述べました。コンポーネント開発には、現時点ではReact、Vue.jsに代表されるフレームワークを利用するのが一般的ですが、じつは、標準的なJavaScriptの世界でもWeb Componentsと呼ばれるAPI群が用意されており、コンポーネント開発は可能です。

　Web Components APIは、大きく以下の技術から構成されます。

技術	概要
カスタム要素	独自のコンポーネント（タグ）を定義するためのしくみ
Shadow DOM	本来の文書ツリーから切り離された（＝互いに影響しない）DOM
HTMLテンプレート	再利用可能なHTMLを定義するしくみ

● Web Componentsを構成するしくみ

　これらの技術を利用することで、たとえばマウスの出入りで画像を入れ替えできる<my-hover>のようなコンポーネント（タグ）を簡単に作成できるようになります。

```html
<my-hover enter-src="open.png" leave-src="close.png" />
```

　ただし、執筆時点では、まだこれらの技術だけでは「痒いところに手が届かない」という印象です。現時点では、前掲のフレームワークを利用するか、Lit（https://lit.dev/）のようなWeb Components向けフレームワークを併用することをおすすめします。Web Components＋Litについては、以下のような記事でも解説しているので、興味を持った人は合わせて参照してください。

・再利用性とカプセル化のためのWeb Componentsを基礎から学ぶ（https://codezine.jp/article/corner/927）

Chapter 9

HTMLやXMLの文書を操作する
- DOM（Document Object Model）

9.1 DOMの基本を押さえる

　ここまでは、JavaScriptが言語ネイティブに持っている標準的な機能（オブジェクト）について紹介してきました。JavaScriptはさまざまな実行環境で利用できますが、ここまでに学んできた内容は、それらすべての環境で共通して利用できます。

　しかし、本章以降の内容は、ブラウザー環境（クライアントサイドJavaScript）を前提とした内容になります。原則、ブラウザー以外の環境では利用できないので、注意してください。

9.1.1　マークアップ言語を操作する標準のしくみ「DOM」

　クライアントJavaScriptの世界では、「エンドユーザーや外部サービスからなんらかの入力を受け取って、これを処理した結果をページに反映させる」という流れが一般的です。ページに反映させる——つまり、JavaScriptからHTMLを編集するわけです。

　この際、もちろん文字列として編集することも可能です。しかし、一般的に、複雑な文字列の編集はコードも読みにくくなり、バグのもととなります。<div>要素やアンカータグといった塊を、オブジェクトとして操作できたほうが便利です。

　そこで登場するのがDOM (Document Object Model) です。DOMは、HTML／XMLなどのマークアップ言語で書かれたドキュメントにアクセスするための標準的なしくみで、JavaScriptに限らず、現在よく利用されている言語のほとんどがサポートしています。もちろん、言語によって細かな記法は異なるものの、ここで学んだことはほかの言語を学習する際にも役立つはずです。

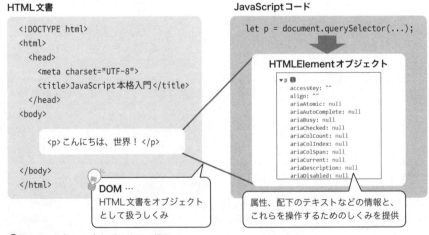

●HTML文書をオブジェクトとして扱う

9.1.2 文書ツリーとノード

DOMは、ドキュメントを文書ツリー（ドキュメントツリー）として扱います。たとえばリスト9-01のようなコードであれば、DOMの世界では図のようなツリー構造として解釈されます。

◉ リスト9-01 dom.html

```
<!DOCTYPE html>
<html>
<head>
<meta charset="UTF-8" />
<title>JavaScript本格入門</title>
</head>
<body>
<p id="greet">これが<strong>文書ツリー</strong>です。</p>
</body>
</html>
```

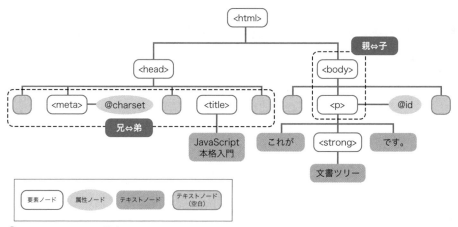

●dom.htmlのツリー構造

Document Object Modelという名前のとおり、文書に含まれる要素や属性、テキストをそれぞれオブジェクトと見なし、「オブジェクトの集合（階層関係）が文書である」と考えるわけです。

ちなみに、文書を構成する要素や属性、テキストといったオブジェクトのことをノードと呼び、オブジェクトの種類に応じて要素ノード、属性ノード、テキストノードなどと呼びます。DOMは、これらノードを抽出／追加／置換／削除するための汎用的な手段を提供するAPI（＝関数やオブジェクトの集合）なのです。

それぞれのノードは、ツリー上での上下関係によって、以下のように呼ばれることもあります。

ノード	概要
ルートノード	ツリーの最上位に位置するノード
親ノード／子ノード	上下関係にあるノード。直接つながっているノードで、ルートノードに近いノードを親ノード、遠いノードを子ノードと呼ぶ（上下関係にあるが、直接の親子でないものを祖先ノードと子孫ノードと呼ぶ場合も）

（次ページへ続く）

兄弟ノード	同じ親ノードを持つノード同士。先に書かれているものを兄ノード、後に書かれているものを弟ノードとして区別する場合も

● **ノードの種類**

これらの呼称は、ルートノードを除いては相対的なものです。あるノードに対して子ノードだったノードが、別のノードに対しては親ノードになることもあります。

Column 　知っておきたい! JavaScriptの関連キーワード (6) - Import Maps

import命令（8.4.2項）で指定するモジュールの場所は、絶対パス／相対パスいずれかで表すのが基本です（モジュール名では不可です!）。たとえば以下は、Reactをロードする場合のimport文（例）です。

```
import React from 'https://ga.jspm.io/npm:react@18.2.0/index.js';
```

ただし、呼び出し元のファイルがひとつだけであればともかく、複数のファイルで同様の記述を繰り返すのは冗長です。バージョンが変更になった場合に、アプリ全体に影響が及ぶのも避けたいところです。

そこでインポート情報と別名との対応関係を別ファイルに切り出すわけです。このようなしくみをImport Mapsと言います。

```
{
  "imports": {
    "react": "https://ga.jspm.io/npm:react@18.2.0/index.js",
    ...中略...
  }
}
```

これで個々のモジュールからは「import React from 'react';」のように、別名でReactをインポートできるようになります。

Import Mapsに関する詳細は、（Railsの記事ですが）以下のような記事でも解説しています。興味のある人は、合わせて参照することをおすすめします。

・**Railsによるクライアントサイド開発入門** (https://codezine.jp/article/corner/919)

9.2 クライアントサイド JavaScript の前提知識

クライアントサイド JavaScript（DOM）で開発を進めていくうえで、最初に押さえておきたい事項があります。それは、以下のトピックです。

- 要素ノードの取得
- 文書ツリー間の行き来
- イベントドリブンモデル

いずれのトピックも、これから JavaScript でクライアントサイド開発を進めるうえで欠かせない知識です。ライブラリを利用する場合でも、書き方は変わっても考え方は活きてきます。基本的なしくみ、考え方を押さえていきましょう。

9.2.1 要素ノードを取得する

クライアントサイド JavaScript においては、なにをするにせよ、文書ツリーから要素ノード（要素）を取り出すというステップは欠かせません。「要素を取得して、その値を取り出す」「処理した結果をある要素に反映させる」「新規に作成した要素をある要素の配下に追加する」──いずれにせよ、操作の対象となる要素を取り出す必要があるのです。

要素を取得することは、まず、コーディングの基点といってもよいでしょう。JavaScript で要素を取得するには、以下のような方法があります。

■ id 値をキーに要素を取得する - getElementById メソッド

目的の要素が明確な場合、最もシンプルなのが getElementById メソッドを利用する方法です。getElementById メソッドは、指定された id 値を持つ要素を Element オブジェクトとして返します。

◉構文　getElementById メソッド

```
document.getElementById(id)
        id：取得したい要素のid値
```

たとえば以下は、<span id="result"> 要素に現在時刻を表示させる例です。

● リスト9-02　上：element_id.html／下：element_id.js

```html
現在時刻：<span id="result"></span>
```
HTML

```js
let current = new Date();
let result = document.getElementById('result');
result.textContent = current.toLocaleString();
```
JS

● 現在時刻をページに反映

　取得した要素（Elementオブジェクト）に対してテキストを埋め込むには、textContentというプロパティを利用します。テキストの操作については改めて9.3.6項で触れますが、よく利用する命令なので、まずは使い方だけ押さえておきましょう。

Note	id値が重複した場合

　id値が重複した要素が存在する場合も、getElementByIdメソッドは最初に合致した要素を1つだけ返します。ただし、この挙動は利用しているブラウザー／バージョンなどの環境によって変動する可能性があります。原則として、ページ内でid値は一意になるように設定してください。

■ セレクター式に合致した要素を取得する - querySelectorメソッド

　より複雑な条件で要素を取り出したいならば、querySelectorメソッドを利用します。querySelectorメソッドを利用することで、セレクター式で文書を検索し、合致した要素を取得できます。

● 構文　querySelectorメソッド

```
document.querySelector(selector)
        selector：セレクター式
```

　セレクター式とは、もともとはCSS（Cascading StyleSheet）で利用されていた記法で、スタイルを適用する対象を特定するためのしくみです。セレクター式を利用することで、たとえば「id="list"である要素の配下からclass="new"である<img>要素」を検索したいという状況でも、複雑なコードを書く必要がありません。「#list img.new」という短い式で目的の要素を検索できてしまうのです。

● セレクターの構造

セレクターの記法はさまざまですが、その中でもよく利用するものを以下にまとめておきます（すべてをいきなり覚え込む必要はありません。まずは［基本］カテゴリーのものから徐々に慣れていきましょう）。

分類	構文	概要	例
基本	*	すべての要素を取得	*
	#id	指定したIDの要素を取得	#main
	.class	指定したクラス名の要素を取得	.external
	element	指定したタグ名の要素を取得	li
	selector1, selector2, selectorX	いずれかのセレクターに合致する要素をすべて取得	#main, li
階層	parent > child	要素parentの子要素childを取得	#main > div
	ancestor descendant	要素ancestorの子孫要素descendantをすべて取得	#list li
	prev + next	要素prevの直後の要素nextを取得	#main + div
	prev ~ siblings	要素prev以降の兄弟要素siblingsを取得	#main ~ div
フィルター（基本）	:root	ドキュメントのルート要素を取得	:root
	:not(ex)	セレクターexにマッチしない要素を取得	div:not(.sub)
	:lang(lang)	指定した言語要素をすべて取得	:lang(ja)
	:empty	子要素を持たない要素を取得	div:empty
フィルター（属性）	[attr]	指定した属性を持つ要素を取得	input[type]
	[attr = value]	属性がvalue値に等しい要素を取得	input[type = "button"]
	[attr ^= value]	属性がvalueから始まる値を持つ要素を取得	a[href^="https://"]
	[attr $= value]	属性がvalueで終わる値を持つ要素を取得	img[src$=".gif"]
	[attr *= value]	属性がvalueを含む値を持つ要素を取得	[title*="sample"]
	[selector1][selector2][selectorX]	複数の属性フィルターすべてにマッチする要素を取得	img[src][alt]
フィルター（子要素）	:nth-child(index｜even｜odd)	「引数」番目の子要素を取得	li:nth-child(3)
	:nth-last-child(index｜even｜odd)	末尾から「引数」番目の子要素を取得	li:nth-last-child(odd)
	:nth-of-type(index｜even｜odd)	指定した兄弟要素の中で「引数」番目の要素を取得	li:nth-of-type(odd)
	:nth-last-of-type(index｜even｜odd)	指定した兄弟要素の中で末尾から「引数」番目の要素を取得	li:nth-last-of-type(even)
	:first-child	最初の子要素を取得	div:first-child
	:last-child	最後の子要素を取得	div:last-child
	:first-of-type	指定した兄弟要素の中で最初の要素を取得	div:first-of-type
	:last-of-type	指定した兄弟要素の中で最後の要素を取得	div:last-of-type
	:only-child	子要素を1つだけ持つ要素を取得	p:only-child
	:only-of-type	指定した要素名でほかに兄弟要素を持たないすべて取得	p:only-of-type

（次ページへ続く）

	:enabled	有効な状態にある要素をすべて取得	:enabled
フィルター (フォーム状態)	:disabled	無効な状態にある要素をすべて取得	:disabled
	:checked	チェック状態にある要素をすべて取得	:checked
	:focus	フォーカスが当たっている要素を取得	:focus

●おもなセレクター式（※index、even、oddはインデックス番目、偶数番目、奇数番目を意味します）

　さて、前置きが長くなってしまったので、具体的な利用例も見てみましょう。以下は、「id="list"である要素」の配下から「class="external"であるアンカータグ」を取り出し、そのリンク先を出力する例です。

●リスト9-03　上：element_query.html／下：element_query.js

```html
<ul id="list">
  <li><a href="https://wings.msn.to/" class="my">
    サーバーサイド技術の学び舎 - WINGS</a></li>
  <li><a href="https://www.web-deli.com/" class="my2">
    WebDeli</a></li>
  <li><a href="https://gihyo.jp/dp" class="external">    ←
    Gihyo Digital Publishing</a></li>                        ❶
  <li><a href="https://developer.mozilla.org/ja/" class="external">
    MDN</a></li>   ←
</ul>
```

```js
let result = document.querySelector('#list .external');
console.log(result.href);           // 結果：https://gihyo.jp/dp  ← ❷
```

　この例であれば、条件に合致する要素は2個ありますが（❶）、querySelectorメソッドが返すのは、あくまで最初の1つだけです。時として、意図しない要素を取得する可能性もあるので、querySelectorメソッドでは極力、単一の要素を返すような条件式を指定すべきです。

　属性にアクセスする方法については後述しますが、まずは「Elementオブジェクト.属性名」で値を得られる、と覚えておきましょう（❷）。

■ セレクター式で複数の要素群を取得する - querySelectorAllメソッド

　（単一ではなく）複数の要素群を取得するならば、querySelectorAllメソッドを利用してください。構文はquerySelectorメソッドと同じですが、戻り値が異なり、NodeList（＝ノードの集合）を返します。

　リスト9-03を修正し、結果の変化も確認してみましょう。

```js
let list = document.querySelectorAll('#list .external');
for (let elem of list) {
  console.log(elem.href);
}
```

```
https://gihyo.jp/dp
https://developer.mozilla.org/ja/
```

　NodeListは反復可能なオブジェクト（4.3.5項）の一種で、以下のような配列ライクなメンバーを備えるとともに、for...of命令で配下の要素（Elementオブジェクト）を列挙することも可能です。

メンバー	概要
length	ノードの数
item(*index*)	指定のインデックス位置のノードを取得
entries()	すべてのキー／値を取得
forEach(*callback* [, *thisArg*])	各要素をコールバック関数で順に処理
keys()	すべてのキーを取得
values()	すべての値を取得

●NodeListオブジェクトのおもなメンバー

　「list[0].href」のようにブラケット構文で、個々の要素を取り出すことも可能です。

■ 要素取得にはどのメソッドを利用するか

　まずは、高機能なquerySelector／querySelectorAllメソッドを利用すれば十分です（単一要素を取得するならば前者、さもなくば後者です）。

　ただし、queryXxxxxメソッドは高機能である反面、オーバーヘッドの大きなメソッドです。単発的な利用で問題になることはほぼありませんが、「id値をキーにアクセスでき、呼び出しが頻繁に発生する」状況では、getElementByIdメソッドを利用することをおすすめします。

　ちなみに、ここまでに紹介したほかにも、要素取得のためのメソッドには、以下のようなものもあります。ただし、これらのメソッドはqueryXxxxxメソッドで代替できるので、積極的に利用する意味はありません。

メソッド	戻り値	概要
getElementsByTagName(*name*)	HTMLCollection	タグ名をキーに取得
getElementsByName(*name*)	NodeList	name属性をキーに取得（フォーム要素で利用）
getElementsByClassName(*clazz*)	HTMLCollection	class属性をキーに取得

●要素取得のためのメソッド

　HTMLCollectionは要素の集合を表すためのオブジェクトです。「先ほど登場したNodeListと何が違うのか」と思うかもしれませんが、まずはほぼ同じものと捉えて構いません（利用できるメンバーもほぼ同じです）。

9.2.2 文書ツリー間を行き来する - ノードウォーキング

前項で触れたqueryXxxxx／getElementByIdメソッドは、いずれもピンポイントで特定の要素（群）を取得するためのメソッドです。しかし、いちいち文書全体から目的の要素を検索するのは無駄が多く、それはそのままパフォーマンス低下の原因ともなります。

そこでDOMでは、あるノードを基点として、相対的な位置関係からノードを取得することもできます。ツリー状となったノード間を、枝をたどって渡り歩く様子から、ノードウォーキングと呼ばれることもあります。具体的には、次の図に示すプロパティを利用します。

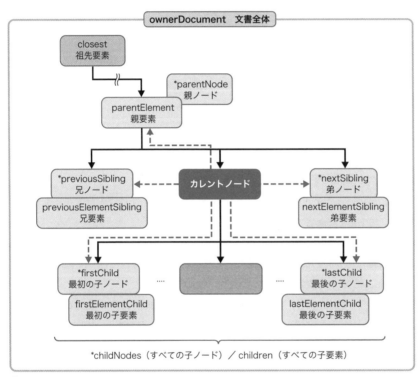

●相対関係でノードを取得する

queryXxxxx／getElementByIdメソッドに比べると、コードは冗長になりがちですが、より小回りが利くことから、

queryXxxxx／getElementByIdメソッドで特定の要素を取得したあと、近接するノードはノードウォーキングで取得する

ような使い分けが一般的です[1]。

※1　取得したElementオブジェクトから、さらにqueryXxxxxメソッドを呼び出すことも可能です。

■ ノードウォーキングの基本

では、具体的な例も見ていきましょう。たとえば以下は、<select id="food">要素の配下に含まれる<option>要素を取り出し、そのvalue属性の値を列挙する例です。

● リスト9-04　上：children.html／下：children.js

```html
<form>
  <label for="food">一番好きな食べ物は？：</label>
  <select id="food">
    <option value="ラーメン">ラーメン</option>
    <option value="餃子">餃子</option>
    <option value="焼き肉">焼き肉</option>
  </select>
  <input type="submit" value="送信" />
</form>
```

```js
// <select id="food">を取得
let s = document.querySelector('#food');
// <select>要素配下の子要素を取得
let opts = s.children;   ← ❶
// 子要素を順に走査
for (let opt of opts) {
  console.log(opt.value);
}
```

```
ラーメン
餃子
焼き肉
```

ある要素直下の子要素群を取得するのは、childrenプロパティの役割です（❶）。childrenプロパティは、getElementsByClassNameメソッドなどと同様、取得したノード群をHTMLCollectionオブジェクトとして返します。よって、for...of命令で配下の要素を順に取り出せます。

■ 子要素リストを取得する別の方法

リスト9-04ではchildrenプロパティを使用していますが、そのほかにも以下のようなアプローチがあります。いずれを利用するかは、その時どきの文脈にもよりますが、まずは「1つのことを実装するにもさまざまな方法がある」ことを理解し、自分の選択の幅を広げておくのはよいことです。

(1) childNodesプロパティ

まずは、childNodesプロパティからです。

● リスト9-05　child_nodes.js

```js
let s = document.querySelector('#food');
```

```
let opts = s.childNodes;
// 子ノードを順に走査
for (let opt of opts) {
    // 子ノードが要素ノードである場合にのみ、その値をログ表示
    if (opt.nodeType === 1) { console.log(opt.value); }  ← ❶
}
```

childrenプロパティとも似ていますが、戻り値に含まれるのが要素だけではない点に注目です。以下は、サンプルの文書構造をツリー図として表したものです。

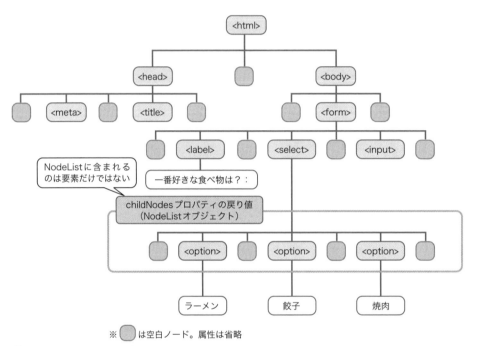

※ ⬤ は空白ノード。属性は省略

●child_nodes.htmlの文書ツリー

このように、タグの間にある改行や空白はテキストノードと見なされます。そのため、childNodesプロパティもまた、要素ノードとテキストノードを取得する可能性があるわけです。

よって、<option>要素だけを取り出したい場合には、取り出したノードが要素ノードであるかどうかを確認する必要があります。ノードの種類を判定するのは、nodeTypeプロパティの役割です（❶）。以下に、nodeTypeプロパティの戻り値をまとめます。

戻り値	概要
1	要素ノード
2	属性ノード
3	テキストノード
8	コメントノード（<!--...-->）

（次ページへ続く）

9	文書ノード
10	文書型宣言ノード（<!DOCTYPE html>など）
11	文書の断片（フラグメント）

●おもなノードの種類（nodeTypeプロパティの戻り値）

ここでは、nodeTypeプロパティが1（要素ノード）である場合のみ、その値（valueプロパティ）を取得しています。

> **Note** **ノードと要素**
>
> P.444の図「相対関係でノードを取得する」でも「*」の付いたプロパティはすべてのノードを対象としたもの、「*」なしのプロパティは要素ノードだけを対象としたものです。改めて、「プロパティによって扱う対象が異なる場合がある」ことを覚えておきましょう。

（2）firstElementChild／nextElementSibling プロパティ

あるいは、少しトリッキーですが、firstElementChild／nextElementSibling プロパティを組み合わせる方法もあります[2]。firstElementChild プロパティで最初の子要素を取得し、その後、順に次の弟要素を取得していくわけです。

●リスト9-06 first_child_element.js

```javascript
let s = document.querySelector('#food');
// <select>要素の最初の子要素を取得
let child = s.firstElementChild;
// 弟要素が存在する間、ループを継続（ない場合はnullでループを終了）
while (child) {
  console.log(child.value);
  child = child.nextElementSibling;
}
```

lastElementChild／previousElementSibling プロパティを使っても、ほぼ同じ要領で（今度は逆順に）子要素を取得できます。余力のある人は試してみましょう。

▌9.2.3 イベントをトリガーにして処理を実行する - イベントドリブンモデル

ブラウザーで表示されたページ上では、

- ・ボタンが（ダブル）クリックされた
- ・マウスポインターが文字列の上に乗った（外れた）
- ・テキストボックスの内容が変更された

など、さまざまなイベント（出来事）が発生します。クライアントサイドJavaScriptでは、それらのイ

※2　先ほどと同じく、すべてのノードを取得するfirstChild／nextSiblingプロパティもあります。

ベントに応じて実行するコードを記述するのが特徴です。このプログラミングモデルのことをイベントドリブンモデル（イベント駆動型モデル）といいます。

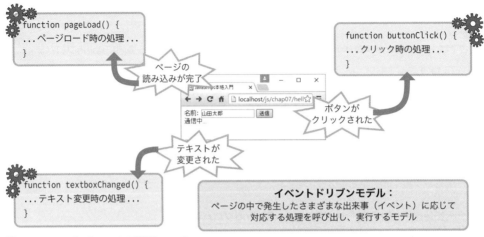

function pageLoad() {
...ページロード時の処理...
}

ページの
読み込みが完了

function buttonClick() {
...クリック時の処理...
}

ボタンが
クリックされた

テキストが
変更された

function textboxChanged() {
...テキスト変更時の処理...
}

イベントドリブンモデル：
ページの中で発生したさまざまな出来事（イベント）に応じて
対応する処理を呼び出し、実行するモデル

●イベントドリブン（イベント駆動型）モデル

　この時、イベントに対応してその処理内容を定義するコードのかたまり（関数）のことをイベントハンドラー、またはイベントリスナーといいます。

　以下に、クライアントサイドJavaScriptで利用できるおもなイベントをまとめておきます。もちろん、ここですべてを理解する必要はなく、「こんなものがあるんだな」という程度で見ておけば十分です。

分類	イベント名	発生タイミング	おもな対象要素
読み込み	abort	画像の読み込みを中断した時	img
	load	ページ／画像の読み込みが完了した時	body、img
	unload	ほかのページに移動する時	body
マウス	click	クリック時	－
	dblclick	ダブルクリック時	－
	mousedown	マウスボタンを押した時	－
	mouseup	マウスボタンを離した時	－
	mousemove	マウスポインターが移動した時	－
	mouseover	マウスポインターが要素に乗った時（バブリング[※3]）	－
	mouseout	マウスポインターが要素から外れた時（バブリング）	－
	mouseenter	マウスポインターが要素に乗った時（バブリングしない）	－
	mouseleave	マウスポインターが要素から外れた時（バブリングしない）	－
	contextmenu	コンテキストメニューが表示される前	body
	wheel	マウスホイールを回している時	－
キー	keydown	キーを押した時	－
	keyup	キーを離した時	－

（次ページへ続く）

※3　イベントが上位要素に伝播することをいいます。詳しくは9.6.3項も参照してください。

フォーム	input	内容が変化した時	input、select
	change	内容が変更し、フォーカスが外れた時	input、select
	reset	リセットボタンを押した時	form
	submit	サブミットボタンを押した時	form
フォーカス	blur	要素からフォーカスが離れた時（バブリングしない）	－
	focus	要素がフォーカスされた時（バブリングしない）	－
	focusout	要素からフォーカスが離れた時（バブリング）	－
	focusin	要素がフォーカスされた時（バブリング）	－
編集	copy	コピー操作をした時	－
	cut	切り取り操作をした時	－
	paste	貼り付け操作をした時	－
その他	resize	要素のサイズを変更した時	－
	scroll	スクロールした時	body

●クライアントサイドJavaScriptで利用できるおもなイベント

Note **mouseover／mouseoutとmouseenter／mouseleaveの違い**

　mouseover／mouseoutと、mouseenter／mouseleaveとは、いずれもマウスポインターがその要素に乗った時、要素から外れた時に発生するイベントですが、その挙動は微妙に異なります。

　具体的には、要素が入れ子になった場合です。この際、外側の要素（id="parent"）でイベントの発生を監視すると、以下のような差が出ます。

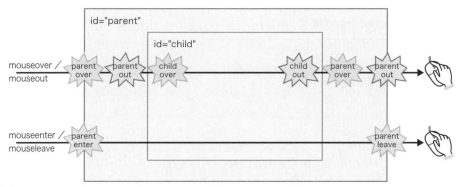

●mouseover／mouseoutとmouseenter／mouseleaveの違い

　mouseenter／mouseleaveイベントが、あくまで対象の要素の出入りに際して発生するのに対して、mouseover／mouseoutイベントは、内側の要素に出入りした時にも発生します。思わぬ挙動に悩まないためにも、両者の違いをきちんと理解しておきましょう。

■ イベントの発生に応じてコードを実行する

　では、JavaScriptからこれらのイベントを監視し、イベントが発生したタイミングでコードを実行してみましょう。これには、addEventListenerメソッドを利用します。

　ほかにもさまざまなアプローチがありますが、まずはaddEventListenerが機能性にも優れており、

現在の標準的な手法です。その他のアプローチについては、この後、改めて解説します。

●構文　**addEventListener**メソッド

```
elem.addEventlistener(type, listener [, opts])
      elem     ：要素オブジェクト
      type     ：イベントの種類
      listener ：イベントの発生時に実行するコード
      opts     ：イベントオプション（falseで標準の動作。「オプション名：値，...」形式での指定
                 も可。利用可能なオプションは以下の表）
```

オプション	概要
capture	キャプチャフェーズ（9.6.3項）でリスナーを実行（引数optsをtrueとしても同じ意味）
once	初回イベントでのみリスナーを実行（9.6.4項）
passive	Passiveモード（9.6.4項）で実行

●**イベントオプション（引数opts）**

　たとえば以下は、マウスポインターの出入りに応じてアイコンを切り替える例です。

●リスト9-07　上：event_basic.html／下：event_basic.js

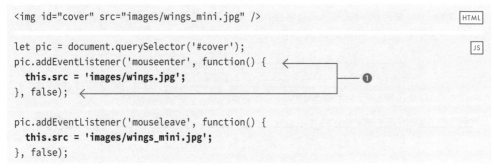

```html
<img id="cover" src="images/wings_mini.jpg" />
```

```js
let pic = document.querySelector('#cover');
pic.addEventListener('mouseenter', function() {
  this.src = 'images/wings.jpg';
}, false);

pic.addEventListener('mouseleave', function() {
  this.src = 'images/wings_mini.jpg';
}, false);
```

❶

●マウスポインターの出入りでアイコンを切り替え

　イベントリスナーの配下では、まずはthisキーワード（太字）でイベントの発生元にアクセスできると覚えておきましょう。ただし、8.1.6項でも触れたようにthisキーワードは文脈に応じて指す先が変化します。より詳しくは9.6.5項でも改めます。

■ 注意：<script>要素の記述位置

文書ツリーを操作するようになると、<script>要素の記述位置にも意識を向ける必要が出てきます。2.1.3項でも触れたように、<script>要素はその場でロード＆実行されるからです。たとえばリスト9-02で以下の順序で<script>要素を記述した場合、サンプルは正しく動作しません。

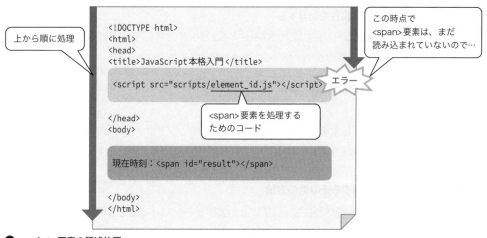

●<script>要素の記述位置

コードが実行される時点で、対象の<img>要素が読み込まれていないのです。これが2.1.3項でも</body>閉じタグの直前で、<script>要素を記述すべき、と述べた理由です。

ただし、なんらかの理由で、ページ先頭で<script>要素を記述したい場合にも、以下の方法で正しくコードを実行できます。

（1）コード全体をDOMContentLoadedイベントリスナーでくくる

リスト9-07であれば、以下のように表します。

◉ リスト9-08 event_loaded.js

```javascript
document.addEventListener('DOMContentLoaded', function() {
  let pic = document.querySelector('#cover');
  pic.addEventListener('mouseenter', function() {
    this.src = 'images/wings.jpg';
  }, false);

  pic.addEventListener('mouseleave', function() {
    this.src = 'images/wings_mini.jpg';
  }, false);
}, false);
```

DOMContentLoadedイベントリスナーは、「ページのロード／解析を終えたタイミングでコードを実行しなさい」という意味です。これでリスナー実行時に、目的の要素が存在することを保証できるわけです。

451

似たイベントにloadもあります。ただし、こちらはページの解析だけでなく、画像、スタイルシート、フレームなど、付随する全コンテンツのロードを待ちます。一般的には、これらのコンテンツがなくとも、アプリの処理は開始できるはずなので、DOMContentLoadedを優先して利用すべきです（コードの開始タイミングを早められるので、体感速度は改善します）。

(2) <script>要素にdefer属性を付与する

defer属性は、指定されたコードを非同期でロードするとともに、ページロード／解析を終えたタイミングでコードを実行します（複数のdeferがあった場合も記述順に実行されます）。

```
<script defer src="scripts/event_basic.js"></script>
```

比較的新しい属性ですが、対象を本書で扱っているようなモダンブラウザーに限定できるのであれば、積極的に利用していくことをおすすめします[4]。

■ 補足：イベント処理を登録するその他の方法

addEventListenerメソッドのほかにも、以下のような方法でイベントと処理との紐づけが可能です。ただし、これらのコードにはそれぞれデメリットがあります。あくまで、以下の内容は旧来のコードを読むことを目的としており、イベント処理の基本はaddEventListenerと覚えておきましょう。

(1) タグ内の属性として宣言する

onxxxxx属性（xxxxxはイベントの名前）で、xxxxxイベントが発生した時の処理を指定できます。たとえば以下は、リスト9-07を書き換えた例です。

◉ リスト9-09 上：event_tag.html／下：event_tag.js

```html
<img id="cover" src="images/wings_mini.jpg"
  onmouseenter="imgEnter()" onmouseleave="imgLeave()" />
```

```js
let pic = document.querySelector('#cover');
function imgEnter() {
  pic.src = 'images/wings.jpg';
}

function imgLeave() {
  pic.src = 'images/wings_mini.jpg';
}
```

上の例では関数呼び出しのコードを指定しているだけですが、onxxxxx属性に直接処理を記述しても構いません。

※4　モジュール環境（type="module"）では、既定で遅延読み込み（defer）されます。今後、モジュール環境が一般的になれば、そもそもdefer属性を意識する必要もなくなるでしょう。

```
<img id="cover" src="images/wings_mini.jpg"
  onmouseenter="document.querySelector('#cover').src = 'images/wings.jpg';"
  onmouseleave="document.querySelector('#cover').src = 'images/wings_mini.jpg';" />
```

ただし、いずれの場合もHTMLのコードにJavaScriptのコードが混在します。これはコードの見通しという意味でも望ましくありません（前者のほうがいささかマシですが、五十歩百歩です）。

> **Note** **JavaScript擬似プロトコル**
>
> リンクをクリックした時にコードを実行したいならば、アンカータグのhref属性に「javascript:〜」の形式でコードを埋め込むこともできます。たとえば以下はリンククリック時にダイアログを表示する例です（ダイアログを表示するのはwindow.alertメソッドの役割です）。
>
> ```
> <a href="javascript:window.alert('こんにちは、世界！');">
>   ダイアログを表示</a>
> ```
>
> 簡易なコード埋め込みの手段ですが、本文でも触れた理由から、原則避けるべきコードである点は同じです。

(2) onxxxxxxプロパティとして宣言する

Elementオブジェクトのonxxxxxxプロパティ（xxxxxはイベントの名前）としてイベント処理を設定することもできます。以下は、リスト9-09を書き換えた例です（.htmlは前掲のものと同じなので、割愛します）。

◉ リスト9-10 event_prop.js

```javascript
let pic = document.querySelector('#cover');
pic.onmouseenter = function() {
  this.src = 'images/wings.jpg';
}

pic.onmouseleave = function() {
  this.src = 'images/wings_mini.jpg';
}
```

（1）でのHTML／JavaScriptの混在は解消されたものの、onxxxxxxプロパティには別の制約があります。それは、

同一要素の同じイベントに対して、複数の処理を紐づけることはできない

という点です（addEventListenerメソッドは可能）。その他、細かなイベントオプションも指定できませんし、あえて利用するメリットはありません。

453

9.3 属性値やテキストを取得／設定する

クライアントサイドJavaScriptの基本を理解できたところで、ここからはスクリプトからページを操作する方法について学んでいきます。まずは、取得した要素の属性、配下のテキストを取得／設定する方法からです。

9.3.1 属性値を取得する

指定された属性値を取得するには、getAttributeメソッドを利用します。

◉ 構文 **getAttributeメソッド**

```
elem.getAttribute(name)
        elem：要素オブジェクト
        name：属性名
```

たとえば以下は<img>要素に含まれるtitle属性を取得する例です。

◉ リスト 9-11　上：attr_get.html／下：attr_get.js

```
<img id="logo" src="https://wings.msn.to/image/wings.jpg"      HTML
  height="67" width="215"
  title="WINGSロゴ"
  alt="WINGS (Www INtegrated Guide on Server-architecture) " />
```

```
let img = document.querySelector('#logo');                     JS
console.log(img.getAttribute('title'));    // 結果：WINGSロゴ
```

■ すべての属性を取得する

要素に紐づくすべての属性を取得するならば、attributesプロパティを利用することもできます。

◉ リスト 9-12　attr_get.js

```
let img = document.querySelector('#logo');
let attrs = img.attributes;    ←── ❶
for (let attr of attrs) {  ←
  console.log(`${attr.name}: ${attr.value}`);    ←── ❸          ── ❷
}  ←
```

```
id: logo
src: https://wings.msn.to/image/wings.jpg
height: 67
width: 215
title: WINGSロゴ
alt: WINGS (Www INtegrated Guide on Server-architecture)
```

attributesプロパティは、要素に属するすべての属性情報を、NamedNodeMapオブジェクトとして返します（❶）。NamedNodeMapはNodeList／HTMLCollectionと同じく反復可能なオブジェクトで、for...of命令で順に属性ノード（Attrオブジェクト）を取得できます（❷）。取り出した属性ノードの名前／値にアクセスするには、name／valueプロパティを使用してください。

■ NamedNodeMapオブジェクトのメンバー

NamedNodeMapオブジェクトで利用できるメンバーは、以下のとおりです。

メンバー	概要
length	ノードの数
getNamedItem(*name*)	指定した名前のノードを取得
setNamedItem(*attr*)	指定した名前でノードを設定
removeNamedItem(*name*)	指定した名前のノードを削除
item(*index*)	指定のインデックス位置のノードを取得
getNamedItemNS(*namespace*, *local*)	指定のローカル名と名前空間を持つノードを取得
setNamedItemNS(*attr*)	指定のノードをローカル名と名前空間で設定
removeNamedItem(*namespace*, *local*)	指定のノードをローカル名と名前空間で削除

❶NamedNodeMapオブジェクトのメンバー

NodeList／HTMLCollectionにも似ていますが、以下の点が異なります。

・配下ノードの設定／削除にも対応
・個々のノードにインデックス番号、名前いずれでもアクセスできる※1

9.3.2　属性値を設定する

setAttributeメソッドを利用します。たとえば以下は、<img>要素にsrc属性が設定されていない場合、ダミーのリンク先を設定する例です。特定の属性が存在するかどうかは、hasAttributeメソッドで確認できます（❶）。

※1　ただし、NodeListなどとは異なり、ノードの順序は保証されません。インデックスでのアクセス手段を提供しているのは、あくまでノードを列挙しやすくするのが目的です。

● リスト9-13　上：attr_set.html／下：attr_set.js

```html
<img src="https://wings.msn.to/image/wings.jpg"/>
<img />
<img src="https://www.web-deli.com/image/linkbanner_l.gif" />
```

```js
let imgs = document.querySelectorAll('img');
for (let img of imgs) {
  if (!img.hasAttribute('src')) {   ←── ❶
    img.setAttribute('src', 'images/noimage.jpg');
  }
}
```

●src属性がない場合に既定の値を設定

9.3.3　属性値を削除する

removeAttributeメソッドを利用します。たとえば以下は、<img>要素から非推奨の属性（align、border、hspaceなど）を除去する例です。

● リスト9-14　上：attr_remove.html／下：attr_remove.js

```html
<img id="logo" src="https://wings.msn.to/image/wings.jpg"
  align="center" height="67" width="215"  border="0"
  alt="WINGS (Www INtegrated Guide on Server-architecture) " />
```

```js
let imgs = document.querySelectorAll('img');
let deps = ['align', 'border', 'hspace', 'vspace', 'longdesc', 'name' ];
// すべての<img>要素を走査
for (let img of imgs) {
  // 非推奨属性を順に削除
  for (let dep of deps) {
    img.removeAttribute(dep);
  }
}
```

開発者ツールの［要素］タブを見ると、たしかにリストアップされた非推奨属性が除去されていることが確認できます。

```
<img id="logo" src="https://wings.msn.to/image/wings.jpg"
  height="67" width="215"
  alt="WINGS (Www INtegrated Guide on Server-architecture) ">
```

対象の要素に削除すべき属性がなかった場合にも、removeAttributeメソッドは特になにもしないだけです（例外などは返しません）。

> **Note** setAttributeメソッドは不可
>
> setAttributeメソッドで該当の属性にnullを設定してもよいのではないか、と思われるかもしれませんが、これは不可です。一部の属性でうまく動作したように見えても、たいがいは期待した結果を得られません。

9.3.4 要素のプロパティを取得／設定する

要素は、ほとんどの属性について同名のプロパティを用意しています[※2]。たとえばアンカータグのhref属性を取得／設定するために、getAttribute／setAttributeメソッドの代わりに、以下のように表しても構いません（変数linkはアンカータグを表すものとします）。

```
let url = link.href;                    // 取得
link.href = 'https://wings.msn.to/';    // 設定
```

ただし、厳密には属性とプロパティとは別ものです。特に、以下に述べるような状況では、双方を明確に使い分ける必要があります。

■ 入力要素の現在値を取得／設定する

たとえば以下は、テキストボックス（<input>要素）の値をgetAttributeメソッド、valueプロパティそれぞれで取得する例です。

◉ リスト9-15 上：prop_input.html／下：prop_input.js

```html
<form>
  <div>
    <label for="name">氏名：</label>
    <input id="name" type="text" name="name" value="匿名"/>
  </div>
  <input id="btn" type="button" value="送信" />
</form>
```

```js
let member = document.querySelector('#name');
```

※2　例外的に、双方の名前が異なるものもあります。たとえばclass属性を取得／設定するのは（classプロパティではなく）classNameプロパティです。

457

```
document.querySelector('#btn').addEventListener('click', function() {
  console.log(member.value);       // 結果：佐藤理央（クリック時の入力値）
  console.log(member.getAttribute('value'));       // 結果：匿名（初期値）
}, false);
```

valueプロパティが現在の値を返すのに対して、getAttributeメソッドは初期値を返すのです。ユーザーからの入力値を取得するには、valueプロパティを利用します。

■ ブール属性では値の扱いが異なる

ブール属性とは、disabled／selected／checked／multipleなどに代表される、値のいらない属性のこと。属性名の有無でオンオフの意味があるので、以下のように状況次第で記述が変化する場合があります。

・disabled="disabled"　（属性名と等しい値）

・disabled=""　（属性値は空）

・disabled　（属性値を省略）

以下は、それぞれの書き方で表された属性を、属性／プロパティ双方の形式で取得する例です。

◉ リスト9-16　上：prop_bool.html／下：prop_bool.js

```html
<form>
  <div>
    <label for="name">氏名：</label>
    <input id="name" type="text" name="name" disabled="disabled" />
  </div>
  <div>
    <label for="title">質問タイトル：</label>
    <input id="title" type="text" name="title" disabled="" />
  </div>
  <div>
    <label for="comment">質問内容：</label>
    <input id="comment" type="text" name="comment" disabled />
  </div>
  <input id="btn" type="button" value="送信" />
</form>
```

```js
let els = document.querySelectorAll('input[type="text"]');

for(let el of els) {
  console.log(`${el.name}= ${el.disabled} ／ ${el.getAttribute('disabled')}`);
}
```

```
name= true ／ disabled
```

```
title= true /
comment= true /
```

getAttributeメソッドはマークアップ上で指定された値を返すのに対して、disabledプロパティは等しくtrue／falseとして返すわけです。コードでは、値が一貫しており、ブール値として受け渡しできるdisabledプロパティのほうが扱いやすく、また、優先して利用すべきです。

9.3.5 JavaScriptからスタイルを操作する

HTMLでスタイルを定義するのは、style／class属性の役割です。属性なので、ここまでに紹介してきたgetAttribute／setAttributeメソッドでも操作可能です。しかし、style属性であれば「プロパティ名：値; ....」、class属性であれば「clazz1 clazz2 ...」のような形式の値を直接に操作するのは厄介です（値を入れ替えるだけでも、取得した文字列を手元で解析して、編集し直したものを再設定しなければなりません！）。

そこでJavaScriptでは、style／class属性を操作するための専用プロパティとしてstyle／classListプロパティを用意しています。

順番に見ていきましょう。

■ インラインスタイルにアクセスする - styleプロパティ

JavaScriptでスタイルを操作する場合に最もシンプルな手法が、インラインスタイルに対してアクセスする方法です。インラインスタイルとは、個々の要素に対して直接設定されたスタイルのこと。style属性を使って指定されます。

```
<div style="color:Red;">赤い文字です。</div>
```

インラインスタイルにアクセスするには、styleプロパティを使用します。

◉ 構文 **styleプロパティ**

```
elem.style.prop [= value]
      elem ：要素オブジェクト
      prop ：スタイルプロパティ
      value：設定値
```

たとえば以下は、<div>要素にマウスポインターを乗せたタイミングで背景色を黄色に、外したタイミングで元に戻すためのコードです。

◉ リスト9-17　上：style.html／下：style.js

```HTML
<div id="elem">マウスポインターを乗せると色が変わります。</div>
```

```JS
let elem = document.querySelector('#elem');
```

```
// マウスポインターが乗ったタイミングで背景色を変更
elem.addEventListener('mouseenter', function() {
  this.style.backgroundColor = 'Yellow';
}, false);

// マウスポインターが外れたタイミングで背景色を戻す
elem.addEventListener('mouseleave', function() {
  this.style.backgroundColor = '';
}, false);
```

●マウスポインターを乗せると、背景色が黄色に変化

　9.2.3項でも触れたように、イベントリスナーの配下では、thisはイベントの発生元を表すのでした。この例であれば、mouseenter／mouseleaveイベントが発生した\<div id="elem"\>要素を指します。要素オブジェクトを取得できてしまえば、スタイル指定そのものは上で示した構文そのままなので、難しいところはないでしょう。

　ただし、スタイルプロパティの名前については要注意です。というのも、スタイルプロパティ名にはハイフンを含むもの（たとえばbackground-colorのような）がありますが、これらのプロパティ名は、JavaScriptでは

ハイフンを取り除いたうえで、2単語目以降の頭文字は大文字とする

必要があります（いわゆるcamelCase記法です）。たとえば、以下のように変更します。

　　・background-color ➡ backgroundColor
　　・border-top-style ➡ borderTopStyle

　ただし、floatプロパティ（CSS）だけは例外で、styleFloatとなる点に注意してください。その他、JavaScriptでアクセスできるスタイルプロパティについては、以下のページも参考にしてください。

・CSSプロパティリファレンス
　https://developer.mozilla.org/ja/docs/Web/CSS/CSS_Properties_Reference

■ スタイルクラスを適用する - classListプロパティ

styleプロパティ（属性）によるスタイルの設定は、「シンプルに記述できる」という意味では便利ですが、問題もあります。というのも、スタイル定義がスクリプトと混在してしまうため、デザインの変更に対応しにくいのです。アプリの保守性を考慮すると、スタイル定義はあくまでスタイルシート（.cssファイル）にまとめ、スクリプト側ではスタイルの関連付けを切り替えるのみに留めるのが好ましいでしょう。

外部スタイルシートで定義されたスタイル（＝スタイルクラス）にアクセスするのは、classListプロパティの役割です。classListプロパティは、class属性の値をクラス名のリスト（DOMTokenListオブジェクト）として返します。

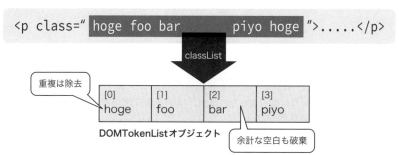

●classListプロパティ

DOMTokenListはNodelist／HTMLCollectonなどと同じく配列ライクなオブジェクトで、for...ofループで列挙できるのみならず、スタイルクラス追加／削除のためのさまざまなメソッドを提供しています。

メンバー	概要
length	リストの長さ
item(*index*)	インデックス番目のクラスを取得
contains(*clazz*)	指定したクラスが含まれているか
add(*clazz*)	リストにクラスを追加
remove(*clazz*)	リストからクラスを削除
toggle(*clazz*)	クラスのオン／オフを切替

●classListプロパティ（DOMTokenListオブジェクト）のおもなメンバー

たとえばリスト9-17のコードをclassListプロパティで書き換えた例です。

●リスト9-18　上：class_list.html／中：class_list.css／下：class_list.js

```html
<link rel="stylesheet" href="css/class_list.css" />
...中略...
<div id="elem">マウスポインターを乗せると色が変わります。</div>
```
`HTML`

```css
.highlight {
  background-color: Yellow;
```
`CSS`

```js
}

let elem = document.querySelector('#elem');

elem.addEventListener('mouseenter', function() {
  // スタイルクラスhighlightを付与
  this.classList.add('highlight');
}, false);

elem.addEventListener('mouseleave', function() {
  // スタイルクラスhighlightを破棄
  this.classList.remove('highlight');
}, false);
```

　いかがですか。この程度のスタイルシートだと、外部化することでかえって冗長になったように見える
かもしれません。しかし、スタイルプロパティやその設定値がスクリプトから除去されたことで、スタイ
ルをすべて.cssファイルで管理できるようになりました。また、スタイル設定が複合的になった場合に
も、スクリプト側からは、あくまで1つのクラスとして操作できるので、コードに影響が及ぶことはありま
せん。

Note　オンオフ操作であればtoggleメソッド

　リスト9-18のように、オンオフの操作であればtoggleメソッドを利用しても構いません。以下は、
リスト9-18をさらに書き換えたものです。

● リスト9-19 class_toggle.js

```js
let highlight = function() {
  this.classList.toggle('highlight');
};

elem.addEventListener('mouseenter', highlight, false);
elem.addEventListener('mouseleave', highlight, false);
```

9.3.6　テキストを取得／設定する

　要素配下のテキストを取得／設定するには、innerHTML／textContentプロパティを利用します。
　両者の性質を理解するために、まずは具体的な例を見てみましょう。以下は、<div>要素に対して、
指定されたテキスト（アンカータグ）を埋め込む例です。

● リスト9-20 上：text.html／下：text.js

```html
<div id="result_text">
  <p style="color: Red;">設定されていません！</p>
</div>
<div id="result_html">
```

```html
    <p style="color: Red;">設定されていません！</p>
</div>
```

```js
let msg = '<a href="https://wings.msn.to/">WINGSプロジェクト</a>';

document.querySelector('#result_text').textContent = msg;
document.querySelector('#result_html').innerHTML = msg;
```

●id="result_text"、"result_html"である要素のテキストを設定

　まず、いずれのプロパティにも共通している点は、「配下の子要素／テキストを完全に置き換える」という点です。上の例であれば、もともとあった<p>要素は残っていないことに注目してください。

　一方、決定的に異なる点は、「与えられたテキストをHTML文字列として認識するかどうか」という点です。innerHTMLプロパティはHTMLとしてテキストを埋め込むので、たしかにリンクが有効になっています。片や、textContentプロパティはプレーンテキストとして埋め込むので、タグ文字列がそのまま表示されていることが確認できます。

　一般的には、HTML文字列を埋め込むのでなければ、まずは

textContentプロパティを優先して利用する

ことをおすすめします。テキストの解析が不要であるぶん、textContentプロパティのほうが高速ですし、セキュリティ上の問題も発生しにくいからです。セキュリティリスクについては、このあと、改めて解説します。

■ テキスト取得時の挙動の違い

　innerHTML／textContentプロパティは、テキストを取得する場合の挙動も異なります。

●リスト9-21　上：**text_get.html**／下：**text_get.js**

```html
<ul id="list">
  <li><a href="https://wings.msn.to/" class="my">
    サーバーサイド技術の学び舎 - WINGS</a></li>
  <li><a href="https://www.web-deli.com/" class="my2">
    WebDeli</a></li>
  <li><a href="https://gihyo.jp/dp" class="external">
    Gihyo Digital Publishing</a></li>
</ul>
```

```js
let list = document.querySelector('#list');
console.log(list.innerHTML);
console.log(list.textContent);
```

```
<li><a href="https://wings.msn.to/" class="my">
  サーバーサイド技術の学び舎 - WINGS</a></li>
<li><a href="https://www.web-deli.com/" class="my2">
  WebDeli</a></li>
<li><a href="https://gihyo.jp/dp" class="external">
  Gihyo Digital Publishing</a></li>

サーバーサイド技術の学び舎 - WINGS
WebDeli
Gihyo Digital Publishing
```

innerHTMLプロパティは、対象となる要素の配下をHTML文字列として返します。一方、textContentプロパティは、子要素それぞれからテキストだけを取り出してまとめたものを返します。

■ innerHTMLプロパティの注意

innerHTMLプロパティを利用する場合、ユーザーからの入力値をはじめ、外部からの入力をそのまま渡さないようにしてください。

たとえば以下は、入力された名前に応じて「こんにちは、○○さん！」のようなあいさつメッセージを表示する、ごく基本的なサンプルです。しかし、この基本的なサンプルには、セキュリティ上望ましくないコードが含まれています。

● リスト9-22　上：text_ng.html／下：text_ng.js

```html
<form>
  <label for="name">名前：</label>
  <input id="name" name="name" type="text" size="30" />
  <input id="btn" type="button" value="送信" />
</form>
<div id="result"></div>
```

```js
let name = document.querySelector('#name');
let result = document.querySelector('#result');

// ボタンクリック時にあいさつメッセージを反映
document.querySelector('#btn').addEventListener('click', function() {
  result.innerHTML = `こんにちは、${name.value}さん！`;
}, false);
```

サンプルを起動したあと、テキストボックスに以下のようなテキストを入力し、ボタンをクリックします。

```
<div onclick="alert('ほげ')">ほげほげ</div>
```

ページ下部に表示された「ほげほげ」という文字列をクリックすると、以下の図のようにダイアログボックスが表示されます。

●入力したスクリプトが実行されてしまった！

　エンドユーザーが入力したスクリプトが、ページ上で実行できてしまったわけです。この例であれば、自分で入力したコードをただ実行しただけです。しかし、外部のサービスから取得したコンテンツに不正な文字列が入っていたらどうでしょう。ページの提供者が意図しないコードが、しかも、不特定のユーザーのブラウザー上で勝手に実行されてしまう可能性があるということです。これは問題です！

　このような脆弱性のことをクロスサイトスクリプティング（XSS）脆弱性といいます。

　XSS脆弱性を防ぐ1番の手段は、ユーザーからの入力値など外部からの入力値を、innerHTMLプロパティで出力しないことです。この例であれば、太字の部分を「textContent」に書き換えることで問題を解決できます。HTML文字列を含まないならば、まずはこれで十分です。

　ただし、「入力値をもとにHTML文字列を組み立て、ページに反映させたい」という場合には、textContentプロパティは利用できません。その場合は、入力値をあらかじめエスケープするか、createElement／createTextNodeメソッドを利用してください。これによって、安全にHTML文字列を操作できます。createXxxxxメソッドについては、9.5節で後述します。

> **Note　innerHTMLプロパティで<script>要素は挿入できない**
>
> 　innerHTMLプロパティで挿入された<script>要素は実行されません。たとえば本文の例で、以下のような文字列を入力してみましょう。
>
> ```
> <script>alert('ほげ');</script>
> ```
>
> 　今度は、ダイアログボックスが表示されないことが確認できるはずです。これによって、innerHTMLプロパティでも最低限、脆弱性の混入を防止しているわけです。
>
> 　ただし、先ほども見たように、<script>要素以外でもスクリプトを混入させることはかんたんです。あくまで一次的な対策と割り切り、可能な限り、textContentプロパティを利用してください。

9.4 フォーム要素にアクセスする

クライアントサイドJavaScriptにおいて、フォームはエンドユーザーからの入力を受け取る代表的な手段です。JavaScriptの話題からは若干外れますが、最初にWebページで利用できるおもなフォーム要素（入力要素）をまとめておきます。

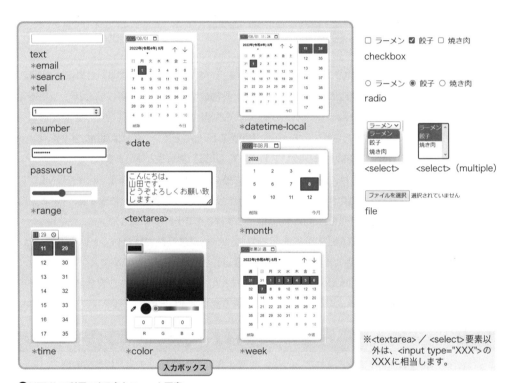

●**HTMLで利用できる主なフォーム要素**

「*」の付いている要素はHTML5で追加されたものです。ブラウザー／プラットフォームによっては対応できていないものもありますが、その場合にも標準的なテキストボックスが表示されるだけで、特に害があるわけではありません。できるだけ目的に応じたフォーム要素を利用しましょう。

本節では、これらフォーム要素から値を取得する方法について解説します。

9.4.1 入力ボックス／選択ボックスの値を取得する

入力ボックス／選択ボックスの値を取得するのはかんたん、valueプロパティにアクセスするだけです。

すでに入力ボックスの例についてはリスト9-22でも触れているので、以下では選択ボックスの値をログに出力してみます。

◉ リスト9-23　上：select_basic.html／下：select_basic.js

```html
<form>
  <div>
    <label for="food">好きな食べ物は？：</label>
    <select id="food">
      <option value="ラーメン">ラーメン</option>
      <option value="餃子">餃子</option>
      <option value="焼き肉">焼き肉</option>
    </select>
    <input id="btn" type="button" value="送信" />
  </div>
</form>
```

```js
let food = document.querySelector('#food');
document.querySelector('#btn').addEventListener('click', function() {
  console.log(food.value);
}, false);
```

前頁の図「HTMLで利用できる主なフォーム要素」でも見たように、<input>要素ではさまざまなtype属性を表現できます。しかし、ラジオボタン／チェックボックスを除く要素では、いずれもvalueプロパティで値を取得／設定できます。

9.4.2 チェックボックスの値を取得する

チェックボックス／ラジオボタンへのアクセスは、入力ボックス／選択ボックスと違い、やや複雑です。

まずは、具体的なサンプルから見ていきましょう。以下は、画面上で選択されたチェックボックスの値を、ボタンクリック時にログ表示する例です。

◉ リスト9-24　上：check_basic.html／下：check_basic.js

```html
<form>
  <div>
    好きな食べ物は？：
    <label><input type="checkbox" name="food" value="ラーメン" />
      ラーメン</label>
    <label><input type="checkbox" name="food" value="餃子" />
      餃子</label>
    <label><input type="checkbox" name="food" value="焼き肉" />
      焼き肉</label>
    <input id="btn" type="button" value="送信" />
  </div>
```

```js
</form>

document.querySelector('#btn').addEventListener('click', function() {
  // 選択値を格納するための配列
  let result = [];
  let foods = document.querySelectorAll('input[name="food"]');   ← ❶

  // チェックボックスを走査し、チェック状態にあるかを確認
  for (let food of foods) {   ←
    // チェックされている項目の値を配列に追加
    if (food.checked) { result.push(food.value); }   ← ❸
  }   ←
  console.log(result);
}, false);
```

●チェックされた項目の値をログ表示

　チェックボックスのように「id属性は異なるが、name属性は共通である」要素群を取得するには、「input[name="food"]」(❶の太字)のように、属性セレクターを利用するのが便利です。

　querySelectorAllメソッドは戻り値としてチェックボックスのリストをNodeListオブジェクトとして返すので、例によってfor...ofループで個々の要素を順に取り出していきます(❷)。

　チェックボックスがチェックされているかどうかは、checkedプロパティで確認できます(❸)。valueプロパティもありますが、ラジオボタン／チェックボックスでは、

valueプロパティは選択の有無にかかわらず、value属性で指定された値を返します。

つまり、valueプロパティを参照しても、ラジオボタン／チェックボックスの選択状態は確認できないのです。

　❸では、checkedプロパティがtrueである(=チェックが付いている)場合に、そのvalue属性を配列resultに追加しています。これで最終的にチェックされているチェックボックスの値だけを得られます。

■ 単一のチェックボックスを操作するには

　チェックボックスは、単一選択肢でオン／オフを表すような用途でも利用されます。そのようなケース

でチェックボックスにアクセスするには、以下のようにします。

●リスト9-25　上：check_onoff.html／下：check_onoff.js

```html
<form>
  <div>
    ニュース：<br />
    <label><input id="onoff" type="checkbox" name="mail" value="ニュース希望" />
      購読する</label>
    <input id="btn" type="button" value="送信" />
  </div>
</form>
```

```js
let onoff = document.querySelector('#onoff');

document.querySelector('#btn').addEventListener('click', function() {
  // チェックボックスon ／ offの状態に応じて、ログを出力
  if(onoff.checked) {
    console.log(onoff.value);
  } else {
    console.log('チェックされていません。');
  }
}, false);
```

●チェック状態に応じてログ表示

9.4.3　ラジオボタンの値を取得する

　ラジオボタンについても、同様に選択値を取得するコードを見てみましょう。ほぼチェックボックスと同じ流れなので、より汎用性を持つよう、ラジオボタンアクセスのためのコードをgetRadioValue関数として外部化しています。余力のある方は、コードを見ずに自分で書き換えてみるのもよい勉強です。

●リスト9-26　上：radio_basic.html／下：radio_basic.js

```html
<form>
  <div>
    好きな食べ物は？：
    <label><input type="radio" name="food" value="ラーメン" />
      ラーメン</label>
```

```
      <label><input type="radio" name="food" value="餃子" />
        餃子</label>
      <label><input type="radio" name="food" value="焼き肉" />
        焼き肉</label>
      <input id="btn" type="button" value="送信" />
    </div>
  </form>
```

```js
function getRadioValue(name) {
  let result = '';
  let elems = document.querySelectorAll(`input[name="${name}"]`);

  // ラジオボタンを走査し、チェック状態にあるかを確認
  for(let elem of elems) {
    // チェックされている項目の値を配列に追加
    if (elem.checked) {
      result = elem.value;
      break;
    }
  }
  return result;
}

// ボタンクリック時に選択項目の値をダイアログ表示
document.querySelector('#btn').addEventListener('click', function() {
  console.log(getRadioValue('food'));
}, false);
```

●選択された項目をログに表示

　選択値を取得するロジックがgetRadioValue関数として外部化されているほかは、リスト9-25とほとんど同じ要領で記述できることが確認できます。

　ただ1点、太字の部分に注目です。ラジオボタンは単一選択なので、チェック状態にあるものが見つかったタイミングで即座にループを脱出しています。太字のコードがなくても結果は変わりませんが、無駄なループを繰り返す必要はないので、このように記述することをおすすめします。

9.4.4 ラジオボタン／チェックボックスの値を設定する

　ラジオボタン／チェックボックスの値を設定する場合も、「NodeListオブジェクトを取得→for...ofループで個々の要素にアクセス」という流れは、取得の場合と同じです。個々の要素を取り出せたら、あとは設定したい値と同じvalue値を持つラジオボタン／チェックボックスを探し出し、合致した要素のcheckedプロパティをtrueに設定します。

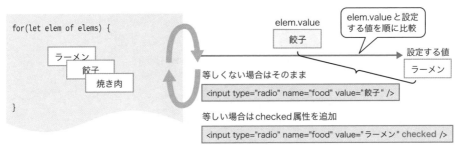

●ラジオボタン／チェックボックスの値を設定

●リスト9-27 radio_set.js[1]

```javascript
// 指定されたラジオボタン（name）を指定値valueで設定
function setRadioValue(name, value) {
  let elems = document.querySelectorAll(`input[name="${name}"]`);

  // ラジオボタンを走査し、値の等しいものを検出
  for(let elem of elems) {
    // 引数valueと等しい値を持つ項目を選択状態に
    if (elem.value === value) {
      elem.checked = true;
      break;
    }
  }
}

// ラジオボタンfoodの初期値を「餃子」に
setRadioValue('food', '餃子');
```

●ラジオボタン food の初期値を設定

　同じ名前の（＝同じグループに属する）ラジオボタンでは、いずれか1つをチェック状態にすると、ほ

かのボタンのチェックは外れます。よって、このコードでも合致した要素が見つかったところで、for...of ループを脱出しています（太字）。

■ チェックボックスを設定する

同じくチェックボックスについても、サンプルで見てみます。

● リスト9-28 check_set.js^{※2}

```javascript
// 指定されたチェックボックス（配列name）の値を設定
function setCheckValue(name, values) {
  let elems = document.querySelectorAll(`input[name="${name}"]`);

  for(let elem of elems) {
    // 配列valuesにvalue属性と等しい値が含まれるかどうかを判定
    elem.checked = values.includes(elem.value);   ← ❶
  }
}

// チェックボックスfoodの初期値を「餃子」「焼き肉」に
setCheckValue('food', ['餃子', '焼き肉']);
```

好きな食べ物は？：☐ ラーメン ☑ 餃子 ☑ 焼き肉 送信

●チェックボックスfoodの初期値を設定

チェックボックスの値を設定するsetCheckValue関数では、引数valuesに配列を渡します。チェックボックスでは、複数の値を設定できなければならないからです。

このため、❶でもArray#includesメソッドで、配列valuesに要素のvalue属性と等しいものがあるかをチェックしています。includesメソッドの戻り値はtrue／falseなので、これをそのままcheckedプロパティ（チェック状態）に反映させています。

ラジオボタンと異なり、1つが合致したあともループを終わらせずに、走査を継続している点にも注目です。

9.4.5 複数選択できるリストボックスの値を取得する

複数選択できるリストボックスを操作する方法は、チェックボックスのそれによく似ています。選択ボックス（単一選択）と異なり、<select>要素のvalueプロパティを参照しても、選択された値の最初の1つしか取得できないので要注意です。

※2　対応するcheck_set.htmlはcheck_basic.htmlと同じ内容なので、紙面上は割愛します。

● リスト9-29 上：list_basic.html／下：list_basic.js

```html
<form>
  <div>
    <label for="food">好きな食べ物は？：</label><br />
    <select id="food" multiple>
      <option value="ラーメン">ラーメン</option>
      <option value="餃子">餃子</option>
      <option value="焼き肉">焼き肉</option>
    </select>
    <input id="btn" type="button" value="送信" />
  </div>
</form>
```

```javascript
// 指定されたリストボックス（name）の値を取得
function getSelectValue(name) {
  // 選択値を格納するための配列
  let result = [];
  let opts = document.querySelector(name).options;   ← ❶

  // <option>要素を走査し、チェック状態にあるかを確認
  for (let opt of opts) {       ←
    if (opt.selected) { result.push(opt.value); }   ← ❸      ❷
  }       ←
  return result;
}

// ボタンクリック時に選択項目の値をダイアログ表示
document.querySelector('#btn').addEventListener('click', function() {
  console.log(getSelectValue('#food'));
}, false);
```

● 選択されたオプションを列挙

リストボックスの選択値を判定するにはまず、<select> 要素配下の<option> 要素（群）を取得します。これには、取得したElementオブジェクト（<select> 要素）からoptionsプロパティにアクセスするだけです（❶）。

optionsプロパティは、戻り値として<option>要素群を表すHTMLOptionsCollectionオブジェク

トを返します。よって、❷でもfor...ofループで順に<option>要素を取り出し、選択状態を確認しています。

ただし、<option>要素が選択されているかどうかを確認するのは、（checkedプロパティではなく）selectedプロパティの役割です（❸）。

■ リストボックスの設定

リストボックスの値を設定する例についても、以下に挙げておきます。内容はここまでの復習なので、コメントを手がかりにコードの流れを自分で読み解いてみましょう。理解の再確認にもなるはずです。

◉ リスト9-30 list_set.js※3

```javascript
// 指定されたリストボックス（配列name）の値を設定
function setListValue(name, values) {
  let opts = document.querySelector(name).options;

  // <option>要素を順に走査
  for (let opt of opts) {
    // 配列valuesにvalue属性と等しい値が含まれる場合は選択状態に
    opt.selected = values.includes(opt.value);
  }
}

// リストボックスfoodの初期値を「餃子」「焼き肉」に
setListValue('#food', ['餃子', '焼き肉']);
```

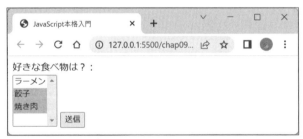

◉ リストボックスfoodの初期値を設定

9.4.6　アップロードされたファイルの情報を取得する

ファイル選択ボックスから、指定されたファイルの情報を取得してみましょう。これには、filesプロパティを利用します。

◉ リスト9-31 上：file_info.html／下：file_info.js

```html
<form>
  <label for="file">ファイル：</label>
```
`HTML`

※3　対応するlist_set.htmlはlist_basic.htmlと同じ内容なので、紙面上は割愛します。

```
    <input id="file" type="file" multiple />  ←── ❸
</form>
```

```js
let input = document.querySelector('#file');
input.addEventListener('change', function() {
  // アップロードされたファイルを取得
  let files = input.files;  ←── ❶
  // FileListから順に個々のファイルを取得
  for (let file of files) {  ←
    console.log(`  ←
      ファイル名： ${file.name}
      種類：${file.type}
      サイズ： ${file.size / 1024}KB                    ❹     ❷
      最終更新日： ${new Date(file.lastModified)}`);  ←
  }  ←
}, false);
```

```
ファイル名： 作業.xlsx
種類：application/vnd.openxmlformats-officedocument.spreadsheetml.sheet
サイズ： 52.0625KB
最終更新日： Tue Jul 19 2022 09:05:08 GMT+0900 (日本標準時)

ファイル名： wings.jpg
種類：image/jpeg
サイズ： 16.376953125KB
最終更新日： Sun Jul 17 2022 16:38:29 GMT+0900 (日本標準時)
```

※結果はアップロードしたファイルによって変わります。

filesプロパティ（❶）は、戻り値としてアップロードされたファイル群（FileListオブジェクト）を返します。よって、❷でもfor...ofループで順にファイル（Fileオブジェクト）を取り出しています。

複数のファイルを選択するには、<input type="file">要素でmultiple属性を付与しなければならない点にも注目です（❸）。ただし、multiple属性を付与していない場合でも、filesプロパティの戻り値はFileListオブジェクトです。

Fileオブジェクトを取得できてしまえば、あとは、そのプロパティから参照したい情報にアクセスするだけです（❹）。以下に、Fileオブジェクトで利用できるおもなプロパティをまとめます。

プロパティ	概要
name	ファイル名
type	コンテンツタイプ
size	サイズ（単位はバイト）
lastModified	最終更新日時（1970/01/01 0時からのミリ秒数）

●Fileオブジェクトのおもなプロパティ

■ テキストファイルの内容を取得する

FileReaderオブジェクトを利用することで、取得したFileオブジェクトの内容を読み込むこともできます。まずは、ファイルの内容がテキストである前提で、内容を読み込み、その結果をページに反映してみましょう。

◉ リスト9-32 上：**file_reader.html**／下：**file_reader.js**

```html
<form>
  <label for="file">ファイル：</label>
  <input id="file" type="file" />
  <input id="btn" type="button" value="内容を表示" />
</form>
<hr />
<pre id="result"></pre>
```

```js
let file = document.querySelector('#file');
let reader = new FileReader();
// 読み取り成功時に、その内容をページに反映
reader.addEventListener('load', function() {    ←
  document.querySelector('#result').textContent = reader.result;      ❶
}, false);    ←
    ←  ❸
// ボタンクリックでファイルの読み取りを開始
document.querySelector('#btn').addEventListener('click', function() {
  reader.readAsText(file.files[0], 'UTF-8');    ←  ❷
}, true);
```

●選択されたテキストファイルの内容を表示

FileReaderを利用するには、まずloadイベントリスナーを定義し、ファイルの読み込みに成功した時に実行すべき処理を定義します（❶）。リスナー配下では、FileReader#resultプロパティで読み込んだテキストにアクセスできます。ここでは、resultプロパティの戻り値を、そのまま<pre id="result">要素に反映させています。

なお、❶ではイベントリスナーを定義しているだけで、まだファイルの読み込みを開始しているわけではありません。読み込みを開始するのは、readAsTextメソッドの役割です（❷）。この例であれば、ボタンクリック時にreadAsTextメソッドを呼び出しています。

◉ 構文 **readAsText メソッド**

```
reader.readAsText(file [, charset])
        reader ：FileReaderオブジェクト
        file   ：読み込むファイル（Fileオブジェクト）
        charset：文字コード（既定はUTF-8）
```

引数 charset の既定は UTF-8 なので、サンプルであれば略記しても構いません。

■ ファイルの読み込みに失敗した場合

FileReaderオブジェクトでは、errorイベントリスナーを登録しておくことで、ファイルの読み込みに失敗した場合に、エラーメッセージの表示など、エラー処理を実装することもできます。

以下は、先ほどのサンプルにエラー処理を追加した例です（リスト9-32の❸に挿入してください）。

◉ リスト9-33 **file_reader.js**

```
reader.addEventListener('error', function() {
  console.log(reader.error.message);  ⟵ ❶
}, false);
```

errorイベントリスナーの配下では、FileReaderオブジェクトの error.message プロパティにアクセスすることで、エラーメッセージを取得できます（❶）。

エラーを確認するには、（たとえば）ファイルを選択した状態で、［内容を表示］ボタンをクリックする前に、ファイルを削除します。結果、読み込みエラーが発生して、「A requested file or directory could not be found at the time an operation was processed.」のようなメッセージがログ出力されます。

Note　FileReaderオブジェクトのイベント

load ／ error イベントのほかにも、FileReaderオブジェクトでは、以下のようなイベントが用意されています。

イベント	発生タイミング
loadstart	読み込みの開始時
loadend	読み込みの終了時（成否に関わらない）
abort	読み込みの中断時
progress	Blobコンテンツの読み込み時（読み込み中に連続して発生）

●FileReaderオブジェクトのおもなイベント

■ バイナリファイルの内容を取得する

ほとんど同じ要領で、バイナリファイルの内容を読み込むこともできます。

たとえば以下は、指定された画像ファイルを読み込み、その内容をページにも反映する例です。

●リスト9-34　上：file_image.html／下：file_image.js

```html
<form>
  <label for="file">ファイル：</label>
  <input id="file" name="file" type="file" />
</form>
<hr />
<img id="result" />
```

```js
let file = document.querySelector('#file');
let reader = new FileReader();
// 読み取り成功時に、その内容をページに反映
reader.addEventListener('load', function() {
  document.querySelector('#result').src = reader.result;  ← ❷
}, false);

// ボタンクリックでファイルの読み取りを開始
file.addEventListener('change', function() {
  reader.readAsDataURL(file.files[0]);  ← ❶
}, false);
```

●指定されたファイルをページ下部に反映

　バイナリファイルを読み込むには、readAsTextメソッドの代わりに、readAsDataURLメソッドを利用します（❶）。これによって、バイナリファイルをData URLという形式で取得できます。Data URL形式とは、URLに直接、画像／音声等のデータを埋め込むための表現で、一般的には以下のように表せます。

●Data URL形式とは

　Data URL形式のデータは、<img>要素のsrc属性や<a>要素のhref属性にそのまま埋め込めるので、バイナリデータをいちいちファイルとして保存する必要がありません。

```
<img id="result" src="data:image/gif;base64,R0lGODlhWAAfAOYAAP/MM5kzAP...">
```

❷でも、読み込んだ画像ファイル（reader.result）を、そのままsrc属性に埋め込むことで、ファイルの内容を表示しています。

　ここでは画像ファイルを表示しているだけですが、もちろん、Fetch API（10.4節）などを利用することで、取得したデータをデータベースなどに保存することも可能です。

Note　フォームでよく利用するメソッド

　ここまでに紹介したほかにも、フォームにはさまざまなメソッド／プロパティが用意されています。本書でこれらすべてを紹介することはできないので、以下に主要なものをまとめておきます。機能をおおまかに把握する手がかりにしてください。

要素	メンバー	概要
フォーム	submit()	フォームの内容をサブミット
	reset()	フォームの内容をリセット
フォーム要素	focus()	要素にフォーカスを移動
	blur()	要素からフォーカスを外す
	select()	テキストを選択状態に
	disabled	要素の入力／選択を禁止する
	form	要素が属するフォームを取得
	validity	要素の検証結果を取得

●フォーム要素で利用できるおもなメンバー

9.5 ノードを追加／置換／削除する

本章の冒頭でも触れたように、DOMの役割は既存のノードを参照するばかりではありません。文書ツリーに対して、新規のノードを追加したり、既存のノードを置換／削除することもできます。

9.5.1 innerHTMLプロパティとどのように使い分けるか

HTMLの編集には、先述したinnerHTMLプロパティを利用することもできます。しかし、innerHTMLプロパティでは、コンテンツを文字列として操作する必要があるため、以下のような問題があります。

・コンテンツが複雑になった場合に、コードの見通しが悪くなる
・ユーザーからの入力値に基づいてコンテンツを作成した場合、任意のスクリプトを実行されてしまう可能性がある（9.3.6項）[1]

一方、本節で紹介する方法ならば、これらの問題を解消できます。

・オブジェクトツリーとして操作できるので、コンテンツ組み立てのロジックが複雑になった場合にも、コードの可読性が劣化しにくい
・要素／属性とテキストとを区別して扱えるので、ユーザーからの入力によってスクリプトが混入するような危険は回避しやすい

反面、ちょっとしたコンテンツを埋め込むにも、オブジェクトによる操作が必要になるので、コードは冗長になりがちです。よって、基本的には、以下のように使い分けていくとよいでしょう。

・コンテンツに変数値を埋め込むだけのシンプルな編集　　➡ innerHTMLプロパティ
・条件分岐／繰り返しなどロジック中心のコンテンツを編集 ➡ 本節のアプローチ

9.5.2 ページに新たなコンテンツを追加する

まずは、具体的なサンプルから見てみましょう。以下は、フォームに入力した内容を元に、ページ下

※1　タグ付きテンプレート文字列（6.6.1項）を使えば対処できますが、複雑なコンテンツになればもれの原因となることには変わりありません。

部に対応するリンク（アンカータグ）を追加する例です。

◉ リスト9-35　上：append.html／下：append.js

```html
<form>
  <div>
    <label for="title">サイト名：</label><br />
    <input id="title" name="title" type="text" size="30" />
  </div>
  <div>
    <label for="url">URL：</label><br />
    <input id="url" name="url" type="url" size="50" />
  </div>
  <div>
    <input id="btn" type="button" value="追加" />
  </div>
</form>
<ul id="list"></ul>
```

```js
let title = document.querySelector('#title');
let url = document.querySelector('#url');
let list = document.querySelector('#list');

// ボタンクリック時にリンクを生成
document.querySelector('#btn').addEventListener('click', function() {
  // <li>要素を生成
  let li = document.createElement('li');            ⬅      ❶
  // <a>要素を生成
  let anchor = document.createElement('a');          ⬅
  // <a>要素のhref属性、本体を設定
  anchor.href = url.value;                            ⬅      ❸
  anchor.textContent = title.value;                  ⬅
  // <ul>要素の配下に<li>→<a>要素の階層で追加
  li.append(anchor);                                 ⬅      ❷
  list.append(li);                                   ⬅
}, false);
```

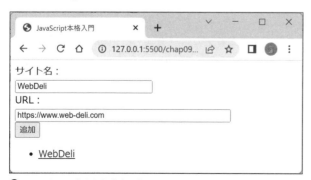

◉ フォームに入力された内容に従って、ページ下部にリンクを追加

481

コードのおおまかな流れについてはリスト内のコメントを参照してください。ここでは3つのポイントに区切って、コンテンツ追加の流れを見ていくことにしましょう。

❶要素ノードを作成する

文書ツリーの世界でまず基本となるのは、構造を表現する立役者——要素ノードです。要素ノードは、createElementメソッドで生成できます。

● 構文 **createElementメソッド**

```
document.createElement(name)
        name：要素名
```

createElementメソッドで作成した時点では、まだお互いの階層関係を意識する必要はありません。生成された個々のノードは、パズルのピースのように、どこにも関連付けられず、バラバラに散らばっている状態だからです。

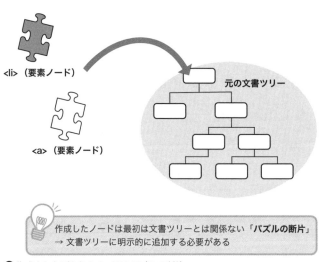

作成したノードは最初は文書ツリーとは関係ない「**パズルの断片**」
→ 文書ツリーに明示的に追加する必要がある

● **作成されたばかりのノードはパズルの断片**

❷ノード同士を組み立てる

次に、このバラバラに散らばっているだけのノード群を組み立て、ドキュメントに追加する作業が必要になります。この作業をおこなうのがappendメソッドの役割です。appendメソッドは、指定された要素を現在の要素の最後の子要素として追加します。

● 構文 **appendメソッド**

```
elem.append(node)
        elem：要素オブジェクト
        node：追加するノード
```

ここでは、まず`<a>`要素を`<li>`要素に追加したうえで、さらに`<li>`要素を文書ツリー内の`<ul>`要素（変数list）に追加しています。これで`<ul>`→`<li>`→`<a>`という階層付けができあがります。

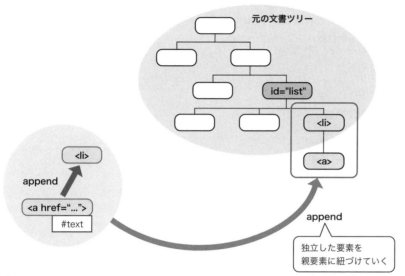

○ append メソッドでツリーを組み立てる

❸属性／テキストを追加する

9.3.2、9.3.6項でも触れたように、属性は同名のプロパティで、テキストはtextContentプロパティで、それぞれ設定できます。しかし、属性／テキストもまた、ノードの一種です。createXxxxxメソッドで生成し、文書ツリーに追加することは可能です。

試しに、❸のコードをcreateXxxxxメソッドを使って書き換えてみましょう。

```
let href = document.createAttribute('href');  ← 属性ノードを生成
href.value = url.value;  ← 属性値を設定
anchor.setAttributeNode(href);  ← 属性ノードを要素に追加
let text = document.createTextNode(title.value);  ← テキストノードを生成
anchor.append(text);  ← テキストノードを要素に追加
```

属性ノードは（要素の子どもではなく）属性なので、要素に追加する際にもappendではなく、setAttributeNodeメソッドを利用する点に注目です[2]。

この例では、冗長になるだけであまり意味はありませんが、文書ツリーがすべてノードで表現できることを改めて意識しておきましょう。

■ 注意：複雑なコンテンツを作成する場合

たとえば配列booksの内容を元に、書籍リストを作成するような例を考えてみましょう。

※2　さらに別解で、属性の追加には9.3.2項で紹介したsetAttributeメソッドも利用できます。

●リスト9-36 上：append_complex.html／下：append_complex.js

```html
<ul id="list"></ul>
```

```js
let books = [
  { title: 'ゼロからわかる TypeScript入門', price: 2948 },
  { title: 'Bootstrap 5の教科書', price: 3828 },
  { title: 'はじめてのAndroidアプリ開発', price: 3520 },
];

// 配列booksの内容を順番に<li>要素に整形
let list = document.querySelector('#list');
for (let book of books) {
  let li = document.createElement('li');
  li.textContent = `${book.title}：${book.price}円`;
  list.append(li);    ← ❶
}
```

- ゼロからわかる TypeScript入門：2948円
- Bootstrap 5の教科書：3828円
- はじめてのAndroidアプリ開発：3520円

●配列booksからリストを整形

　このコードは正しく動作しますが、パフォーマンスの観点からは望ましくありません。というのも、❶で文書ツリーに<li>要素を追加したタイミングで、コンテンツが再描画されるからです。再描画は相応にオーバーヘッドの高い処理でもあり、頻繁に発生するのは望ましくありません（この場合はループの回数だけ再描画が発生します）。

　このような状況では、いったん、DocumentFragmentオブジェクト上でコンテンツを組み立ててから、まとめて文書ツリーに追加すべきです。DocumentFragmentとは、名前のとおり「文書の断片」を意味するオブジェクト。組み立てたノードを一時的にストックするための容器、と考えるとわかりやすいでしょう。

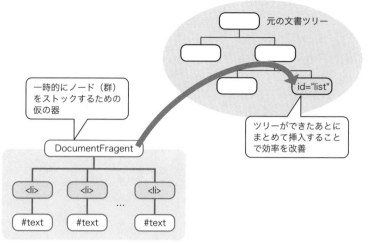

●DocumentFragmentオブジェクトとは？

以下に、修正したコードも見てみます。

◉ リスト9-37 append_complex2.js

```javascript
let books = [ ... ];

// コンテンツを貯めるためのDocumentFragmentオブジェクトを生成
let frag = document.createDocumentFragment();
// 配列booksの内容を順番に<li>要素に整形
for (let book of books) {
  let li = document.createElement('li');
  li.textContent = `${book.title}：${book.price}円`;
  frag.append(li);  ← ❶
}
// <li>要素群をまとめて文書ツリーに追加
document.querySelector('#list').append(frag);  ← ❷
```

　生成された<li>要素は（文書ツリー本体ではなく）一旦、DocumentFragmentに追加している点に注目です（❶）。文書ツリーそのものの更新は、最終的な❷の一度だけなので、再描画にかかるオーバーヘッドも最小限に抑えられます。

■ 補足：要素挿入のためのさまざまなメソッド

　appendメソッドのほかにも、Elementオブジェクトには以下のようなメソッドが用意されています。

（1）prepend、before、afterメソッド

　それぞれ挿入位置が異なります。構文そのものはappendメソッドと同じなので、図で互いの相違点を確認しておきましょう。

　たとえばリスト9-35ー❷を以下のように書き換えると、新たに追加した<li>要素が前に追加されるよ

うになります※3。

```
li.prepend(anchor);
list.prepend(li);
```

before
要素を挿入先の前に追加

挿入先（基点）elem

prepend
要素を挿入先の子要素先頭に追加

子要素

子要素

append
要素を挿入先の子要素末尾に追加

after
要素を挿入先のうしろに追加

●新しい要素を挿入する

Note | **既存の要素を移動する**

　append／prepend／before／afterメソッドは、新規の要素を挿入するだけでなく、既存の要素を別の場所に移動するために利用することもできます。これには、挿入すべきノードとして、（新規のノードの代わりに）既存のノードを指定するだけです。

　たとえばリスト9-37の末尾に、以下のようなコードを追加してみましょう。リスト先頭の書籍情報（firstChild）が末尾（lastChildの後方）に移動することが確認できるはずです。

```
let list = document.querySelector('#list');
list.lastChild.after(list.firstChild);
```

---

(2) insertAdjacentHTMLメソッド

　append／prepend／before／afterメソッドによる要素ツリーの組み立てと、insertHTMLプロパティによる埋め込みとの中間のようなメソッドも用意されています。insertAdjacentHTMLメソッドです。

●構文 **insertAdjacentHTMLメソッド**

```
elem.insertAdjacentHTML(pos, text);
        elem：要素オブジェクト
        pos ：挿入位置（設定値は以下の表）
        text：挿入する文字列
```

※3　正しくは「li.prepend(anchor);」は書き換えなくても同じです。<li>要素にはアンカータグanchorを1つ追加するだけだからです。

設定値	概要
beforebegin	elemの直前に挿入
afterbegin	elem配下の最初の子要素として挿入
beforeend	elem配下の最後の子要素として挿入
afterend	elemの直後に挿入

●コンテンツの挿入位置（引数pos）

insertAdjacentHTMLメソッドを利用することで、たとえばリスト9-35は以下のように書き換え可能です。

```
list.insertAdjacentHTML('beforeend',
  e`<li><a href="${url.value}">${title.value}</a></li>`);
```

テンプレート文字列を修飾するタグ関数eは6.6.1項でも触れたものです。9.3.6項でも触れたように、外からの入力をページに埋め込む際にはエスケープ処理は必須です。

HTML文字列を埋め込むinsertAdjacentHTMLメソッドに対して、プレーンなテキストを埋め込むinsertAdjacentTextメソッド、Elementオブジェクトを埋め込むinsertAdjacentElementメソッドもあります。

9.5.3 既存のノードを置換／削除する

続いて、既存のノードを置換／削除する方法を見ていきましょう。以下は、書名リストをクリックすると、対応する書籍の表紙画像を表示するサンプルです。［削除］ボタンをクリックすることで、表紙画像を非表示にすることもできます。

●リスト9-38　上：replace_delete.html／下：replace_delete.js

```html
<ul id="list">
  <li><a href="javascript:void(0)" data-isbn="978-4-297-12635-3">
    ゼロからわかる TypeScript入門</a></li>
  <li><a href="javascript:void(0)" data-isbn="978-4-297-12490-8">
    Bootstrap 5の教科書</a></li>
  <li><a href="javascript:void(0)" data-isbn="978-4-8156-1336-5">
    これからはじめるVue.js 3実践入門</a></li>
  <li><a href="javascript:void(0)" data-isbn="978-4-7980-6510-6">
    はじめてのAndroidアプリ開発</a></li>
  <li><a href="javascript:void(0)" data-isbn="978-4-2960-8014-4">
    基礎からしっかり学ぶC#の教科書</a></li>
</ul>
<input id="del" type="button" value="削除" disabled />
<div id="pic"></div>
```

```js
let list = document.querySelectorAll('#list a');
let pic = document.querySelector('#pic');
let del = document.querySelector('#del');
```

487

```javascript
// 個々のリンクに順にリスナーを登録
for (let li of list) {
  li.addEventListener('click', function(e) {
    // data-isbn属性からアンカータグに紐づいたisbn値を取得
    let isbn = this.getAttribute('data-isbn');

    // isbn値が取得できた場合にのみ処理を実行
    if (isbn) {
      // <img>要素を生成
      let img = document.createElement('img');
      img.src = `https://wings.msn.to/books/${isbn}/${isbn}.jpg`;
      img.alt = e.textContent;
      img.height = 150;
      img.width = 108;
      if (pic.querySelector('img')) {
        // <img>要素が存在する場合、新たな<img>要素で置換
        pic.replaceChild(img, pic.lastChild);   // ← ❶
      } else {
        // <img>要素が存在しない場合、新たに追加し、［削除］ボタンを有効に
        del.disabled = false;
        pic.append(img);
      }
    }
  }, false);
}

// ［削除］ボタンがクリックされた時の処理
del.addEventListener('click', function() {
  // <div id="pic">配下の子要素を削除し、［削除］ボタンを無効に
  pic.removeChild(pic.lastChild);   // ← ❷
  del.disabled = true;
}, false);
```

●リンクリストをクリックすると、対応する画像を表示

コードのおおまかな流れについては、コード内のコメントを参照してください。ここではノードの置換／削除をおこなっている部分にのみ注目してみましょう。

❶ノードを置換する

子ノードを置き換えるのは、replaceChildメソッドの役割です。

◉構文　replaceChildメソッド

```
elem.replaceChild(after, before)
      elem  ：要素オブジェクト
      after ：置き換え後のノード
      before：置き換え対象のノード
```

リスト9-38では、置き換え後のノードとして新たに作成した<img>要素を指定し、置き換え対象のノードとして<div id="pic">配下の<img>要素を指定しています。

置き換え対象のノード（引数after）は、現在のノードに対する子ノードでなければならない点に注意してください。子ノード以外を指定した場合にはエラーとなります。

なお、本サンプルでは、lastChildプロパティで<div>要素の最後の子ノードを取得していますが、<div>要素配下には１つしか子ノードがないことがわかっているので、firstChildプロパティとしても結果は同じです。

❷ノードを削除する

子ノードを削除するのは、removeChildメソッドの役割です。

◉構文　removeChildメソッド

```
elem.removeChild(node)
      elem：要素オブジェクト
      node：削除対象のノード
```

リスト9-38では、削除対象のノードとして<div id="pic">配下の<img>要素を指定しています。

replaceChildメソッドの場合と同様、削除対象のノードは、現在のノードに対する子ノードである必要があります。lastChildの部分をfirstChildとしても同じ結果を得られる点は、replaceChildメソッドの場合と同様です。

Note　サンプルの改善点

本サンプルでは、解説の便宜上、個々のアンカータグに対してfor...ofループでイベントリスナーを登録しています。しかし、この書き方はあまり効率のよいアプローチではありません。この改善点については9.6.3項で改めるので、まずは「改善の余地あり」ということだけを記憶しておきましょう。

■ 自由に設定できるdata-xxxxx属性とは？

data-xxxxx属性とは、アプリ開発者が目的に応じて、自由に値を設定できる特別な値です（❸）。いきなり「自由に」といわれても困ってしまうかもしれませんが、「おもにスクリプト（イベントリスナー）で利用するためのパラメーターを埋め込むための属性」と理解しておけばよいでしょう。

ここでは、書籍を識別するisbn値を表すために、data-isbn属性をアンカータグごとに準備しています。このように、可変な情報（パラメーター）と機能（イベントリスナー）とを切り離しておくことで、あとからコードを再利用しやすくなるというメリットがあります。

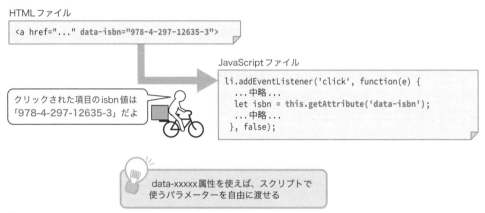

HTMLファイル

```
<a href="..." data-isbn="978-4-297-12635-3">
```

JavaScriptファイル

```
li.addEventListener('click', function(e) {
  ...中略...
  let isbn = this.getAttribute('data-isbn');
  ...中略...
}, false);
```

クリックされた項目のisbn値は「978-4-297-12635-3」だよ

data-xxxxx属性を使えば、スクリプトで使うパラメーターを自由に渡せる

●data-xxxxx属性でイベントリスナーにパラメーターを渡す

「xxxxx」の部分は、小文字のアルファベット、ハイフン、アンダースコアなどの文字を使って、自由に命名できます。カスタムデータ属性とも呼ばれます。

> **Note　void演算子**
>
> リスト9-38の❸で、アンカータグのhref属性に注目してみましょう。JavaScript疑似プロトコル（9.2.3項）で「void(0)」を呼び出しているのは、アンカータグ本来の動作（リンク）を抑制するためです。void演算子（6.2.3項）は「なにも返さない」ことを表す演算子で、このように「リンク形式でテキストを表示したいが、処理そのものはスクリプトに任せたい」（＝リンクとしては働かせたくない）ような場合によく利用します。

▌9.5.4　HTMLCollection／NodeListを繰り返し処理する場合の注意点

childNodes／childrenのようなプロパティは、戻り値としてHTMLCollection、またはNodeListオブジェクトを返すのでした。そして、これらのHTMLCollection／NodeListオブジェクトは「生きた（Liveな）オブジェクト」である点に注目です。

「生きた」とは、

オブジェクトが文書ツリーを参照しており、文書ツリーへの変更がHTMLCollection／NodeListオブジェクトにもリアルタイムに反映される

という意味です。

たとえば以下のコードを見てみましょう。

◉ リスト9-39　上：live.html／下：live.js

```html
<ul id="list">
  <li>ゼロからわかる TypeScript入門</li>
  <li>Bootstrap 5の教科書</li>
  <li>これからはじめるVue.js 3実践入門</li>
  <li>はじめてのAndroidアプリ開発</li>
  <li>基礎からしっかり学ぶC#の教科書</li>
</ul>
```

```js
let list = document.querySelector('#list');   ←
let li = list.children;   ←                        ❶
console.log(`変更前：${li.length}`);      // 結果：5

list.appendChild(document.createElement('li'));
console.log(`変更後：${li.length}`);      // 結果：6
```

なるほど、appendChildメソッドで<li>要素を追加したことで、HTMLCollectionオブジェクトlistの内容が、「5→6」に変化していることが確認できます。これがHTMLCollectionオブジェクトが、生きているという意味です。

ちなみに、querySelectorAllメソッドの戻り値はNodeListですが、❶を以下のように書き換えると、結果が変化します。

```js
let li = document.querySelectorAll('#list li');
```

```
変更前：5
変更後：5
```

要素追加の前後で結果が変化しないのです。これはquerySelectorAllメソッドが静的なNodeListを返すからです。ここでの静的とは「文書ツリーへの変化を反映しない」という意味です。

このように、同じNodeList／HTMLCollectionでも、生きた性質、静的な性質を持つものがあることを覚えておきましょう（さもないと、文書ツリーを操作した時に思わぬ結果に悩むことになるかもしれません）。

9.6 より高度なイベント処理

イベントリスナーについては、9.2.3項でも学びました。本節では、ここでの理解を前提に、より細かなイベント処理について解説していきます。

9.6.1 イベントリスナーを削除する

イベントリスナーを削除するには、removeEventListener メソッドを利用します。

● 構文 removeEventListener メソッド

```
elem.removeEventListener(type, listener [, opts])
        elem     ：要素オブジェクト
        type     ：イベントの種類
        listener ：イベントの発生時に実行するコード
        opts     ：イベントオプション（falseで標準の動作。詳細は9.6.4項を参照）
```

たとえば以下は、addEventListener メソッドで登録したリスナーを、removeEventListener メソッドで削除する例です。

● リスト 9-40　上：listener_remove.html／下：listener_remove.js

```html
<form>
  <input id="btn" type="button" value="ログ表示" />
</form>
```
HTML

```js
let btn = document.querySelector('#btn');
let listener = function() {          ←
  console.log('こんにちは、世界！');           ❷
};          ←

// イベントリスナーを登録
btn.addEventListener('click', listener, false);
// イベントリスナーを削除
btn.removeEventListener('click', listener, false);      ← ❶
```
JS

同じリスナーを登録／削除しているので、ボタンをクリックしてもログが表示されないこと、❶をコメントアウトすることで出力が有効になることを、それぞれ確認してみましょう。

■ removeEventListener メソッドの注意点

このように、removeEventListener メソッドの構文そのものは明解ですが、注意すべき点もあります。

（1）リスナー関数は名前を持つこと

removeEventListener メソッドでは、引数 listener で削除すべきリスナーを指定しなければなりません。そのため、addEventListener メソッドで定義する際にも、あとから参照できるよう明示的に命名しておく必要があります（**❷**）。

（2）capture 設定までが一致していること

リスナーを特定するためのキーは、引数 type ／ listener だけではありません。引数 opts の capture 設定（9.2.3項）までを加味し、addEventListener ／ removeEventListener 双方で一致していなければなりません（さもなければ、削除も失敗します）。

たとえば以下は、addEventListener ／ removeEventListener それぞれの引数 opts の設定と、リスナー削除の成否をまとめた表です。

addEventListener ＼ removeEventListener	false	true	{capture: true}	{passive: true}
false	成功	失敗	失敗	成功
true	失敗	成功	成功	失敗
{ capture: true }	失敗	成功	成功	失敗
{ passive: true }	成功	失敗	失敗	成功

●addEventListener ／ removeEventListener メソッドの成否

capture 設定は boolean 値、オブジェクトいずれの形式で指定しても同じ意味です。オブジェクトでほかのオプション（ここでは passive）が指定された場合にも、capture オプションが指定されていなければ false と見なされます。

9.6.2 イベントに関わる情報を取得する – イベントオブジェクト

イベントリスナーは、引数としてイベントオブジェクトと呼ばれるオブジェクトを受け取ります。イベントリスナー配下では、イベントオブジェクトのプロパティにアクセスすることで、イベント発生時のさまざまな情報にアクセスできます。

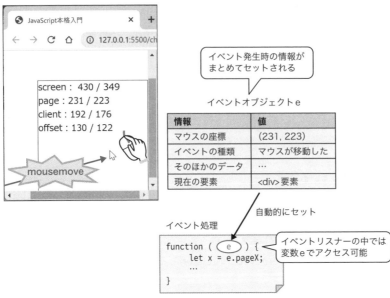

● イベントオブジェクトとは？

■ イベントオブジェクトの基本

具体的なサンプルも見てみましょう。以下はボタンをクリックした時に、イベントの発生元／種類／発生時刻をログに出力する例です。

◉ リスト9-41　上：event.html／下：event.js

```html
<form>
  <input id="btn" type="button" value="クリック" />
</form>
```
`HTML`

```js
document.querySelector('#btn').addEventListener('click', function(e) {
  let target = e.target;
  console.log(`発生元：${target.nodeName} / ${target.id}`);
  console.log(`種類：${e.type}`);
}, false);
```
`JS`

```
発生元： INPUT / btn
種類： click
```

イベントオブジェクトを受け取るには、イベントリスナーに引数を指定するだけです。引数名は、イベントを表す「e」「ev」「event」とするのが一般的です。イベントオブジェクトを利用しない場合には、引数は省略しても構いません（ここまでの例では、イベントオブジェクトを無視していたわけです）。

イベントオブジェクトで利用できるメンバーには、以下のようなものがあります。

分類	メンバー	概要
一般	bubbles	イベントがバブリングするか
	cancelable	イベントがキャンセル可能か
	currentTarget	イベントバブルでの現在の要素を取得
	defaultPrevented	preventDefaultメソッドが呼ばれたか
	eventPhase	イベントの流れのどの段階にあるか
	target	イベント発生元の要素
	type	イベントの種類（click、mouseoverなど）
	timeStamp	イベントの作成日時を取得
座標	clientX	イベントの発生座標（ブラウザー上でのX座標）
	clientY	イベントの発生座標（ブラウザー上でのY座標）
	screenX	イベントの発生座標（スクリーン上でのX座標）
	screenY	イベントの発生座標（スクリーン上でのY座標）
	pageX	イベントの発生座標（ページ上でのX座標）
	pageY	イベントの発生座標（ページ上でのY座標）
	offsetX	イベントの発生座標（要素上でのX座標）
	offsetY	イベントの発生座標（要素上でのY座標）
キーボード／マウス	button	マウスのどのボタンが押されているか ボタンの種類 / 戻り値 左ボタン / 0 右ボタン / 2 中央ボタン / 1
	key	押下されたキーの値
	altKey	Alt キーが押下されているか
	ctrlKey	Ctrl キーが押下されているか
	shiftKey	Shift キーが押下されているか
	metaKey	Meta キーが押下されているか

●イベントオブジェクトのおもなメンバー

　イベントオブジェクトでアクセスできるメンバーは、発生したイベントによっても変化します。たとえばstorageイベントリスナー（10.3.5項）では、ストレージ操作に関わる情報（変更前後の値、変更されたストレージなど）をイベントオブジェクト経由で取得できます。

　その他、イベントオブジェクトのおもな用法については、具体的な例とともに解説していきます。

■ イベント発生時のマウス情報を取得する

　xxxxxX／xxxxxYプロパティを利用することで、click／mousemoveなどのイベント発生時のマウスポインターの座標を取得できます。

　以下は、具体的なコードです。ある領域内をマウスポインターが移動した時の座標を表示します。

◉ リスト9-42　上：event_xy.html／下：event_xy.js

```html
<div id="main" style="position:absolute; margin:50px;
  top:50px; left:50px; width:200px; height:200px;
```

495

```
  border:1px solid Black"></div>
```

```js
let main = document.querySelector('#main');
main.addEventListener('mousemove', function(e) {
  main.innerHTML = `
    screen：${e.screenX} / ${e.screenY} <br />
    page：${e.pageX} / ${e.pageY} <br />
    client：${e.clientX} / ${e.clientY} <br />
    offset：${e.offsetX} / ${e.offsetY}`;
}, false);
```

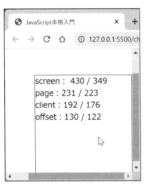

●**<div id="main">要素でマウスポインターを移動した時の座標を表示**

それぞれの座標は、どこを基点とするかという点で異なります。

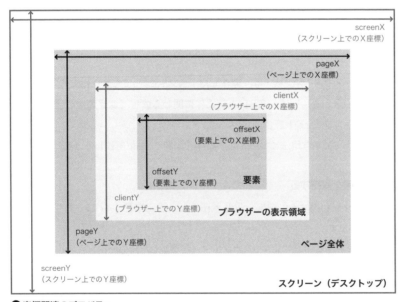

●**座標関連のプロパティ**

■ **イベント発生時のキーの情報を取得する**

keypress ／ keydownなどのキーイベントでは、押されたキーの種類を取得することもできます。

◉ リスト9-43　上：event_key.html ／下：event_key.js

```html
<form>
  <label for="key">キー入力：</label>
  <input type="text" id="key" size="10" />
</form>
```

```js
document.querySelector('#key').addEventListener('keydown', function(e) {
  console.log(`キー値：${e.key}`);
}, false);
```

keyプロパティの値は、表示可能な文字であればそのまま対応する文字となりますし、制御文字（たとえば ctrl キー）の場合は「Control」のような決められた値となります[※1]。

ここではkeyプロパティで押されたキーの値を出力しているだけですが、実際のアプリでは押されたキーに応じてなんらかのアクションを実行することになるでしょう。また、altKey、shiftKeyなどのプロパティを利用することで、特定のキーが押されたかどうかをtrue／falseで得ることも可能です。

> **Note　keyCodeプロパティ**
>
> 以前は、押されたキーのコード値を表すkeyCodeプロパティがありましたが、値が実装に依存しており、扱いも難しかったことから、現在では非推奨の扱いとなっています。新たな開発では利用してはいけません。

9.6.3　イベント処理をキャンセルする

イベントオブジェクトのstopPropagation／stopImmediatePropagation／preventDefaultメソッドを利用することで、イベント処理を途中でキャンセルできます。本項では、これらメソッドの用法、使い分けについて解説していきます。

■ **イベントの伝播**

イベント処理のキャンセルについて解説する前に、イベント処理が呼び出されるまでのプロセスについて、もう少し詳しく見ておきます。これまでは、「イベントが発生したら対応するイベントリスナーが呼び出される」とだけ解説しましたが、じつは、イベントが特定の要素に到達するまでには、以下のようなフェーズを経ています。

※1　具体的なキー値のリストは「Key values for keyboard events」（https://developer.mozilla.org/en-US/docs/Web/API/UI_Events/Keyboard_event_key_values）も合わせて参照してください。

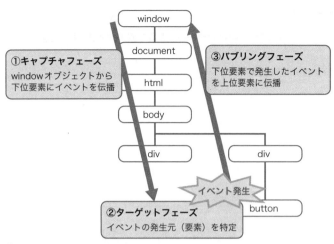

● **イベントの伝播**

　まず、キャプチャフェーズでは、最上位のwindowオブジェクトから文書ツリーをたどって、下位の要素にイベントが伝播していきます。そして、ターゲットフェーズでイベントの発生元（要素）を特定します。

　バブリングフェーズは、イベントの発生元からルート要素に向かって、イベントが伝播していくフェーズです。最終的には、また最上位のwindowオブジェクトまでたどり着いたところで、イベントの伝播は終了します。イベントが親ノードに伝わるさまが、泡（bubble）が浮かび上がる様子に似ていることから、そのように呼ばれます。

　ここで押さえておきたいのは、

イベントリスナーはイベント発生元の要素でだけ実行されるわけではない

という点です。キャプチャ／バブリングフェーズの過程で、対応するイベントリスナーが存在する場合には、それらも順に実行されます。

　具体的な例も見てみましょう。

● **リスト9-44 上：propagation.html／下：propagation.js**

```html
<div id="outer">
  <p>outer要素</p>
  <a id="inner" href="https://wings.msn.to/">inner要素</a>
</div>
```

```js
// <a id="inner">要素のclickイベントリスナー
document.querySelector('#inner').addEventListener('click', function() {
  window.alert('#innerリスナーが発生しました。');
}, false);

document.querySelector('#inner').addEventListener('click', function() {
  window.alert('#innerリスナー2が発生しました。');
}, false);
```

❶

```
// <div id="outer">要素のclickイベントリスナー
document.querySelector('#outer').addEventListener('click', function() {
  window.alert('#outerリスナーが発生しました。');
}, false);
```

　入れ子関係にある<div>／<a>要素に対して、それぞれclickイベントリスナーが設定されています。この状態でリンクをクリックすると、以下の順序で処理が実行されます。

1. ダイアログ表示（#innerリスナーが発生しました）
2. ダイアログ表示（#innerリスナー2が発生しました）
3. ダイアログ表示（#outerリスナーが発生しました）
4. リンクによってページ移動

　イベントの発生元を基点として、上位ノードへ向かって順にイベントリスナーが実行されているのです。「バブリングフェーズでイベントが処理されている」と言い換えてもよいでしょう。同じ要素に対して、複数のイベントリスナーが設定されている場合には、記述順に実行されます。
　この順序は、addEventListenerメソッドの第3引数で変更することもできます。サンプルの太字部分をtrueとしてみましょう。今度は、以下の結果が得られます。

1. ダイアログ表示（#outerリスナーが発生しました）
2. ダイアログ表示（#innerリスナーが発生しました）
3. ダイアログ表示（#innerリスナー2が発生しました）
4. リンクによってページ移動

　上位ノードからイベントの発生元に向かって、イベントリスナーが実行されています。キャプチャフェーズでイベントが処理されているのです。

■ イベントの伝播をキャンセルする

　前置きが長くなってしまいましたが、これらのイベントの伝播、または、イベント処理に伴うブラウザー本来の挙動をキャンセルしたいことがあります。たとえば、先ほどの例であれば、「<a id="inner">要素に紐づいたイベントリスナーだけを実行して、上位ノードのイベントリスナーは無視したい」などのケースです。
　このような場合には、stopPropagationメソッドを利用します。
　たとえば以下は、先ほどのリスト9-44で、<a id="inner">要素に対してstopPropagationメソッドを追加した例です。

● リスト9-45 event_cancel.js

```
// <a id="inner">要素のclickイベントリスナー
```

```
document.querySelector('#inner').addEventListener('click', function(e) {
  window.alert('#innerリスナーが発生しました。');
  e.stopPropagation();  ←── ❶
}, false);

document.querySelector('#inner').addEventListener('click', function() {
  window.alert('#innerリスナー 2が発生しました。');
}, false);

// <div id="outer">要素のclickイベントリスナー
document.querySelector('#outer').addEventListener('click', function() {
  window.alert('#outerリスナーが発生しました。');
}, false);
```

サンプルを起動し、リンクをクリックすると、以下のような結果が得られます。

1. ダイアログ表示（#innerリスナーが発生しました）
2. ダイアログ表示（#innerリスナー2が発生しました）
3. リンクによってページ移動

親ノードへのバブリングがキャンセルされているわけです。もちろん、キャプチャフェーズでイベントリスナーを実行する場合にも、上位ノードでstopPropagationメソッドを呼び出すことで、同様にイベントの伝播をキャンセルできます。

■ イベントの伝播を直ちにキャンセルする

stopPropagationメソッドが上位／下位要素への伝播をキャンセルするのに対して、その場で伝播をキャンセルする（＝同じ要素に登録されたリスナーも実行しないようにする）には、stopImmediate Propagationメソッドを利用します。

リスト9-44の❶を以下のように書き換え、同じように実行してみましょう。

● リスト9-46 event_cancel.js

```
e.stopImmediatePropagation();
```

以下が、実行結果です。

1. ダイアログ表示（#innerリスナーが発生しました）
2. リンクによってページ移動

たしかに、<a id="inner">要素に対して2個目に登録されたclickイベントリスナーも、実行されなくなっていることが確認できます。

■ イベント本来の挙動をキャンセルする

イベント本来の挙動とは、たとえばアンカータグのクリックであれば「ページを移動する」、テキストボックスへのキー押下であれば「文字を反映する」など、ブラウザー標準で決められた動作のこと。イベントオブジェクトのpreventDefaultメソッドを利用することで、これらの動作をキャンセルすることもできます。

同じくリスト9-44の❶を以下のように書き換え、実行してみましょう。

◉ **リスト9-47 event_cancel.js**

```
e.preventDefault();
```

以下が、実行結果です。

1. ダイアログ表示（#innerリスナーが発生しました）
2. ダイアログ表示（#innerリスナー2が発生しました）
3. ダイアログ表示（#outerリスナーが発生しました）

たしかにすべての伝播を終えたあと、ページが移動しないことが確認できます。

Note	キャンセルできないイベントもある

イベントによってはpreventDefaultメソッドでもキャンセルできないものがあります。キャンセル可能なイベントであるかどうかは、同じくイベントオブジェクトのcancelableプロパティによって確認できます。cancelableプロパティは、キャンセル可能なイベントの場合にtrueを返します。

さて、以上、キャンセル系のメソッドがすべて出そろったところで、頭を整理する意味で、これらメソッドの違いを表でまとめておきましょう。

メソッド	伝播	別のリスナー	既定の挙動
stopPropagation	停止	―	―
stopImmediatePropagation	停止	停止	―
preventDefault	―	―	停止

●**イベントのキャンセル**

つまり、以降のイベント伝播、標準の挙動をすべてキャンセルするには、stopImmediatePropagation／preventDefaultメソッドを呼び出せばよいということです。

■ 例：イベントリスナーを事前に登録する

バブリングの理屈を知っていれば、その時点でまだ存在しない要素に対して、事前にイベントリスナーを登録しておくことも可能です。

たとえば以下は、クリックする度に増えていく［Add］ボタンの例です。初期状態で配置されたボタンだけでなく、あとから追加されたボタンを押しても同じくボタンが増えていく点に注目です。

◉リスト9-48　上：event_dynamic.html／下：event_dynamic.js

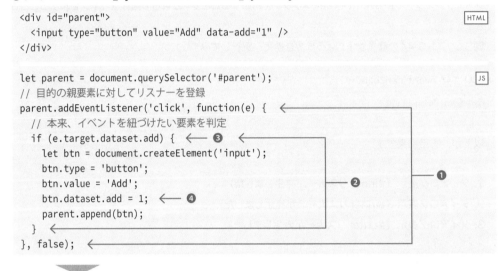

●クリックでボタンが増殖する

ポイントとなるのは❶──ターゲットであるボタンではなく、その親要素（ここでは<div id="parent">要素）に対してリスナーを設定する点です。この場合も、子孫要素で発生したイベントは親要素に伝播するのでした（イベントのバブリングです！）。

ただし、ボタン以外の要素（ある場合）で発生したclickイベントまで拾ってしまうのは、意図した動作ではありません。そこで、❷で「data-add属性が指定された要素」を判定し、条件に合致する対象で発生したclickイベントだけを処理しているわけです。

このように、

追加された子要素では、イベントは処理されない

●イベントリスナーの登録

追加された子要素でも、イベントが処理される

502

ことで、あとから追加した子要素に対しても、イベント処理を適用できます。

| Note | パフォーマンス上も有利 |

　バブリングを利用したテクニックのメリットは、動的にリスナーを設定できるというだけではありません。対象となる子要素が増えた場合にも、リスナーを効率的に登録できるので、パフォーマンス上も有利です。

　先ほどの図でも、左図ではボタンの数だけリスナーも登録しなければならないのに対して、右図ではボタンの数にかかわらず、親要素に対して1つリスナーを登録すれば済みます。

■ data-xxxxx属性の操作方法

　data-xxxxx属性（カスタムデータ属性）については9.5.3項でも触れたように、スクリプト（ここではイベントリスナー）に対して引き渡す任意のキー情報を表す属性です。属性の一種なので、getAttribute／setAttributeメソッドでも操作できますが、専用のdatasetプロパティを利用することで、より直感的に値の受け渡しが可能になります（❸、❹）。

◉構文　datasetプロパティ

```
elem.dataset.prop [= value]
        elem ：要素オブジェクト
        prop ：属性名（data-xxxxxのxxxxxの部分）
        value：値
```

　❸であればdata-add属性が存在するかを確認していますし、❹であればdata-add属性に「1」を設定する、という意味になります。属性値として展開されるものなので、valueには意味ある文字列に変換できる型[※2]を渡すようにしてください。

■ targetプロパティとcurrentTargetプロパティ

　バブリングを理解するようになると、target／currentTargetプロパティの違いにも意識を向ける必要が出てきます。たとえばリスト9-48の❸を、以下のように書き換えた場合、サンプルは正しく動作しません。

```
if (e.currentTarget.dataset.add) {
```

　targetプロパティがイベントの発生元（ここではクリックされた要素）を取得するのに対して、currentTargetプロパティはイベントリスナーが登録された要素（ここでは\<div id="parent"\>）を常に取得するからです。\<div id="parent"\>にはdata-add属性はないので、リスナーは正しくボタンを生

※2　つまり、適切なtoStringメソッドを持つオブジェクトです。

成しません。

一般的には、まずtargetプロパティを取得していれば問題ないはずですが、双方に違いがあることを頭の片隅に留めておきましょう。

▍9.6.4 イベントの動作オプションを指定する

addEventListenerメソッドの第3引数（引数opts）には、true／false値のほか、「オプション名：値」形式のオブジェクトで動作オプションを渡すこともできます。たとえば、リスト9-44 －❶は、以下のように表しても同じ意味です。

```
document.querySelector('#inner').addEventListener('click', function(e) {
  window.alert('#innerリスナーが発生しました。');
}, { capture: false });
```

その他にも、以下のようなオプションが指定可能です（もちろん、複数のオプションを同時に指定しても構いません）。

■ 初回イベントだけを処理する - onceオプション

たとえば、リスト9-07 －❶を、以下のように書き換えてみましょう。

```
pic.addEventListener('mouseenter', function() {
  ...中略...
}, { once: true });
```

サンプルを再実行すると、最初にマウスポインターを当てた場合にだけ画像が変化し、その後は反応しなくなります。一度だけ実行されるリスナーになったわけです。

■ スクロールイベントの体感速度を改善する - passiveオプション

scrollイベントをリスナーで処理する状況を考えてみましょう。scrollイベントの既定の動作は（当然）ページのスクロールです。しかし、リスナーが紐づいている場合、リスナーがpreventDefaultメソッド（9.6.3項）で既定の動作を中断する可能性があるので、即座にスクロールを実行することはできません。

ブラウザーはリスナーの処理を待って、preventDefaultされないことを確認してから、スクロールを開始しなければならないのです。これは、リスナーの処理が重い場合には、そのまま動作の遅延となります。

●scrollイベントの問題点

　そこでpassiveオプション（Passiveモード）の登場です。Passiveモードを有効にすることで、イベントリスナーがpreventDefaultメソッド（9.6.3項）を呼び出さないことを宣言できます。preventDefaultされないことがわかっているならば、ブラウザーはリスナーの終了を待たずにスクロールを開始できるので、体感速度を改善できるというわけです。

　scroll系のイベントリスナーでpreventDefaultメソッドを呼び出さないことがわかっているならば、明示的にpassiveオプションを有効にするのが望ましいでしょう。もちろん、PassiveモードでpreventDefaultメソッドを呼び出した場合には、「Unable to preventDefault inside passive event listener invocation.」のようなエラーが発生します。

9.6.5　イベントリスナーに任意の追加情報を引き渡す

　addEventListenerメソッドの第2引数には、（リスナー関数の代わりに）EventListenerオブジェクトを渡すこともできます。EventListenerオブジェクトのルールは、

リスナー関数に相当するhandleEventメソッドを持つこと

だけです。その他、任意のプロパティを持つことは自由なので、これをパラメーター情報としてまとめて引き渡せるわけです。

　data-xxxxx属性が文書ツリー側から渡せる静的なパラメーターであるとするならば、EventListenerオブジェクトはコード側で渡せる動的なパラメーターといってもよいでしょう。

■ EventListenerオブジェクトの基本

　たとえば以下は、EventListenerオブジェクトdataをリスナーとして引き渡す例です。

●リスト9-49　上：listener_obj.html／下：listener_obj.js

```html
<form>
  <input id="btn" type="button" value="ログ表示" />
</form>
```

```js
// EventListenerオブジェクトの準備
let data = {
  mainTitle: 'ゼロからわかる TypeScript入門',
  price: 2948,
  handleEvent() {
    console.log(`${this.mainTitle} ／ ${this.price}円`);
  }
};

document.querySelector('#btn').addEventListener('click', data, false);  ← ❶
```

●ボタンクリック時に書籍情報をログ出力

■ thisの変化に要注意

リスト9-49で渡しているのは（リスナー関数ではなく）あくまでEventListenerオブジェクトである点に注意です。たとえば❶を以下のように書いてしまうと、サンプルは正しく動作しません。

```
document.querySelector('#btn').addEventListener(
  'click', data.handleEvent, false);
```

この場合の結果は「undefined ／ undefined円」。

8.1.6項でも触れたthisの問題です。handleEvent配下のthisはもともとオブジェクトdataを指していますが、独立した関数としてイベントリスナーに渡されたことで、イベントの発生元を表すようになります。発生元（ここではボタン）はmainTitle／priceなどのプロパティを持たないので、すべてundefinedとなってしまうのです。

EventListenerオブジェクトを渡した場合には、handleEventメソッド配下のthisは自分自身で固定されるので、こうした問題は発生しません。

Note **bindメソッドによる解決**

本文の問題は、bindメソッド（8.1.6項）を使っても解決できます（もちろん、この例ではEventListenerオブジェクトを直接受け渡しすれば十分です）。

```
document.querySelector('#btn').addEventListener(
  'click', data.handleEvent.bind(data), false);
```

Column　**<script>要素の知っておきたい属性（1）- async属性**

async属性を付与することで、スクリプトを非同期にロードできます。と言ってしまうと、defer属性（9.2.3項）と何が違うのかと疑問に思うかもしれませんが、スクリプトの実行タイミングが違います。

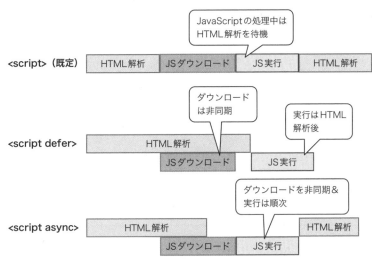

●async属性とdefer属性

async属性ではページの解析を待たずにダウンロードでき次第、コードを実行するのです。その性質上、ページを操作するようなスクリプトをasync属性でロードしてはいけません（9.2.3項で触れたような問題が再燃します）。外部ウィジェット（カウンターのような）など、独立した外部ライブラリをロードするなどの用途で利用してください。

Column <script> 要素の知っておきたい属性（2）- integrity 属性

　アプリを開発する際、CDN 経由でライブラリを取得することはよくあります。しかし、対象のライブラリが悪意ある第 3 者によって改ざんされていたら、どうでしょう。ライブラリの取り込みそれ自体が、セキュリティリスクになるおそれがあります。

　そこで、ライブラリの改ざんがないことを検証するのが integrity 属性の役割です。たとえば以下は、Vue.js をインポートする際の例です。

```
<script src="https://cdnjs.cloudflare.com/ajax/libs/vue/3.2.45/vue.global.min.js"
integrity="sha512-Pdnl+dKWHA0jEnmhogUHlOw3FqDeujiEc3XQDkvMrPUAvytiU2cZiknw2xDPgDS
+u2prg2n+6eKz3CPG588gTQ=="></script>
```

　integrity 属性には、取得対象のコードをもとに作成したハッシュ値を「形式-ハッシュ値」の形式で指定します[3]。ブラウザーは取得したライブラリと integrity 属性の値とを比較して、正しく対応している場合にだけコードを実行します。以下は、integrity 属性の値と、実際のリソースとが対応関係になかった場合の結果です。

●不正なリソースはブロックされる

　不正と見なされたリソースは、実行前にブロックされるわけです。これによって、不正に改ざんされたコードの混入を防ぐのです。

　ちなみに、integrity 属性は、<script> 要素だけでなく、<link> 要素（スタイルシート）でも利用できます（P.608 に続く）。

※3　形式は利用するハッシュアルゴリズムを表し、執筆時点では sha256、sha384、sha512 が利用できます。

Chapter **10**

クライアントサイドJavaScript開発を極める

10.1 ブラウザーオブジェクトで知っておきたい基本機能

ブラウザーオブジェクト[1]とは、ブラウザー操作のための機能を集めたオブジェクト群のこと。Google ChromeやFirefoxなど、ほとんどのブラウザーで昔から実装されているものですが、以前はこれといった標準の規格が存在するわけではありませんでした。そのため、過去はクロスブラウザー問題（＝ブラウザーごとの仕様差によって発生する問題）が取り沙汰されることも多かったのですが、昨今では標準化も進んで、かなり解消されつつあります。

本章では、あまたあるブラウザーオブジェクトの中でも特に重要な機能に絞って、解説を進めます。まず本節で比較的小粒な機能について触れたあと、中盤以降はより大きなテーマを見ていきます。

10.1.1 ブラウザーオブジェクトの階層構造

ブラウザーオブジェクトは、以下の図のような階層構造になっています。

最上位に位置するのがWindowオブジェクト。クライアントサイドJavaScriptが起動するタイミングで自動的に生成され、ブラウザーの各種機能にアクセスするための手段を提供します。「クライアントサイドJavaScriptにおけるグローバルオブジェクト」と言い換えてもよいでしょう。

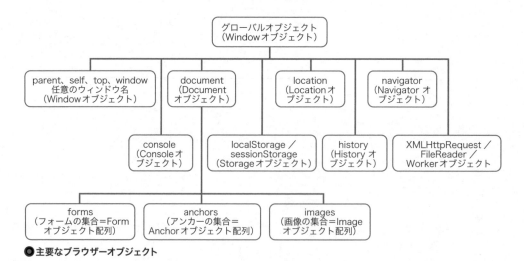

●主要なブラウザーオブジェクト

※1　MDNでは「Web API」と呼ばれています。ただし、HTTP経由で呼び出せるAPI（サービス）もWeb APIと呼ばれることがあるため、混同を避けるために、本書ではブラウザーオブジェクトと表記しています。

ほとんどのブラウザーオブジェクトは、この最上位に位置するWindowオブジェクトを通してアクセスできます。図に注目してみると、Windowオブジェクトの配下には、documentやhistory、location、navigatorといったプロパティがありますね。これらを経由することで、ブラウザー上で表示しているドキュメント（Document）、閲覧履歴（History）、アドレス情報（Location）などのオブジェクトを取得できるわけです。

10.1.2　ブラウザーオブジェクトにアクセスするには

5.9.1項でも述べたように、グローバルオブジェクトは基本的にアプリ開発者が意識することのない（また、直接にはアクセスできない）オブジェクトです。つまり、クライアントサイドJavaScriptでは、基本的にWindowオブジェクトを意識する必要はありません。たとえば、locationオブジェクトのreloadメソッドにアクセスするならば、以下のように、直接locationプロパティを呼び出せばよいわけです。

```
location.reload();
```

グローバルオブジェクトへの直接アクセスはできないので、以下のような記述は不可です。

```
Window.location.reload();
```

ただし、前ページの図「主要なブラウザーオブジェクト」を見てもわかるように、Windowオブジェクトは自分自身を参照するwindowプロパティを持っています。windowプロパティを介することで、以下のように記述できますが、このような記述は冗長であるだけで、あまり意味がありません。

```
window.location.reload();        // 先頭は小文字
```

ちなみに、このように記述した時のlocationは、（しつこいようですが）オブジェクト名ではなくプロパティ名です。locationは、あくまで「Locationオブジェクトを参照するプロパティ」なのです。

しかし、locationプロパティは実体としてオブジェクトを表していることから、便宜上、locationオブジェクトと表記することがよくあります（historyやdocumentなどについても同様です）。あまり難しく考えることなく、document、history、locationオブジェクトと覚えておいても構いませんが、混乱した時にはこのことを少しだけ思い出してみると、頭の整理になるでしょう。

10.1.3　確認ダイアログを表示する - confirmメソッド

ここからは、これらブラウザーオブジェクトが提供する中でも、特に基本的なメソッドを紹介していきます。いずれも小さなトピックですが、よく利用するものばかりなので、ここで押さえておきましょう。

まずは、確認ダイアログを表示するconfirmメソッドです。ユーザーになにかしら確認の意思表示を求めるために利用します。

● リスト10-01　上：confirm.html／下：confirm.js

```html
<form id="fm">
  <input type="submit" value="送信" />
</form>
```

```js
document.querySelector('#fm').addEventListener('submit', function(e) {
  if (!window.confirm('ページを送信してもよいですか？')) {
    e.preventDefault();
  }
}, false);
```

● ［送信］ボタンクリック時に確認ダイアログを表示

confirmメソッドは、押されたボタンに応じて、以下の戻り値を返します。

・［OK］ボタンがクリックされた場合　　➡ true
・［キャンセル］ボタンがクリックされた場合　➡ false

ここではconfirmメソッドのこの性質を利用して、［キャンセル］ボタンがクリックされた場合に、preventDefaultメソッド（9.6.3項）を呼び出して、本来のサブミットイベントをキャンセルしているわけです。

Note	「window.」表記の省略について

先述したように、自分自身への参照を表す「window.」は省略可能です。ただし、本書ではそれぞれのメソッドやプロパティがWindowオブジェクトに属することがわかりやすいように、documentやlocationなどのブラウザーオブジェクトを呼び出す場合を除いては、「window.」は省略せずに記述するものとします。

10.1.4　タイマー機能を実装する - setInterval／setTimeoutメソッド

「一定時間ごとに、あるいは一定時間が経過したあとになんらかの処理を実行したい」というケースはよくあります。このような場合に利用できるのがsetInterval／setTimeoutメソッドです。まずは具体

例を見てみましょう。

●リスト10-02　上：timer.html／下：timer.js

```html
<!--ボタンクリック時にタイマー処理を中止-->
<input id="btn" type="button" value="タイマー停止" />
<div id="result"></div>
```
HTML

```js
let result = document.querySelector('#result');
// タイマーを設置
let timer = window.setInterval( ←
  function() {
    // 現在の時刻を<div>要素に表示（5000ミリ秒ごとに更新）
    result.textContent = (new Date()).toLocaleTimeString();
  }, 5000); ←                                                    ❶

// ボタンクリック時にタイマー処理を中止
document.querySelector('#btn').addEventListener('click', function() {
  window.clearInterval(timer);   ← ❷
}, false);
```
JS

●5000ミリ秒ごとに時刻表示を更新

setInterval／setTimeoutメソッドの構文は、以下のとおりです。

●構文　**setInterval／setTimeoutメソッド**

```
window.setInterval(func [, dur [, args, ...]])
window.setTimeout(func [, dur [, args, ...]])
      func：実行される処理
      dur ：時間間隔（単位はミリ秒。既定値は0）
      args：引数funcに渡す引数（可変長引数）
```

両者はよく似ていますが、以下の違いがあります。

・setInterval：決められた時間間隔で処理を繰り返す
・setTimeout：指定された時間が経過したところで処理を1回だけ実行する

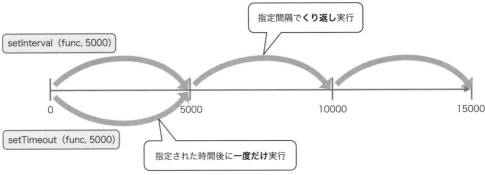

指定間隔でくり返し実行

setInterval（func, 5000）

setTimeout（func, 5000）

指定された時間後に**一度だけ**実行

●setInterval／setTimeout メソッド

試しにサンプルの太字部分を「setTimeout」と置き換えてみましょう（❶）。今度は、5000ミリ秒後に一度だけ現在時刻が表示されることが確認できます。

setInterval／setTimeoutメソッドは、いずれもタイマーを一意に識別するためのid値を返します。このid値は、clearInterval／clearTimeoutメソッド（それぞれsetInterval、setTimeoutの場合）に渡すことで、タイマーを破棄できます（❷）。サンプルであれば、［タイマー停止］ボタンをクリックすることで、時間の更新が止まることを確認しておきましょう。

■ 引数付きの関数を呼び出すには

引数argsを指定することで、引数funcに引数を渡すこともできます。たとえば以下は、それぞれ500ミリ秒後、10000ミリ秒後に、引数で指定されたメッセージをログ表示する例です。

●リスト10-03 timer_args.js

```javascript
let handler = function(message) {
  console.log(message);
};

setTimeout(handler, 500, '開始時間です。始めてください。');
setTimeout(handler, 10000, '終了です。作業を止めてください。');
```

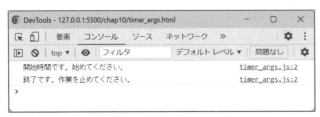

●500、10000ミリ秒後にメッセージを表示

■ setTimeout／setInterval メソッドの注意点

setTimeout／setIntervalメソッドは、シンプルで使いやすい機能である反面、利用にあたっては注

意すべき点もあります。以下に、おもなポイントを3点まとめておきます。

（1）引数funcに文字列を使わない

setTimeout／setIntervalメソッドの引数funcには、文字列でコードを指定することも可能です。

```
setTimeout('console.log("実行された！")', 500);
```

しかし、このような記法はevalメソッド（5.9.2項）と同じ理由から避けるべきです。引数funcは必ず関数として指定してください。

（2）指定した時間（間隔）で実行されるわけではない

「タイマー」という言葉から実行時間の正確さを期待するかもしれませんが、setTimeout／setIntervalメソッドの引数dur（時間間隔）は、その時間で処理が実行されることを保証するわけではありません。setTimeout／setIntervalメソッドでは、あくまで指定された時間にキュー（処理を実行するための待ち行列）に処理を登録するにすぎません。キューに実行すべき処理が残っている場合には、先行する処理が終わるまで待たなければならないのです。

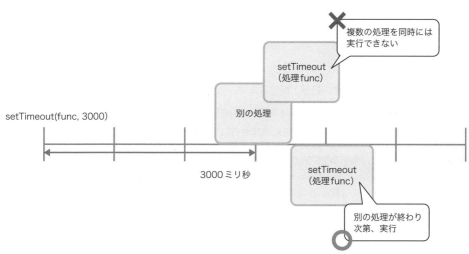

●setTimeoutメソッドは実行時間を保証しない

> **Note　シングルスレッド**
>
> JavaScriptの処理はあくまで単一のスレッド[2]で実行されるということです。これをシングルスレッド処理といいます。複数のスレッドで処理を実行するには、Web Worker（10.6節）というしくみを利用してください。

※2　プログラムを実行するための処理の最小単位のこと。

（3）引数durがゼロの場合

以下のようなコードでは、どのようなログを得られるでしょうか。

● リスト10-04 interval_async.js

```javascript
function hoge() {
  console.log('あいうえお');
  setTimeout(function() {
    console.log('かきくけこ');
  }, 0);
  console.log('さしすせそ');
}

hoge(); // 結果：？？？
```

「引数durがゼロなので、setTimeoutメソッドの内容も即座に実行されて、『あいうえお』『かきくけこ』『さしすせそ』になる」と考えてしまいそうですが、正解は「あいうえお」「さしすせそ」「かきくけこ」。

setTimeoutメソッドが与えられた処理をタイマーに引き渡している間に、JavaScriptはそのまま後続のコードを実行しているわけです。このような処理を非同期処理といいます。

これを利用することで、たとえば以下のようなコードも書けます。

```javascript
setTimeout(function() { heavy(); }, 0);
// 後続の処理
```

heavy関数は、なにかしらの重い処理と仮定します。これをそのまま呼び出した場合には、後続の処理はheavy関数の終了まで待たなければなりません。しかし、setTimeoutメソッドで非同期化することで、heavy関数を待たずに、後続の処理を先に済ませられるので、結果として体感速度を改善できます。

Note タイマーの制約

より正しくは、タイマーには最小遅延の制約が設けられています。具体的には、タイマーが5レベルを越えてネストされた場合、最低でも4ミリ秒間隔での呼び出しを強制します。

そもそも、非同期処理を目的として0msタイマーを用いるならば、setTimeoutメソッドよりもpostMessageメソッド（10.4.5項）を利用することをおすすめします。

10.1.5　ウィンドウサイズ／位置などの情報を取得する

windowオブジェクトには、ブラウザーのサイズ、表示位置を表すために、以下のようなプロパティが用意されています。

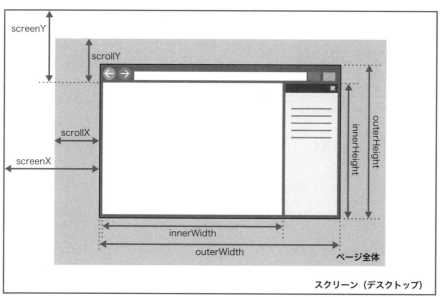

●windowオブジェクトのプロパティ

いずれのプロパティも読み取り専用なので、値を変更することはできません。ブラウザーの位置、サイズを設定するためのmoveTo／resizeToなどのメソッドもありますが、複数タブには対応していないなどの制約もあることから、利用することはほとんどないでしょう。

ブラウザーを全画面表示したいなどの用途では、requestFullscreenメソッドを利用してください。

● リスト10-05　上：full_screen.html／下：full_screen.js

```html
<input id="btn" type="button" value="全画面" />
```

```js
document.querySelector('#btn').addEventListener('click', function() {
  document.body.requestFullscreen();
}, false);
```

※Safari環境では、requestFullscreenメソッドはベンダープレフィックス付きのwebkitRequestFullScreenで置き換えてください。

10.1.6　コンテンツのスクロール位置を設定／取得する - scrollXxxxxメソッド

スクロール位置に関わるメソッド／プロパティとしては、以下のようなものが用意されています。

メンバー	概要
scrollTo(*x, y*)	指定位置までスクロール（絶対座標）
scrollBy(*x, y*)	指定位置までスクロール（現在位置からの相対座標）
scrollIntoView(*opts*)	指定された要素までスクロール
scrollX	水平方向のスクロール位置
scrollY	垂直方向のスクロール位置

●スクロール関係のメンバー（windowオブジェクト）

　たとえば以下は、コンテンツ領域をクリックすると、表示サイズ（ページ）単位にスクロールする例です。

●リスト10-06　上：scroll_basic.html／下：scroll_basic.js

```html
<div id="main">
  <div id="chap_1">
    <h3>Part 1：JavaScriptとは？</h3>
    ...中略...
  </div>
</div>
```

```js
document.querySelector('#main').addEventListener('click', function() {
  // 表示サイズ分だけスクロール
  window.scrollBy(0, window.innerHeight);
}, false);
```

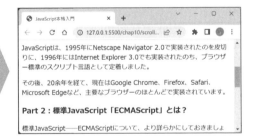

●ページクリックで画面サイズ分だけスクロール

　ページクリックで、次の章に移動するならば、以下のようにも書けます。

```js
document.querySelector('#main').addEventListener('click', function(e) {
  // ターゲット要素の祖先でid="chap_XX">であるものを取得
  let p = e.target.closest('[id^="chap"]');
  if (p) {
```

```
  // 移動先の章番号を生成＆移動
  let next = `#chap_${Number(p.id.split('_')[1]) + 1}`;  ←── ❶
  document.querySelector(next)?.scrollIntoView(true);
 }
}, false);
```

　リスト10-06でも示しているように、各章を表す要素のid値は「chap_XX」の形式です。この例では、章番号（XX）の部分を取り出し、インクリメントしたものをターゲット要素としています（つまり、chap_2であれば、次の要素はchap_3になります❶）。

　あとは、scrollIntoViewメソッドで目的の要素までスクロールできます。引数のtrueは目的の要素上部が表示領域の上端に来るようにスクロールすることを意味します（falseでは要素下部がページ下端になるよう、スクロールします[※3]。

▎10.1.7　表示ページのアドレス情報を取得／操作する - location オブジェクト

　たとえばボタンをクリックすることで、別ページに移動したり、現在のページをリロードしたいという状況はよくあります。そのようなケースで利用するのが、locationオブジェクトです。

　locationオブジェクトで利用可能なおもなプロパティ／メソッドは以下のとおりです。

メンバー	概要	戻り値の例
hash	アンカー名（#〜）	#gihyo
host	ホスト（ホスト名＋ポート番号。80の場合はポート番号は省略）	wings.msn.to:8080
hostname	ホスト名	wings.msn.to
href	リンク先	https://wings.msn.to:8080/js/sample.html?id=12345#gihyo
pathname	パス名	/js/sample.html
port	ポート番号	8080
protocol	プロトコル名	https:
search	クエリ情報	?id=12345
reload()	現在のページを再読み込み	−
assign(url)	指定ページurlの内容に置換	−
replace(url)	指定ページurlに移動	−

●locationオブジェクトのおもなプロパティ／メソッド

※「戻り値の例」は、現在のアドレスが「https://wings.msn.to:8080/js/sample.html?id=12345#gihyo」である場合の結果です。

　この中でもよく利用するのが、JavaScriptからページを移動するためのhrefプロパティです。具体的な例も見てみましょう。以下は、選択ボックスで移動先のページを選択すると自動的にそのページに移動するサンプルです。

※3　ただし、ページがコンテンツ下端に達しており、スクロールしきれない場合には、可能な範囲でスクロールします。

● リスト10-07　上：href.html／下：href.js

```html
<form>
  <select id="isbn">
    <option value="">---書籍名を選択してください---</option>
    <option value="978-4-297-12635-3">ゼロからわかる TypeScript入門</option>
    <option value="978-4-297-12490-8">Bootstrap 5 の教科書</option>
    <option value="978-4-8156-1336-5">これからはじめるVue.js 3実践入門</option>
    <option value="978-4-7980-6510-6">はじめてのAndroidアプリ開発</option>
    <option value="978-4-2960-8014-4">基礎からしっかり学ぶC#の教科書</option>
  </select>
</form>
```

```js
document.querySelector('#isbn').addEventListener('change', function(e) {
  location.href = `https://wings.msn.to/index.php/-/A-03/${e.target.value}`;
}, false);
```

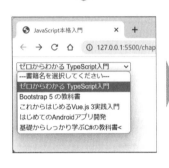

● 選択された書籍ページに移動

　選択ボックスの値を取得する方法については、9.6.2項でも触れたとおりです。ここでは、changeイベントが発生したタイミングで選択ボックスの値を取得し、以下のようなURLを生成しています。

```
https://wings.msn.to/index.php/-/A-03/<選択値>
```

　あとは、これをlocation.hrefプロパティに渡すことで、目的のページに移動できます。

■ replaceメソッドとassignメソッド

　hrefプロパティによく似たメソッドとしてreplace／assignがあります。以下に、それぞれの違いを紹介しておきます。

(1) replaceメソッド

hrefプロパティでページを移動した場合、ブラウザーに移動の履歴が残ります（＝［戻る］ボタンで前のページに移動できます）。このような履歴を残したくない場合には、replaceメソッドを使用してください。リスト10-07であれば、太字の部分を以下のように書き換えます。

```
location.replace(`https://wings.msn.to/index.php/-/A-03/${e.target.value}`);
```

サンプルを実行し、移動先のページから元のページに戻れなくなっていることを確認してください。

(2) assignメソッド

assignメソッドは、hrefプロパティとほぼ同じ動きを示します。たとえばリスト10-07の太字を以下のように書き換えても、挙動に変化はありません。

```
location.assign(`https://wings.msn.to/index.php/-/A-03/${e.target.value}`);
```

ただし、異なるオリジン[4]のドキュメントを操作した場合の結果が異なります。たとえば以下は、インラインフレーム配下のコンテンツを切り替える例です。

◉ リスト10-08 上：location_assign.html／下：location_assign.js

```
<input id="btn" type="button" value="ページ移動" /><br />    HTML
<iframe src="https://wings.msn.to/"></iframe>
```

```
document.querySelector('#btn').addEventListener('click', function() {    JS
  window.frames[0].location.href = 'https://example.com/';[5]  ← ❶
}, false);
```

この例では、「https://example.com/」に正しく切り替わることが確認できます。では、❶を以下のように書き換えると、どうでしょう。

```
window.frames[0].location.assign('https://example.com/');
```

この場合、「Blocked a frame with origin "http://127.0.0.1:5500" from accessing a cross-origin frame」（オリジンをまたいでのアクセスをブロックした）のようなエラーとなります。assignメソッドでは、このように実行元のコードと操作先のオリジンが異なる場合にアクセスをガードしているのです。

hrefプロパティ、assignメソッドは、たいがいの場合、いずれを利用しても構いませんが、上記のような違いがあることを頭の片隅に留めておきましょう。

※4　オリジンとは、「https://example.com:80」のように「プロトコル://ドメイン:ポート番号」の組み合わせのことです。

※5　window.framesプロパティは、現在のウィンドウに属するサブフレーム（群）を意味します。この例では、インラインフレームがひとつだけあることが分かっているので、frames[0]（0番目のサブフレーム）を取得しています。

10.1.8 履歴に沿ってページを前後に移動する - history オブジェクト

履歴に沿って前後のページへの移動を制御したい時は、ブラウザーのページ履歴を管理している history オブジェクトを利用します。以下のように、back ／ forward メソッドを利用することで、ページ履歴上の前後のページへ移動できます。

●リスト 10-09　history.html

```html
<a href="javascript:history.back()">戻る</a> |
<a href="javascript:history.forward()">進む</a>
```

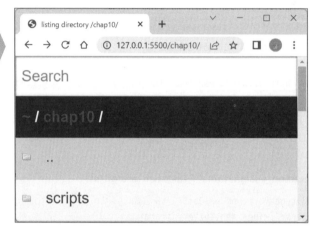

● ［戻る］リンクをクリックすると、1 つ前のページに移動

この例では利用していませんが、history.go メソッドを利用することで、指定されたページ数だけ進む（負数を設定した場合は戻る）こともできます。

```javascript
history.go(-3); // 3ページ前に戻る
```

10.1.9　JavaScriptによる操作をブラウザーの履歴に残す - pushState メソッド

JavaScriptでページを更新した場合、そのままではページの状態を保持することはできません。たとえばボタンをクリックして、JavaScriptでページを更新したあと、クリック前の状態に戻したいと思い、［戻る］ボタンを押したらどうでしょうか。期待した挙動にはならず、そのまま1つ前のページに戻ってしまうはずです。

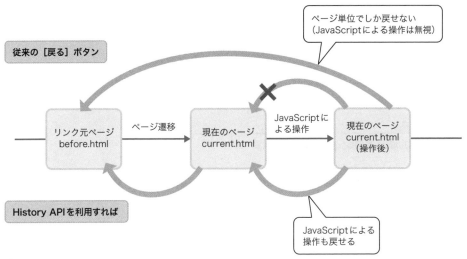

●JavaScriptアプリにおける［戻る］ボタンの挙動

そこで利用できるのがpushStateメソッドです（History APIと呼ばれることもあります）。push Stateメソッドを利用することで、JavaScriptから任意のタイミングでブラウザーの履歴を追加することが可能になります。

まずは、サンプルで具体的な動きを見てみましょう。［カウントアップ］ボタンをクリックすることで、ブラウザーの履歴が追加されていくサンプルです。［カウントアップ］ボタンを何度か押した時にブラウザーのアドレス欄が変化すること、その後、ブラウザーの［戻る］ボタンを押すことでページの状態が戻っていくことを確認してみましょう。

◉ リスト 10-10　上：history_push.html／下：history_push.js

```html
<input id="btn" type="button" value="カウントアップ" />
<span id="result">ー</span>回クリックされました。
```

```js
let count = 0;
let result = document.querySelector('#result');

// ［カウントアップ］ボタンをクリックした時に履歴を追加
document.querySelector('#btn').addEventListener('click', function() {
  result.textContent = ++count;
  history.pushState(count, '', `/js/chap07/count/${count}`);  ← ❶
});

// ［戻る］ボタンでページの状態を前に戻す
window.addEventListener('popstate', function(e) {
  count = e.state;
  result.textContent = count;
});  ❷
```

● ［カウントアップ］ボタンを押した回数分の履歴が残る

ブラウザーに履歴を追加するのはhistory.pushStateメソッドの役割です（❶）。

● 構文　pushStateメソッド

```
history.pushState(data, title [, url])
      data  ：履歴に紐づけるデータ
      title ：識別タイトル（未使用※6）
      url   ：履歴に紐づけるURL
```

引数dataには、あとからその時点での状態を復元する際に必要となる情報を設定します。ここでは現在のカウント値（変数count）をセットしていますが、非同期通信（10.4節）などでページの内容を取得している場合には、リクエストに際してキーとなる情報を保存しておくことになるでしょう。

　［戻る］ボタンで履歴をさかのぼった時の挙動は、popStateイベントリスナーで捕捉できます（❷）。pushStateメソッドで追加したデータ（引数data）には、イベントオブジェクトeのstateプロパティでアクセスできます。ここでは、stateプロパティから得たカウント値を変数countに書き戻したうえで、その値をページにも反映させています。

※6　歴史的な理由で残されているだけの引数です。将来的な変更に備えるならば、最低限、空文字列を渡しておくべきです。

10.2 デバッグ情報を出力する - consoleオブジェクト

現在よく利用されているほとんどのブラウザーには、クライアントサイド開発で利用できる開発者ツールが備わっています。consoleオブジェクトは、この開発者ツールのコンソールに対してログなどを出力するための機能を提供します。簡易なデバッグでは重宝するオブジェクトです。

ブラウザーによって挙動／表示が異なるものもありますが、おもに開発／デバッグ用途のオブジェクトなので、クロスブラウザー対応にあまり神経質にはならず、便利な機能を積極的に活用していくことをおすすめします。

10.2.1 コンソールにログを出力する

consoleオブジェクトには、これまで何度も利用してきたlogメソッドのほかにも、以下のようなメソッドが用意されています。

メソッド	概要
log(*str*)	一般的なログ
info(*str*)	一般情報
warn(*str*)	警告
error(*str*)	エラー

●基本的なログ出力のためのメソッド

一般的には、logメソッドだけでも十分ですが、info／warn／errorメソッドを利用することで、以下のようなメリットがあります。

- ・メッセージにアイコンや色が付くので、ログを視認しやすくなる
- ・コンソール上で［エラー］［警告］［情報］などのチェックをオン／オフすることで（Google Chromeの場合）、表示すべきログを絞り込める

複雑なアプリでログの個数が増えてきた場合には、目的に応じてメソッドを使い分けることをおすすめします。以下に、具体的な例も見ておきます。

●リスト 10-11 log.js

```
console.log('一般ログ');
```

```
console.info('情報');
console.warn('警告');
console.error('エラー');
```

●consoleオブジェクトから出力されたログ

いずれのメソッドでも、引数は複数指定できます。この場合、consoleオブジェクトは、指定された引数を順に出力します。

> **Note** **ログをクリアする**
>
> 出力されたログを破棄したいならば、clearメソッドを呼び出します。
>
> ```
> console.clear();
> ```

■ 書式に従って文字列を出力する

log ／ info ／ warn ／ errorメソッドには、以下のような構文もあります（以下はlogメソッドの構文を示していますが、ほかのメソッドも同様です）。

◉ 構文 **logメソッド**

```
console.log(format, args...)
      format：書式文字列
      args  ：書式文字列に埋め込む値（可変長引数）
```

引数formatには、以下のような書式指定子を埋め込むことができます。

書式指定子	概要
%s	文字列を出力
%d、%i	整数値を出力（%.2dで2桁の整数を表す）
%f	浮動小数点数を出力（%.2fで小数点以下2桁の小数点数を表す）
%o、%O	JavaScriptオブジェクトを出力（コンソール上では詳細を展開可能）

●引数formatで利用できる書式指定子

%d／%i、%f では「%.＜n＞d」のようにすることで、出力すべき数値の桁数も指定できます (Firefox、Safariのみ)。具体的なコードも見てみましょう。

● リスト10-12 log_format.js

```
console.log('初めまして、私は %sです。%d 歳です。', '山田太郎', 30);
     // 結果：初めまして、私は 山田太郎です。30 歳です。
console.log('今日の気温は、%.2f 度です。', 22.5);
     // 結果：今日の気温は、22.50 度です。(Firefox、Safariの場合)
```

■ 注意：オブジェクトは展開時の値が表示される

logメソッドはオブジェクト／配列などの構造型を、参照として記録する点に注意してください。「参照とは」と思った人は、以下のコードを実行してみましょう。

● リスト10-13 log_obj.js

```
let obj = {
  title: 'Angularアプリケーションプログラミング',
  price: 3800
};

console.log(obj);  ←── ❶
obj.price = 2500;
```

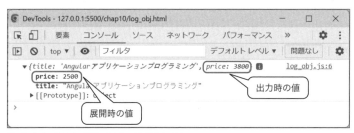

● オブジェクトを展開した時の値が実行される

❶の時点ではprice プロパティは3800ですが、サンプルを実行した後、オブジェクトを展開してみると、値は2500。展開したタイミングで値が確定することが見て取れます[※1]。

これが参照を記録している、という意味です。配下の値は展開時に読み取り、出力しているのです。

もしもlogメソッドのタイミングでの値を正しく知りたいならば、❶を以下のように書き換えてください (7.3.2項でも触れたオブジェクトの複製です)。これでオブジェクトの中身が固定されるので、正しくその時点での値を得られます。

```
console.log(JSON.parse(JSON.stringify(obj)));
```

※1　Safariでは、オブジェクトが展開されないので、ほかのブラウザーで確認してください。

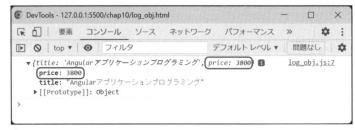

●ログ時の値が正しく出力される

10.2.2　知っておくと便利なログメソッド

前項で示したほかにも、consoleオブジェクトには、ログをまとめて見やすくしたり、特定の条件／形式でログを出力するためのメソッドが用意されています。用途に応じて使い分けることで、ログを利用したデバッグをより効率化できるでしょう。

ここでは、おもなものをまとめておきます。

■ ログをグループ化する

group／groupEndメソッドを利用することで、groupメソッドを呼び出してからgroupEndメソッドを呼び出すまでのログをグループ化できます。ログが大量になった場合にも、メソッド、ループなどの単位にまとめることで、ログの見通しを改善できます。group／groupEndメソッドは入れ子にすることも可能です。

●構文　group／groupEndメソッド

```
console.group(label)
console.groupEnd()
      label：ラベル文字列
```

たとえば以下は、外側のforループでログ全体をグループ化し、内側のforループでそれぞれ子グループを作成する例です。

●リスト10-14　log_group.js

```
// 親グループを開始
console.group('上位グループ');
for (let i = 0; i < 3; i++) {
  // 子グループを開始
  console.group(`下位グループ ${i}`);
  for (let j = 0; j < 3; j++) {
    console.log(i, j);
  }
  // 子グループを終了
  console.groupEnd();
```

```
}
// 親グループを終了
console.groupEnd();
```

●親子関係にあるグループを生成

また、groupメソッドとよく似たメソッドに、groupCollapsedメソッドもあります。groupメソッドと異なる点は、出力されたグループが折りたたまれた状態で表示される点です（もちろん、手動で展開することは可能です）。ロググループが増えてきて、かつ、全体を見渡したい場合には、groupCollapsedメソッドのほうが見通しはよくなります。

以下は、リスト10-14の太字部分をgroupCollapsedメソッドで置き換えた場合の結果です。

●groupCollapsedメソッドではグループが折りたたまれる

■ 特定のコードが何度実行されたかをカウントする

countメソッドを利用することで、countメソッドを呼び出した回数をログに出力できます。

●構文 count メソッド

```
console.count([label])
        label：ラベル文字列（既定はdefault）
```

以下は、たとえばループの中でcountメソッドを呼び出した例です。

● リスト 10-15 log_count.js

```javascript
for (let i = 0; i < 3; i++) {
  for (let j = 0; j < 3; j++) {
    console.count('LOOP');
  }
}
console.count('LOOP'); ← ❶
```

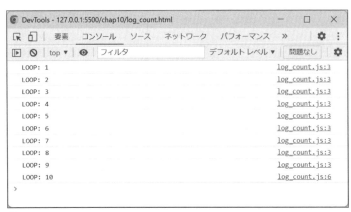

● 「LOOP」ラベルが何回呼び出されたかを確認

　引数labelが等しいものについて、何回呼び出されたかがわかるように、「ラベル: 回数」の形式で出力します。同一ラベルのcountメソッドを、異なる場所で呼び出してもカウンターは正しく動作します（❶）。

■ 配列／オブジェクトを表形式で出力する

　tableメソッドを利用することで、配列／オブジェクトを表形式で出力することも可能です。表の列見出しをクリックすると、その列の値でソートすることも可能です。

● リスト 10-16 log_table.js

```javascript
let books = [
  { title: 'TypeScript入門', price: 2948, publisher: '技術評論社' },
  { title: 'Bootstrap 5の教科書', price: 3828, 'publisher': '技術評論社' },
  { title: 'C#の教科書', price: 3190, 'publisher': '日経BP' }
];
console.table(books);
```

●構造データを表形式で出力

　さらに、tableメソッドの第2引数で、特定のプロパティだけを出力することも可能です。たとえば書籍情報のtitle、priceプロパティだけを出力するならば、以下のようにします。

```
console.table(books, [ 'title', 'price' ]);
```

●特定のプロパティだけを出力

■ 実行時のスタックトレースを出力する

　traceメソッドを利用することで、実行時のスタックトレースを出力できます。スタックトレースとは、そこに到るまでに経てきたメソッド（関数）の呼び出し階層を表す情報です。

　以下のように、「関数1の中で別の関数2が、関数2の中で関数3が……」というように、複数の関数が関連して動作しているような状況では、互いの関係を確認しやすくなります。

●リスト10-17 log_trace.js

```
function call1() {
  call2();
}

function call2() {
  call3();
}
```

```
function call3() {
  console.trace();
}


call1();
```

●呼び出し順序をさかのぼって表示

■ スクリプトの実行時間を計測する

time／timeEndメソッドを利用することで、timeメソッドを呼び出してからtimeEndメソッドを呼び
出すまでの実行時間を計測できます。

●構文 time／timeEndメソッド

```
console.time(label)
console.timeEnd(label)
        label：ラベル文字列
```

引数labelはタイマーを識別するための文字列なので、time／timeEndメソッドで対応関係になければ
なりません。タイマーは一度に複数動作させることも可能です。

たとえば以下は、ダイアログを表示してから閉じるまでの時間を計測しています。

●リスト10-18 log_timer.js

```
console.time('MyTimer');
window.alert('確認してください。');
console.timeEnd('MyTimer');
```

●ダイアログを閉じたところで経過時間を表示

■ 条件式がfalseの場合にだけログを出力する

assertメソッドを利用することで、指定した条件式がfalseの場合にだけログを出力できます。

◉構文　assertメソッド

```
console.assert(exp, message)
      exp     ：条件式
      message ：ログ文字列
```

たとえば、関数に対して不適切な値が渡されたようなケースをチェック&警告する際に、assertメソッドを利用すると便利です。

◉リスト10-19　log_assert.js

```javascript
function circle(radius) {
  console.assert(typeof radius === 'number' && radius > 0,
    '引数radiusは正数でなければいけません。');
  return radius * radius * Math.PI;
}

console.log(circle(-5));
```

●不正な引数が渡された場合はエラーログを出力

circle関数は、引数radius（半径）にもとづいて、円の面積を求める関数です。この例であれば、引数radiusが「数値、かつ、正の数」でなければいけません。これに反する場合には、assertメソッドでエラーログを出力します。

■ オブジェクトを見やすい形式で出力する

dirメソッドを利用することで、オブジェクトの内容を人間にとって見やすい形式で出力できます。もっとも、それだけの説明だと、logメソッドとの違いが理解しにくいかもしれません。

たとえば、以下のコードでは、いずれも同じくwindowオブジェクトのプロパティをログ出力しています。

◉リスト10-20　log_dir_pre.js

```javascript
console.log(window);
console.dir(window);
```

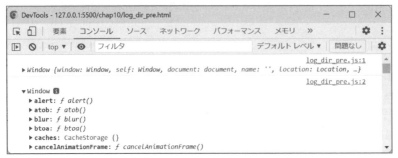

●いずれもwindowオブジェクトのプロパティを出力

　両者の違いは、Element（要素）オブジェクトを出力する場合に明らかになります。以下のサンプルで確認してみましょう。

●リスト10-21　上：log_dir.html／下：log_dir.js

```html
<div id="main">
  <p>WINGSプロジェクト</p>
  <img src="https://wings.msn.to//image/wings.jpg" />
</div>
```

```js
let main = document.querySelector('#main');
console.log(main);
console.dir(main);
```

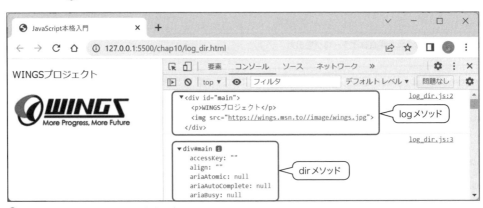

●logメソッドとdirメソッドとの出力の違い

　logメソッドではElementオブジェクトをHTML形式のツリーとして出力するのに対して、dirメソッドではオブジェクトツリーとして出力している点に注目です[2]。

---

[2]　ただし、Firefox環境ではいずれのメソッドもオブジェクトツリーを表示します。

10.3 ユーザーデータを保存する - Storageオブジェクト

　JavaScriptの世界では、原則として、スクリプトからコンピューターに勝手に書き込むことは許されていません。ユーザーがサイトにアクセスした途端に、コンピューター内のファイルを書き換えられてしまったら大変ですから、これは当然ですね。

　その例外となる手段として、ブラウザーでは初期の頃からクッキー（Cookie）と呼ばれるしくみを提供しています。Webアプリでは、クッキーを利用することで、クライアントに対して、小さなテキストを保存できるようになります。

　もっとも、このクッキーは、JavaScriptからは操作しにくく、サイズも制限されています。そのため現在では、その代替手段としてWeb Storage（ストレージ）を利用するのがおすすめです。

　ストレージとは、ブラウザー内蔵のデータストア（保管庫）です。データを特定するキーと値の組み合わせでデータを保管することから、Key − Value型データストアと呼ばれることもあります。

Key（キー）	Value（値）
fruit1	りんご
fruit2	みかん
fruit3	ぶどう
…	…

シンプルなデータを管理できる

キーによって値が一意に決まる

●Web Storageとは

　以下に、クッキーとストレージの違いもまとめておきます。

項目	データサイズの上限	データの有効期限	データ通信
ストレージ	大きい（5MB）	なし	発生しない
クッキー	小さい（4KB）	あり	リクエストの都度、サーバーにも送信

●ストレージとクッキーの違い

　以降では、ストレージの基本的な用法を、サンプルを交えながら紹介していきます。

10.3.1　ストレージにデータを保存／取得する

まずは、ストレージに対してデータを保存して、取り出してみましょう。

◉ リスト 10-22　storage.js

```
let storage = localStorage;  ← ❶

storage.setItem('fruit1', 'りんご');  ←
storage.fruit2 = 'みかん';                          ❷
storage['fruit3'] = 'ぶどう';  ←

console.log(storage.getItem('fruit1'));  // 結果：りんご  ←
console.log(storage.fruit2);      // 結果：みかん             ❸
console.log(storage['fruit3']);   // 結果：ぶどう  ←
```

ストレージは、ローカルストレージ（Local Storage）とセッションストレージ（Session Storage）とに分類され、それぞれlocalStorage／sessionStorageプロパティでアクセスできます。両者は、データの有効期限／範囲という観点で、以下のような違いがあります。

- ・ローカルストレージ　➡　オリジン単位でデータを管理。ウィンドウ／タブをまたいでデータの共有が可能で、ブラウザーを閉じてもデータは維持される
- ・セッションストレージ　➡　現在のセッション（＝ブラウザーが開いている間）でだけ維持されるデータを管理。ブラウザーを閉じたタイミングでデータは破棄され、ウィンドウ／タブ間でデータを共有することもできない

もちろん、両者は用途に応じて使い分けるべきものですが、一般的には、それで賄えるならばセッションストレージを優先して利用することをおすすめします。ローカルストレージでは、以下のような問題もあるからです。

- ・明示的にデータを削除しない限り、データが消えない（＝ゴミがたまりやすい）
- ・同一のオリジン[1]で複数のアプリを稼働している場合、変数名が衝突しやすい

ローカルストレージ／セッションストレージは、アクセスのためのプロパティが異なるだけで、以降の操作方法は共通です。よって、最初にlocatStorage／sessionStorageプロパティの戻り値（Storageオブジェクト）を、変数に格納しておくことをおすすめします（❶）。これによって、「あとからストレージを切り替えたい」となった場合にも、❶だけを書き換えればよいからです。

データの設定／取得は、❷、❸のようにします。複数の構文があるので、以下の表にまとめます。

※1　P.521の註も参照してください。ストレージでは、オリジンの単位でデータを管理するので、現在のホストで保存したデータを、ほかのホストのアプリから読み出すことはできません。

記法	構文
プロパティ構文	storage.キー名
ブラケット構文	storage['キー名']
メソッド構文（取得）	storage.getItem('キー名')
メソッド構文（設定）	storage.setItem('キー名', '値')

●ストレージにデータを設定／取得する方法

　一般的には、シンプルに表現できるプロパティ構文が便利です。ただし、「123」のように識別子で利用できない名前は、プロパティ構文では利用できません。そのような場合、または、名前を文字列で指定したい（＝入力値などによって変更したい）ような場合には、ブラケット構文を利用します。メソッド構文も同じ用途で利用できますが、わずかながら記述が冗長になることから、著者はブラケット構文を優先して利用しています。

■ 開発者ツールでストレージの内容を確認する

　ストレージの内容は、開発者ツールから確認することもできます。Google Chromeであれば、［アプリケーション］タブから［ローカルストレージ］（または［セッションストレージ］）－［＜IPアドレス、またはlocalhost＞］でストレージの内容を確認できます。個々の行からデータを挿入／編集／削除することも可能です。

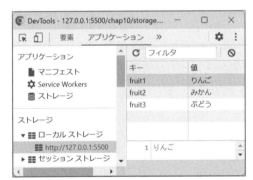

●ストレージの中身を確認（Google Chromeの場合）

10.3.2　既存のデータを削除する

　スクリプトから既存のデータを削除するには、removeItemメソッド、またはdelete演算子を利用します。たとえば以下の3行のコードは、すべて等価です。

```
storage.removeItem('fruit1');
delete storage.fruit1;
delete storage['fruit1'];
```

　無条件にすべてのデータを破棄するならば、clearメソッドを利用しても構いません。

```
storage.clear();
```

　先ほども触れたように、ローカルストレージは、明示的にデータを破棄しない限り、永遠にデータを持ち続けます。まずは、セッションストレージを利用すべきですが、ローカルストレージを利用する場合は、どこでデータを破棄するかをあらかじめルール化しておくべきです。

10.3.3　ストレージからすべてのデータを取り出す

　以下のようなコードを書くことで、ストレージからすべてのデータを取り出すこともできます。

◉ リスト 10-23 storage_all.js

```
let storage = localStorage;
for (let i = 0; i < storage.length; i++) {  ←── ❶
  let key = storage.key(i);  ←── ❷
  console.log(`${key}：${storage[key]}`);  ←── ❸
}
```

```
fruit1：りんご
fruit2：みかん
fruit3：ぶどう
```

　lengthプロパティ（❶）は、ストレージに格納されているデータの個数を表します。ここでは、forループを利用して、0〜storage.length − 1個目のデータをストレージから取り出していきます。
　i番目のデータのキーを取得するには、keyメソッドを利用します（❷※2）。

◉ 構文　keyメソッド

```
storage.key(index)
        storage：Storageオブジェクト
        index  ：インデックス番号（スタートは0）
```

　キー名を取得できてしまえば、あとは前項でも触れたブラケット構文で値にアクセスできます（❸）。別解として、getItemメソッドを利用しても構いません。

10.3.4　ストレージにオブジェクトを保存／取得する

　ストレージに保存できる型は、文字列が前提です。オブジェクトを保存してもエラーにはなりませんが、内部的にはtoStringメソッドで文字列化されてしまうので、あとからオブジェクトとして復元することはできません。

※2　ただし、キーの順序はブラウザーの実装依存です。順序に頼ったコードを記述すべきではありません。

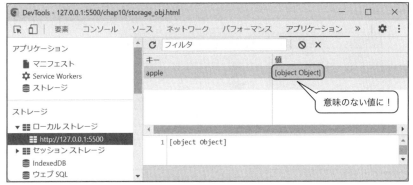

●ストレージにオブジェクトをそのまま保存した結果

そこで、オブジェクトをストレージに保存する場合には、「復元可能な文字列」に変換しなければなりません。具体的には、以下のとおりです。

●リスト 10-24 storage_obj.js

```
let storage = localStorage;
let apple = { name: 'りんご', price: 150, made: '青森' };
storage.setItem('apple', JSON.stringify(apple));  ← ❶
let data = JSON.parse(storage.getItem('apple'));  ← ❷
console.log(data.name);  // 結果：りんご  ← ❸
```

オブジェクトを復元可能な文字列に変換するのは、JSON.stringify メソッド（5.9.2項）の役割です（❶）。変換後の値は、以下のように、オブジェクトリテラルによく似た記法で書かれた文字列なので、そのままストレージに保存できます。

```
{name: "りんご", price: 150, made: "青森"}
```

データを取り出す際には、文字列を JSON.parse メソッドに渡すことで、オブジェクトとして復元できます（❷）。❸でも、たしかに data.name のように、個々のプロパティにアクセスできることが確認できます。

■ 例：ストレージで名前の衝突を防ぐ

先ほども触れたように、ローカルストレージでは、オリジン単位でデータを管理します。特に、1つのオリジンで複数のアプリが動作している場合には、名前衝突の危険を防ぐために、1つのアプリで利用するデータは、極力、1つのオブジェクトに収めてしまうことをおすすめします。

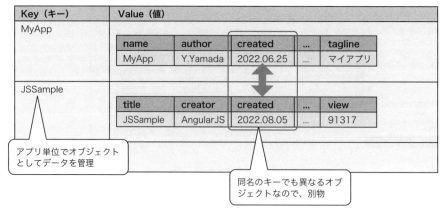

Key（キー）	Value（値）				
MyApp					
	name	author	created	...	tagline
	MyApp	Y.Yamada	2022.06.25	...	マイアプリ
JSSample					
	title	creator	created	...	view
	JSSample	AngularJS	2022.08.05	...	91317

アプリ単位でオブジェクトとしてデータを管理

同名のキーでも異なるオブジェクトなので、別物

●**アプリ単位にデータを保存する**

ただし、値を出し入れするためにオブジェクトの変換を意識するのはめんどうなので、以下のような MyStorage クラスを準備するのが便利です。

●リスト 10-25 MyStorage.js

```javascript
class MyStorage {
  // アプリ名
  #app;
  // 利用するストレージの種類（ここではローカルストレージ）
  #storage = localStorage;
  // ストレージから読み込んだオブジェクト
  #data;

  constructor(app) {
    this.#app = app;
    // 現在のストレージの内容で初期化（データがない場合は空オブジェクトを生成）
    this.#data = JSON.parse(this.#storage[this.#app] || '{}');
  }

  // 指定されたキーで値を取得
  getItem(key) {
    return this.#data[key];
  }

  // 指定されたキー／値でオブジェクトを書き換え
  setItem(key, value) {
    this.#data[key] = value;
  }

  // MyStorageオブジェクトの内容をストレージに保存
  save() {
    this.#storage[this.#app] = JSON.stringify(this.#data);
  }
}
```

MyStorageオブジェクトを利用するには、以下のようにします。

◉ リスト10-26 storage_call.js

```javascript
let storage = new MyStorage('JSSample');
storage.setItem('hoge', 'ほげ');
console.log(storage.getItem('hoge'));    // 結果：ほげ
storage.save();
```

MyStorageオブジェクトでは、setItemメソッドだけではストレージに値が反映されない点に注目してください。最終的にsaveメソッドを呼び出すことで、ストレージに反映されます。

開発者ツールから確認すると、たしかにJSSampleというオブジェクトの配下にhogeというキーで値が保存されていることに注目してください。

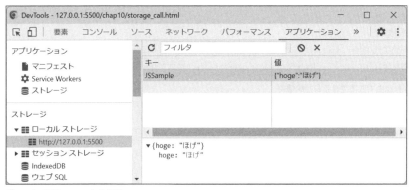

●アプリ単位にデータを保存

10.3.5 ストレージの変更を監視する

ストレージを利用していると、「別のウィンドウ／タブで発生したストレージの変更を検知して、現在のページに反映させたい」という状況も出てきます。このような場合には、storageイベントを利用します。

たとえば以下は、ストレージへの変更を監視して、変更内容をログに出力する例です[3]。一般的なアプリでは、ストレージの内容にもとづいて生成されているコンテンツを更新することになるでしょう。

◉ リスト10-27 storage_event.js

```javascript
window.addEventListener('storage', function (e) {
  console.log(`
  変更されたキー： ${e.key}
  変更前の値： ${e.oldValue}
  変更後の値： ${e.newValue}
  発生元ページ： ${e.url}`);
```

※3　サンプルを試す際には、storage_event.htmlを起動した状態のままで、別のウィンドウから配布サンプル上の storage_up.htmlにアクセスしてください。

```
}, false);
```

```
変更されたキー： fruit1
変更前の値： りんご
変更後の値： なし
発生元ページ： http://127.0.0.1:5500/chap10/storage_up.html
```

storageイベントリスナーでは、イベントオブジェクトeを介して、以下のような情報にアクセスできます。

プロパティ	概要
key	変更されたキー
oldValue	変更前の値
newValue	変更後の値
url	変更発生元のページ
storageArea	影響を受けたストレージ（localStorage／sessionStorageオブジェクト）

●イベントオブジェクト経由で取得できるおもな情報

10.4 非同期通信の基本を理解する - Fetch API

1.1.2項でも触れたように、昨今ではJavaScript APIでできることが増えたこともあり、フロントエンドで完結するSPAが人気です。本節のテーマであるFetch APIは大雑把にいえば、SPAの核となる技術といってもよいでしょう。

10.4.1 SPAとは？

ということで、まずはSPAについて軽く補足しておきます。SPA（Single Page Application）とは、名前のとおり、単一のページで構成されるアプリのこと。初回のアクセスでは、まずページ全体を取得しますが、以降のページ更新はJavaScriptで賄います。ブラウザー内部で完結しきれない――たとえばデータの取得／更新などは、サーバーに処理を依頼します。

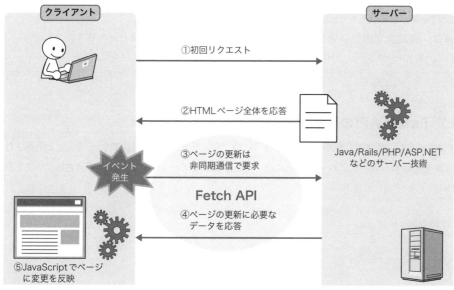

●SPAとは？

このサーバーへの処理依頼の部分を担うのがFetch APIです。Fetch APIを利用することで、普段ブラウザー上でおこなっているような、サーバーに要求（リクエスト）を投げたり、応答（レスポンス）を受け取ったりといった通信部分を、JavaScriptで実装できるようになります。通信そのものは非同期に（＝ページ操作を妨げることなく）実行されることから非同期通信とも呼ばれます。

その性質上、SPAではリクエストのたびにページが切り替わりません（従来型のアプリでは、サーバー通信のたびにページ全体をリフレッシュしていました）。あくまでコンテンツが変化した領域だけを書き換えるのです。そのため、従来ありがちだったページのチラツキも抑えられますし、リフレッシュの待ち時間も軽減されます。

デスクトップアプリにもよく似た操作性、そして、直感的な操作性が、SPAが近年にわかに注目を浴びている理由です。

> **Note** **Googleマップ**
>
> SPAの元祖は、Googleマップです。地図を拡大縮小、あるいは移動する際にも、ページを切り替える必要がなく、当時は革新的なアプリとして注目されました。
>
> もっとも、その頃はSPAというキーワードはなく、Ajax（Asynchronous JavaScript + XML＝JavaScriptとXMLを利用した非同期通信のしくみ）の先駆けとしてよく紹介されています。

> **Note** **XMLHttpRequestオブジェクト** `Legacy`
>
> 同じく非同期通信のしくみとして、XMLHttpRequestというオブジェクトを知っている人もいるかもしれません。XMLHttpRequestオブジェクトはJavaScriptの歴史の中でも、比較的初期の頃からサポートされており、長く親しまれてきましたが、より新しいFetch APIの登場によって、その役割も終えたように思われます（最近まではInternet ExplorerがFetch APIをサポートしていない問題がありましたが、それもIEの退場によって解消されました）。
>
> 今後は、特別な理由がないならば、Fetch APIを優先して利用することをおすすめします。XMLHttpRequestオブジェクトについて知りたい人は、本書旧版を参照してください。

■ 10.4.2 Fetch APIの基本

それではさっそく、具体的な例を見てみましょう。以下は、Fetch API経由でサーバー上で用意された書籍情報を取得する例です。サーバー側には、あらかじめ以下のようなデータが用意されているものとします[1]。

● リスト10-28 book.json

```json
{
  "title": "TypeScript入門",
  "price": 2948,
  "publisher": "技術評論社"
}
```

以下では、このbook.jsonからタイトル（title）を取得し、ログ表示しています。

※1　本来であれば、データそのものはデータベースなどから動的に生成すべきですが、ここでは簡略化のため、ファイルをあらかじめ用意しています。

● リスト 10-29 **fetch_basic.js**

```
fetch('book.json')  ← ❶
  .then(res => res.json())  ← ❷
  .then(data => console.log(data.title)); // 結果：TypeScript入門  ← ❸
```

Fetch APIの核となるのは、そのままfetchメソッドです（❶）。

● 構文 **fetch メソッド**

```
fetch(resource [, init])
      resource：アクセスするリソース
      init    ：リクエストオプション（利用可能なオプションは以下の表）
```

オプション	概要
method	リクエストメソッド（GET／POSTなど。既定はGET）
headers	リクエストヘッダー（Headersオブジェクト、または「キー名：値」のハッシュ形式）
body	リクエスト本体（Blob、FormData、URLSearchParamsなど）
mode	リクエストモード（cors／no-cors／same-originなど）
credentials	クッキー／認証情報などの送信ルール <table><tr><th>設定値</th><th>概要</th></tr><tr><td>same-origin</td><td>同じオリジンに対してのみ送信（既定）</td></tr><tr><td>include</td><td>Accept-Control-Allow-Credentialsヘッダーを要求</td></tr><tr><td>omit</td><td>送信しない</td></tr></table>
cache	キャッシュモード <table><tr><th>設定値</th><th>概要</th></tr><tr><td>no-store</td><td>キャッシュしない</td></tr><tr><td>reload</td><td>取得したリソースでキャッシュを更新</td></tr><tr><td>no-cache</td><td>リソースが変更されていない場合にキャッシュを取得</td></tr><tr><td>force-cache</td><td>リソースの新旧を問わず、キャッシュを取得</td></tr><tr><td>only-if-cached</td><td>リソースの新旧を問わず、キャッシュを取得（存在しなければ504エラー）</td></tr></table>
redirect	リダイレクトの方法 <table><tr><th>設定値</th><th>概要</th></tr><tr><td>follow</td><td>自動でリダイレクト（既定）</td></tr><tr><td>error</td><td>リダイレクト時にはエラー</td></tr><tr><td>manual</td><td>手動でリダイレクトを処理</td></tr></table>
referrer	リファラー（リンク元）
referrerPolicy	Refererヘッダーを送信するか <table><tr><th>設定値</th><th>概要</th></tr><tr><td>no-referrer</td><td>送信しない</td></tr><tr><td>same-origin</td><td>同じオリジンに対してのみ送信</td></tr><tr><td>no-referrer-when-downgrade</td><td>HTTPS→HTTPへの送信では送信しない</td></tr><tr><td>origin</td><td>オリジン部分のみを送信</td></tr><tr><td>origin-when-cross-origin</td><td>クロスオリジン通信ではオリジン部分のみを送信</td></tr><tr><td>strict-origin</td><td>オリジン部分のみを送信（クロスオリジン通信では送信しない）</td></tr></table>

（次ページへ続く）

integrity	取得するリソースのハッシュ値
keepalive	呼び出し元でページを移動した後もリクエストを継続するか（既定はfalse）

●おもなリクエストオプション（引数init）

　fetchメソッドの戻り値はPromise<Response>オブジェクト（＝Responseオブジェクトを含んだPromiseオブジェクト）です。Promiseについては10.5節で改めるので、まずはPromiseを伴う結果はthenメソッドで処理する、とだけ理解しておきましょう。

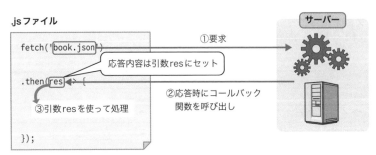

●Fetch APIによる処理の流れ

　最初のthenメソッド（正しくは、そのコールバック関数）で受け取るのは、Responseオブジェクト──通信の応答情報です。具体的には、以下のようなメンバーが用意されています。

分類	メンバー	概要
ステータス	ok	成功したか
	redirected	レスポンスがリダイレクトの結果であるか
	status	HTTPステータスコード
	statusText	ステータスメッセージ
ヘッダー	headers	ヘッダー情報（Headersオブジェクト）
	type	レスポンスタイプ
	url	レスポンスのURL
本文	body	レスポンス本体を取得（ReadableStreamオブジェクト）
	arrayBuffer()	ArrayBufferとして取得
	blob()	Blobとして取得
	formData()	FormDataとして取得
	json()	JSONとして取得
	text()	テキストとして取得

●Responseオブジェクトのメンバー

　❷であればjsonメソッドで応答データをJSON文字列として取得＆解析します。jsonメソッドの戻り値はPromise<object>なので、これをさらに処理しているのが❸です。コールバック関数は、今度は解析済みのオブジェクトを受け取るので、あとはそのtitleプロパティにアクセスし、ログ出力します。

　文章にしてみると複雑にも思われるかもしれませんが、fetch＋then（レスポンス処理）＋then（結果値処理）は定番なので、イディオムとして覚えてしまうとよいでしょう。

> **Note** テキスト／XML形式のデータを処理するには？
>
> 単なるテキストデータを取得するならば、（jsonメソッドの代わりに）textメソッドを利用するだけ
> です。一方、XML（eXtensible Markup Language[2]）形式のデータは、それ専用のメソッドが
> ありません。textメソッドでテキストとして取得したうえで、DOMParserオブジェクトを使って解析
> するようにしてください（以下の例ではdataがtextメソッドの戻り値です）。
>
> ```
> let parser = new DOMParser();
> let doc = parser.parseFromString(data, 'text/xml');
> ```
>
> parseFromStringメソッドの戻り値は、Documentオブジェクトです。よって、以降はDOM
> （Chapter 9）でデータにアクセスできます。

■ 補足：通信エラー時の処理を追加する

非同期通信の世界では、アクセス先のサービスがダウンしているなどで、正しくアクセスできない場合
があります。そのような場合に備えて、一般的なアプリでは意図した応答を得られなかった場合の処理
を実装しておくべきです。

具体的な例として、リスト10-29を修正したのが以下です。

◉ リスト10-30 fetch_basic.js

```
fetch('book.json')
  .then(res => {
    if (res.ok) {               ←
      return res.json();               ❶
    }                           ←
    throw new Error('指定のリソースが無効です。');   ← ❷
  })
  .then(data => console.log(data.title))
  .catch(e => window.alert(`問題発生：${e.message}`));   ← ❸
```

●book.jsonが存在しない場合にダイアログを表示

※2　HTMLによく似たマークアップ言語ですが、利用者が自由に要素／属性を拡張できます。JSONと同じく、アプリ間で
のデータ交換などによく利用されるデータ形式です。詳しくは拙著『10日でおぼえるXML入門教室』（翔泳社）など
の専門書を参照してください。

fetchメソッドは、いわゆる404（Not Found）などの問題をエラーとは見なしません（純粋なネットワークエラーに対してTypeErrorエラーを返すのみです）。よって、❶でもokプロパティで成功ステータス（＝200番台のステータスコード）が返されているかを判定し[3]、成功であれば応答データを取得し、さもなくば明示的にエラーをスローします（❷）。

エラーを処理するのはcatchメソッドの役割です（❸）。コールバック関数は、引数としてスローされたオブジェクトを受け取るので、ここでは、そのmesssageプロパティ（エラーメッセージ）をダイアログ表示しています。

10.4.3　リクエスト時にデータを送信する

fetchメソッドでリクエストする際に、データを送信することもできます。送信の方法は、大雑把にクエリ情報、ポストデータで、と覚えておきましょう。前者は小サイズのデータに、ポストデータはより大きなデータの送信に向いたアプローチです。

以下では、それぞれのアプローチを、ごくシンプルなHello, Worldアプリで実装してみます。［名前］欄から入力された名前をもとに、サーバー側で「こんにちは、○○さん！」という挨拶メッセージを組み立て、その結果をページ下部に反映させます。

●入力された名前に応じて、挨拶メッセージを表示

Note	サンプル実行にはXAMPP環境を

以降のサンプルでは、サーバー側と連携する都合上、サーバーサイド技術としてPHP（PHP: Hypertext Preprocessor[4]）を利用します。ただし、本書の実行環境であるLive ServerはPHPに未対応です。以降のサンプルを実行するに際しては、XAMPPなど、PHPを実行できる環境を準備してください。XAMPPの導入方法は、以下のページでも紹介しています。

https://wings.msn.to/index.php/-/B-08/php_win_xampp/

■ クエリ情報でデータを送信する

まずは、クエリ情報からです。クエリ情報とは、アドレスの末尾「～?」以降に「キー＝値&...」の形

※3　ステータスコードに応じて分岐を細分化したいならば、statusプロパティを利用しても構いません。

※4　PHPに関する詳細は、本書では割愛します。詳しくは拙著『独習PHP 第4版』（翔泳社）などの専門書を参照してください。

式で記述できる文字列のこと[5]。キー／値の組み合わせを、手軽にアドレスに載せて受け渡しできるのが特徴です（反面、大きなデータの受け渡しには不向きです）。具体的な例も見てみましょう。

◉ リスト10-31　上：fetch_query.html／中：fetch_query.js／下：fetch_query.php

```html
<form id="myform">
  <label for="name">名前：</label>
  <input id="name" name="name" type="text" size="20" />
  <input id="btn" type="button" value="送信" />
</form>
<p id="result"></p>
```

```js
let result = document.querySelector('#result');
// ［送信］ボタンクリック時に入力値を送信
document.querySelector('#btn').addEventListener('click', function() {
  // クエリ情報の組み立て
  let params = new URLSearchParams();              ←            ❶
  params.set('name', document.querySelector('#name').value);  ←
  // クエリ情報を付与してリクエストを発信
  fetch(`fetch_query.php?${params.toString()}`)
    .then(res => res.text())
    .then(text => result.textContent = text);
}, false);
```

```php
<?php
// クエリ情報を取得
$name = htmlspecialchars($_GET['name'], ENT_QUOTES | ENT_HTML5, 'UTF-8');
// 入力に基づいて、挨拶メッセージを出力
if($name !== '') {
  print('こんにちは、'.$name.'さん！');
}
```

クエリ情報を組み立てるのは、URLSearchParamsオブジェクトの役割です（❶）。以下のようなメンバーを提供しています。

メソッド	概要
append(*name*, *value*)	キーname／値valueのペアを新しい検索パラメーターとして追加
delete(*name*)	キーnameの値を削除
get(*name*)	キーnameにマッチする最初の値を取得
getAll(*name*)	キーnameにマッチするすべての値を取得
has(*name*)	キーnameが存在するか
set(*name*, *value*)	キーnameに値valueを設定

●URLSearchParamsオブジェクトのおもなメソッド

この例では、［名前］欄からの入力値をnameキーとして1つ追加しているだけですが、もちろん、同

※5　検索エンジンでも「https://www.google.com/search**?q=JavaScript&sourceid=chrome**」のようなアドレスはよく見かけるはずです。太字がクエリ情報です。

じ要領で複数のキーを追加することも可能です。

　値を準備できたら、あとはtoStringメソッドを用いることで、「キー＝値＆...」形式のクエリ文字列が取得できます。以下は、生成されたクエリ情報付きアドレスの例です。

```
http://localhost/jsbook/chap10/fetch_query.php?name=%E4%BD%90%E8%97%A4%E7%90%86%E5%A4%AE
```

　クエリ情報では、マルチバイト文字をはじめ、キー／値の区切り文字である「=」「&」、ハッシュを表す「#」、空白文字など、直接は利用できない文字があります。一般的には、これらの文字が含まれる可能性がある場合には、あらかじめ無害な同等の文字列（%xxの形式）に変換しておく必要があります。

　しかし、URLSearchParamsオブジェクトでは、文字列化の際に自動的にエスケープ処理されるので、これを意識することはありません（上の太字部分がエスケープ処理されたクエリ情報です[6]）。

■ ポストデータでデータを送信する

　先にも触れたように、クエリ情報はアドレスに付与するという性質上、大きなデータの送信には不向きです。よりまとまったデータの受け渡しには、ポストデータを利用します。以下は、リスト10-31をポストデータで書き換えた例です。

● リスト10-32　上：fetch_post.js／下：fetch_post.php

```js
let result = document.querySelector('#result');
// ［送信］ボタンクリック時に入力値を送信
document.querySelector('#btn').addEventListener('click', function() {
  // フォームデータの組み立て
  let data = new FormData(document.querySelector('#myform'));  ←─ ❸
  fetch('fetch_post.php', {
    method: 'POST',  ←─ ❶
    body: data,  ←─ ❷
  })
    .then(res => res.text())
    .then(text => result.textContent = text);
}, false);
```

```php
<?php
// ポストデータを取得
$name = htmlspecialchars($_POST['name'], ENT_QUOTES | ENT_HTML5, 'UTF-8');
// 入力に基づいて、挨拶メッセージを出力
if($name !== '') {
  print('こんにちは、'.$name.'さん！');
}
```

　ポストデータを利用する際のポイントは、以下のとおりです。

※6　文字列を連結することでもクエリ情報は作成できます。ただし、エスケープもれの原因などになることから、まずは素直にURLSearchParamsを利用するのが安全です。

❶リクエストメソッドはPOST

リクエストメソッドとは非同期通信の方式のこと。より正しくはHTTP（HypeText Transfer Protocol）で定められた通信メソッドのことです。

既定のGETはデータの取得を主目的としたメソッドです。数百バイト以内のデータを送信するくらいならばGETで構いませんが、それ以上大きなデータを送信するならば、データの送信を主目的としたPOSTを利用します。リクエストメソッドはfetchメソッドのmethodオプションで指定します。

❷ポストデータはbodyオプションで指定する

クエリ情報はアドレスに直接付与していたのに対して、POST経由で送信するデータ（＝ポストデータ）はbodyオプションで指定します。bodyオプションはGETでは利用できないので注意してください。

❸ポストデータを組み立てる

ポストデータを表すのはFormDataオブジェクトです。URLSearchParamsと同じく、キー／値の形式でデータを管理しており、提供しているメンバーもほぼ同様です。

メソッド	概要
append(*name*, *value* [, *filename*])	名前name、値valueでフィールドを追加
delete(*name*)	指定の名前のフィールドを削除
entries()	すべてのキー／値を取得
get(*name*)	指定の名前のフィールドを取得
getAll(*name*)	指定の名前のフィールドをすべて取得
has(*name*)	指定の名前のフィールドがあるか
keys()	すべてのキーを取得
set(*name*, *value* [, *filename*])	名前name、値valueでフィールドを設定
values()	すべての値を取得

●FormDataオブジェクトのおもなメンバー

ただし、フォームの内容をそのままFormData化するならば特別な操作は不要で、コンストラクターに<form>要素を渡すだけです。これで、フォームの内容をまとめてオブジェクトに詰め替えできます[7]。

■ 例：ファイルをアップロードする

9.4.6項ではファイル入力ボックスで指定された内容をそのまま取得＆表示する例を紹介しましたが、fetchメソッドを利用すれば、サーバーにアップロードすることも可能です[8]。

---

[7] もちろん、appendメソッドを利用すれば、個別の値を手動で追加することも可能です。具体例については次頁で触れます。

[8] fetch_upload.phpについては若干複雑なので、紙面上は割愛します。完全なコードはダウンロードサンプルから参照してください。なお、macOS環境の場合は、あらかじめ/chap10フォルダーに書き込み権限を与えてください。

● リスト10-33 上：fetch_upload.html／下：fetch_upload.js

```html
<form>
  <input id="upfile" name="upfile" type="file" />
</form>
<div id="result"></div>
```

```js
let result = document.querySelector('#result');
let upfile = document.querySelector('#upfile');
// ファイル指定時にファイルをアップロード
upfile.addEventListener('change', function() {
  // アップロード用にフォームデータを生成
  let f = upfile.files[0];
  let data = new FormData();
  data.append('upfile', f, f.name);
  // ファイルをポストデータとして送信
  fetch('fetch_upload.php', {
    method: 'POST',
    body: data,
  })
    .then(res => res.text())
    // アップロード結果を表示
    .then(text => result.textContent = text);
}, false);
```

● 指定されたファイルをアップロード

　ここでは、appendメソッドを使って、手動でフォームデータを組み立てていますが（太字）、前頁と同じく、<form>要素から直接にFormDataオブジェクトを生成しても構いません。

10.4.4　異なるオリジンにアクセスする

　まず基本的なルールとして、JavaScriptの世界では、セキュリティ上の理由で異なるオリジン（10.1.7項）間での通信を禁止しています。ただし、完全に禁止してしまうのは不便なので、特定の条件下でオリジンをまたぐ通信が許可されています。以下では、その中でもよく利用するものを紹介していきます。

■ CORS (Cross-Origin Resource Sharing)

　CORSとは、名前のとおり、オリジンをまたがってデータを受け渡しするためのしくみ。クライアント／サーバー双方での対応こそ必要ですが、なんといっても、W3Cで標準化されている点に安心感があ

ります。環境が許すならば、積極的に利用していくことをおすすめします。

たとえば、10.4.3項のリスト10-31でfetch_query.phpを別オリジン（wings.msn.to[9]）に移動してみましょう。それに伴い、fetch_query.jsも以下のように修正しておきます。

◉ リスト10-34 fetch_query.js

```
fetch(`https://wings.msn.to/tmp/it/fetch_query.php?${params.toString()}`)
```

サンプルを実行し、［送信］ボタンをクリックすると、「Access to fetch at 'https://wings.msn.to/tmp/it/fetch_query.php?name=%E4%BD%90%E8%97%A4%E7%90%86%E5%A4%AE' from origin 'http://localhost' has been blocked by CORS policy: No 'Access-Control-Allow-Origin' header is present on the requested resource」のようなエラーを確認できます。異なるオリジンからのアクセスを許可していないわけです。

ということで、対策してみましょう。といっても、サーバー側のコードを以下のように編集するだけです（追加したのは以下のコード）。

◉ リスト10-35 fetch_query.php

```php
<?php
$parsed = parse_url($_SERVER['HTTP_REFERER']);
header('Access-Control-Allow-Origin: '.$parsed['scheme'].'://'.$parsed['host']);
$name = htmlspecialchars($_GET['name'], ENT_QUOTES | ENT_HTML5, 'UTF-8');
if($name !== '') {
  print('こんにちは、'.$name.'さん！');
}
```

PHPそのものについては本書の守備範囲を外れるため、ここでは

「Access-Control-Allow-Origin: http://localhost:5000/」のような応答ヘッダーを生成している

とだけ理解しておきましょう。Access-Control-Allow-Originは、アクセスを許可するオリジンを意味します。この例ではリファラー（リンク元アドレス）をもとに許可するオリジンを組み立てていますが、単に「*」とすれば、すべてのオリジンを許可することも可能です。

この状態でサンプルを再実行してみましょう。エラーが解消され、リスト10-31と同じ結果が得られることを確認してください。このようにCORSの世界では、サーバーが明示的にアクセスを許可することで、クロスオリジン通信を認めているのです。

---

[9] 配置先は著者環境の場合です。適宜、外部からアクセスできる環境を用意し、リスト10-35の太字部分も自分の環境に応じて変更してください。

Note **fetchメソッドの準備**

ちなみに、JavaScript側（リスト10-34）は、以下のように表しても同じ意味です。

```
fetch(`https://wings.msn.to/tmp/it/fetch_query.php?${params.toString()}`, {
  mode: 'cors'
})
```

　modeオプションの既定はcors（＝CORSが有効）なので、一般的には省略するのが普通でしょう。あえてクロスオリジン通信を認めたくない場合には、modeオプションに「same-origin」を指定してください。

■ プロキシを利用した通信

　ただし、CORSはサーバー側が対応していなければ利用できません。そこで、CORS未対応のサービスにアクセスするならば、サーバー側にプロキシを準備してください。

　プロキシ（Proxy）とは、JavaScriptに代わってサービスにアクセスするためのサーバー側コードのこと。サーバー側コードからのオリジンまたぎは問題ないので、あとは、JavaScriptのコードとサーバー側コードとを同一オリジンに置くことで、擬似的なクロスオリジン通信が可能になるわけです。古典的なオリジンまたぎの手段です。

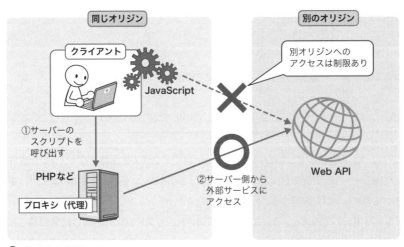

●プロキシの利用

　たとえば以下で紹介するのは、「はてなブックマークエントリー情報取得API」（https://developer.hatena.ne.jp/ja/documents/bookmark/apis/getinfo）を利用して、指定されたページに付いたブックマーク情報をリスト表示する例です。

●指定されたページに対応するブックマーク情報をリスト表示

Note　Web APIとは？

　「はてなブックマークエントリー情報取得 API」のように、インターネット経由で呼び出し可能な
サービスのことを Web API といいます。Web API を利用することで、ネットワーク上のどこかで公
開されている高度な機能（あるいはデータベース）を、あたかも自前のサービスであるかのように活
用できます。たとえば、「はてなブックマークエントリー情報取得 API」であれば、はてなが提供す
る膨大なブックマーク情報をあたかも自分のデータベースであるかのように検索し、得られた結果も
自由に加工して表示できます。

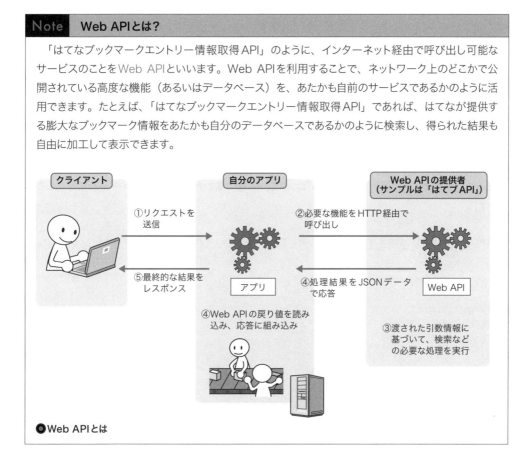

●Web APIとは

　それでは、具体的な実装の手順を見ていきましょう。

[1] サーバーサイドから「はてなブックマークエントリー情報取得API」（以降「はてブ API」）にアクセスする

まずは、PHPスクリプトではてブ APIにアクセスするためのコードを用意します。

◉ **リスト 10-36 bookmark.php**

```php
<?php
header('Content-Type: application/json;charset=UTF-8');
// はてブAPIへの問い合わせURLを組み立て
$url = 'https://b.hatena.ne.jp/entry/jsonlite/?url='.$_GET['url'];
// 問い合わせ結果をそのまま出力
print(file_get_contents($url, false, stream_context_create(['http' =>
  ['header' => 'User-Agent: MySample']])));
```

PHPに関する詳細は割愛しますが、ここでは

入力されたURLを元に問い合わせ URLを作成し，その結果を JSONデータとして出力する

という流れだけ理解しておいてください。

file_get_contents関数は、指定されたURLにアクセスした結果を文字列として取得します。bookmark.phpをサーバーに配置したうえで、以下のようなURLでブラウザーから実行してみましょう（URLは配置先によって異なります）。クエリ情報の「url=」以下には、ブックマーク情報を取得したいページのURLを指定します。

以下は、ブラウザーからダウンロードしたものを、意味の変わらない範囲で見やすい形に加工したものです。

```
http://localhost/jsbook/chap10/bookmark.php?url=https://developer.mozilla.org/ja/
```

```
{
  "count":412,  // ブックマーク数
  "title":"Mozilla Developer Center",    // タイトル
  "bookmarks":  // ブックマーク情報
  [
    {
      "user":"yamat",    // ユーザー名
      "comment":"ブラウザの対応状況がわかるのが良い",    // コメント
      "timestamp":"2022/03/19 15:22",    // ブックマーク日時
      "tags":["web","learn"]    // タグ
    },
    ...中略...
  ]
}
```

上のように、はてブ APIから取得した検索結果が JSON形式で得られていれば、まずは成功です。

[2] クライアントページを作成する

　サーバーサイドの動作を確認できたところで、サーバーサイドで得られた結果をクライアントサイドで受け取り、ページにリスト表示してみましょう。

◉ リスト10-37　上：bookmark.html／下：bookmark.js

```html
<form>
  <label for="url">URL：</label>
  <input id="url" type="text" name="url" size="50"
    value="https://developer.mozilla.org/ja/" />
  <input id="btn" type="button" value="検索" />
</form>
<hr />
<div id="result"></div>
```

```js
let result = document.querySelector('#result');
// ［検索］ボタンクリック時に実行されるコード
document.querySelector('#btn').addEventListener('click', function(){
  // クエリ情報を組み立て
  let params = new URLSearchParams();
  params.set('url', document.querySelector('#url').value)
  result.textContent = '通信中...';
  fetch(`bookmark.php?${params.toString()}`)
    .then(res => res.json())
    .then(data =>{
      // ブックマークの内容を<ul>／<li>リストに整形
      let ul = document.createElement('ul');
      for (let bm of data.bookmarks) {
        let li = document.createElement('li');
        // <a>要素の生成（href属性とテキストの設定）
        let anchor = document.createElement('a');
        anchor.href = `https://b.hatena.ne.jp/${bm.user}`;
        anchor.textContent = `${bm.user} ${bm.comment}`;
        // <a>→<li>→<ul>の順にノードを組み立て
        li.append(anchor);
        ul.append(li);
      }
      // <div id="result">の配下を<ul>要素で置き換え
      result.replaceChild(ul, result.firstChild);
    })
    .catch(ex => console.log(ex));
}, false);
```

　複雑なコードに思うかもしれませんが、取得したブックマーク情報を分解して、<ul>→<li>→<a>構造のリストに詰め替えているだけです。文書ツリーの組み立てについては9.5節でも触れているので、ここではJavaScriptオブジェクトと文書ツリーとの関係を図示するに留めます。リスト内のコメントも手掛かりに読み解いてみましょう。

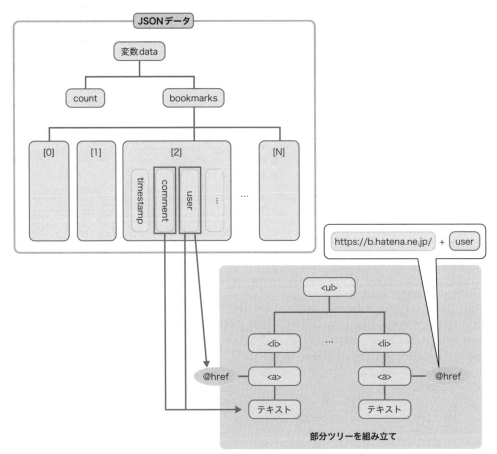

●結果JSONの読み込み〜部分ツリー組み立ての流れ

　生成された<ul>／<li>リストを、replaceChildメソッドを使って<div>要素に追加すれば完了です。最終的に生成された<ul>リストの例を以下に挙げておきます。

```
<ul>
  <li>
    <a href="http://b.hatena.ne.jp/yamat">yamat ブラウザの対応状況がわかるのが良い</a>
  </li>
  <li>
    <a href="http://b.hatena.ne.jp/nlt">nlt 解説が結構わかりやすい</a>
  </li>
  ...中略...
</ul>
```

　以上を理解できたら、bookmark.htmlをbookmark.phpと同じフォルダーに配置して、ブラウザーから実行してみましょう。P.555の図「指定されたページに対応するブックマーク情報をリスト表示」のように、適当なURLを入力し、それに対応するブックマークの一覧を得られれば成功です。

■ JSONP（JSON with Padding）

オリジンをまたがって通信するためのもう1つの手段が JSONP（JSON with Padding）です。fetch メソッドを介さないため、クロスオリジンの制約そのものから自由になります。サービス側が JSONP に対応している必要はありますが、比較的対応しているサービスも多いことから、採用しやすいクロスオリジン対策です。

ただし、JavaScript 標準では JSONP アクセスの手段は提供されません。一般的には、fetch-jsonp のようなライブラリを介するのが簡便でしょう[10]。fetch-json を利用することで、fetch ライクな構文で JSONP を利用できます。

以下では、リスト 10-37 の例を JSONP を利用して書き換えてみます。

（1）fetch-jsonp をインストールする

fetch-jsonp は、本家サイト（https://github.com/camsong/fetch-jsonp）から［Code］－［Download ZIP］でダウンロードできます。配下の /build/fetch-jsonp.js をアプリフォルダーに配置してください。

（2）fetch-jsonp 経由で JSONP にアクセスする

それでは fetch-jsonp 経由で実際に JSONP にアクセスしてみましょう。以下は、リスト 10-37 からの差分のみを掲載します。

◉ リスト 10-38　上：bookmark_jsonp.html／下：bookmark_jsonp.js

```html
<form>
  <label for="url">URL：</label>
  <input id="url" type="text" name="url" size="50"
    value="https://developer.mozilla.org/ja/" />
  <input id="btn" type="button" value="検索" />
</form>
<hr />
<div id="result"></div>
<script src="scripts/fetch-jsonp.js"></script>
```

```js
let result = document.querySelector('#result');
// ［検索］ボタンクリック時に実行されるコード
document.querySelector('#btn').addEventListener('click', function(){
  // クエリ情報を組み立て
  let params = new URLSearchParams();
  params.set('url', document.querySelector('#url').value);
  result.textContent = '通信中...';
  // JSONPでデータを取得
  fetchJsonp(`https://b.hatena.ne.jp/entry/jsonlite/?${params.toString()}`)
    .then(res => res.json())
    // データを取得できたら、<ul> ／ <li>リストに整形
    .then(data => {
```

※10　標準の機能だけで JSONP を実装する方法は、本書旧版で扱っています。

```
      let ul = document.createElement('ul');
      for (let bm of data.bookmarks) {
        let li = document.createElement('li');
        let anchor = document.createElement('a');
        anchor.href = `https://b.hatena.ne.jp/${bm.user}`;
        anchor.textContent = `${bm.user} ${bm.comment}`;
        li.append(anchor);
        ul.append(li);
      }
      result.replaceChild(ul, result.firstChild);
    })
    .catch(ex => console.log(ex));
}, false);
```

　fetchをfetchJsonpに替えるだけで、ほとんど同じ要領でコードを記述できることが確認できます。
ただし、第2引数で指定できるオプションは、以下のものに限られます。

オプション名	概要	既定値
jsonpCallback	コールバック関数の名前	callback
jsonpCallbackFunction	内部的に生成される関数名	jsonp_＜乱数＞
timeout	タイムアウト値	5000（ミリ秒）

●fetchJsonpメソッドのオプション

　この例であれば、以下のようなリクエストが生成されます。

```
https://b.hatena.ne.jp/entry/jsonlite/?url=https://developer.mozilla.org/ja/ 🔁
&callback=jsonp_1658543005087_9139
```

　jsonpCallbackオプションの値は、利用しているサービスによって決まります（ただし、ほとんどの場
合は既定値で問題ないはずです）。jsonpCallbackFunctionはほぼ意識する必要はないので、日常的
に使用するのはtimeoutだけでしょう。

10.4.5　補足：クロスドキュメントメッセージングによるクロスオリジン通信

　クロスドキュメントメッセージングとは、異なるウィンドウ／フレームにあるドキュメントでメッセージ
を交換するしくみ。CORS、JSONPと並んで、安全なクロスオリジン通信を実装するための手法です。
Fetch APIとは直接関係しませんが、クロスオリジン対策という意味で、ここでまとめて触れておきま
す。
　クロスドキュメントメッセージングを利用することで、たとえば、

異なるオリジンで提供されているガジェットをiframeでページに埋め込み、メインのアプリから操作し、
ガジェットでの処理結果を受け取る

といった操作も手軽に実装できるようになります。

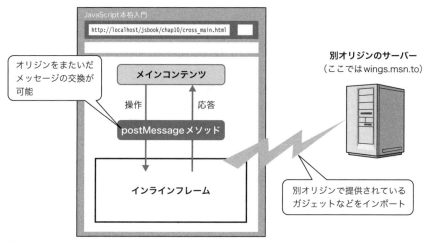

●クロスドキュメントメッセージング

では、具体的なサンプルも見てみましょう。以下は、メインページ（localhost:5000で実行）で入力された値を、インラインフレームで表示された別オリジン（wings.msn.toで実行）のページに反映させる例です。

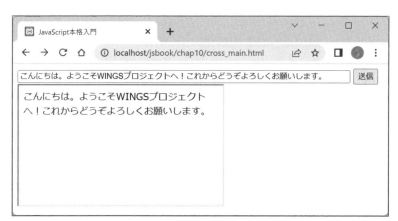

●入力した文字列をインラインフレームに反映

■ メッセージを送信する

まずは、メッセージの送信側からのコードです。

●リスト 10-39　上：cross_main.html／下：cross_main.js

```html
<form>
  <input id="message" type="text" size="80" />
  <input id="btn" type="button" value="送信" />
</form>
```

```html
<iframe id="frame" src="https://wings.msn.to/cross_other.html"
  height="200" width="350"></iframe>
```

```js
let target = 'https://wings.msn.to';
let frame = document.querySelector('#frame');
let message = document.querySelector('#message');

// ［送信］ボタンクリック時にフレーム側にメッセージを送信
document.querySelector('#btn').addEventListener('click', function() {
  frame.contentWindow.postMessage(message.value, target);  // ⟵ ❶
}, false);
```

指定したオリジンに対してメッセージを送信するのは、postMessageメソッドの役割です（❶）。

●構文 postMessageメソッド

```
other.postMessage(message, target)
      other   ：送信先ウィンドウ
      message ：送信するメッセージ
      target  ：送信先ウィンドウの生成元オリジン
```

インラインフレームの本体（windowオブジェクト）には、contentWindowプロパティでアクセスできます。

また、太字の部分（フレーム内のパスとpostMessageメソッドの引数target）は、サンプルを配置した環境に応じて変更してください（サンプルそのままでは動作しません！）。

■ メッセージを受信する（インラインフレーム）

メインウィンドウから送られたメッセージを受信するのは、以下のコードです。メインウィンドウ（ここではlocalhost）とは別のオリジン（ここではwings.msn.to）に配置します。

●リスト10-40 上：cross_other.html／下：cross_other.js

```html
<div id="result"></div>
```

```js
let origin = 'http://localhost';
let result = document.querySelector('#result');

window.addEventListener('message', function(e) {
  if (e.origin !== origin) { return; }  // ⟵ ❶
  result.textContent = e.data;  // ⟵ ❷
}, false);
```

postMessageメソッドから送信されたメッセージを取得するには、messageイベントリスナーを利用します。この際、意図しないオリジンからデータを送信できないよう、❶のようにoriginプロパティで送信元のオリジンをチェックしておきましょう（localhost以外にメインウィンドウ側のサンプルを配置し

た場合には、太字の部分を書き換えてください)。オリジンが一致しない場合は、そのまま処理を終了します。

受信したデータは、イベントオブジェクトのdataプロパティでアクセスできます（**❷**）。

■ メッセージを応答する

もちろん、インラインフレーム（ここではcross_other.js）からメインウィンドウに対して、メッセージを返送することもできます。これには、messageイベントリスナーの配下に、以下のようなコードを追加してください。

◉ リスト10-41 cross_other.js

```
window.addEventListener('message', function(e) {
  ...中略...
  // 現在の日時を返送
  e.source.postMessage(new Date(), origin);
}, false);
```

イベントオブジェクトeのsourceプロパティで、メッセージを送信してきた親ウィンドウを取得できるので、あとは先ほど同様、postMessageメソッドを呼び出すだけです。

> **Note　messageイベントリスナーの外から応答するには**
>
> messageイベントリスナーの外からであれば、parentプロパティでメインウィンドウ（親ウィンドウ）を取得できます。
>
> ```
> parent.postMessage(new Date(), origin);
> ```

返送された結果をメインウィンドウで受信するには、同じくmessageイベントリスナーを実装するだけです（既存のコードの末尾に追加します）。ここでは、受信した日付をログに出力します。

◉ リスト10-42 cross_main.js

```
window.addEventListener('message', function(e) {
  if (e.origin !== target) { return; }
  console.log(e.data);
}, false);
```

10.5 非同期処理を手軽に処理する - Promiseオブジェクト

　JavaScriptで非同期処理を実施する場合、古典的なアプローチの1つとしてコールバック関数があります。すでに10.1.4項でも解説していますが、JavaScriptの伝統的なイディオムでもあります。

　しかし、非同期処理がいくつも連なる場合、コールバック関数によるアプローチでは入れ子が深くなりすぎて、1つの関数が肥大化する傾向にあります。このような問題をコールバック地獄といいます。

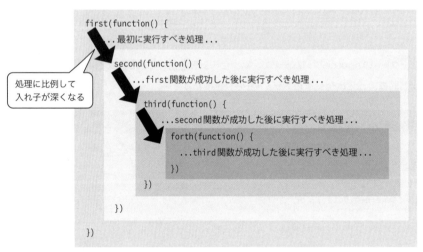

●コールバック地獄

このような問題を解決するのが、Promiseオブジェクトの役割です。Promiseオブジェクトを利用することで、上のようなコードを、あたかも同期処理のように一本道のコードで記述できるようになります。

```
first().then(second).then(third).then(fourth);
```

　あくまで概念的なコードですが、入れ子が深くなるコールバック式の記述に比べると、ぐんと読みやすくなったと思いませんか?

　Promiseオブジェクトは、正しくは（ブラウザーオブジェクトではなく）JavaScript標準の組み込みオブジェクトです。しかし、非同期通信などと組み合わせて利用する状況も多いことから、説明の便宜上、本章でまとめて扱っています。

10.5.1 Promiseオブジェクトの基本を押さえる

それではさっそく、具体的な例を見ていきます。以下は、文字列が渡されると、500ミリ秒後に「入力値：○○」という成功メッセージを、文字列が空の場合には「エラー：入力は空です」というエラーメッセージを、それぞれ返す非同期処理の例です。

◉ リスト 10-43 promise.js

```js
function asyncProcess(value) {          ←
  return new Promise((resolve, reject) => {   ←
    setTimeout(() => {
      // 引数valueが未定義であるかどうかによって成否を判定
      if (value) {
        resolve(`入力値：${value}`);
      } else {
        reject('入力は空です');
      }
    }, 500);
  });                                        ←         ❷         ❶
}                                            ←

asyncProcess('トクジロウ')
  // 成功した時に実行される処理
  .then(response => console.log(response))      ←  ❸
  // 失敗した時に実行される処理
  .catch(error => console.log(`エラー：${error}`))   ←  ❹
  // 成否にかかわらず実行される処理
  .finally(() => console.log('処理終了'));       ←  ❺
```

```
入力値：トクジロウ
処理終了
```

Promiseオブジェクトを利用する場合、まずは、非同期で処理すべき内容を関数としてまとめておきます（この例であれば❶のasyncProcessです）。asyncProcess関数が戻り値として返すのが、Promiseオブジェクトです。

Promiseは、非同期処理の状態を監視するためのオブジェクト。コンストラクターには実行すべき非同期処理を関数リテラル、またはアロー関数として記述します（❷）。

◉ 構文 Promiseコンストラクター

```
new Promise((resolve, reject) => { statements })
      resolve    ：処理の成功を通知するための関数
      reject     ：処理の失敗を通知するための関数
      statements ：処理本体
```

関数の引数であるresolve／rejectは、それぞれ非同期処理の成功と失敗を通知するための関数で

す。Promiseオブジェクトによって渡されるものなので、アプリ開発者は非同期処理の結果をこれらの関数を利用して通知すればよいことになります。

この例であれば、setTimeoutメソッドの中で、引数valueがundefinedであればreject関数（失敗）を、そうでなければresolve関数（成功）を、それぞれ呼び出しています。resolve／reject関数の引数には、それぞれ成功した時の結果、エラーメッセージなどを、任意のオブジェクトとして渡すことができます（文字列でなくても構いません）。

resolve／reject関数による通知を受け取るのは、以下のメソッドです（❸〜❺）。

No.	メソッド	呼び出しのタイミング
❸	then(*callback*)	非同期処理が成功した時
❹	catch(*callback*)	非同期処理が失敗した時
❺	finally(*callback*)	非同期処理が終了した時（成否を問わない）

then／catchメソッドのコールバック関数[1]は、それぞれ引数としてresolve／reject関数で指定された引数を受け取ります[2]。この例では、これらの値をログに出力しているだけですが、一般的には、これらの値を元に成功／失敗時の処理を記述することになるでしょう。

リスト内の太字を削除して、結果が以下のように変化することも確認しておきましょう。

```
エラー：入力は空です
処理終了
```

> **Note** then／catchメソッドはまとめられる
>
> thenメソッドには、成功／失敗コールバックをまとめることもできます。よって、❸〜❹は以下のように書いても同じ意味です。
>
> ```
> .then(
>   response => console.log(response),  ←── 成功コールバック
>   error => console.log(`エラー： ${error}`)  ←── 失敗コールバック
> )
> ```

10.5.2 非同期処理を連結する

もっとも、ここまでの説明では、Promiseオブジェクトのありがたみをイメージするのは難しいかもしれません。単一の非同期処理であれば、むしろPromiseオブジェクトを介する分、記述は冗長になってしまいます。Promiseオブジェクトが真価を発揮するのは、複数の非同期処理を連結するような場合です。

たとえば以下は、初回のasyncProcess関数が成功したところで、2回目のasyncProcess関数を

※1　それぞれ成功／失敗時に呼び出されることから、成功コールバック／失敗コールバックと呼ばれることもあります。

※2　前節で触れたfetchもまた、Promiseオブジェクトを返す非同期関数（メソッド）であったわけです。成功時の処理をthenメソッドで記述していたことを思い出してみましょう。

実行する例です。

◉ リスト10-44 **promise2.js**

```javascript
// 初回のasyncProcess関数呼び出し
asyncProcess('トクジロウ')  ← ❶
  .then(
    response => {
      console.log(response);
      // 初回の実行に成功したら、2回目のasyncProcess関数を実行
      return asyncProcess('ニンザブロウ');  ← ❷
    }
  )
  .then(response => console.log(response))
  .catch(error => console.log(`エラー：${error}`));
```

```
入力値は トクジロウ
入力値は ニンザブロウ
```

　複数の非同期処理を連結するには、thenメソッドの配下で新たなPromiseオブジェクトを返します。

　この例であれば、❶で初回のasyncProcess関数を実行し、その成功コールバック関数の中で2番目のasyncProcess関数を呼び出します（❷）。これによって、複数のthenメソッドをドット演算子で列記できるというわけです。これが冒頭、「Promiseオブジェクトを利用することで、非同期処理を同期処理であるかのように書ける」と述べた理由です。この記述は、入れ子が深くなったコールバック関数に比べると、ぐんとわかりやすくなっていますね。

　もしも❶のasyncProcess関数の呼び出しで引数を空にした場合には、以下のような結果を得られます。

```
エラー：入力は空です
```

　2個のthenメソッドがスキップされて、最後のcatchメソッド（失敗コールバック関数）が実行されているのです。このように、thenメソッドの単位に失敗コールバック関数を定義せずに、必要な箇所でまとめてエラー処理できるのも、Promiseのよいところです。

　ちなみに、以下は❶では引数あり、❷では引数を省略して、asyncProcess関数を呼び出した場合の結果です。

```
入力値は トクジロウ
エラー：入力は空です
```

　今度は、最初のthenメソッドが実行されて、その後、2番目のthenメソッドをスキップ、末尾のcatchメソッドが呼び出されます。

10.5.3　複数の非同期処理を並行して実行する

　前項では、非同期処理を直列に連結する方法を学びました。ここでは、複数の非同期処理を並列に
実行するメソッドについて解説します。

■ すべての非同期処理が成功した場合にコールバックする - all メソッド

　Promise.allメソッドを利用することで、複数の非同期処理を並列に実行し、そのすべてが成功した
場合に処理を実行します。

● リスト10-45　promise_all.js

```
Promise.all([
  asyncProcess('トクジロウ'),        ←┐
  asyncProcess('ニンザブロウ'),       ←─ ❸
  asyncProcess('リンリン')           ←┘
])
  .then(response => console.log(response))           ←── ❶
  .catch(error => console.log(`エラー：${error}`));   ←── ❷
```

```
["入力値：トクジロウ", "入力値：ニンザブロウ", "入力値：リンリン"]
```

　Promise.allメソッドの構文は、以下のとおりです。

● 構文　Promise.all メソッド

```
Promise.all(promises)
        promises：監視するPromiseオブジェクト群（配列）
```

　Promise.allメソッドでは、引数promisesで渡されたすべてのPromiseオブジェクトがresolve（成
功）した場合にだけ、thenメソッドの成功コールバックを実行します（❶）。その際、引数response
には、すべてのPromiseから渡された結果値が配列として渡される点に注目してください。
　Promiseオブジェクトのいずれかがreject（失敗）した場合には、失敗コールバックが呼び出されま
す（❷）。asyncProcess関数呼び出し（❸）の引数のいずれかを空にしてみて、「エラー：入力は空
です」という結果が返されることも確認してみましょう。

■ すべての非同期処理が終了したところでコールバックする - allSettled メソッド　ES2020

　allメソッドが複数の非同期処理でどれか1つでも失敗したところでエラーを返すのに対して、
allSettledメソッドは成否にかかわらず、すべての非同期処理を実行し、その結果を返します。

◉ リスト10-46 promise_all_settled.js

```
Promise.allSettled([
  asyncProcess('トクジロウ'),        ←
  asyncProcess('ニンザブロウ'),        ← ━━ ❶
  asyncProcess('リンリン')          ←
])
  .then(response => console.log(response))
  .catch(error => console.log(`エラー： ${error}`));
```

```
[
  {status: 'fulfilled', value: '入力値： トクジロウ'},
  {status: 'fulfilled', value: '入力値： ニンザブロウ'},
  {status: 'fulfilled', value: '入力値： リンリン'}
]
```

　今度は結果に成否が混在している可能性があるので、resolve／reject関数で指定された値だけでなく、ステータス（結果）情報を含んだオブジェクトの配列が、thenメソッドに渡されます。ステータスの意味は、fullfilledが成功（履行済み）、rejectedが失敗（拒否）を意味します。

　先ほどと同じく、asyncProcess関数の引数のいずれか（すべてでも構いません）を空にしてみると、結果が以下のように変化することも確認しておきましょう。

```
[
  {status: 'fulfilled', value: '入力値： トクジロウ'},
  {status: 'rejected', reason: '入力は空です'},
  {status: 'fulfilled', value: '入力値： リンリン'}
]
```

　fullfilledの時の結果情報はvalueプロパティですが、rejectedの結果情報はreasonプロパティに反映される点にも注目です。

> **Note**　**Promiseの状態管理**
>
> 　Promiseとは、いうなれば非同期処理の状態を管理するためのオブジェクトです。Promiseの状態には、以下のようなものがあります（まさに、allSettledメソッドで返されたステータス文字列ですね）。

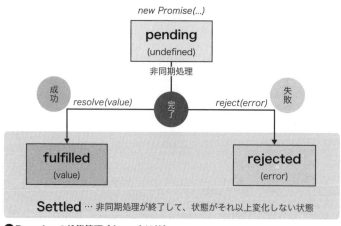

● Promise の状態管理 (カッコ内は値)

then／catch／finally などのメソッドも、Promise の状態に紐づけられ、呼び出されると言い換えてもよいでしょう。ちなみに pending から fullfilled／rejected への遷移は一方通行です。一度、たとえば fullfilled（解決）したものが pending 状態に戻ることはありません。

■ 複数の非同期処理のどれかが完了したところでコールバックする - race メソッド

並行して実行した非同期処理のいずれか1つが最初に完了したところで、以降の処理を呼び出す Promise.race メソッドもあります。

● リスト 10-47 promise_race.js

```javascript
Promise.race([
  asyncProcess('トクジロウ'),
  asyncProcess('ニンザブロウ'),
  asyncProcess('リンリン')
])
  .then(response => console.log(response))
  .catch(error => console.log(`エラー：${error}`));
```

入力値： トクジロウ

複数の非同期処理が渡されたにもかかわらず、結果は1つである点に注目です。どの処理が最初に終了するかは（一般的には）推測できないので、結果も変化する可能性があります。そもそも最初の結果がrejected であった場合には、catch メソッドの結果が返される可能性もあるでしょう。

■ 複数の非同期処理のどれかが成功したところでコールバックする - any メソッド ES2021

race メソッドにも似ていますが、race メソッドが処理の成否にかかわらず、最初の1つが終了したところで結果を返すのに対して、any メソッドでは最初に成功したところで結果を返します。

リスト10-47をそれぞれ以下のように書き換えて、結果の違いを確認してみましょう。

```
Promise.race([
  asyncProcess(),
  ...
])
```

```
Promise.any([
  asyncProcess(),
  ...
])
```

エラー： 入力は空です
入力値： ニンザブロウ

　raseメソッドでは最初の結果がエラーの場合にもそのまま返しているのに対して、anyメソッドでは次の正常の結果を待ってからエラーを返しています。

10.5.4　Promiseの処理を同期的に記述する

　Promiseによる非同期処理は、async／await構文を利用することでより同期的に表現できます。「同期的に」とは、と思った人は、まずはサンプルを見てみましょう。

● リスト10-48 promise_async.js

```
// 与えられた数値を自乗する非同期関数
function asyncProcess(value) {
  return new Promise((resolve, reject) => {
    setTimeout(() => {
      // number型であればresolve、さもなくばreject
      if (typeof value === 'number') {
        resolve(value ** 2);
      } else {
        reject('引数valueは数値でなければいけません。');
      }
    }, 500);
  });
}

async function main() {
  let result1 = await asyncProcess(2);
  let result2 = await asyncProcess(result1);
  let result3 = await asyncProcess(result2);
  return result3;
}
```

```
main()
  .then(response => console.log(response))          ←────────────────────❸
  .catch(error => console.log(`エラー：${error}`));   // 結果：256  ←────────
```

まずPromiseによる非同期処理を関数としてまとめ、asyncキーワードを付与します（❶）。これによって関数は非同期関数（async function）と見なされるようになります。非同期処理の基点です。

この非同期関数の配下で利用できるのがawait演算子です（❷）。Promiseを返す処理（＝非同期処理）にawait演算子を付与することで、JavaScriptは非同期処理の終了を待って、以降の処理を保留します。ただし、ただ保留するのでは意味がないので、保留している間は、呼び出し元の処理を継続します。そのうえで、await処理を完了したところで、保留しておいた残りの処理を再開するのです。

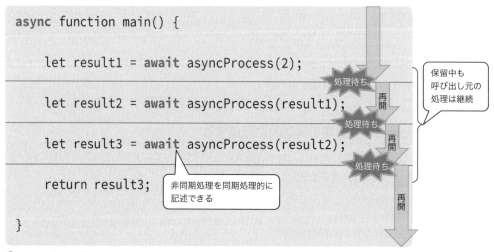

●async／await構文

await演算子の戻り値はPromiseそのものではなく、Promiseに含まれた実際の結果値（＝resolve関数に渡された値）——ここでは4（自乗した結果）のような数値である点にも注目です。よって、その値をそのままほかの関数などに引き渡すことも可能です。

この例では、asyncProcess関数の結果をさらにasyncProcess関数に渡しているので、最終的には$((2^2)^2)^2$の結果の256が全体の結果となります。

なお、非同期関数そのものの戻り値（❸）はPromiseオブジェクトです。Promiseオブジェクトの処理については10.5.1項でも触れたとおりで、then／catchメソッドで成否に応じた処理をおこなっています。

いずれにせよ、複数の非同期呼び出しがmain関数の中で完結し、しかも、then／catchメソッドに頼らずに表せるようになったので、コードが見通しやすくなったことが実感できるはずです。

■ トップレベルでのawait演算子が利用可能に ES2022

ES2022では、await演算子がさらに進化し、モジュール環境限定ではあるものの、トップレベルの

文として（async 関数の配下ではなく）await 演算子を記述できるようになりました。たとえば以下の
コードは、リスト10-48をトップレベルawaitで書き換えたものです。

◉リスト10-49　上：promise_async_top.html／下：promise_async_top.js

```html
<script type="module" src="scripts/promise_async_top.js"></script>
```

```js
let result1 = await asyncProcess(2);
let result2 = await asyncProcess(result1);
let result3 = await asyncProcess(result2);
console.log(result3);
```

　トップレベルawaitによって、async 関数から解放され、さらに最終的なthen／catchの処理が不
要になったので、さらにコードがシンプルになりました。

　のみならず、以下のようなエクスポートも可能になります。

```
export default await fetch('app.ini')
  .then(response => response.json());
```

　これでapp.iniの内容を非同期に取得した結果をエクスポートしなさい、という意味になります。イン
ポート側では、エクスポートした内容が解決してから以降の処理が実施されるので、エクスポート側が
awaitを持つかどうかを意識する必要はありません。

10.5.5　非同期処理を伴う反復処理を実装する

　ES2018では、Async Iterators（非同期反復）と呼ばれるしくみが追加され、イテレーター／ジェ
ネレーターでもawait演算子を利用できるようになりました。たとえば以下は、与えられた引数群listに
従ってファイルを読み取り、その内容を順に取得するgetContents関数（ジェネレーター）の例です。

◉リスト10-50　上：async_iterator.js／下：book1.json

```html
// 非同期ジェネレーターを定義
async function* getContents(...list) {    ◀━━━━━━━━━━━━━━━┓
  for (let name of list) {                                ┃
    let result = await fetch(name);    ◀━ ❷              ┣━ ❶
    yield result.json();                                  ┃
  }                                                       ┃
}    ◀━━━━━━━━━━━━━━━━━━━━━━━━━━━━━━━━━━━━━━━━━━━━━━━━━━━━━━┛

// 指定のファイルから順に書名（title）を取得＆列挙
async function main() {
  for await (let data of    ◀━━━━━━━━━━━━━━━━━━━━━━━━━━━━━┓
    getContents('book1.json', 'book2.json', 'book3.json')) {    ◀━━┣━ ❸
    console.log(data.title);
  }
}
```

```
main();
```

```
{                                                    JSON
  "title": "TypeScript入門",
  "price": 2948,
  "publisher": "技術評論社"
}
```

※book2〜3.jsonはいずれも同様なので、紙面上は割愛します。

```
TypeScript入門
Bootstrap 5の教科書
C#の教科書
```

　非同期ジェネレーターの定義そのものはカンタン。一般的な非同期関数と同じく、ジェネレーターにasyncキーワードを付与するだけです（❶）。これで配下の処理にawait演算子を付与できるようになります。この例であればfetch呼び出し（❷）にawaitを付与しているので、ファイルの読み込みが非同期化されます。

　非同期ジェネレーターから値を取り出す場合には、for...ofループにもawait演算子を付与します（その他は普通のfor...ofループに準じます❸）。await処理なので、forループ全体も非同期関数の配下で記述しなければならない点に注意してください[※3]。

※3　もちろん、ES2022をサポートする環境であればトップレベルawaitを利用しても構いません。

10.6 バックグラウンドで JavaScriptのコードを実行する - Web Worker

　JavaScriptの基本はシングルスレッドです。つまり、JavaScriptでは一度に1つの作業しかできないということです。そのため、JavaScriptでいわゆる重い処理が発生すると、ページの動作が寸断されてしまうということがよくありました。

　しかし、Web Workerという機能を利用することで、JavaScriptのコードをバックグラウンドで並列に実行できるようになります。これによって、重い処理を実行している間も、ユーザーはブラウザーでの操作を継続できます。

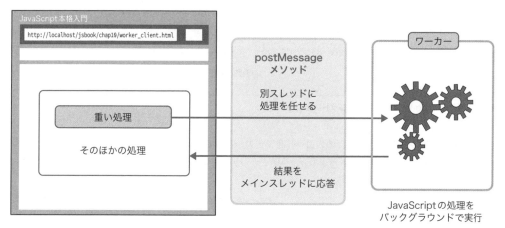

●Web Workerとは

　なお、「await演算子などを利用すれば、同じような並列処理ができるのではないか」と思うかもしれませんが、これは誤解です。await演算子で指定された作業は、いったん脇に退避されているだけで、結局1つのスレッドの上で順番に処理されているにすぎません（先ほど「setTimeoutメソッドで指定された時間は正確ではない」と述べたのも同じ理由です）。

　つまり、awaitなどによる非同期化が効果を発揮するのは、ネットワーク通信のようにI/O処理によって、待ち時間が発生するような処理だけです。高度な数学演算のように、CPUを占有するような処理ではWeb Workerを利用すべきです。

10.6.1 ワーカーを実装する

では、具体的なサンプルとともに、Web Workerの基礎を理解していきましょう。以下は、1〜targetの範囲で、xの倍数がいくつあるかを求めるためのサンプルです。

●倍数計算をWeb Workerで別スレッドに委ねる

まずは、倍数の個数を求めるためのコードをワーカーとして切り出します。ワーカーとは、バックグラウンドで動作するJavaScriptのコードのことです。ワーカーは、メインのJavaScriptコードとは別の.jsファイルとして準備します。

●リスト10-51 worker.js

```javascript
self.addEventListener('message', function(e) {
  let count = 0;
  for (let i = 1; i < e.data.target; i++) {
    if (i % e.data.x === 0) { count++; }
  }
  postMessage(count);
}, false);
```

messageイベントは、メインスレッドからメッセージを受け取った（＝ワーカーを起動した）タイミングで発生します（❶※1）。ワーカーの処理は、messageイベントハンドラーの配下で表すのが基本です（つまり、太字部分はワーカーの定型的な枠組みということです）。

messageイベントリスナーの配下では、以下のように、イベントオブジェクトeのdataプロパティ経

※1　selfは、ワーカーにおけるグローバルオブジェクトです。メインスレッド（ブラウザー）でのwindowに相当するものと捉えておけばよいでしょう。

由で、メインスレッドからのパラメーターを受け取れます。

```
e.data.パラメーター名
```

　ここでは、受け取った値target／xにもとづいて、1〜targetの範囲でxの倍数がいくつあるかをカウントしています（❷）。forループの結果、得られた個数（count）は、最後にpostMessageメソッドでメインスレッドに応答します。

> **Note　スクリプトを再利用する**
>
> 　サンプルでは利用していませんが、importScriptsメソッドを利用することで、ワーカー内でさらに別の.jsファイルをインポートすることもできます。
>
> ```
> importScripts('worker_other.js');
> ```

10.6.2　ワーカーを起動する

　ワーカーを準備できたところで、これを呼び出すメインスレッド側のコードを作成してみましょう。

◉ リスト10-52　上：worker_client.html／下：worker_client.js

```html
<form>
  <input id="target" type="number" value="1000000" />以下：
  <input id="x" type="number" value="7" />の倍数の個数＝
  <span id="result">ー</span>
  <input id="btn" type="button" value="計算" />
</form>
```

```js
let target = document.querySelector('#target');
let x = document.querySelector('#x');
let result = document.querySelector('#result');

document.querySelector('#btn').addEventListener('click', function() {
  let worker = new Worker('scripts/worker.js');    ← ❶
  // ワーカーにメッセージを送信
  worker.postMessage({
    target: target.value,
    x: x.value                                         ❷
  });
  result.textContent ='計算中...';

  // ワーカーからの応答を処理
  worker.addEventListener('message', function(e) {
    result.textContent = e.data;                       ❸
  }, false);
  // ワーカーでエラーが発生した場合の処理
```

```
  worker.addEventListener('error', function(e) {  ←
    result.textContent = e.message;                      ④
  }, false);  ←
}, false);
```

ワーカーを呼び出すには、Workerオブジェクトを利用します（①）。

●構文 **Workerコンストラクター**

```
new Worker(path)
    path：ワーカーのパス
```

Workerをインスタンス化できたら、あとはpostMessageメソッドで、ワーカーにメッセージを送信するだけです。postMessageメソッドには任意の型の値を渡せますが、一般的には、②のように「パラメーター名：値，...」の形式で渡すのがおすすめです。それによってワーカー側でも等しく「e.data.パラメーター名」の形式でパラメーターにアクセスできるからです。

ワーカーからの結果を処理するのは、messageイベントリスナーの役割です（③）。戻り値にはdataプロパティでアクセスできるので、ここではそのままページに反映します。

④は、ワーカーのエラー処理です。ワーカー側で例外が発生した場合などには、その事後処理を実行します。エラー情報は、イベントオブジェクトのmessage（エラーメッセージ）／filename（ファイル名）／lineno（行番号）プロパティなどで取得できます。

> **Note** **ワーカーでは文書ツリーを操作できない**
>
> ワーカーは、メインスレッド（UIスレッド）とは別のスレッドで動作するという性質上、文書ツリー（UI）の操作はできません。よって、ワーカーでの処理結果はいったんメインスレッドに戻して、メインスレッド側のmessageイベントリスナーでページに反映させる必要があります。

なお、サンプルでは利用していませんが、実行中のワーカーを中断するには、terminateメソッドを利用します。ワーカー自身で処理を終了するならば、closeメソッドを利用してください。

```
worker.terminate();   ➡ メインスレッド
self.close();          ➡ ワーカー自身
```

Chapter 11

現場で避けて通れない応用知識

11.1 コマンドラインからJavaScriptコードを実行する - Node.js

1.3節でも触れたように、Node.jsはJavaScriptの実行エンジンです。Node.jsを用いることで、ブラウザー以外でも（たとえばコマンドラインから）JavaScriptのコードを実行できるようになります。

初心者のうちは、ブラウザー以外でJavaScriptを実行することはあまりないかもしれません。しかし、本章で扱うようなタスク──テスト、バンドル、ドキュメンテーションなどの処理に関わるようになってくると、コマンドラインでのJavaScript操作にも無縁ではいられなくなってきます。さらに、昨今では、ライブラリ／フレームワークの多くがNode.js[1]でのインストールを前提としています。Node.jsは、より実践的なJavaScriptアプリ開発には欠かせないツールです。

本節でも、Node.jsのインストールにはじまり、JavaScriptコードの実行、そして、ライブラリのインストールまでを紹介していきます。

11.1.1 Node.jsのインストール

Node.jsのインストールそのものは難しいことはありません。本家サイト（https://nodejs.org/ja/）から、その時どきの推奨版をダウンロードしてください。本書ではバージョン18.12.1を利用します。

インストールそのものはダウンロードしたnode-v18.12.1-x64.msi（Windows）／node-v18.12.1.pkg（macOS）をダブルクリックし、インストーラーの指示に従うだけなので、特筆すべき点はありません。

●Node.jsのインストール

※1　正確には、そのパッケージ管理ツールであるnpm（Node Package Manager）です。

正しくインストールできたかは、コマンドラインから以下のコマンドを実行して確認できます。以下のようにバージョン番号が表示されれば、Node.jsは正しくインストールできています。

```
> node -v
v18.12.1
```

11.1.2 JavaScriptファイルの実行

それではさっそく、Node.js経由でJavaScriptのコードを実行してみましょう。本書サンプルであれば、Chapter 2〜8のサンプルはほとんどがNode.jsで動作します（alertメソッドなどのブラウザーAPIを利用する一部のものを除きます）。

本書では、Node.jsを実行する例として、4.2.6項のリスト4-10を実行してみましょう。コマンドラインから、以下のコマンドを実行します。

```
> cd C:\data\jsbook        ← アプリルートに移動
> node chap04/scripts/switch.js
Bランクです。
```

nodeコマンドには、実行したい.jsファイルを指定するだけです。ここではアプリルート（/jsbook）がカレントフォルダーなので、これを基点とした相対パスを渡しています。ほかの.jsファイルでも同様に実行できるので、練習ついでに確認してみましょう。

■ インタラクティブモードで実行する

インタラクティブモードとは、JavaScriptのコードをコマンドライン上で対話式に実行するモードのこと。ちょっとしたコードの確認に向いています。-iオプションで起動できます。

```
> node -i        ← インタラクティブモード

Welcome to Node.js v16.16.0.
Type ".help" for more information.
> let name = '山田';        ← ❶変数を宣言
undefined
> `こんにちは、${name}さん!`        ← ❷文字列の整形
'こんにちは、山田さん!'
> .exit        ← インタラクティブモードの終了

>
```

枠で囲まれた部分がインタラクティブモードです。これまでと同じ要領でコードを記述できますが、都度、その時どきの結果が返される点にも注目です。❶ではlet文なので、文としてはundefinedが戻り値ですし、❷の文字列リテラルは変数解決された結果が返されます（console.logなどで明示的に出力する必要はありません）。

インタラクティブモードは、.exitコマンドで終了できます。

11.1.3 ライブラリをインストールする

本節冒頭でも触れたように、Node.jsではパッケージ管理ツールとしてnpm（Node Package Manager）を標準で備えています。npmを利用することで、以下のようなメリットがあります。

- ライブラリのインストール／アンインストールをコマンド1つでおこなえる
- 依存するライブラリがある場合も自動で解決できる（＝まとめて導入できる）
- アプリが複数のライブラリを必要とする場合も即座に復元できる

さっそく、具体的な例も見てみましょう。以下では、npm installコマンドを使って、decimal.js（3.2.3項）、テスティングフレームワークであるJest（11.2節）を、それぞれインストールしてみます。

[1] package.jsonを初期化する

Node.jsを利用した開発では、一般的なアプリをプロジェクトという単位で管理するのが一般的です。本節であれば「C:¥data¥jsbook¥chap11¥node」フォルダーの配下がプロジェクトであり、トップのフォルダーを特にプロジェクトルートともいいます。以降、Node.jsのコマンド（npm、node）を実行する際にも、プロジェクトルートをカレントフォルダーとして実行します。

そして、プロジェクト（アプリ）の基本情報や利用しているライブラリを管理するための、Node.js標準の設定ファイルがpackage.jsonです。以下のコマンドで骨組みを生成できます※2。

```
> cd C:\data\jsbook\chap11\node   ← プロジェクトルートに移動
> npm init -y
```

-yオプションは、すべての値を既定値でpackage.jsonを生成しなさい、という意味です。コマンドを実行後、プロジェクトルート配下に以下のようにファイルが生成されていることを確認しておきましょう。

● リスト11-01 package.json

```
{
  "name": "node",         ← アプリ名
  "version": "1.0.0",     ← アプリのバージョン
  "description": "",      ← アプリの概要
  "main": "index.js",     ← 既定のファイル
  "scripts": {
    "test": "echo \"Error: no test specified\" && exit 1"
  },                      ← npm経由で実行できるコマンド
  "keywords": [],         ← キーワード
  "author": "",           ← 著者情報
```

※2　以降の節でも同様に、各プロジェクトフォルダー配下にpackage.jsonを生成します。

```
    "license": "ISC"        ← ライセンス情報
}
```

[2] decimal.jsをインストールする

プロジェクトに対してライブラリをインストールするには、npm installコマンドを利用します。まずは、decimal.jsをインストールします。

```
> npm install --save decimal.js
added 1 package, and audited 276 packages in 811ms

found 0 vulnerabilities
```

--saveオプションは、インストールしたライブラリをpackage.jsonに記録しなさい、という意味です。このように記録しておく意味は、改めて後述します。

ライブラリ名には「decimal.js@10.4.2」のように、バージョン番号を指定することも可能です（無指定の場合は、最新の安定版をインストールします）。

[3] Jestをインストールする

同じくJestもインストールしておきます。

```
> npm install --save-dev jest
added 275 packages, and audited 277 packages in 10s

31 packages are looking for funding
  run `npm fund` for details

found 0 vulnerabilities
```

--save-devオプションは、--saveにも似ていますが、（アプリの実行用途ではなく）開発用途のライブラリ／ツールをインストールする際に利用します。

[4] 生成されたフォルダー／ファイルを確認する

インストールに成功したら、プロジェクトルートに/node_modulesフォルダーが生成され、以下のようにライブラリがインストールされていることも確認しておきましょう。ライブラリが個々のフォルダー単位に格納されています。大量のフォルダーができているのは、ライブラリそれぞれが依存するパッケージをまとめてインストールしているからです。

●ライブラリがインストールされた

　また、package.jsonも以下のように変化しています。dependenciesブロック配下に実行のための
ライブラリが、devDependenciesブロックの配下に開発用途のライブラリが、それぞれ記録されてい
ます。

●リスト11-02 package.json

```json
{
  ...中略...
  "author": "",
  "license": "ISC",
  "dependencies": {
    "decimal.js": "^10.4.2"
  },
  "devDependencies": {
    "jest": "^29.3.1"
  }
}
```

　ちなみに、バージョン番号の前の「^」は、あとでライブラリを復元する際に「29.3.1以上、30.0.0
未満」を許容することを意味します（＝左端の0でないバージョンを変化させない）。「^」を「~」に代
えることで「29.3.1以上、29.4.0未満」を許容させることも可能です。バージョン指定に幅を持たせ
る場合に便利な指定です。

表記	意味
29.3.1	29.3.1（バージョン固定）
^29.3.1	29.3.1以上、30.0.0未満（いわゆる29.x.x）
~29.3.1	29.3.1以上、29.4.0未満（いわゆる29.3.x）
*	最新バージョン

●バージョン表記で利用できる記号

11.1.4 ライブラリの復元

アプリを配布する場合、たいがいは容量の大きなライブラリ（/node_modulesフォルダー）は削除しておくのが一般的です。しかし、ほかの環境でセットアップする場合にも心配はいりません。

package.jsonに、アプリで利用しているライブラリが記録されているからです。よって、プロジェクトルート直下で以下のコマンドを実行するだけで、すべてのライブラリを復元できます。利用しているライブラリを個々に意識しなくてよいので、利用者としてはかんたんですね。

```
> npm install
```

すでにインストールされたライブラリをアップデートするならば、npm updateコマンドを利用します（「^」「~」が許容する範囲でバージョンを最新にします）。

```
> npm update
```

> **Note** 以降のサンプルを実行するために
>
> 以降では、ダウンロードサンプルでも/chap11フォルダー配下を節単位に分けています。
>
>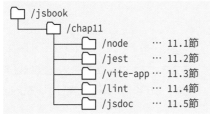
>
> ●/chap11フォルダー配下の構造
>
> それぞれすでにpackage.jsonを用意しているので、npm installコマンドでライブラリをインストールしてください。
>
> npm installはじめ、個々のnpmコマンドは、それぞれのサブフォルダー直下で実行してください。

11.2 アプリのテストを自動化する - Jest

アプリの品質向上に、テストは欠かせない作業です。JavaScriptの世界でもそれは例外ではありません。特に近年では、クライアントサイド機能の比重が高まるに伴い、JavaScriptでも本格的なオブジェクト指向によるコーディングがあたりまえとなり、書かれるスクリプトもより複雑になっています。スクリプトの品質を維持するために、JavaScriptでもテストの実施——そして、テストを支援するテスティングフレームワークの導入が、もはや必須といえます。

テストとひと口にいっても、以下のように大別できます。

- ・単体テスト ➡ 関数／クラス（メソッド）単体の動作をチェックする
- ・結合テスト ➡ 複数の関数／クラス（メソッド）を結合した時の動作をチェック
- ・システムテスト ➡ アプリ全体の動作をチェック

本節で解説するのは、その中でも最も基本的な——そして、よく利用する単体テスト（ユニットテスト）を支援するためのライブラリです。JavaScriptで利用できるテスティングフレームワークとしては以下のものなどが有名ですが、本書では現時点でシェアが高く、関連するドキュメントも充実しているJestを採用します。

- ・Jest（https://jestjs.io/）
- ・Jasmine（https://jasmine.github.io/）
- ・Mocha（https://mochajs.org/）

11.2.1 テストコードの基本

Jestのインストールについては11.1.3項でも触れているので、ここからはさっそく、クラスの単体テストを実行してみましょう。テスト対象となるのは、8.3.1項でも紹介したMemberクラスです（実際には、テストコードから呼び出しやすいように、モジュールとして切り出しています）。

⦿ リスト11-03 Member.js

```
export default class {
  ...中略（リスト8-20を参照）...
}
```

　そして、このMemberクラスをテストするためのコード（テストケース）を定義しているのが、Member.spec.jsです。テストコードは、テスト対象のファイル名と対応関係が明確になるよう、以下のようにするのがおすすめです。

テスト対象のファイル名 .spec.js

● リスト11-04 Member.spec.js

```
import Member from './Member.js';

describe('Jestの基本', () => {                    ←
  const NAME = '佐藤理央';
  let m;
  // 前処理
  beforeEach(() => {                    ←
    m = new Member(NAME);                ❷
  });                    ←

  // 後処理
  afterEach(() => {                    ←
    console.log('Test is done.');        ❸
  });                    ←

  // テストケース本体
  it('greetメソッドの確認', () => {        ←
    let result = m.greet();
    expect(m.name).toBe(NAME);    ←
    expect(result).toContain(NAME);  ←   ❺        ❹
  });                    ←
});                    ←                                        ❶
```

　Jestによるテストコードは、まず全体をdescribeメソッドでくくります（❶）。

● 構文　describeメソッド

```
describe(name, specs)
      name：テストスイートの名前
      specs：テストケース（群）
```

　テストスイートとは、関連するテストのまとまりを表す入れ物のようなものです。具体的なテストケースは、引数specs（関数オブジェクト）の配下で宣言します。

　❷のbeforeEachメソッドは、個々のテストケースが実行される前に呼び出される、初期化処理を表します。ここでは、テストケースで利用できるように、Memberクラスをインスタンス化しています。初期化処理が不要であれば、省略しても構いません。

　❸のように、事後処理用のafterEachメソッドもあります。同じく省略可能です。

　❹のitメソッドが、個々のテストケースです。テストスイートの中で、テストケースは必要に応じてい

くつでも列記できます。

◉ 構文　it メソッド

```
it(name, fn [, timeout])
       name    ：テストケースの名前
       fn      ：テストの内容
       timeout ：タイムアウト時間（既定は5000ミリ秒）
```

　ここでは「greet メソッドの確認」という名前で、テストケースを1つだけ定義していますが、もちろん同じように、複数のテストを列挙することも可能です。

　引数 fn の中では、以下の構文で任意のコードの結果を検証していきます（❺）。

◉ 構文　テスト検証

```
expect(resultValue).matcher(expectValue)
       resultValue ：テスト対象のコード（式）
       matcher     ：検証メソッド
       expectValue ：期待する値
```

　この例であれば、以下の点を確認しています。

・name プロパティの値が「佐藤理央」であるか（toBe）
・greet メソッドの戻り値に「佐藤理央」が含まれているか（toContain）

　toBe ／ toContain は Matcher とも呼ばれ、expect メソッドで示された式の値が指定の条件を満たしているかを確認するためのメソッドです。Jest では、標準で以下のような Matcher を用意しています。

Matcher	概要
toBe(value)	値が value と等しいか
toEqual(value)	値が value と等しいか（配列、オブジェクト配下の要素も再帰的に比較）
toBeNull()	値が null か
toBeUndefined()	値が undefined か
toBeDefined()	値を持つか（＝値が undefined でないか）
toBeTruthy()	値が Truthy か
toBeFalsy()	値が Falsy か
toBeCloseTo(value, digits)	値が value と等しいか（小数点以下 digits 桁までを比較）
toBeGreaterThan(value)	値が value よりも大きいか
toBeGreaterThanOrEqual(value)	値が value 以上か
toBeLessThan(value)	値が value 未満か
toBeLessThanOrEqual(value)	値が value 以下か
toMatch(reg)	値が正規表現 reg にマッチするか

（次ページへ続く）

toContain(*value*)	値にvalueが含まれるか
toThrow([*err*])	例外を発生するか（引数errは例外オブジェクト、文字列、正規表現のいずれか。文字列／正規表現はエラーメッセージにマッチするか）

●Jest標準で用意されているおもなMatcher

　なお、否定（たとえば「含まない」）を表現するには、以下のようにnotメソッドを利用してください。いかにも英文のように直感的に記述できるのが、Jestのよいところです。

```
expect(result).not.toContain(NAME);
```

　すべてのMatcherは、本家ドキュメントから［Exprect］（https://jestjs.io/docs/expect）のページで確認できます。

11.2.2　実行コマンドの準備

　単体テストを実行するには、package.jsonを編集しておく必要があります（編集箇所は太字）。

●リスト11-05　package.json

```
{
  ...中略...
  "type": "module",     ←── ❶
  "scripts": {  ←
    "test": "SET NODE_OPTIONS=--experimental-vm-modules && jest"     ──── ❷
  },  ←
  ...中略...
}
```

　typeオプションは、Node.jsでESモジュール（8.4節）を有効にします（❶）。Node.jsでは既定でCommonJSというモジュール形式を採用しているので、明示的に宣言しておきましょう。

　scriptsオプションは、複雑なコマンドにエイリアス（別名）を与えるための宣言です（npm scriptsともいいます）。この例であれば、本来太字のように呼び出すべきコマンドを、「npm run **test**」のようにシンプルに呼び出せるようになります。「test」の部分はscriptsブロック配下のキー名なので、変更しても構いません（もちろん、その場合は呼び出しのコマンドも読み替えてください）。

　コマンドの中身も確認しておきましょう。NODE_OPTIONSはコマンド実行時に付与するオプションを意味します。--experimental-vm-modulesはNode.jsでESモジュールを有効化しなさい、という意味です。執筆時点では実験的機能なので、明示的にオプションを付与する必要があります。後半のjestコマンドは、テストを実行するためのJestのコマンドです[1]。

※1　macOSの場合は、太字を「NODE_OPTIONS=--experimental-vm-modules jest」と書き換えてください。

11.2.3 単体テストの実行

テストコード、コマンドの準備ができたところで、実際にテストを実行してみましょう。

```
> npm run test
...中略...
  console.log
    Test is done.          2

      at Object.log (Member.spec.js:11:13)
 PASS  ./Member.spec.js
  Jestの基本
    ✓ greetメソッドの確認 (15 ms)

Test Suites: 1 passed, 1 total
Tests:       1 passed, 1 total1                    1
Snapshots:   0 total
Time:        0.285 s, estimated 1 s
Ran all test suites.
```

テストスイート／テストケースともに、1つのうち1つが成功した（＝1 passed, 1 total）ことを確認してみましょう（❶）。afterEachメソッドで出力されたログも、テスト結果の一環として反映されます（❷）。

成功を確認できたら、先ほどのリスト11-04を、あえてテストが失敗するように修正してみましょう。

```
expect(result).toContain('名無権兵衛');
```

以下は、テストを再実行した結果です。「名無権兵衛」を含むことを期待しているのに、受け取った結果は「こんにちは、佐藤理央さん！」であることを示しています（太字）。

```
> npm run test
 ...中略...
  console.log
    Test is done.

      at Object.log (Member.spec.js:11:13)

 FAIL  chap11/Member.spec.js
  Jestの基本
    ✕ greetメソッドの確認 (16 ms)

  ● Jestの基本 › greetメソッドの確認

    expect(received).toContain(expected) // indexOf

    Expected substring: "名無権兵衛"
    Received string:    "こんにちは、佐藤理央さん！"
```

```
 16 |     expect(m.name).toBe(NAME);
 17 |     // expect(result).toContain(NAME);
> 18 |     expect(result).toContain('名無権兵衛');
    |                    ^
 19 |   });
 20 | });
 21 |

    at Object.toContain (Member.spec.js:18:20)

Test Suites: 1 failed, 1 total
Tests:       1 failed, 1 total
Snapshots:   0 total
Time:        0.374 s, estimated 1 s
Ran all test suites.
```

11.2.4 テスト実行時の役立つオプション

npm run testコマンド（正しくは、その内部で実行しているjestコマンド）では、以下のようなオプションを付与することも可能です。

■ 特定のテストコードだけを実行する

Jestは、既定で、以下の条件のファイルをテストコードとしてまとめ実行します。

- __tests__フォルダー（アンダースコアは前後2個）配下の、拡張子が.js、.ts、.jsx、.tsxであるもの
- プロジェクトルート配下の.spec.js／.test.jsであるもの（.jsは.ts、.jsx、.tsxでも可）

ただし、以下のようにパスを明示することで、特定のフォルダー／ファイルだけを実行することも可能です（以下であれば/srcフォルダーだけを実行）。

```
> npm run test ./src
```

■ コードの変更を監視する

--watchAllオプションを付与することで、ファイルになんらかの変更があった場合に、テストを再実行できます。

◉ リスト 11-06 package.json

```
"test": "SET NODE_OPTIONS=--experimental-vm-modules && jest --watchAll"
```

この状態でテストを再実行すると、初回はテストが実行された後、そのまま待機状態になります。テスト対象のコード、テストコードを修正すると、テストが再実行されることを確認してみましょう。

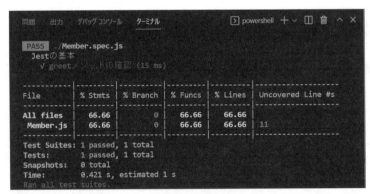

● watchAllモードではファイルの変更待ちに移行する

　--watchAllオプションでは変更時に全テストを再実行しますが、--watchオプションを利用することで変更ファイルだけを再実行することも可能です[※2]。監視状態を終了するには、q キーを押します。

■ コードカバレッジ分析の結果をレポートする

　コードカバレッジ（code coverage）分析とは、コードをどこまでテストできているのかを検査するためのしくみ。カバレッジ分析によって、テストコードがアプリ全体をどこまで網羅しているかを即座に確認できます。

　コードカバレッジ分析を有効にするには、package.jsonを以下のように編集してください。

● リスト 11-07　package.json

```
"test": "SET NODE_OPTIONS=--experimental-vm-modules && jest --coverage"
```

　この状態でサンプルを実行すると、本来のテスト実行に加えて、以下のようなカバレッジ分析の結果を得られます。

● カバレッジ分析の結果

※2　ただし、差分の監視のためにGit（https://git-scm.com/）をあらかじめインストールしておく必要があります。

プロジェクトルートの配下にも /coverage フォルダーが作成されており、その配下の /lcov-report/ index.html から分析結果を確認することもできます。

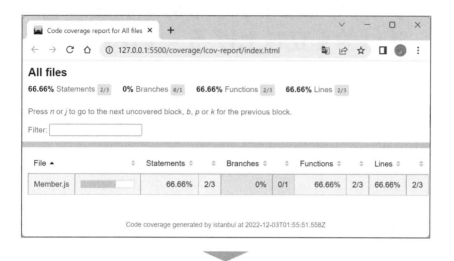

● カバレッジ分析の結果 (index.html)

該当するファイルをクリックすることで、テストでカバーされていない箇所を詳細に確認することも可能です。

11.3 フロントエンドアプリの開発環境をすばやく立ち上げる - Vite

JavaScriptはインタプリター型の言語であることから、元来、コンパイルも不要で、ソースコードを配置するだけでそのまま動作する手軽さが特長でした。しかし、近年では、JavaScriptによる開発も複雑になってきています。たとえば、JavaScriptのコードを動作させるには、以下のような作業を伴う場合があります。

(1) トランスパイル処理

フロントエンド開発では、TypeScriptのようなaltJS（P.270）、JSX（JavaScript XML[1]）のような拡張構文を利用する機会も増えてきました。これらネイティブなブラウザー環境で解釈できないしくみを用いている場合、そのトランスパイル（＝JavaScriptへの変換）処理が必要になります。

(2) バンドル処理

昨今では、JavaScriptアプリはモジュール単位に管理するのが一般的であり、モジュール化されたアプリをネイティブに実行できる環境もほぼ整ってきています。しかし、それでも本番環境でモジュールを直接実行するケースはまだ一般的ではありません。

というのも、利用しているフレームワーク／ライブラリが大量の内部モジュールを含んでいる場合、これを個々にインポートするのは非効率です[2]。そこであらかじめモジュールを1つにまとめ、転送効率を改善するのです。その処理をバンドル（bundle）といいます。

(3) ミニフィケーション処理

オリジナルのコードからコメントや空白／改行を除去することをいいます。バンドル処理が転送効率を改善するのに対して、ミニフィケーションではファイルサイズそのものを最小化し、通信量を節約します。

(4) ダイジェストの付与

最終的に生成されたファイル名の末尾に、ハッシュ値（ダイジェスト）を付与します。ハッシュ値とは、ファイルの内容に応じて算出された文字列です。ハッシュ値によって、ファイルが更新された場合には名

※1　JavaScriptにHTMLさながらのタグを埋め込むためのしくみです。本書では詳細は割愛するので、詳しくは『速習React 第2版』(Kindle) などの専門書を参照してください。

※2　HTTP/2ではHTTP/1.1時代よりも複数リソースの読み込みが効率化されていますが、それでも対象のファイルが増えれば非効率である点は変わりありません。

前も変化するので、意図しないブラウザーキャッシュを防げます（「コードを変更したのに反映されない！」がなくなります）。

これらの作業の1つ1つは、もちろん難しいものではありません。しかし、開発の途中で人が何度も実行しなければならないとなれば、もれや誤りの原因にもなります。そこで、これらの作業を自動化するのが、ビルドツールです。

ビルドツールには、じつにさまざまなソフトウェアがありますが、本節では、その敏速な動作から注目を浴びているVite（ヴィート）を取り上げます。

> **Note** ビルドツール
>
> ビルドツールとは、ソフトウェアを実行可能な状態にするためのツールです。似た用語として、定型的な作業を自動化するためのタスクランナー、モジュールのバンドルを主目的としたモジュールバンドラーなどもあります。が、それぞれが互いの領域をカバーする機能を備えていることもあり、厳密な分類はあまり建設的とは思えません。
>
> ここでは、最も大きなくくりとしてビルドツールと呼んでいますが、文脈によって変化する可能性がある用語、という程度で大づかみしておきましょう。

11.3.1 Viteの特徴

Viteの具体的な説明に入っていく前に、Viteの特徴を概観しておきましょう。Viteの特性をつかむとともに、関連ツールのトレンドを把握する手がかりにしてください。

（1）ノーバンドルなバンドルツール

バンドルツールとは、大雑把に、「アプリを起動する前にすべての依存関係を解決し、ひとまとめに束ねる」ツールのこと。しかし、開発時——ファイルが頻繁に更新される状況では、そのような方式は非効率です（都度、すべてのファイルをバンドルし直さなければなりません！[3]）。

そこでViteではバンドルをせず、インポートをブラウザーの機能に委ねます。といっても、完全にバンドルしないのではなく、最低限のモジュールだけをバンドル（Pre-bundle）します。具体的には、内部にモジュールを大量に含んでいるようなライブラリだけをバンドルすることで、バンドルとインポート双方で、オーバーヘッドのバランスを取っています。これによって、Viteは開発時のアプリ起動／リロードを大幅に高速化しています。

（2）本番環境では完全バンドル

ちなみに、Viteでも本番環境ではアプリを完全にバンドルします。上でも触れたように、大量モジュールのインポートはHTTP/2環境であっても非効率だからです。開発時と異なり、繰り返し実施するわけではないので、ここでのオーバーヘッドは十分に無視できる範囲です。

※3　たとえば従来型のバンドルツールであるwebpack（https://webpack.js.org/）などは、その方式で動作しています。

バンドルツールとしては、開発環境ではesbuild（https://esbuild.github.io/）、本番環境では
Rollup（https://rollupjs.org/）を採用しています。

(3) さまざまな環境に対応

Viteは、標準でVanilla JS（標準JavaScript）はもちろん、Vue.js、React、Preact、Litなどの
フレームワークに対応しています。拡張テンプレート（https://github.com/vitejs/awesome-vite）
を加えることで、さらにさまざまな組み合わせの環境をサポートできます。

また、TypeScriptをはじめ、CSS／SCSSを標準サポートしている点も見逃せません。幅広い状況
で利用できるので、本節で学んだことは、そのまま次のステップでの学習にもつながるはずです。

11.3.2　Viteの基本

それではさっそく、Viteで実際にアプリを作成し、ビルド＆実行してみましょう。

[1] プロジェクトを作成する

Viteでは、アプリをプロジェクトとして管理するのが基本です。定型的なプロジェクトフォルダーを作
成するのはたいがいめんどうなものですが、Viteを利用することで、最低限のフォルダー（器）を自動
生成してくれます。

プロジェクトを作成したいフォルダーにカレントフォルダーを移動したうえで、以下のコマンドを実行
しましょう。

```
> cd C:\data\jsbook\chap11          ◀ カレントフォルダーを移動
> npm create vite@latest            ◀ プロジェクトを作成
Need to install the following packages:
  create-vite@3.2.1
Ok to proceed? (y)
```

これでViteの最新版を利用して、プロジェクトを作成しなさいという意味になります。最初の実行で
は、上のように「Need to install the following packages」（プロジェクト作成に必要なライブラリを
インストールするか）と聞かれるので、既定（yes）のまま、先に進んでください。

ウィザードが起動するので、以下のように情報を入力します。

```
? Project name: ... vite-app        ◀ プロジェクト名

? Select a framework: » - Use arrow-keys. Return to submit.   ◀ 使用するフレームワーク
>   vanilla
    vue
    react
    preact
    lit
    svelte
    Others
```

```
? Select a variant: » - Use arrow-keys. Return to submit.    使用する言語
>   JavaScript
    TypeScript

Scaffolding project in C:\data\jsbook\chap11\vite-app...

Done. Now run:

  cd vite-app
  npm install
  npm run dev
```

　ここでは、フレームワークを利用しないので「vanilla」を選択しておきましょう。vanillaとはアイスクリームの標準的なフレーバーであるバニラから来ており、ここでは「機能を拡張していない標準（生）のJavaScript」という意味です。

[2] 依存するライブラリをインストールする

　[1] のような結果が得られれば、まずはプロジェクトは正しく生成されています。ただし、この時点ではファイルが作成されただけなので、以降の作業に必要なライブラリをインストールしておきましょう。

```
> cd vite-app       プロジェクトルートに移動
> npm install       ライブラリのインストール
```

　依存ライブラリはすでにpackage.jsonに記録されているので、その内容に従って依存ライブラリがインストールされます。この時点でのプロジェクトフォルダーの内容は、以下のとおりです。

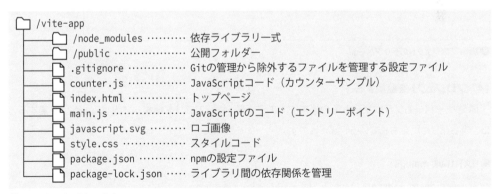

```
/vite-app
    /node_modules ……… 依存ライブラリ一式
    /public ……………… 公開フォルダー
    .gitignore ………… Gitの管理から除外するファイルを管理する設定ファイル
    counter.js ………… JavaScriptコード（カウンターサンプル）
    index.html ………… トップページ
    main.js …………… JavaScriptのコード（エントリーポイント）
    javascript.svg ……… ロゴ画像
    style.css …………… スタイルコード
    package.json ……… npmの設定ファイル
    package-lock.json …… ライブラリ間の依存関係を管理
```

●Viteプロジェクトの内容

[3] プロジェクトを実行する

　プロジェクトは、以下のコマンドで実行できます。

```
> npm run dev
...中略...
  VITE v3.2.4  ready in 152 ms

  →  Local:   http://127.0.0.1:5173/
  →  Network: use --host to expose
```

　開発サーバーが起動するので、ブラウザーから「http://127.0.0.1:5173/」にアクセスしてください（Live Serverとはポート番号も異なります）。

　以下のページが表示されれば、アプリは正しく動作しています。開発サーバーは、Ctrl + Cで終了できます。

●Viteプロジェクトのトップページ

[4] プロジェクトを編集する

　開発サーバーもブラウザーもそのままに、エディターからアプリを編集してみましょう。編集するのは、あらかじめ用意されているmain.jsです。

●リスト11-08 main.js

```
document.querySelector('#app').innerHTML = `
  <div>
    ...中略...
    <h1>こんにちは、Vite!!</h1>
    <div class="card">
    ...中略...
  </div>
```

```
`
setupCounter(document.querySelector('#counter'))
```

●ファイルの更新が結果にも即座に反映

ファイルを保存すると、該当箇所がページに即座に反映されることを確認してみましょう。これはVite
のHMR（Hot Module Replacement）機能によるものです。このような仕掛けもViteの高速な動作
を支える一因となっています。

11.3.3　本番環境向けのビルドを実施する

プロジェクトの内容をそのまま（できるだけ敏速に）実行することを目的としたnpm run devコマン
ドに対して、アプリを完全にバンドルし、本番環境に配置（デプロイ）するためのファイル一式を作成す
るのが、npm run buildコマンドの役割です。

```
> npm run build

> vite-app@0.0.0 build
> vite build

vite v3.2.4 building for production...
✓ 6 modules transformed.
dist/assets/javascript.8dac5379.svg   0.97 KiB
dist/index.html                       0.44 KiB
dist/assets/index.d92843a7.js         1.43 KiB / gzip: 0.75 KiB
dist/assets/index.d0964974.css        1.19 KiB / gzip: 0.62 KiB
```

ビルドに成功すると、プロジェクトルート配下に/distフォルダーが生成されることが確認できます。

●ビルドの結果、生成されたファイル一式

　あとは、/distフォルダー配下のフォルダーとファイル一式を、HTTPサーバー[4]に配置すれば、アプリを実行できます。

■ .js／.cssファイルのバンドル

　生成されたファイルの内容についても、軽く確認しておきましょう。まずは、.js／.cssファイルからです。これらのリソースは、バンドルされたうえで/assetsフォルダーにまとめられます（既定のプロジェクトであれば、index.js／counter.jsがまとめられます）。

　ファイル名には、「index.**d92843a7**.js」のようにランダムな文字列が付与されている点に注目です。これがダイジェスト値です。当然、中身に応じてダイジェスト値は変化します。

　また、index.d92843a7.jsを開いてみると、以下のようにコメント、空白などが除去され、（ある場合は）ローカル変数が短縮化されていることが確認できます。

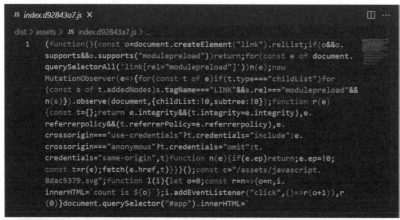

●圧縮されたJavaScriptのコード

■ トップページ（index.html）への反映

　バンドルされた結果は、トップページ（index.html）にも反映されます。.js／.cssファイルのインポー

※4　Apache HTTP Serverであれば、既定で/htdocsフォルダーに配置します。

トが追加されていること、ファイル名にはダイジェストも加味されている点に注目です。

◉ リスト11-09 index.html

```html
<!DOCTYPE html>
<html lang="en">
  <head>
    <meta charset="UTF-8" />
    <link rel="icon" type="image/svg+xml" href="/vite.svg" />
    <meta name="viewport" content="width=device-width, initial-scale=1.0" />
    <title>Vite App</title>
    <script type="module" crossorigin src="/assets/index.d92843a7.js"></script>
    <link rel="stylesheet" href="/assets/index.d0964974.css">
  </head>
  <body>
    <div id="app"></div>

  </body>
</html>
```

11.3.4 JavaScript以外のリソースにも対応

本節冒頭でも触れたように、ViteではJavaScript以外にもTypeScript、CSS／Sass、画像リソースなど、さまざまなリソースを標準でサポートしています。TypeScriptについては11.3.2項でも触れたように、プロジェクト作成ウィザードの［使用する言語］（Select a variant）で「TypeScript」を選択するだけでよいので、以下ではそれ以外のリソースについて触れておきます。

■ スタイルシートの対応

.jsファイルからスタイルシートをインポートすることで[5]、.cssファイルがバンドルの対象となり、index.htmlにも反映されます。プロジェクト既定のテンプレートでもmain.jsに以下の記述を確認できます。

◉ リスト11-10 main.js

```js
import './style.css'
```

■ Sassの対応

Sass（SCSS）はいわゆるaltCSS（CSSの代替言語）の一種で、CSSをより効率的に記述できるように拡張した言語です。スタイル定義も複雑化するに伴って、近年ではTypeScriptと並んでよく利用されています。

Viteの世界では、Sass（SCSS）を利用するのはごくかんたん、以下のコマンドでSassをインストールするだけです。

※5　あるいはindex.htmlから<link>タグでインポートしても構いません。

```
> npm install --save-dev sass
```

あとは、style.scssのようなファイルを作成したうえで[6]、先ほどと同じく、main.jsからインポートするだけです。

◉ リスト11-11 main.js

```
import './style.scss'
```

■ 画像リソースの対応

画像リソースへの対応も可能です。プロジェクトルート配下に画像ファイル（たとえば/images/wings.jpg）を配置したうえで、main.jsを編集します。

◉ リスト11-12 main.js

```
import imgUrl from './images/wings.jpg'
...中略...
let img = new Image()
img.src = imgUrl
document.querySelector('#app').append(img)
```

これで画像ファイルも処理の対象となり、ビルド後には/assets/wings.609f197e.jpgのような画像が生成されます。

ちなみに、静的にインポートできないファイルについては、プロジェクトルート直下の/publicフォルダーに配置してください。/publicフォルダー配下のリソースは、ビルド時は/distフォルダーにコピーされます。

/publicフォルダー配下のファイルを指定する際には、パスも/publicフォルダーからの相対パスを指定してください（publicは不要です）。

```
img.src = 'images/wings.jpg'
```

※6　本書ではSass（SCSS）の詳細は割愛します。詳細は本家サイトのドキュメント（https://sass-lang.com/guide）などを参考にしてください。

11.4 JavaScriptの「べからず」なコードを検出する - ESLint

JavaScriptに限らず、コードを記述していくと、「文法／構文エラーではないが、望ましくないコード」に遭遇することがあります。たとえば、利用していないにもかかわらず、残ってしまった変数宣言——これはまちがいではありませんが、単なるゴミなので、削除すべきコードです。また、varは今なお利用できる命令ですが、6.3.3項でも触れた理由からlet／constを優先して利用すべきです（eval、Functionなども同様です）。

さらに、インデントのようなレイアウトの「べからず」もあります。インデントにはスペース、タブなどの空白文字を利用できますが、不統一であるのは望ましくありません。双方の混在は見た目の不統一につながり、階層構造を把握しにくくする原因にもなるからです。

このような問題はいずれも、コードの読み手を混乱させますし、それは潜在的な（あるいは、将来的な）バグの原因ともなります。そこで登場するツールがLintです（静的コード解析ツールとも呼ばれます）。Lintを利用することで、「べからず」なツールを機械的に検出することが可能になります。ESLintは、JavaScriptでよく利用されるLintツールです。

11.4.1 ESLintの基本

それではさっそく、ESLintをインストールし、実際に静的解析を実行してみましょう。以下の手順はpackage.jsonがすでに存在することを前提としています。まだない場合には、11.1.3項の手順に従って、package.jsonをあらかじめ準備してください。

[1] ESLintをインストールする

ESLintは、これまでと同じく、npm installコマンドで実行できます。開発ツールなので、--save-devオプションを付与します。

```
> npm install --save-dev eslint
...中略...
found 0 vulnerabilities
```

[2] ESLintの設定ファイルを初期化する

ESLintの設定ファイルは、以下のコマンドで対話式に作成できます。

```
> npm init @eslint/config
```

603

```
Need to install the following packages:
  @eslint/create-config
Ok to proceed? (y)          @eslint/config をインストールするか ※1

? How would you like to use ESLint? ...          ESLint をどの用途で利用するか
  To check syntax only
> To check syntax and find problems
  To check syntax, find problems, and enforce code style

? What type of modules does your project use? ...          使用するモジュールの種類。
> JavaScript modules (import/export)                        JavaScript modules を選択
  CommonJS (require/exports)
  None of these

? Which framework does your project use? ...          フレームワークを利用するか
  React
  Vue.js
> None of these

? Does your project use TypeScript? » No / Yes          TypeScript を利用するか。No を選択

? Where does your code run? ...  (Press <space> to select, <a> to toggle all, <i>  ☑
to invert selection)          コードの実行場所。Browser を選択
> Browser
  Node

? What format do you want your config file to be in? ...          設定ファイルの形式。
  JavaScript                                                         JSON を選択
  YAML
> JSON

Successfully created .eslintrc.json file in C:\data\jsbook\chap11\lint
```

ウィザードを終了すると、プロジェクトルートの配下に以下のような設定ファイルが生成されます。

◉ リスト 11-13 .eslintrc.json

```
{
  "env": {
    "browser": true,    ⟵  ブラウザー環境を前提にするか
    "es2021": true    ⟵  ES2021環境を前提にするか
  },
  "extends": "eslint:recommended",    ⟵  適用するESLintルール
  "parserOptions": {
    "ecmaVersion": "latest",    ⟵  ESバージョン
    "sourceType": "module"    ⟵  ESモジュールを有効化
  },
```

※1　ここでは npm init コマンドを実行するのに必要なライブラリがないので、インストールしてもよいかと問われています。
　　　環境によっては表示されない場合もありますが、表示された場合には、既定のまま Enter を押してください。

```
  "rules": { ← 追加ルール
  }
}
```

　ESLintのルールは膨大で、1から設定していくのは現実的ではありません。そこで一般的には、既存のルールセットを適用し、そこからプロジェクト独自のルールを加えていくのが効率的です。ここでもeslint:recommendedルールセットを継承（extends）しています。eslint:recommendedはESLintが推奨する最低限のルールセットです[※2]。ルールはrulesブロックで上書きできますが、現在は特に何も指定していません。

[3] package.jsonを編集する

　ESLintを実行できるように、package.jsonにショートカットコマンドを登録しておきましょう。以下の例であれば、/chap11/lint/srcフォルダー配下のすべての.jsファイルを解析対象とします。

◉ リスト11-14 package.json

```
{
  "name": "lint",
  ...中略...
  "scripts": {
    ...中略...
    "lint": "eslint ./src/*.js"
  },
  ...中略...
}
```

[4] ESLintを実行する

　[3]で登録したコマンドをもとに、ESLintを実行してみましょう（結果はダウンロードサンプルをそのまま利用した場合です）。

```
> npm run lint
```

※2　eslint:all（全部入り）のルールセットもあります。eslint:recommendedが甘すぎると考えるならば、eslint:allを利用して、不要なルールをrulesブロックで無効化してもよいでしょう。

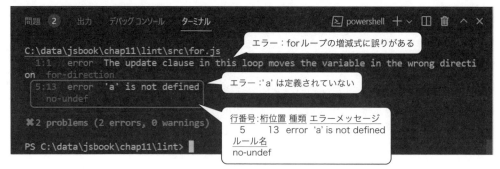

● ESLintの実行結果

ルールの詳細な意味は、本家サイトのドキュメント（https://eslint.org/docs/latest/rules/）を参照してください。

11.4.2 リアルタイムに解析結果を確認する

以上の方法でも目視よりは大分マシですが、まとめて問題を検出するよりも、コードを編集する際にリアルタイムに問題を把握できたほうが効率的です。そこでここでは、ESLintプラグインを利用して、VSCode上でESLintをリアルタイムに実行する方法について、紹介します。

[1] ESLintプラグインをインストールする

ESLintプラグインを入手するには、VSCode左部のアクティビティバーから ⊞（拡張機能）ボタンをクリックしてください。［拡張機能］ペインが開くので、上部の検索ボックスから「ESLint」と入力します。

● ESLintプラグインのインストール

検索結果が表示されるので、「ESLint」欄の［インストール］ボタンをクリックすることでインストールできます。

[2] ESLintプラグインのリアルタイム解析を確認する

あとは、エディター上で（たとえば）/chap11/lint/srcフォルダー配下のfor.jsを開いてみましょう。

即座に解析が実施されて、問題のある箇所には波線が付与されます。マウスポインターを乗せると、詳しい問題がポップアップされることも確認しておきましょう。

●ESLintによるリアルタイム解析の結果

複数の問題を確認したいならば、[問題] ウィンドウから確認することも可能です。

11.4.3 ESLint ルールのカスタマイズ

11.4.1項でも触れたように、ESLintではまず標準的なルールセットを適用したうえで、プロジェクトに応じて、ルールを追加したり、既存のルールを無効化するのが一般的です。これには、.eslintrc.jsonのrulesブロックを編集してください。

たとえば以下は、

- prefer-constルール（letよりもconstを優先）を警告で有効化
- indentルール（インデントを半角2個で統一）をエラーで有効化

する例です。

●リスト11-15 .eslintrc.json

```json
{
  "env": {
    "browser": true,
    "es2021": true
  },
  ...中略...
  "rules": {
    "prefer-const": 1,      ← ❶
    "indent": ["error", 2]  ← ❷
  }
}
```

ルールのオンオフは、以下の値で指定できます（❶）。

設定値	概要
off、0	ルールを無効化
warn、1	ルールを警告として有効化
error、2	ルールをエラーとして有効化

●ルールのオンオフに関する設定

ただし、❷のように、ルールがなんらかのパラメーターを求める場合には、配列で以下のように表します。

[オンオフ , パラメーター , ...]

Column　　　<script>要素の知っておきたい属性（3）- integrity属性の作り方

integrity属性（P.508）に指定するハッシュ値は、大概はCDNサイトで自動生成してくれます。たとえばcdnjsであれば、該当するライブラリから </> （Copy Script Tag）をクリックすることで、integrity属性付きの<script>要素をコピーできます。

●cdnjsの場合

自らハッシュ値を生成するならば、「SRI Hash Generator」（https://www.srihash.org/）のようなサービスを利用してもよいでしょう。テキストボックスにライブラリのアドレスを入力し、[Hash!]ボタンをクリックすることで、integrity属性付きの<script>要素を得られます。

●SRI Hash Generator

11.5 ドキュメンテーションコメントでコードの内容をわかりやすくする - JSDoc

　長期的なメンテナンスを必要とするコードにおいては、あとから見てもその内容がわかるよう、適切なコメントを残しておくことが重要です。もっとも「適切なコメント」とはいっても、なかなかその適切なコメントを記述すること自体、難しいと思われるでしょう。

　そのような時に目安になるのが、ドキュメンテーションコメントのルールに則ったコメントを記述することです。ドキュメンテーションコメントとは、クラスやそのメンバーの直前でその役割を記述するための、特定のルールに則ったコメントのこと。JSDocと呼ばれる専用のツールを利用することで、自動的に必要な情報を抽出し、APIドキュメント（仕様書）を自動生成できます。

　右の図は、JSDocによって自動生成された仕様書の例です。

　ドキュメンテーションコメントは、ソースコードの中で管理されるので、以下のようなメリットがあります。

・ソースの修正と合わせてメンテナンスしやすい
・ソースとドキュメントとの間で矛盾が起こりにくい

　ソースコードに変更があった場合にも、コマンド1つでドキュメントを最新の状態に更新できるのもうれしいポイントです。

●JSDocによって自動生成したドキュメント

609

11.5.1 ドキュメンテーションコメントの記述ルール

ドキュメンテーションコメントとは、「/**...*/」の配下に一定のルールで表したコメントのこと。たとえば以下は、Memberクラスにドキュメンテーションコメントを付与したものです。

●リスト11-16 Member.js

```
/**
 * @class
 * @classdesc メンバーについての情報を管理します。
 * @param {string} name 氏名
 * @param {number} age 年齢
 * @throws {Error} name、ageは必須です。
 * @author Yoshihiro Yamada
 * @version 1.0.0
 */

class Member {
  constructor(name, age) {
    if (name === undefined || age == undefined) {
      throw new Error('name、ageは必須です。');
    }
    this.name = name;
    this.age = age;
  }

  /**
   * メンバーに関する詳細情報を表示します。
   * @returns {String} メンバーの氏名と年齢
   * @deprecated {@link Member#toString}メソッドを代わりに利用してください。
   */
  show() {
    return `名前は${this.name}、${this.age}歳です。`;
  }

  /**
   * Memberクラスの内容を文字列化します。
   * @returns {String} メンバーの氏名と年齢
   */
  toString() {
    return `名前は${this.name}、${this.age}歳です。`;
  }
}
```

ドキュメンテーションコメントでは、以下の2種類のタグを使って、ドキュメント化すべき情報をマークアップします。

タグ	形式	記述ルール
スタンドアロンタグ	@tag	行頭のアスタリスク／空白／区切り文字などを除いて、行の先頭に置かなければならない
インラインタグ	{@tag}	コメント内、またはスタンドアロンタグの説明内に埋め込める

●**ドキュメンテーションコメントで利用できるタグ**

ドキュメント生成ツールでは、これらのタグ情報からドキュメント生成に必要な情報を抽出／整形するわけです。

以下に、おもなタグもまとめておきます。具体的な記法については、本家サイトのドキュメント（https://jsdoc.app/）も参照してください。

タグ	概要
@author	作者
@classdesc	クラスに関する説明
@class	クラス（コンストラクター関数）
@copyright	著作権情報
@default	既定値
@deprecated	非推奨
@example	用例
{@link}	リンク
@namespace	名前空間
@param	パラメーター情報
@private	プライベートメンバー
@returns	戻り値
@since	対応バージョン
@static	静的メンバー
@throws	例外
@version	バージョン

●**JSDocで利用できるおもなタグ**

メソッドの説明であれば、冒頭に説明を加えたうえで、タグで引数、戻り値など固定的な情報を列記するのがお作法です。詳細な構文については割愛しますが、その他の要素についても、さほど難しいものではありません。まずは、リスト11-16の例を見よう見まねしつつ、徐々に利用の幅を広げていきましょう。

11.5.2　ドキュメントの生成

ドキュメント化のためのコメントを準備できたところで、実際にJSDocを使って、ドキュメントを生成してみましょう。以下は、その手順です。

[1] JSDocをインストールする

これまでと同じように、コマンドラインからJSDocをインストールしておきます。

```
> npm install --save-dev jsdoc
...中略...
2 packages are looking for funding
  run `npm fund` for details
```

[2] package.jsonを編集する

JSDocを実行できるように、package.jsonにショートカットコマンドを登録しておきましょう。以下の例であれば、/chap11/jsdoc/docフォルダー配下のすべての.jsファイルをドキュメント化の対象とします（-rは、サブフォルダーがあっても再帰的に検索します）。

●リスト11-17 package.json

```
{
  "name": "jsdoc",
  ...中略...
  "scripts": {
    ...中略...
    "doc": "jsdoc ./doc -r"
  },
  ...中略...
}
```

[3] ドキュメントを生成する

コマンドラインから、以下のコマンドを実行します。

```
> npm run doc

> jsdoc@1.0.0 doc
> jsdoc ./doc -r
```

/docフォルダーと同列に/outフォルダーができるので、配下のindex.htmlを起動します。Memberリンクをクリックして本節冒頭に示したようなページが表示されれば、ドキュメント化は成功です。

Column　<script>要素の知っておきたい属性（4）- crossorigin／referrerpolicy属性

ここでは、スクリプト取得の際のセキュリティ維持に関連して、2個の属性を紹介しておきます。

(1) crossorigin属性

crossorigin属性は、リクエスト時にユーザー資格情報を受け渡しするかを表します。より具体的には「anonymous」を指定した場合には、クッキー、クライアントサイド証明書、HTTP認証などの情報を送信しなくなります。一般的には、資格情報を必要とする状況はほとんどないはずなので、まずは「crossorigin="anonymous"」としておくのが無難でしょう（P.608の方法で<script>要素を自動生成した場合も、合わせてcrossorigin属性が付与されます）。「crossorigin」「crossorigin=""」とした場合も同じ意味です。

ユーザー資格情報を常に送信したい場合にはuse-credentialsを指定します。

ちなみに、crossorigin属性は（<script>要素だけでなく）<audio>、<video>、<img>、<link>など、リソースを読み込む要素で等しく利用できます。

(2) referrerpolicy属性

リファラー（referrer[1]）とは、あるリソースを参照する時にリンク元となるページのこと。たとえばリンクをクリックしたり、リソースを取得する際などに、ブラウザーから参照先に対して内部的に送信されます。

一般的には、アクセス分析などで利用される情報ですが、これがセキュリティ的な問題となる場合があります。たとえばパスワードリセットなどのページでは、本来、隠されるべき情報がクエリ情報などに含まれている場合があります。そのようなページのアドレスがリファラーとして参照先のサイトにまで行き渡ってしまったらどうでしょう。ユーザーアカウントが、第3者によって勝手に操作されてしまう可能性があります。

そこで、<script>要素など、外部リソースを参照するタグではリファラーの送信ルールを決めることができます。これがreferrerpolicy属性です。以下のような値を指定できます。

設定値	概要
no-referrer	リファラーを送信しない
no-referrer-when-downgrade	HTTPS通信以外でリファラーを送信しない（既定）
origin	オリジン（スキーム、ホスト、ポート番号）情報のみを送信
origin-when-cross-origin	同じオリジンでは完全なパスを送信、異なるオリジンではオリジン部分だけ送信
same-origin	同じオリジンでは送信、異なるオリジンには送信しない
strict-origin	HTTPS→HTTPなど安全性が低い相手には送信しない
strict-origin-when-cross-origin	同じオリジンでは送信、異なるオリジンの場合は安全性が同等の場合にオリジン部分だけを送信、安全性が低い相手には送信しない
unsafe-url	常に完全なリファラーを送信（一般的に安全ではありません）

●referrerpolicy属性の主な設定値

referrerpolicy属性は<script>要素の他にも、<a>、<area>、<img>、<iframe>、<link>などの要素で利用できます。

※1　refererと表す場合もありますが、こちらは本当はスペルミスです。スペルミスがそのままHTTPの仕様として登録され、現在でもそのまま使われているという経緯から、今でもHTTPの世界ではrefererと表記しているのです。

　本書では、JavaScriptの基本的な事柄についてひととおり学習しました。本書を読み終えた後、より深くJavaScriptを学習したい、あるいは、その周辺技術に関する理解を補足したい方は、以下のようなテーマで当たってみるとよいでしょう。

JavaScriptそのものの周辺知識

　本書のコラム「知っておきたい！JavaScriptの関連キーワード」では、JavaScriptで本格的にフロントエンド開発に取り組む人が知っておくべき、さまざまなキーワードを紹介しています。関連リソースも紹介しているので、合わせて読むことで理解も深まるはずです。

サーバーサイド技術

　フロントエンド開発全盛の昨今ですが、もちろん、本格的なアプリにはサーバーサイド技術の理解は欠かせません。10.4.1項の図「SPAとは？」でも触れているように、JavaScriptだけで賄いきれないデータ管理などは、サーバーサイド技術に委ねる必要があります。扱うべき技術に制約はありませんが、初学者の方がまず取り掛かるならば、PHP（Laravel）を利用するのが最もハードルが低いでしょう。あるいは、現在のトレンドに乗るならば、Python（Django）のような選択肢もありですし、業務系のアプリであれば、Java（Spring）、C#（ASP.NET）がより強い選択肢になるかもしれません。

　こちらも関連するリソースを示しておきます。

- 『独習PHP 第4版』(翔泳社)、『速習Laravel 改訂2版』(Amazon Kindle)
- 『速習Django 3』(Amazon Kindle)
- 『速習Spring Boot』(Amazon Kindle)
- 『速習 ASP.NET Core - Razor Pages編』(Amazon Kindle)

データベース、クラウド、正規表現など

　その他にも、アプリを開発するともなれば、さまざまな知識が要求されます。たとえば本格的なアプリ開発には、データベースの理解は欠かせません。以下のような書籍で、概念的な理解、データ操作の基礎を固めておくことをおすすめします。

- 『書き込み式SQLのドリル 改訂新版』(日経BP)
- 『3ステップでしっかり学ぶMySQL入門 [改訂2版]』(技術評論社)

　昨今では、アプリ運用の場としてクラウドを選択する機会も増えてきました。AWS（Amazon Web Services）、Microsoft Azure、Google Cloud Platformなど、代表的なクラウドに触れておくことで、アプリ公開の選択肢も増えるはずです。変化も敏速で、キャッチアップの難しい分野ですが、以下のような連載も参考にしてみてください。

- ゼロからはじめるAzure（https://news.mynavi.jp/techplus/series/zeroazure/）

　そして正規表現。こちらは5.8節でも触れましたが、まだまだ奥深い世界です。意外と（？）あらゆるレイヤーで活用できる知識なので、本書をキッカケに更に深堀りしてみるのも面白いのではないでしょうか。以下のような連載もぜひどうぞ。

- ECMAScriptで学ぶ正規表現（https://atmarkit.itmedia.co.jp/ait/series/27603/）

索 引

■ **著者略歴**

山田 祥寛（やまだ よしひろ）

千葉県鎌ヶ谷市在住のフリーライター。Microsoft MVP for Visual Studio and Development Technologies。執筆コミュニティ「WINGS プロジェクト」の代表でもある。

おもな著書に『Angular アプリケーションプログラミング』（技術評論社）、『独習シリーズ（Java・C#・Python・PHP・Ruby・ASP.NET など）』（翔泳社）、『これからはじめる Vue.js 3 実践入門』（SB クリエイティブ）、『はじめての Android アプリ開発 Kotlin 編』（秀和システム）、『速習シリーズ（Vue.js・React・TypeScript・ECMAScript、Laravel など）』（Amazon Kindle）など。売上の累計は 100 万部を超える。

最近の活動内容は、著者サイト（https://wings.msn.to/）にて。

◆装丁：石間淳
◆本文デザイン／レイアウト：SeaGrape
◆編集：向井浩太郎、傳 智之

改訂3版 JavaScript本格入門
〜モダンスタイルによる基礎から現場での応用まで

2023年 2月24日 初 版 第1刷発行

著 者	山田 祥寛	
発行者	片岡巌	
発行所	株式会社技術評論社	
	東京都新宿区市谷左内町 21-13	
	電話 03-3513-6150 販売促進部	
	03-3513-6166 書籍編集部	
製本／印刷	図書印刷株式会社	

定価はカバーに印刷してあります。

造本には細心の注意を払っておりますが、万一、乱丁（ページの乱れ）や落丁（ページの抜け）がございましたら、小社販売促進部までお送りください。送料小社負担にてお取り替えいたします。

ISBN978-4-297-13288-0 C3055
Printed in Japan

●問い合わせについて
　本書に関するご質問は、FAXか書面でお願いいたします。電話での直接のお問い合わせにはお答えできませんので、あらかじめご了承ください。また、下記のWebサイトでも質問用フォームを用意しておりますので、ご利用ください。
　ご質問の際には、書籍名と質問される該当ページ、返信先を明記してください。e-mailをお使いになられる方は、メールアドレスの併記をお願いいたします。ご質問の際に記載いただいた個人情報は質問の返答以外の目的には使用いたしません。
　お送りいただいたご質問には、できる限り迅速にお答えするよう努力しておりますが、場合によってはお時間をいただくこともございます。なお、ご質問は、本書に記載されている内容に関するもののみとさせていただきます。

◆問い合わせ先
〒162-0846
東京都新宿区市谷左内町 21-13
株式会社技術評論社　書籍編集部
「改訂3版 JavaScript本格入門」係
FAX：03-3513-6183
Web：https://gihyo.jp/book/